◀◀◀ 幸福女人枕边书 ▶▶▶

生活需要仪式感

史 襄—著

北京时代华文书局

图书在版编目（CIP）数据

生活需要仪式感 / 史襄著. -- 北京 ：北京时代华文书局，2020.6
（幸福女人枕边书）
ISBN 978-7-5699-3658-2

Ⅰ．①生… Ⅱ．①史… Ⅲ．①女性－生活方式－通俗读物 Ⅳ．①C913.3-49

中国版本图书馆 CIP 数据核字（2020）第 061901 号

幸 福 女 人 枕 边 书　　生 活 需 要 仪 式 感
XINGFU NVREN ZHENBIAN SHU　SHENGHUO XUYAO YISHIGAN

著　　者 | 史　襄

出 版 人 | 陈　涛
选题策划 | 王　生
责任编辑 | 周连杰
封面设计 | 景　香
责任印制 | 刘　银

出版发行 | 北京时代华文书局 http://www.bjsdsj.com.cn
　　　　　北京市东城区安定门外大街136号皇城国际大厦A座8楼
　　　　　邮编：100011　电话：010-64267955　64267677
印　　刷 | 三河市京兰印务有限公司　　电话：0316-3653362
　　　　　（如发现印装质量问题，请与印刷厂联系调换）
开　　本 | 889mm×1194mm　1/32　印　张 | 5　　字　数 | 116千字
版　　次 | 2020 年 6 月第 1 版　　印　次 | 2020 年 6 月第 1 次印刷
书　　号 | ISBN 978-7-5699-3658-2
定　　价 | 168.00元（全 5 册）

版权所有，侵权必究

目录 · Contents

PART 4

仪式感，是一种人生的修行

PART 5

你用心的套路，会成为漫长人生里我微笑想起的甜蜜

为什么我们需要仪式感

仪式是很重要的一件事。

"仪式是什么？"小王子问道。

狐狸说："它就是使某一天与其他日子不同，使某一时刻与其他时刻不同。"

有仪式感的人生，我们才切切实实地有存在感。

仪式感不流于表面，不要你非给别人留下什么印象，而是让我们的心能够真切地感知生命，充满热情地面对生活。

仪式感是什么？

如果你只想要个简单的答案，那么各种百科会这样告诉你：仪式无处不在，仪式感是人们表达内心情感最直接的方式。

其实，仪式就是通过一些耗时耗力、可有可无的动作，来表达你认为非常重要的意愿或诉求，或是通过特定的形式来体现某件事具有重要的意义。它赋予某个时刻特殊的含义，以示你对此刻的重视。另外，仪式的目的往往会超过其行为本身。比如，你买了一个漂亮的本子，在上面写下第一行字。它具有的意义更多的是无形的标志性意义——它是你这个本子所有故事的开始。

我们的生活大多平淡无奇，今天和昨天似乎并没有什么不同，但因为某个仪式的存在，会让你觉得一切都重新开始了，仿佛自己与过去的时光做了一个了断。

仪式感可以将生活中平淡的琐事转化成具有特殊意义的事件，进而触动我们的心灵。

《小王子》里有这样一个小小的片段：小王子第一次遇到狐狸时，狐狸告诉他，相识是需要一定的仪式的，这很重要。因为伴随着这个仪式，很多原本无关紧要、可有可无的东西就会被赋予意义。好比狐狸一看到小麦，就会想起小王子的发色那样。有了仪式，生活也有了期待，比如小王子每天下午4点会来，那么到了3点钟的时候，狐狸就会满心期待。

"仪式究竟是什么？"小王子问道。

狐狸告诉他："它就是使某一天与其他日子不同，使某一时刻与其他时刻不同。"

这个世界上大多数人的生活都是庸庸碌碌的，时光总是被虚度，年华逝去得毫无价值。仪式的作用，就是让我们在日常的烦琐中体验到真正的愉悦。

让自己用心生活，而不是拼命生存

并非谁都能精致地活着。很多人出差回来两三天了，行李还躺在进门的地方，根本不想打开，这是拖；很多人都有喝得微醺烂醉，妆都来不及卸整个人就昏睡过去的情况，这是懒。

但是，拖和懒并不妨碍我们成为一个拥有仪式感的人，也不妨碍我们一直秉持的"生活就是要折腾，处处都要有仪式"的生活态度。

仪式感，说白了不过是做好一些小事。比如买花这件事，心情好的时候买，可以增加愉悦感；心情不好的时候买，可以让烦恼减半。朋友聚餐，如果有了鲜花的点缀，气氛也会变得更温馨浪漫。再比如出门吃饭，一定要精心化个淡妆，再根据餐厅的风格搭配相应的服饰。也许有人会很不理解这样的行为，不屑地说："不就是吃个饭，用得着这样吗？"因为他们的标准是怎么舒服怎么穿，衣服能够蔽体就可以了。小A和男友小C去一家颇负盛名的西餐厅吃饭，结果，拖鞋配大裤衩的小C被礼貌地拦在了门外。小C大怒，抗议侍应生狗眼看人低。小A觉得他太丢脸，拉着他狼狈地离开。

原本的浪漫西餐变成了路边摊，小A心里已经够不好受了，小C偏偏还唠叨个不停："出来吃个饭而已，何必穷讲究，有那个时间还不如多休息一会儿。"

小A满腹委屈，要知道，这次是她连轴转三个月后第一次出门吃饭。在这之前，她每天都往返于公司和学校，除了外卖，吃得最多的就是肯德基、麦当劳这些快餐。她并不是喜欢吃这些，只是为了节省时间的不得已之选。小A日常穿得最多的也是T恤、牛仔裤和运动鞋，只为图个舒服和方便。但这种长期的一成不变的状态，导致她一度认为自己生活得毫无质量，进食只是为了活着，穿衣仅是为了能够出门而已。

仪式感的目的是让人们感觉自己是在认真生活，而不是苍白度日。生活的意义需要主观地赋予，在于如何用恰到好处的行动去诠释，这是一种生活美学。没有仪式感的生活，难道不可怕吗？一年365天，除了吃喝拉撒睡和日复一日重复的工作外，毫无期待。这样的生命是多么黯淡无光！

正因为小A明白这一点，所以她才会提前两天预订餐位，满心欢喜地期待，精心装扮自己，认真地对待这顿晚餐。只有这样，她才觉得自己确实是在生活，而不仅仅是为了生存。她选择这家餐厅也不全是为了品尝美食，比食物本身更有意义的是，她希望努力去享受这种不同的体验带给她的品味生活的满足感。

小A读大学时选了一门叫作存在主义的公选课，第一堂课上，老师就跟同学们讲了这门课最重要的一个理论，她说："这个世界原本是无序的，特别混乱的，没有任何规则的，就算一个人做了一辈子好事，最后死于非命，那也是正常的。"她还说，"虽然这很残忍，但是因为事物只要存在，就有它的必然性，这个世界的本质是不会也不可能跟你讲任何道理的。"而我们人类寻找仪式感，大概就是为了在这个无情且残酷的世界里，让某段时光或者某个场景能够真实地受控于我们，并且赋予它们个人色彩的印记。

人生在世，像在一条漫长且黑暗的河流里不断地漂泊流浪，我们的未来在哪里？我们的终点在哪里？谁能切切实实、清楚明白地知道？可是我们依然只能这样不问终点地前行，也不知道什么时候会撞上暗礁，或被逆流无情地卷走，或就地搁浅。所谓的仪式感，也许就是我们于人生的河流两岸建造的那些小灯塔吧！靠着这些灯塔闪闪烁烁的光亮，我们才能真正体会到真实的自我，确定自己曾经存在过。

哪怕不知道何时吹来的一阵并不猛烈的风，就能轻轻松松把这些灯塔吹灭；哪怕这些灯塔的存在没有实际意义，但是我们仍然在不断努力创造灯塔，为每一个平凡的日子，为每一个普通的行为，设定属于它背后的精神内涵。

这就是我们人类，极卑微却又极感人的地方。

再平淡无奇的生活，也能变得有意义、有滋味

有两位心理学家做过一项心理实验，被试验者自行选择一个想要加入的社团，但在真正加入社团之前需要经过不同条件的筛选。其中，最开始的1/3被试验者需要经过苛刻的筛选过程；之后的1/3被试验者需要经过令人轻微不适的筛选过程；最后的1/3被试验者则不需要筛选就可以直接进入该社团。

筛选过后，所有的被试验者都需要试听一段社团成员的讨论录音，该录音内容被尽量设计得沉闷、枯燥。听完之后，要求被试验者对是否喜欢该讨论、听到的内容是否有趣进行打分。

实验的结果是，经过苛刻考核的被试验者对枯燥的讨论内容评分最高。这些加入社团的被试验者会说服自己相信，即使这个讨论没有达到预期效果，但仍然具有重要的价值。之所以有这样的评价，主要是因为他们在经过苛刻的筛选仪式后，价值感倍增，加入该社团的意愿最为强烈，因此他们愿意为成为这个组织的一员付出努力。

可见，苛刻的筛选仪式让加入社团这件事变得具有特殊意义，从而增强了个体的意愿，即使他们发现效果不如预期，也仍然会说服自己继续做下去。

由此，可以联想到我们的生活。那些不论人生给予其多少挫折和磨难，仍然不急不躁，将日子过得云卷云舒之人，都是因为：他们懂得在生活中增加仪式感，让平淡无奇的生活变得有意义，从而增强了继续努力的决心。

有位击剑教练告诉我，一些固定的仪式对运动员的影响特别强烈。好的运动员调整心态时的举动几乎都是一样的——握拳的方法、步伐的节奏、鼓励自己的话语等。养成这种习惯，肌肉就像有

了记忆一样，一做起这些动作就能够迅速调整到最佳状态。

生活中，我们同样拥有一些固定的仪式。如结婚典礼、新年的钟声倒数、剪彩仪式等。它们不光具有代表性，还具有一定的渲染作用。如婚礼上的郑重承诺、新年钟声敲响前的紧张心情、剪彩时的隆重气氛等，这些渲染效果在感染我们的同时，也在表达着一种人们对生活的热爱。这里涉及了更深层次的哲学问题，物质和精神、行为和心理，到底哪个是被动的一方？当你真正完成一场仪式，你会发现它们之间是互相影响的。美好的仪式能自发地、由内而外地给心灵带来触动，而心理层面的变化又会进一步影响人的行为。于是，进入了仪式感的良性循环，生活自然会变得更加有格调、有滋味。

为平淡的日子制造一场盛宴

就算只有一个人，也要好好吃饭，好好睡觉，多出门走走，多看远处的绿色，给自己一点时间静下来，慢下来，享受生活中的一些美好瞬间，花点心思为生活增加一些仪式感。

《老友记》中有这样一个经典的片段，映射了不少单身男女的生活。情人节对情侣来说，无疑是充满温馨浪漫的日子。可对单身一族来说，这样的日子未免让人感到凄凉，但是剧中的三个单身女孩却用她们独特的方式过了一个具有特殊意义的情人节。

她们将前男友送的礼品、首饰以及来往信件统统放在一起，然后烧掉。在烧东西的时候，她们一起围着火堆庆祝，巨大的火焰一度引来了消防员。值得庆幸的是最终没有引起火灾，更幸运的是，消防员中有人对其中一个女孩一见倾心。

与过去相比，我们这个时代的生活节奏变快了，情趣也少了。

人们变得越来越匆忙，好像时刻都在赶着去做某件重要的事情，即使那只是再平常不过的日子。伴随着情趣一起消失的是那些仪式感，没了仪式感的日子充斥着喧嚣，显得杂乱无序。

我们可以敷衍生活，可以应付工作，可以随随便便交友，可以得过且过，但如何能敷衍自己，敷衍内心深处的抵抗？

每一种习惯都好像有其必然的道理，那些在我们眼中活得轰轰烈烈、充实有趣的人们，到底比我们多做了些什么？

大多数时候，我们似乎忘记了身边最微不足道的小确幸，总是过度追求那些不属于我们的东西。生活中有很多美妙却稍纵即逝的瞬间：在图书馆邂逅一本精美的书，书中或许还有别人留下的玫瑰书签；在寒冷的冬天，暖阳突然降临，街边的流浪狗欢喜地向自己摇尾巴；下雨时包里刚好带着新买的雨伞……这些都会让人产生微小的幸福感。用心留意，每天都会比前一天更快乐。平淡的日子里，当你懂得了给自己制造惊喜，生活就充满了仪式感；而那些所谓的无趣，正是因为缺少了仪式感。

仪式感的存在，就是为了让无趣的生活变得更加美好，让平凡的日子充满诗情画意。就如同奥黛丽·赫本的经典影片《蒂凡尼的早餐》里所描述的那样：一贫如洗的霍莉，总会穿着黑色小礼服，戴着假珠宝，在蒂凡尼精美的橱窗前，慢慢地将早餐吃完。这时，那些最普通的可颂面包与热咖啡，就也变成了盛宴。蒂凡尼安静、高贵的气氛让霍莉产生仪式感，因此她相信，在那里不会发生什么不幸的事。人人都爱蒂凡尼式的早餐，可是，却鲜有人会回头看看自己的生活，仪式感是多么的匮乏。

PART 1

我们用尽了全力，只为过好
这平凡的一生

让平凡的日子拥有不凡的意义

> 仪式，就是使某一刻与其他时刻不同，这种认真的仪式感会给予我们归属感、安全感和使命感。长此以往，会让我们在做事时养成专注而认真的态度，让我们身上渐渐拥有一种无可替代的光芒。

英剧《唐顿庄园》中经常出现这样的画面：女仆精心摆放各种各样的餐具和杯子，管家在一旁一丝不苟地不断嘱咐：什么样的餐具应该配什么样的菜式，什么样的菜式应该有什么样的饮品，什么样的饮品应该用什么样的杯子，不能有丝毫的混淆。而那些贵族少爷和小姐们，每当到了用餐的时候，都会先回房间换上正装。

"你厌倦了生活中的格调，就是厌倦了生活。"庄园的主人唐顿如是说。显然，他对生活中的仪式感相当着迷，甚至已经到了痴迷的地步。他不仅仅是在庄重地对待生活，更是庄重地对待自己的内心，看似烦琐，却优雅到了极致。

仪式感绝不仅仅是贵族的专利，并不是只有穿高贵的礼服，吃高级的西餐，喝昂贵的红酒，才叫有仪式感的生活。

小时候听过这样一段对话，讲的是一个富翁和一个乞丐一起在沙滩上晒太阳。富翁不停去看和他一样安然自得的乞丐。终于，他忍不住了，摸了摸自己斑白的头发对乞丐说："年轻人，你怎么在这里晒太阳？"

乞丐回答他："是啊，今天天气很不错。"

富翁又问："难道你今天不用工作吗？"

乞丐说："工作？我为什么要工作？"

于是富翁掏出自己钱包里的钱给乞丐看："可以挣钱啊。"

乞丐看了一眼他手中的票子，眨了眨眼，问："挣钱？"

富翁点点头："是啊，当你挣到第一笔小钱的时候，你可以把它留着，然后去投资，挣更多的钱。"

听他这么说，乞丐显然有了兴趣，直起身子问："然后呢？"

富翁得意地告诉他："然后再投资，再挣钱，如此循环。如果你的运气不错，你就可以像我一样。"

乞丐问："是吗？那会怎么样呢？"

富翁伸展了下自己的身体："可以很舒心地在这里晒太阳呀。"

乞丐听完就躺了下去，反问道："难道我现在不是在晒太阳吗？"

富翁的话没有错，而同样，乞丐的话似乎也没毛病，因为无论你是腰缠万贯还是身无分文，当阳光照耀在你身上的时候，都是温暖的。所以仪式感跟财富，跟身份无关，只关乎我们的心境。

刚毕业参加工作的时候，跟我合租房子的一个小伙子长得白白净净，一看就是从小在家养尊处优惯了的。我本以为他是个四体不勤、五谷不分的小少爷，没想到他十分懂生活，把房间布置得整洁而富有文艺气息。他工作也挺忙的，经常加班，但是每天回家以后，还是会一边放音乐，一边做饭，而且这哥们儿做饭手艺确实很不错。到了夏天，我看到他大汗淋漓地在厨房摆弄锅碗瓢盆时，总会劝他："你回来这么晚，不如干脆在外面吃，这样多省事儿。"

他说："事儿是省了，不过也省掉了我的心情。我妈从小就教我做菜做饭，一个人在外地辛苦打拼，做点好吃的给自己，这才叫享受生活。这饭菜里面也有工作一天的充实。我还在菜里加了些家里带来的豆瓣酱和腊肉，吃起来更有家的味道。"

他和我一样一直单身，后来养了一条狗，每天早晚都会花时间出去遛狗。周末还要去游泳、打篮球、踢足球。说他把日子过成诗，似乎有点夸张，不过，他确实把生活过成了他想要的样子。

试问现在这个社会，谁的工作不忙，谁的压力不大，谁不会焦虑？

有人面对焦虑时，采取的是不断的抱怨和逃避，他们接二连三地换工作，继而走入极端，自暴自弃。时下许多人的价值观都过于单一，他们习惯用最简单粗暴的标准来衡量一个人——房子、车子、事业、权力……似乎只有拥有了这些，才能称之为成功。拥有了这些，生活就一定会完满幸福。多元化的生活方式与单一的人生观，似乎互不兼容。然而，真的是这样吗？

那些功成名就的人是否快乐我们不知道，但我们都知道的是，普通人不一定就注定不幸福。从某种程度上说，幸福感取决于一个人的认知度。拿我来说，儿时的幸福，仿佛俯拾皆是。那时的我一无所有，一无所知，却无忧无虑，自在欢喜。上学时，每一次得到新书包，每一次买了新文具，甚至每一次拿到学校新发的教科书和作业本，我都会感到快乐而满足。我会虔诚地拿出漂亮的文具盒，抽出有着好看花纹的铅笔，在崭新的作业本上工整地写上每一个生字。那一刻，心里充满小小的欣喜。

曾经的世界在我们的眼中是那么的丰富多彩，可是当我们越长越大，知识量越来越丰富，视野却越来越狭窄。我们之前所了解的关于世界的一切，如云烟般消散，我们的思维也被无形的手扼住了，变得浅薄狭隘。我时常会静下心来，想想以前和同学们一起画的黑板报，想想曾经放在美术教室里的大卫和维纳斯的石膏雕像，想想学校组织去春游的公园里的落叶，还有自然博物馆大厅里展览的巨大的恐龙骨架。我想用它们来提醒自己不要在成人浮躁的思维牢笼里关太久，不要用圈养已久的眼光破坏最纯粹的审美，以至忽略那些俯拾皆是、触手可及的生活乐趣。

很喜欢日本作家村上春树说的一个词——"小确幸"。

小确幸是指那些微小而确实的幸福，持续时间不等，从3秒钟到一整天甚至更久。村上春树列举过好多自己的"小确幸"，比如一边听勃拉姆斯的室内乐，一边凝视秋日午后的阳光在白色的纸糊拉窗上描绘树叶的影子；又比如在鳗鱼餐馆等待鳗鱼端上来的时候独自喝着啤酒看着杂志；还有捧着新买回来的"布鲁斯兄弟"棉质衬衫，闻到它的崭新味道……

小确幸，很大程度上就是对待生活的一种仪式感，让我们可以体悟到生活本质中小小的并且不易被发掘的乐趣。比如，每天清晨都为自己的办公桌换上一束鲜花，一个人也会好好享受在周末暖阳里的下午茶；比如，每隔两天会给远方的亲人、朋友打一个问候的电话，每周抽点时间为自己做一顿丰盛的晚餐。

每个人的人生大抵都是如此，在经历的时候可能并不会察觉，但事后便会明白，这一件件或大或小的事情都是一座座的里程碑，堆积起来就是你丰富多彩的人生。

生活中的仪式感，不仅是对所获成就的一种肯定，更是我们总结经验，收拾好心情，再度启程的动力。

没人能每时每刻都活得惊天动地、光彩夺目，生命中的每一天都是我们无法分割的一部分，是组成人生的几万分之一。所以，即使是最普通的一天也要过得有意义。

弗洛伊德认为，仪式是一种白日梦。

胡适在《人生问题》里写道："人生就算是做梦，也要做一个像样子的梦。"

车水马龙的钢筋水泥森林，人来人往的灯红酒绿海洋，我们很容易陷入某种"睁眼无趣，闭眼无聊"的两点一线的死循环，却始终找不出一个环节可以拿来打破。在这个娱乐至死的浮躁年代里，有多少人挣扎，就会有多少人沉沦。

你可以在早上随便吃点东西当作早餐，甚至可以不吃；你可以很久不洗衣服，直到脏衣服堆成山；你也可以日复一日重复枯燥无趣的工作，一边干活，一边抱怨；你还可以一直一直忙着，忙着带孩子、忙着加班开会、忙着还贷……忙着生活里的柴米油盐，把所有的纪念日都丢在一边，对所有关心你或者你关心的人都视而不见，甚至可以好多年都生活在方圆十几公里的范围内，不越"雷池"一步。

你可能一边重复着这样的生活，一边骗自己平凡可贵，偶尔也会做个无关紧要的白日梦。只不过，你的这个梦，梦得太过舒适，枯燥无味。我知道你也许会抱怨命运，可是命运其实对你很好，它没有给你特别的惊喜，也没有给你足够惨烈的打击，它给了你永恒的平淡，就像它给所有人的一样。

这个世界上的大多数人都这样平静无波地生活着，只不过有些人懂得做点儿色彩缤纷的梦。他们找到了属于自己的仪式感，打破了生活的死循环。他们会把自己的家收拾得整齐干净；会在睡前看一会儿书；会在休息日约上三五好友聊聊天，该和家人在一起的日子绝不缺席；会在年头年尾时，拿出一本崭新的台历，郑重地放到桌上；会在零点的时候，在心里默念：新的一年，好好过……

two

仪式感是生活沉淀下的幸福的味道

好的仪式感，不囿于形式。我们从来不需要利用它向枯涩的生活宣战，它存在的所有意义，就是让我们爱上生活，让生活变得更有层次。

文倩岚去年过生日时，男朋友因为出差不能陪她，就给她发了个很大的微信红包，她收红包的时候很欢喜，自己订了蛋糕，约了几个朋友一起庆祝。原本一切都很完美，可当她兴冲冲地去蛋糕店取蛋糕时，看到一个男生也在取蛋糕，突然就又惆怅了。她告诉我们，其实原本应该是男朋友给她订蛋糕的，还应该有一束好看的鲜花。但随即她又笑了，说："虽然蛋糕和鲜花比不上这个大红包实在，但是有他的陪伴，才像过生日嘛。"

我记下了她的话，好心转述给了她远在一千多公里外的男朋友。让我想不到的是，今年文倩岚过生日的时候，我居然会接到她充满埋怨的电话，她开门见山地问我："谁让你告诉我男朋友我喜欢鲜花和蛋糕的？"

我很纳闷："你去年不是在蛋糕店里跟我唠叨过吗？"

文倩岚说："我唠叨归唠叨，鲜花和蛋糕也确实挺美好，可是我还是认为收个大红包更实在，我可以想买什么就买什么！"

我忍不住咂舌，对电话那边的她翻了个白眼。

她想了想又说："其实我从来不买花，家里连个花瓶都没有。刚收到的那束花就那么被我靠墙立在桌上，等用手机拍完照，它似乎就结束了它的使命。"

　　说完以后，文倩岚忍不住感慨："哎呀，像我这样的功利主义者，最合适的礼物就是现金，我喜欢什么就去买什么，想什么时候买就什么时候买！"

　　"不追求生日该有的仪式感了？不羡慕别人收到鲜花、蛋糕、气球、烟花了？"我忍不住打趣她。

　　文倩岚又笑了，她说："不羡慕了，只要你们记得我的生日，然后每年送最贵的礼物或者干脆直接发红包给我，我就最满足了！"

　　"真是个物质的女人，难道连生日祝福都不需要？直接给你转个'数字'就好了？"她居然回答我说："只要数字可观，当然没问题！"可是我知道，她的这句"没问题"是言不由衷。两年后她结婚时，有几个朋友有事到不了现场，给她发了红包，她居然一一给退了回去，急吼吼地打电话过去跟他们说："我请你们并不是为了要红包，我要的是你们作为朋友来分享我的幸福！我的婚礼你们只要出现，不随礼都就可以，因为你们是我的朋友！"

　　我还知道有一年她过生日时许的愿望："希望以后每年生日的时候，都有你们这些朋友的陪伴。你们的陪伴是我最好的生日礼物。"她的愿望里，并不包括金钱。

　　文倩岚自始至终最想要的都是陪伴，而陪伴不就是一种仪式吗？与金钱无关，礼物、蛋糕、鲜花，那些身外之物统统跟她无关！

　　在高房价的今天，我发现身边的朋友大多是买车买房后再结婚。当然，大部分人的房子和车子是在家人的帮助下买的。

有一个朋友例外。他是大学毕业那年结的婚。两人是大学同学，恋爱三年，双方家庭条件都一般，不能帮他们买房买车，他们是在没有任何物质基础的条件下裸婚的。

他们领证的那天请我们一帮朋友去家里吃饭。出租屋的门和窗户上贴着几个"囍"字，两人戴着纯银婚戒，狭小的出租屋里只有一张床和一张桌子。大家要么铺张报纸坐在地上，要么拿几本书垒着当凳子，吃着外卖，向新婚夫妇敬酒，说着祝福的话，就这么完成了他们结婚的仪式。

那天，新郎官被我们灌了很多酒，最后喝得眼眶都发了红，他对新娘说："跟我在一起真是委屈你了，等我以后挣到钱，一定给你补一个最盛大的婚礼。"

这个朋友脑子聪明，情商高，肯吃苦，结婚以后他没日没夜地工作，终于从跑腿的小销售熬成了大客户经理，薪资也一路水涨船高。

在领到第一笔高额提成后，他抱着装满现金的包一路跑回家，把老婆从家里拖出来，然后直奔最近的商场给她挑钻戒。在珠宝柜台的时候，他冲老婆大声嚷道："喜欢哪个就买哪个，买完我们就去补办婚礼！"

可他老婆最后却什么都没选，两人在商场里转了一圈，最后手牵手回了家。

有次朋友聚会，他跟我说起这件事，我笑他老婆傻，我说："难得他有了钱还想着给你买婚戒，你就应该选一个最贵的、最好的，这怎么说也是戴在手上一辈子的东西。广告不是都说了么，'钻石恒久远，一颗永流传'。你们那对银戒指只是权宜之计，是该换下了。总得要有点仪式感吧？以后的生活还说不定有多少艰难困苦等着你们呢，在一地鸡毛中看到个闪亮的钻戒，还能让你们想起当年恋爱的美好时光，那是个纪念啊。"

"所以，你的意思是，只要有一场盛大的婚礼、一个N克拉的钻戒，就是仪式感吗？"他老婆微笑地看着我，手指轻轻抚摸无名指上的银戒指，"我是个俗人，也希望有盛大的婚礼、昂贵的首饰，像公主一样出嫁，但是千万别忘了，两个人彼此喜欢、真心相爱才是这个仪式的前提。我相信仪式会为我们的爱情加持，可惜我的爱人暂时不能给我这个仪式。要是他有条件却不给我，我才不会嫁给他！话说回来，我们就算没有婚礼，也比那些有条件却无诚心，最后出轨离婚，为了争财产而对簿公堂的人好得多。盛大的婚礼和耀眼的钻戒看起来那么的美好，却并不能保证他们的爱情和婚姻幸福，不是吗？"

她还问我："你知道对我来讲仪式感是什么吗？是我们结婚三年后还能像上学时那样通宵聊天；是他说'我爱你'时依然会脸红；是他在外奔忙一天，回来之后依然会抢着下厨做饭；是我们吵架之后，无论多生气他都会主动抱我，不管我脾气多不好他都会包容我，无论谁对谁错，最后他都会先说对不起；也是他下班后穿着西装去菜市场给我买我最喜欢吃的菜；是他粗心大意地活了二十几年，总找不到要穿的袜子，却不忘每天早上起床后帮我凉一杯白开水。"

幸福原来这么简单，很多看起来并不起眼的瞬间，就是他们幸福的源泉，是他们特殊的仪式感。他们的爱情不需要寄托于华丽的物质或烦琐的形式，彼此的存在，就是他们携手走下去的全部动力。

仪式感是切切实实存在的，但并非刻意安排的某个场景、某件事，它不脱离实际生活，体现在我们的一举一动之中。那些不追求形式的人，即使没有钻戒和婚礼，也能通过真正的付出，感受到对方一点一滴的爱。

　　一位酷爱旅行的人，足迹遍布大半个中国，他在西藏的布达拉宫前虔诚叩拜，在峨眉山金顶上领略佛光，独自寻找黄河和长江的源头，徒步几千公里去新疆的喀纳斯仰望星空，在丽江的酒吧里弹吉他，在西安的大唐芙蓉园里听《大唐歌飞》，在成都的宽窄巷子里品尝伤心凉粉，在江南水乡的庭院里品茗畅谈。

　　但他很少拍照，别说单反，就连手机上的照片都寥寥无几。很多人都劝他多拍点照片，发发朋友圈，等老了之后还可以做一个照片墙，好歹算是给自己留个纪念。可他却说："我有时候很担心，如果习惯了拍照，反而会产生'回家再慢慢看也未尝不可'的心理。一旦如此，旅行就成了功课，而不是享受。因为对我而言，仪式不在远方，也不在过去，只在此时此刻，此情此景。"

　　在这位朋友眼里，仪式是连续走了好几天的路，终于到达目的地时的热泪盈眶；是清晨起床睡眼惺忪，晨光初照在脸庞上的欢喜惬意；是同行的朋友跟他讲了一整晚心事后的惺惺相惜；是丢了钱包，好心人请他吃饭替他支付回家路费时的无言感激。这些时刻仿佛已经融入他的生命，成为他的一部分，即使没有被照片定格也永远不会被岁月磨灭。

　　或许，这才是拥有"仪式感"的最佳状态，不刻意追求，不人为制造，不因拥有而狂喜，也不因没有而抱怨。

　　我是个很迷恋仪式感的人，对自己很舍得。每年生日都会给自己一个礼物；领到第一笔工资时，给自己买了一支很昂贵的钢笔；

每次拿到稿费，都会买一个限量手办或者换一部新款手机；每到一个地方都去地标建筑拍一张照片；吃每一顿美食前都要用手机拍照。

可是几年过去，回头看看，我最终记住的是什么呢？

我发现，并不是那些被我专门买了回来当作纪念的物品，也不是手机里拍的无数张照片，而是熬夜用心写的每一篇文章，是拿到样书时欣喜若狂的心情。它们将会始终贯穿我的整个生命，无须提醒、强调，甚至不用我去刻意回想。

我的人生终于还是因为那些生活中的小事而有所不同。它们没有实体，不能触摸，无法量化，但它们是比"第一次"和"一辈子"更加值得纪念的东西。它们让我想起一位朋友很厚很漂亮的手账，上面捕捉着她生活中的每一个小确幸。朴实的文字，简单地用马克笔画的花边。它们无须被任何东西美化，因为那些琐事本身，就是最珍贵的仪式。

手账，不需要花很多钱，只需要你分给它一点点时间。我这位爱记手账的朋友告诉我，每一次做手账就是一个仪式，她用这种方式来表达敬意，来纪念爱，来书写对美好生活的向往，来诠释对过往的珍惜。这真的会给自己和身边的人带来幸福。

在我们越来越融入快节奏生活的同时，我们也陷入了焦虑。步伐越快，生活就越粗糙，应接不暇的工作，周而复始的忙碌。我们是如此不堪一击，想要重拾生活，却积重难返。

很佩服那些懂得给自己的生活增添情趣的人，再忙碌也坚持每天看几页书，再疲惫也坚持给自己泡一杯茶，再赶时间也记得为自己准备美味……

他们保持健美的身材、得体的妆容，注重生活细节中的仪式感，把生活给的一地鸡毛，扎成最漂亮的鸡毛掸子。

　　仪式感不分高下，也不论好坏，也许每个人对它的定义都不尽相同，呈现方式也不一样，但是最好的仪式感，一定不囿于形式。我们从来不需要利用它向枯涩的生活宣战，它存在的所有意义，就是让我们去爱上生活，让生活变得更加有格调。

three

让生活成为生活，而不是简单的生存

我们每天有24个小时，除了8小时的睡眠时间，还有16个小时用来工作和生活，这16个小时的经历，是我们成长和进步的根源，也是我们所有重要生命历程的记录。因此，如果我们能每天拿出一点时间对一天的见闻、行为和思考做一个总结的话，每天就能进步一小点，积累起来将会是很了不起的成长。

据说因为上帝喜欢7这个数字，所以我们的一周才会有7天，周日定为休息日。这样，每周至少有一天，你可以将自己从繁忙的工作或者学习中抽离出来，去做些看似微不足道却意义重大的事情，以此来安抚那颗疲劳烦恼的心，以便有活力地去迎接崭新的一周。

我们都是普通人，如此努力，不过是为了让自己过得舒心些，请千万不要忘记这个努力的初衷，本末倒置地为了努力而放弃生活中的所有快乐。

不知道你有没有看过这样一条新闻：一位妈妈给孩子做早餐，三个月都不重样。试想照片里的美食摆在你面前，你会不会食欲大开、心情大好呢？

当然，吃不到葡萄说葡萄酸的也大有人在。许多网友说这个妈妈肯定是有钱人，生活太清闲，我们普通人不可能做到。后来，那位妈妈发微博说自己并非家财万贯，只是小康之家，坚持这样做早餐并不难，只需要提前半个小时起床，多花点心思即可。她还公布了自己每天的菜谱，希望大家能用得上。这种生活态度，值得每个人赞赏。

那一年，我在一家文化艺术馆学习国画和围棋，围棋班上有一对姐弟，每次来上课都穿得非常正式，女孩穿小裙子，男孩穿小西装。每次大家都要窃窃私语一番，觉得上个课而已，干吗穿成这样，简直费时又费事。

直到某次，一位老摄影师要来文化艺术馆给小朋友们拍家庭照，老师提前通知了所有家长尽量给孩子们着正装。那天，那对姐弟一家都精心打扮，仿佛在出席重要的典礼，与旁人随随便便的牛仔裤、半袖衫形成了鲜明的对比。因为服装精致，姿态得体，很自然地，老摄影师举着相机给他们拍了很多张照片，记录下了他们学习、参加活动的各个瞬间。后来大家看到这些照片的效果时都羡慕不已，后悔当初自己不够重视，简单应付了事。

常常有人觉得平凡很悲哀，可是对大多数人来说，平凡才是我们生活的本来面貌。生活不一定轰轰烈烈，但它最好有条不紊。可叹的是，有人拼命努力了一辈子，最后不知道自己究竟是怎么过来的，自己热爱过什么，追求过什么，或者得到过什么。

这就是源于对生活仪式感的忽略，将就着过日子，将就着吃饭，浑浑噩噩，一辈子就这么将将就就地过去了。

你没化妆就出门，也许会在下一个路口遇到你一见钟情的男子；你穿着带有汗渍的家居便装出去倒垃圾，没准儿会遇到自己的女神。

生活有一万种可能，而仪式感有时候会帮你促成。就算再平常的小事，只要带着仪式感去做，就能从心理上重新定义。所以，请每天出门前将自己打扮得美美的，剪一个利落的发型，着一套得体的服装。相信我，你不仅会赢得别人的尊重，自己也会萌生对生活的敬意，而这一切都将不断地给自己一个良好的心理暗示：这真是美好的一天。

我们每天有24个小时，除了8小时的睡眠时间，还有16个小时用来工作和生活，这16个小时的经历，是我们成长和进步的根源，也是我们所有重要生命历程的记录。因此，如果我们能每天拿出一点时间对一天的见闻、行为和思考做一个总结的话，每天就能进步一小点，积累起来就会是很了不起的成长。

随着被誉为"最走心综艺节目"《朗读者》的热播，主持人董卿的标签也从"央视名嘴"转换到了"气质才女"。在节目里，诗词歌赋、格言典故，她皆能信手拈来。

在一期节目中，董卿被一对父女间的温情感动，随即朗诵了叶赛宁的《我记得》："当时的我是何等的温柔，我把花瓣撒在你的发间，当你离开，我的心不会变凉，想起你，就如同读到最心爱的文字，那般欢畅。"

还有一次，一位选手说她的父亲是盲人，从小就教育自己读书，董卿听后便随即说了一句阿根廷著名诗人博尔赫斯的诗句："上天给了我浩瀚的书海，和一双看不见的眼睛，即便如此，我依然暗暗设想，天堂应该是图书馆的模样。"

这些都是董卿在没有剧本的情况下，作为一个优秀主持人的临场发挥。后来我们才知道，她每天都会在睡觉前阅读一两个小时，手机、平板电脑等电子产品坚决不带进卧室，能放在床头的只有书籍。

有人问她，这样的生活坚持10年、20年，难道不觉得累吗？

董卿坦言，这就是自己的生活，就像每天要吃饭睡觉一样。有时候工作特别累，到家就想要休息，但阅读枕边书早已变成她的一个仪式，每一页文字都等待她不断去发现内在的美好，她喜欢从字里行间探索生命的意义。

这是董卿给自己营造的小仪式，她的坚持让自己有了最美的回报。

心理学家荣格曾说，正常的身心需要一定的仪式感。因为有了仪式感，原本没有色彩的文字才会变得鲜亮而富有生气，那些充斥在生活中的琐碎事物也不再索然无味，回首一看，原来那些走过的一个个脚印已经串连成了我们人生的历程。我们的生活如此美丽，值得我们这样庄重地去对待。

仪式感是生活方式的延伸，全看我们愿意为其付出多少的时间。

仪式感的存在，如同在原本如荒漠一般的人生里绽放出点点新芽，最后连成一片绿洲。

比如开学时发新书，我们会认真地挑选好看的书皮纸，精心地包好书皮，这是一种仪式；日本人在吃饭前要对着面前的食物说一声"我要开动了"，这是一种仪式；还比如在值得纪念的时刻打开日记本记录下此时的感受，这也是一种仪式。

一个一个仪式，就像生活的调味剂，把平淡的白开水一点点勾兑成酸甜可口的饮料，构成我们生活中的小确幸，让我们的人生变得有趣和丰盈。它们让生活成为生活，而不是单纯的生存。

生活从来都不是用来对付的，而是要用心过好的。

张爱玲一生钟爱旗袍，竟然从未有人见她穿过裤子。她自己动手设计旗袍的式样并请裁缝为其量身定制。即使在异国他乡，经济十分拮据的情况下，她也从未放弃对旗袍的热爱。这是属于张爱玲的仪式感，一种风情万种的精致。

美食电影《喜欢你》中，金城武饰演的腹黑总裁路晋对食物异常挑剔，从食材到料理方式，甚至进食时间都有着严格的要求。去别人那里吃饭，除了自带食材以外，还会自备桌布，即使是最朴素的房间也会被他营造出高雅的氛围。这是属于路晋的仪式感，一种同时满足口腹与灵魂的挑剔。

即便是普通人，也有属于他们的生活和仪式，比如珍珍刚来北京时住在同学娜娜那里。珍珍来之前，娜娜很少做饭也很少逛街，房间里甚至没有一盆植物。珍珍来了之后，娜娜觉得有人陪伴的日子真好，做什么事都很有兴致。娜娜拉着珍珍去买了一盆花，郑重其事地对花说："你是我新生活开始的标志，以后请多多关照哦！"娜娜告诉我，这就是她的仪式感，我听过以后并不觉得她矫情，反而觉得她很可爱。给生活增加一些仪式感，可以让我们活得更精致，让我们疲惫的身心变得熨帖。

时光流转，生命中能让我们牢牢记住的，恰恰是那些有仪式感的经历。而绝大多数人平凡如你我，每天工作着、忙碌着，日子像流水一样逝去。真正能够让我们在以后的岁月一再翻阅的，一定是那些最特别的回忆。

据说，厨房可以判断一个女人的生活质量。懂得生活的人，会花很多时间在厨房里，她们对待美食就像制作手工艺品，而不是把吃饭当成一项把自己喂饱的任务。汤要精心熬制，菜要切得均匀、富有美感，高质量的餐具是必备的，每一道煮食步骤都有相应的厨具，绝不拿同一个汤勺混合。她们如此精细地筹划着每一道菜，好像在证明食物也是有灵魂的，需要被温柔对待。

一个人能够从家庭、事业、社交中得到很多幸福，但能令他拥有长久幸福的关键因素，却是发自内心的对生活的态度。每个人都是一盘磁带，拥有播放任何一面的机会，只是这个翻转磁带再播放的动作，需要你亲自去试一试。

我小时候很喜欢吃鱼，我妈就和市场上卖鱼的小贩混得很熟。有一天中午我放学回家，看到我妈做的是排骨，就吵着要吃红烧鱼，我妈无奈只好给小贩打电话。结果电话那头的小贩说："不好意思啊大姐，今天我陪我老婆过生日，所以不出摊。"平日时汲汲营营讨生活的小贩，也懂得在属于老婆的特殊日子时给她一份特殊的关爱，从而让生活变得特别起来。

我有个叫谢凌云的朋友，父母都是工薪阶层。一次他妈妈要去参加同学会，逛街的时候看上一件大衣，由于太贵，没舍得买。他爸爸却偷偷记下了，第二天专程去买下了那件大衣，当作礼物送给妻子。虽然这花掉了他小半年的积蓄，但他很开心。

谢凌云不懂爸爸为什么要这么做，爸爸告诉他，因为妈妈喜欢，因为妈妈穿上那件大衣很好看，还因为，作为工薪阶层的他，能给自己妻子的并不多。他仿佛看到妻子穿着那件大衣去参加同学会时，被同学们称赞后脸上泛起的笑容，他觉得比起这些，多花点钱也不算什么了。这是一个普通男人给妻子的仪式感。

我们被凡尘里最普通的人所感动，哪怕生活如此艰辛，我们在日夜劳作里忘记了抬头看星星，却依然不愿怠慢那些特殊的时刻，那些值得纪念的日子和值得陪伴的人。在这份仪式感的映照下，平日的辛苦、委屈和压力，得以被释放和安抚。仪式，是让平凡的日子发光的魔法，也是我们对平凡生活狠狠的报复。它提醒着我们生命中重要的人和时刻，并从中感受到爱、希望和生生不息的力量。

four

很多美好的记忆都跟仪式有关

因为有仪式感,你才记得那天的阳光和白云,还有他身旁的微风和眼中的光芒,相信每个女孩子都会向往一场浪漫的婚礼,对很多细节都会有特别的要求。在那个仪式上彼此许下爱的誓言,一生中记忆最深的莫过于此。

明星李小璐在办结婚典礼的时候,宋丹丹曾在微博上祝福,并且感慨万千。她说:"参加小璐的婚礼,几次眼泪涌上眼眶,突然明白,我为什么会有三次婚姻。因为,我从来就没有一次像样的婚礼。女孩们,别怕麻烦,一定要有个像样的婚礼!要当众的那份承诺,要许多人的祝福……"

有位主持过一百多场婚礼的司仪曾经很认真地跟我说:"我一直主张婚礼要有仪式感,要展现出我们对于内心情感的尊重!"

他的话让我想起前些日子黄磊在一档节目里对未来女婿的提前喊话。他说有一次去参加朋友女儿的婚礼,朋友在婚礼当天伤感地对他说:"都说女儿是爸爸的小棉袄,没想到这么快就挂到别人家的衣柜里了。"而拥有两个宝贝女儿的黄磊也感同身受地哭了,他说:"我也经常幻想女儿出嫁的画面。但是如果有一天,那个男的跟我女儿说,没有婚礼,我就会跟我女儿说,不要嫁给他。连那样的一个仪式都没有,我觉得是不对的。"

因为有仪式感，你才记得那天的阳光和白云，还有他身旁的微风和眼中的光芒，相信每个女孩子都会向往一场浪漫的婚礼，对很多细节都会有特别的要求。在那个仪式上彼此许下爱的誓言，一生中记忆最深的莫过于此。

婚礼对于爱情究竟意味着什么？

有朋友告诉我，婚礼就是爱情里最重要的一个仪式，是我们在这场感情里投入的心思、精力和努力的表现形式。

然后她反问我："不知道你有没有发现，现在人与人的感情变得不那么的可靠。为什么有时候人心说变就变？"

我摇了摇头，她就笑着告诉我："难道你不觉得，那是因为我们为爱情付出的越来越少，爱情的成本变得越来越低。而我们人类的本性偏偏就是付出越少，越容易不珍惜，于是，很自然的，我们慢慢开始把一场不劳而获的感情不当回事。"

她双手比画着，慢慢给我讲述了几个生活片段："就好比一个男孩看上一个女孩，他就直接问，你愿意当我女朋友吗？如果这个女孩拒绝了，那么这个男孩马上就转移目标，心里想，真是不知好歹，老子有的是女人爱。然后就这么错过了一个好姑娘。

"比如在一个盛大的节日，女朋友想要一份礼物，而男朋友却说，不就是个洋节吗？至于这么在意吗？还要破费，矫情什么呀？这时女孩就算嘴上什么也不说，但心肯定是凉的。

"再有，像男朋友第一次去拜见女方父母这种情况，如果男方空着手去，女朋友不高兴不说，女方父母也会觉得男方太没有礼貌，甚至否定男方的人品。

"还有就是求婚仪式，曾经目睹过这样一个场景：男孩直挺挺地站在那里问女孩'你愿意嫁给我吗？'周围的人起哄要求男孩跪下，可男孩却愤怒地说'男儿膝下有黄金，能求婚就已经不错了，再屈膝就是践踏我的自尊心。'结果，好好的一个求婚仪式，却弄得不欢而散。

"就算是结婚多年的夫妻，有些仪式也是要有的，比如结婚纪念日。如果老婆想吃顿烛光晚餐，弄个红酒配牛排，而老公却说：'你都是孩子他妈了，怎么还一天到晚想着这些没用的啊？'这样长此以往地忽略生活中的情感仪式，最后的最后，老婆和老公的感情就会越来越淡……"

朋友描述的事情，在我们身边时有发生。绝大多数人，每天只是一直工作着、忙碌着，看着日子像流水一样飞快地逝去，伸手抓之不及。我们在这样的日子里，着急恋爱，着急升职加薪，紧赶慢赶着结婚生子，抚养儿女。我们总说时间不够用，总是给自己找借口，总是不认真对待和享受自己的感情，我们慢慢把愧疚变成遗憾，又把遗憾转为破罐子破摔，最后生活被我们过成一潭死水，而我们还在不停地抱怨它的无聊和无趣。

有一句话用在这里很合适：好的生活各有不同，不好的生活却大致相似。

大部分人对生活都是没有自觉的。他们匆匆忙忙地活着，但是却不知道自己为什么活着，也没有想过自己应该为自己的生活负责。只有仪式，才能够提醒他们。

什么叫自觉呢？自觉就是你知道这是你的生活，你会主动去思考它、评价它、塑造它。如果你不具备这样的自觉，就容易将自己看作是生活的傀儡，或者根本没有"我"的存在，人家工作了，你便工作；人家说该结婚了，你就结婚；说该要孩子了，你就生孩子。或者你又太自觉了，自觉地把所有的经历都花费在追逐一些身外之物上，比如名利，比如成就。

圈子里一直流传着L姐的故事，她在预产期当天还奋斗在工作一线，跟同事开会讨论问题，阵痛开始时，她叫嚷着："今天一定要给出个结果，我现在下去打车，去医院生孩子，我出产房的时候，希望能收到今天会议记录的邮件！"

请相信，她就是这么的拼，平时更是轻伤不下火线。但L姐产后身体一直不怎么好，在陪客户喝酒应酬时诱发了胃出血，医生说必须要住院观察一周。大家在病房看到她的时候，她的面容特别憔悴，即使这样，她还惦记着工作，她对来看她的同事们说："公司最近在创市优项目，你说我这一病要落下多少进度？"

同事们都很关心她，想让她多休息一下，都跟她说这个世界少了谁都没事，这个地球没有你它也会照样公转自转。公司没有你，自然有人会分担你的工作，你现在就好好养病吧。

可是L姐还是心有不甘，其间主治医生来看她，她反复问了很多次，自己可不可以早几天出院。医生很是无奈，用一种近乎无药可救的眼神对她说："你的命都快要没了，工作干得再好，钱挣得再多又有什么用？"

L姐是个名声在外的工作狂和"拼命三娘"。她常常忙得废寝忘食，筋疲力尽，不仅业务干得好，同事关系也很融洽，深受领导喜欢。

其实前两年她就怀过一次孕，可她却非顶着大太阳去实地现场检查工作，结果不幸流产。但流产的第二天，她就强悍地直接去公司上班，坚决不休息。

L姐以为这对身体并无大碍，但医生告诉她，她的身体受到了很大的损伤，就连怀孕的概率也随之降低，可她却执迷不悟。还好，她又怀上了，这次，她总算稍微保养了一下自己，可是最后孩子生下来还是因为体重不够，在保育箱里待了整整一个星期才出来。

生活中，无数人为了工作牺牲自己吃饭睡觉的时间，牺牲自己与家人相伴的时间，甚至长期通宵达旦地加班，根本谈不上拥有生活的仪式感。于是越来越多的人努力了一辈子，到最后落了一身的病，晚年几乎在病房里度过。他们从来没有享受过生活，年轻的时候哪里也没去过，年纪大了也走不动了，除了账户里可能会有的一大串数字，什么美好的回忆都没给自己留下。

我妈妈就是一个特别重视仪式感的人，小时候家里并不富裕，但过年时妈妈一定会给我买新衣服新鞋子。我知道有时她手头很紧，就连我爸都会说，要不就别买了，有穿的就行。可妈妈总是说，过年了，再怎么也要让孩子穿上新衣服、新鞋子。于是，每个新年我都会穿着新衣，干干净净、整整齐齐地去给亲朋好友拜年，真切地体验着过年的温馨。

除了新衣新帽，我还有其他的收获。每年年三十早上睡醒后，我都会把手伸到枕头下面，那里一定会有一个妈妈给我的过年红包，里面装着压岁钱。这笔压岁钱我可以任意使用，通常我会买一些自己心心念念很久的东西，如烟花和火炮、好看的小说，还有好多零食和崭新的文具。直到现在，我还很怀念小时候拿压岁钱的日子。

年三十那天，妈妈很早就会把家的里里外外都打扫得干干净净，还会念念有词地往大门上贴对联，在玻璃窗上贴红红的窗花，花瓶里也要插上几枝特意去花市买来的幽香腊梅。看着装点温馨、年味浓郁的家，我的心情也随之焕然一新。

有那么几年，我们常常搬家，可无论搬到哪里，妈妈依然年年不落地买对联。她个子不高，买的对联却很大。爸爸嫌麻烦不肯贴，妈妈就自己搬了凳子，小心翼翼地站上去贴。

我纳闷地问她："干吗非得买这么大的？贴起来好麻烦。"

妈妈就跟我说："过日子嘛，图个吉利，贴满了第二年才能红红火火的！"

小时候的我听得似懂非懂，长大后才明白，那是妈妈对生活的一种仪式感，这会带给她对新一年的希望和热情。

我是腊月十八的生日，正赶冬天，每年过生日的时候，妈妈都会在早上给我煮个鸡蛋，中午下一碗长寿面，她会在叫我起床的时候，把鸡蛋在我身上滚一滚，一边滚一边嘴里念念有词："滚一滚，霉运去；滚一滚，好运来。"在我吃面的时候，她会一直守在旁边，不断叮嘱我，千万不能把面条咬断，要长命百岁，长长久久。这些一年一次从不落下的仪式深深地刻印在我的心里。以前并不觉得怎样，长大离家之后才发现，原来这些程序化的仪式，恰恰是不善言辞的妈妈所能表达的全部的爱。

所有美好的记忆都跟仪式有关，从我们每天起床开始，到一天结束；从年初开始，到岁末结束；从出生开始，到终点结束。日子常常快得来不及细数，如果每一天都只是急着向前奔跑，到最后才恍然发现我们能握住的少之又少。相反，慎重地对待每一天、每一刻，用仪式感丰盈生命，丰盈爱的表达，我们才会被满满的幸福包围。

别对什么都不屑一顾，别羞涩于表达，尤其是对家人、爱人。他们需要你认真地对待，爱不仅需要你倾听，更需要你倾诉。用丰盈的仪式感，表达你的敬意、爱意，和你对美好生活的向往，这会带给自己和你所看重的人最圆满的幸福。

如果你相信人的精神世界远比我们所处的外界环境更能够决定一个人的幸福感，那么请相信我，真正值得我们在经年累月中一再翻检的，一定是那些特别的回忆。而这份特别的回忆中，往往少不了仪式感。

five

我们总需要一些仪式来开始或者结束些什么

有些东西，我们可以大言不惭地说不重要；有些仪式，我们可以让自己不小心错过。可是，你忽略的那些经历其实很重要，你错过的也许是我们生命里最值得铭记的感动和忧伤。

在物理学中，力是相互作用的。在生活中，人与人的关系同样也是相互作用的。那些来过的人，离去的人，相知或者相忘，相伴或者永别，会带走些什么，也会留下些什么。

前任说，和我分手后，她会把我的微信拉黑，电话号码删除，照片合影之类的东西都烧掉，电脑手机的记录全部清空。我用过的毛巾碗筷、睡过的床上用品、穿过的拖鞋、我送她的礼物统统打包，直接扔进楼下的垃圾桶。她还会花大价钱请专业的保洁公司来个彻底的大扫除，之后还要消毒，彻底清除有关于我的所有痕迹……

我觉得她这样做很好，要断就断得干干净净。虽然我嘴上说我会跟她做同样的事，但私下里我把所有和她有关的东西，都封存在一个箱子里，放在房间平时不会触及的角落。也许我有一天会再次打开它，也许我一辈子都不会再看一眼。这是某年某月的某一天，我和前任和平分手以后，各自的决定。

收拾东西的时候，我不是没有嘲笑自己，为什么非要这样惺惺作态？后来我发现，如果我什么都不做，就好像没有给这段感情一个交代，心里总是有些牵挂。最后一次见面时，我问她："可以最后抱一次你吗？"

她问我："怎么，你不会还有点不舍吧？"

我老实回答她："没有，只是无可否认，你变成了我的曾经，说要完全忘掉，那是骗别人也是骗自己，我会尽量不再想起你。还有，我确实需要这样一个简单的仪式，和曾经的爱做一个正式的告别，骗你为我流最后一滴眼泪。然后再见，即再也不见！"

求爱需要一个仪式，不然就是轻薄；分手也应该有个仪式，不然就是逃避。我一直这么认为，所以我让她先走，我看着她的背影慢慢消失在人群里，转身回家，尽量忘掉关于她的事情，因为这件事情总算有了一个了结。

回家的路上，我打电话把我分手的事情告诉了老妈。老妈在电话那边一个劲儿叹气："你怎么又分手了啊？你这个样子什么时候才能结婚？你说我到底什么时候才能收回我给出去的那些份子钱啊？"

我连忙问她："到底是我的幸福重要，还是你的份子钱重要？"

老妈很诚恳地告诉我："幸福重要，份子钱也必不可少啊！你就说说杜宇诺和关爽吧，那两口子从结婚到生娃，现在又怀了二胎，你可是一回都没有落下！人家没有机会还你礼，你不能不给大家这个机会！而且你究竟知道不知道，你们这代人结婚纯粹是等于敛财！敛财这么好的事情你还不赶紧做，等着干吗？"

送出去的总要有机会拿回来，这才符合大多数国人所谓的礼尚往来，但是对于我来说，结婚不是为了有一天能拿回那些份子钱。我一直觉得结婚只是我自己的事，何必在乎别人是否参与。但是老妈也说了，不需要你大茶小礼，三媒六证，可是你至少要有一个结婚的仪式，就算简单，也要穿上礼服，站在红毯的尽头，等待你美丽的新娘，穿着象征着纯洁的婚纱在亲友们的祝福声里，缓缓向你走来。这是你对所有亲戚朋友的尊重，也是你对新娘的责任，以及对养育你的父母的一个交代！

也许很多人觉得，办满月酒、百日酒毫无意义。但是一位孩子妈妈跟我说，她可以借此机会告诉大家，她的宝宝来到了这世界。

有生，就一定有死。最遥远的距离是永远，最沉重的痛苦是失去，而最不能原谅的遗憾是错过。直到如今我依然在祈求原谅，原谅我错过了生命里两个非常重要的人的死亡。

抱歉，我用了"错过"这个字眼儿，说实话，我认为"错过"就是理性占据了上风，是你在该用情感的时候动了脑子，而这种选择的过程相当残酷，也十分痛苦，这种痛大多数人都能明白，但是却无论如何都不肯承认。我真的情愿没有这样的错过！

有个医生朋友告诉我，流血和伤口都不可怕，可怕的是疼痛，所以用了麻药以后，他可以不用顾忌病人的感受，只信任自己的专业。而我真心觉得，清醒才是这个世界上最苦的药剂，因为它起着与麻醉药完全相反的作用，所谓生不如死、痛不欲生说的就是这种情况，但有时候我们也不得不忍受残酷的现实带给我们的刻骨铭心之痛。

我怎么能忘记，爷爷弥留期我没在他身边这件事情。

我清晰地记得，自己一个电话接一个电话地打过去询问情况，在化妆间的时候、在机场候机的时候、在凌晨3点钟的时候，我甚至觉得那两天自己有些不正常，我总是怀疑他没有咽下最后一口气，他在等我。而我却因为合约在身，还在镜头前强颜欢笑。

有时候连我自己都觉得自己好残忍，我问自己：你打电话过去，究竟是为了什么呢？为了关心？还是为了放下，抑或是为了得到他永远闭上眼睛的消息？

妈妈跟我说，现实真的很残忍，所有人在爷爷弥留期匆匆赶来，在门外等待，只为了等他死去。而凌晨一点多，我接到爸爸电话的时候，他几乎是用尽全力保持着冷静告诉我："你爷爷走了，他的事情我会处理。我告诉你，你知道就行了，快睡吧，不要影响你的工作！"可我又如何睡得着？

外公去世的时候，妈妈也是在最后一刻才告诉我："你外公在×月×号走了，过几天就要下葬，你有时间可以回来，我替你买了花圈，我们不勉强你。"我的父母都太理性，因为他们知道我对事业的态度与执着。所以，为了我所向往的事业，他们掩饰了死亡，掩饰了外公和爷爷的死亡。但这又何尝不是他们对我爱的表现！

外公得的是喉癌，在最后的日子里喉道里插着管，每天只能灌进去一点流食，妈妈告诉我，外公最后几天总是说疼得受不了。

可子女们，又能做什么呢？

一切都是那么的无奈，我想，与其这样痛苦，还不如有个痛快的了断！但是就算外公自己提出这个要求，也不会被允许。

有时候，人生就是这么无奈，我们连自己什么时候死去，都无法选择！

我们只能等待，等待疼痛熬干了生命最后的一点生机，等到病魔抽走我们血管里最后一分的活力，等到时间煎熬了我们细数的一分一秒，才油尽灯枯永远闭上眼睛。含泪告别，永远逝去。我爷爷当时是心脏衰竭加肝病等并发症，医院已经不接收了，但是在他生命的最后一刻，他说他还不想死，他说他想看着我结婚生子，他让我爸爸给我在北京买更大的房子，他告诫爸爸，兄弟姐妹之间无论有什么问题都不要吵架，要照顾这个家。

他在生命的最后一刻，挂念的还是这个家。他不想死，因为他对这个家还有那么多的期待，他一生坚持做自己认为对的事情，让家庭和睦，亲人间不要有任何纷争。

可是他还是没有看到我结婚生子，我为此遗憾，也为此抱歉，但我相信，爷爷会一直在天上看着我，看着我努力，看着我幸福快乐。

有些东西，我们可以大言不惭地说不重要；有些仪式，我们可以让自己不小心错过，可你忽略的那些经历其实很重要，你错过的也许是生命里最值得铭记的感动和忧伤。

我们需要一些仪式来开始或者结束些什么，所以阿劳德·凡·盖内普将所有的仪式都概括为"个人生命转折仪式（包括出生、成年、结婚、死亡）"和"历年再现仪式（例如生日、新年、节日）"，并将这些仪式统称为"过渡仪式"，同时还提出了仪式过程三段论，即隔离阶段、阈限或转换阶段、重整阶段。

简而言之，人生本无意义，而人们却可以给自己的生命赋予意义。人们通过仪式和仪式感赋予人生和宇宙无数的意义，使人本身显得具有价值。但是在这个如此缺乏仪式感的世界里，我们往往会失去很多机会。

很多人讨厌婚礼，讨厌葬礼，讨厌那些繁文缛节，认为所有的客套都是假惺惺，所有的祝福都无关紧要，所有的节哀都是你永远也不懂我的忧伤。殊不知，在这些繁杂里才能照见简单，在一切世俗中才能照见脱俗，在一切喧闹中才能照见沉静。因为只有这样，你才能在人生的种种仪式中继续找到自己、坚守自己、懂得自己。不然，你就会被繁杂、世俗、喧闹淹没，忘记了来路，也看不清去路。

我们最终都要离开这个世界，这是人生唯一必然的结果。所有的仪式都是人生的一个过程，在我们朝着结果去的过程中，要让自己幸福快乐，把人生的每一个仪式当成一种经历的积累，而不是一个结果。

我们需要仪式来开始或者结束些什么。所以从明天起，我起床后会先穿好衣服，认真洗漱；然后喝一杯蜂蜜水，在轻音乐的陪伴下用心吃早餐；多吃蔬菜，少吃多油食物和垃圾食品；中午吃完饭站立一刻钟，下午一点半睡个午觉；每天看一个小时的书；走路记得靠右；周末跟家人通一次电话……让自己拥有健康的生活和稳定的价值观。

我会郑重地告诉自己，就算一件事情没有抵过挫折而最终走向完结，但仍要认真并怀抱希望地去迎接下一个开始。仪式感正是让我们相信事件的确定性，并让我们产生安全感的工具。我始终相信，拥有仪式感的人不是矫情地非要去把握一些虚无缥缈东西，而是他们相信生活一定会带给他们满足，所以他们也会比别人更容易感知幸福。

PART 2

把时光的美好收集在身边，用朝圣
般的仪式开启生活的每一天

如果没有仪式感，那昨天和今天有什么区别呢

真正的生活品质是回到自我，清楚衡量自己的能力与条件，在有限的条件下追求最好的事物与生活。在外，有敏感直觉找到生活中最美好的东西；在内，则能居陋室而依然能创造愉悦多元的心灵空间。

摄影师滨田英明为自己的孩子制作了一本网络相册，从妻子怀孕开始这个相册就不间断地更新，人们可以很清晰地看见他们的生活。看见时间在他们的生命里缓缓流淌，他们的生活慢慢由两个人变成三个人，孩子在成长，他们在慢慢变老，日子一直在继续，相册更新也一直没有停止。

滨田英明给自己的这个相册取了一个很贴切的名字：我怀着对未来的憧憬，捕捉过去。他说，假如我能活到70岁或者更久，那个时候回头看我拍过的这些东西，会有什么样的感受呢？一定是无法用语言来表达的吧！

跟滨田英明的相册一样，我们的朋友圈也是记录生活的一种工具。但说实话，有时候我真的不喜欢朋友圈这个东西，因为大多数人只会把自己最美好的一面展示出来，即使偶尔发些烦恼和不愉快，也不过是吐槽或者倾诉。今天做了什么、去哪里旅游了、吃了多少山珍海味、我和爱人手牵手漫步、我孩子熟睡的时候真的很可

爱……即使不开心，也要有一个不开心的理由；我吐槽是希望大家能和我同仇敌忾；我这里下了大雨，你那里是否天气晴朗？

在看完别人的朋友圈以后，是不是恍惚觉得他们的日子每一分每一秒都既有意思又有意义，无比充实。可是没有道理啊，人生总有一些时间是放空的、发呆的、无聊的，甚至没有任何意义。比如你会为了减肥在小区里一圈又一圈地走，你把衣橱重新整理收拾，你给朋友们拨打电话，淡淡地聊几句……

有时候我会跟朋友们抱怨日子无聊，几乎所有的朋友都不相信。他们说，你无聊可以写书，可以画画，还可以做手工，你有那么多的事可以做！没错，我们可以在无聊的时候给自己找些事情做，可偏偏所有会的事情、擅长做的事情，在无聊的时候都不想做，真是无奈得很。

朋友无话可说，鄙视道："你这叫自己难为自己，说难听点就是作！"

没错啊，我承认，可是谁不作呢？

谁不是这样过日子的？有时欢喜有时愁，大多数时间都觉得自己过得毫无意义。谁又不是在某些事情上重复了一遍又一遍后开始腻烦，包括做爱做的那些事。所以，我是不是应该在平凡的日子里，给自己找些新鲜感，无聊也是自找的，怨不得别人。

我曾经问过朋友，有没有过属于自己的仪式感。

有人告诉我，他习惯每天将车子在停车位上停稳后，打开车载音响，闭上眼睛静静地听上10分钟。听什么不确定，有时是喜欢的歌手的CD，有时仅仅是交通广播节目。只听10分钟，时间一到准时提包下车，然后在夜色中快步走回家。无论有多晚，家里都会亮一盏温暖的灯等着他。

有位全职妈妈，她大大的手提包里，除了孩子的奶瓶和纸尿布，还有一套简单的水彩画具，这样，她就可以在紧张的生活中忙里偷闲画上几笔。每次翻开画册，在一页页五彩斑斓的图画世界里，仿佛可以看到平凡生活之上的乌托邦。她还会在周五下午把孩子们送到爷爷奶奶家，自己穿上好看的衣服，化淡淡的妆，不开车也不打车，而是坐着公交车在城市里转悠。一个人吃饭喝茶看电影，就像没结婚没生孩子时那样，不疾不徐，享受属于自己的自由时光。她说，女人就是要有一些时光用来浪费，用来滋养自己。进入为自己设计的特定仪式，你会发现，你因为爱自己，心地变得柔软，生命变得与众不同。

于丹曾经在她的《人间有味是清欢》一书中说，在一天的时光当中，她最爱的是斜阳照亮的光阴。接下来，她讲了一个从落日余晖中得来的感悟。

一次在朋友王先生家做客，晚餐后和朋友夫妇一起欣赏斜阳。突然，王先生问她："一个月前的今天，这个时候，你在干什么？"于丹拼命回忆，但她确乎想不起来一个月前的这一天傍晚自己是不是在家里，甚至都不太确定自己是不是在北京。于是王先生就又问："那么，十天前的这个时候，你在干什么？"于丹再努力回忆，似乎当时自己不在北京，做了什么也都忘记了。王先生只好再问："那么三天前呢？还记得吗？"于丹告诉他，三天前的傍晚自己应该是在准备行李，那只是平淡无奇的一个寻常黄昏。王先生笑了，他告诉于丹："我们生活中绝大多数时光都会被忘记，但我要让你记得今天这个傍晚，记得在我家阳台上看过的落日。"说出这句话的时候，王先生满眼熠熠的光彩。

就在这个落日之前，于丹刚刚在王先生家吃过一碗牛肉面。为了这碗面，王先生亲力亲为，提前两天炒好酸菜，用冰糖细细地焖。于丹到的前一天晚上，他开始熬牛骨汤，用小火炖牛筋。等到于丹进门前一个小时，他才开始炖牛肉。在于丹喝第二杯咖啡的时候，他的太太开始往滚开的水里下面。简单的一碗牛肉面，他们夫妇用两天的时间来准备，用心得让人动容。无疑，这是一个美丽而难忘的下午。

尽心过好当下，抓住眼前美好的瞬间，慰藉过去，展望未来，我们的人生也会少一点遗憾，多一点无怨。

会生活的人究竟长什么样？

他们的外表不尽相同，但有一点是可以肯定的是，他们都有一颗热爱生活并积极改变的心。

林清玄在一篇文章里说过：

> 真正的生活品质是回到自我，清楚衡量自己的能力与条件，在这有限的条件下追求最好的事物与生活。再进一步，生活品质是因长久培养了求好的精神，因而有自信，有丰富的心胸世界；在外，有敏感直觉找到生活中最好的东西；在内，则能居陋巷而依然能创造愉悦多元的心灵空间。

古人在物质匮乏的年代，尚且会沐浴焚香，抚琴赏菊，营造生活的仪式感。而拥有便利生活条件的现代的我们，就更应该保持对生活深深的热爱。即使不能做得十分周到，至少应该让生活慢一点、庄严一点，这样，生活的色彩也将多一点。

买菜时顺便买一束花，在花香弥漫间，工作的辛苦、生活的烦恼就会一扫而光；在洗手间郑重其事地放一台香薰机，这狭小的空间会瞬间充满文艺气息。即使是换一换香薰的味道，也会使这一天变得有所不同。我们的大脑会自动记忆这些小确幸。这些小确幸，既是小小的仪式感，也是疲惫生活里的诗和远方。

现在，你可以试着闭上眼睛认真地去想一想，真正能够让你在经年以后的岁月中，值得一再翻检的，一定是那些特别的回忆。而在这特别的回忆中，往往少不了仪式感。

我们通常不缺少方向、目标，甚至也不缺少奋斗，但有时我们需要停下来，丰富我们的人生。

在平凡的生活里有什么是值得你一再回味的？有什么是值得被你镌刻在生命里的？有什么能在岁月刻下的生命之痕里，一直留香？那就是仪式感。

千万别小看那些拘谨、刻板且重复的过程。正是在一次次精神的洗礼之后，才会寻找到归属感，寻找到生命中沉甸甸的精神果实。

记住一个寻常日子的理由往往是因为自己在这一天投入了特别的努力和诚意，这些偶尔降临的，如星星般的小确幸，点缀着我们平凡的生活，让生活充满愉悦，让琐碎远离疲惫，还有一点隐秘的快乐。哪怕生活每天都充斥着不完美，但我们依然能保持昂扬的斗志。一边是人间烟火，一边是幸福童话。

能让你过得好的不是金钱抑或其他，而是你自己

很多人穷极一生追求物质的富足和事业的成功，丝毫不敢懈怠，生怕时光流逝辜负了亲人们的殷切期盼，冷落了老有所依的美好结局。然而，如此努力的我们，却把本该简单快乐的生活，硬生生过成了"生"和"活"。停下来，仔细想想，对自己好一点不会错，对自己好一点，才有力气继续上路。

在一些人心里，如果房子是租来的，就会没有安全感，也不会珍惜。不曾拥有，何谈守护？所以房子一定要是自己的。

于是有生之年买一套房子成为很多人的极致追求，所以中国的房市一直很活跃。那么租来的房子，就没必要花钱去装修，更别说花40万元装修一套出租屋！

这件事在很多人听来都不可思议，房东要是知道这事儿，估计睡着了也会笑醒，但是有一对小夫妻真的这么做了。

室内设计师伊冯娜（Yvonne）一家三口租住在北京的胡同里，她花了40万元来装修租来的院子。北京的房价让她望而却步，夫妻俩算了一下，要实现买房梦想，就会影响孩子之之的童年。总不能因为手头拮据，就让孩子最美好的时光被浪费掉。

改善居住环境是伊冯娜给自己和家人的仪式，在这个仪式里充

满了她对未来生活的期待和憧憬。40万元，够在郊区支付一套房子的首付，但那样一来，他们就没有多余的钱来装修了。所以他们干脆选择租房子。但租来的房子也不能有丝毫马虎，一家人在这里过的是自己的生活。于是，身为设计师的伊冯娜对相中的房子动起了脑筋。她的设计灵感来源于动画片《龙猫》里的一个场景：两个孩子推开门，赤着脚在小院子里跑来跑去。她很想给儿子之之这样的一个成长环境，她说："现在才是最重要的，虽然房子是租来的，但是我们的生活却不是。"

现实告诉我们，这个世界从来就没有什么世外桃源，没有什么岁月静好，没有任何东西一早就预备好了等你享受。若对生活没有任何要求，生活回报给你的只有荒芜。

刚毕业不久的小X虽然月薪不高，工作却是自己喜欢的。她不愿把时间浪费在上下班的路上，她希望下班回家后能泡一个热水澡，躺在大大的软软的床上睡一个安稳的觉。于是，她用一大半工资租了一套距离单位很近，可以步行上班的精装修房子。

剩下的工资只够她支付日常开销，她光荣地成为这个城市里常见的月光族。一年到头忙下来，也没什么积蓄。

但小X并不认为没有积蓄是一件多么糟糕的事，她坚信这种处境只是暂时的，她要照顾好自己，这样才能有充沛的精力工作和学习，才能有对生活的渴望。可朋友和家人并不理解这些，他们纷纷为此责难小X，家里人还让她赶紧把现在的房子退了，找个几百块钱的房子凑合能住就行，头顶上有片瓦遮雨即可，别年纪轻轻就追求享受生活！

小X很苦恼，难道自己想住得好一点，在繁忙的工作和压力巨大的竞争之余生活得舒适一点，错了吗？年轻就必须省吃俭用，苛待自己吗？

她叹气道，生活本身已经很辛苦了，又何必自讨苦吃？

很多人穷极一生追求物质的富足和事业的成功，丝毫不敢懈怠，生怕时光流逝辜负了亲人们的殷切期盼，错过了老有所依的美好结局。然而，如此努力的我们，却把本该简单快乐的生活，硬生生过成了"生"和"活"。停下来，仔细想想，对自己好一点不会错，对自己好一点，才有力气继续前行。

不要活得太潦草，谁说一个人吃早餐，就不需要精心准备认真摆盘？并不是为了发朋友圈炫耀，只是想给一天的好心情写个序言。把浴缸注满水泡个热水澡，点几支香薰蜡烛，敷个美白面膜，放松身心，享受生活。虽然房子是租来的，但是生活不是，卧室的飘窗上总会有一束花，客厅的茶几上总会泡一盏茶。一个人在陌生的城市打拼，尝遍生活的酸甜苦辣，但用心经营，生活就会充满令人羡艳的幸福。

我支持小X的做法，一个生活和事业刚刚起步的女孩，在压力山大的当今社会让自己生活得轻松舒适并没有什么不对。相反，这让她的身心有了一个缓冲地带，能够轻装上阵，更好迎接命运的挑战。

但是现实生活中真的有很多人，即使月薪上万元，年薪几十万元甚至上百万元，却仍旧把日子过得浑浑噩噩。赚再多钱也要省吃俭用，对自己苛刻，对别人鸡贼，省来省去，把自己身体的健康，友情的互动，爱情的浪漫，甚至是亲情的陪伴都给省掉了，得不偿失，又有什么意思呢？

也许有人要说节俭是美德，可是节约过分了就变成了抠门。难道你真的想自己成为泼留希金或者是欧也妮葛朗台？

日子是要过得滋润，而不是省得清苦，又没到揭不开锅的地步，何苦那么自虐呢？

当然，有很多人每个月都能存下自己大半个月的工资，虽然他们银行卡上的数字，每天有条不紊地在增加，可是生活却总是过得乱七八糟，脏衣服堆积成山之后才想起来要洗，用过的碗筷要存到发了霉有了臭味才想要刷，一有空就宅在家里垃圾食品不离手，熬夜到凌晨不睡，早上眼看着要迟到了才起床。这样的人对生活根本不用心，工作自然也不会如意，甚至感情也很难顺利。

反之，有些人并没有很多积蓄，赚的也不多。但是会对朋友大方；会善待自己；会合理地安排好自己的时间；即便是住出租屋也会把家里收拾干净；会有长期坚持的生活小习惯；会跟朋友定时聚会，一起看电影，一起唱唱歌；会记得父母的生日；给亲人买小礼物；会坚持锻炼身体；会早睡早起，每天读书；会穿着得体地出门；会买自己喜欢的东西，即便要攒很久很久的钱。他们知道，只有如此用心地生活，才不会有辜负生命的遗憾。

一次在朋友家看一段视频，节目里一位嘉宾的话让现场的人很感动，她说自己和妹妹难得见面，每次吃饭她都要买单。又说到她和学生的事，她从学生那里听到好多故事，所以吃饭也一定是她请。她不会省钱，可她却能得到很多陪伴和温暖。

我跟身边的朋友说："这是个有生活的人。"他撇撇嘴反驳我，说："这个人一定特别有钱！站着说话不腰疼！"

很多人会把自己过得不好归咎于自己穷，没有钱。他们总喜欢说："我家境不好，穷到掉渣。人不能选择自己的出身，谁不想像王思聪那样有个首富爸爸。我能怎么办？"

我是学生，我没有钱！

我刚刚工作，我没有钱！

反正大家都是没钱就凑合着过算了！

可是，别人是怎么过的对于你来说，重要吗？

重要的难道不应该是你究竟想过什么样的生活？

没钱可以花心思，没钱并不代表没有追求，没钱也可以有情趣、有创意，难道没钱就注定这辈子过不好？

没钱，不意味着没有自我。生活除了必要的花销，还需要取舍，一味地计较得失，最后只能一无所有！

去过一种不太计较的生活吧！做一个活着的人，不要用行尸走肉的方式去生活。钱不是万能的，没有了就去赚，留着不是万能的东西，最后你只能变成一无所有的乞丐。

蔡康永曾说过，时间的珍贵，是最不可抵抗的一个花费。就算过得不好，也千万不要破罐破摔，不要随便去凑合，你应该要去寻求改变，改变还要从你自己开始！

没有钱就会过得不好？没有钱就完全没有开心和幸福？

答案绝对是否定的，因为我就知道有这么一个人。她每天都会去健身，每个周末都会去打网球、游泳，总是把自己打扮得漂漂亮亮的，用最新款的手机，想吃什么就吃什么，住着月租几千元的小公寓，打车上下班。很多人都在背后猜测她是个富二代或者月薪几万元，甚至有人猜她被人包养了。但我清楚，她一个月最多赚七八千元钱，不是富二代，更没有被包养，她只是不想把钱都省在荷包里，而是聪明地把一元钱用出了三元钱的价值。

她选择过喜欢的生活，坚持运动，吃好吃的，她不会为省钱而委屈自己。她精打细算，从不有用没用地买上一大堆；她住得离公司近，打车起步价就可以到达；她不图便宜买山寨货高仿货，她的衣服和鞋子并不多，但每件都是经典款，可以重复搭配；她的手很巧，很多小首饰和送朋友的礼物，都亲自动手。她把有限的金钱最大价值化，过有品质的生活。

很多人怨天尤人，为生活的种种不如意，失败和窘迫，找到若干个理由，给自己的不努力找出诸多借口。但与其把时间浪费在自怨自艾上面，还不如多想多做，努力去改变。这世界对大多数人来说都不是桃花源，每条星光璀璨之路都必定布满荆棘，但那却是我们通往未来的必经之路！请相信，你为了过上想要的生活而努力奋斗的样子，很美！

一个人对美好生活追求的缺失，才是人生中最可怕的贫穷。

真正的幸福和快乐，不来自出身和金钱，而是让自己的心得到满足，不攀比、不张望，专注自己，用心生活。能让你过得好的不是金钱抑或其他，而是你自己。

现有的日子太苦太不好看，需要"仪式感"来美化

也许有一天，你被生活中鸡毛蒜皮的琐事浸泡久了，在婚姻的油腻里倍感疲惫，或者某个时刻他让你顿生失望，你望着窗外的白月光，陷入深刻的自我怀疑，当初的白玫瑰变成了别人衣服上的饭黏子，还可以看看手指上这一抹光辉，它会提醒你们曾经因为相爱而结合。

一对恋爱长跑多年的朋友准备结婚，两人先是因为买房、装修、家具的审美品位不同不断吵架并冷战，然后又因为买了很多不必要的东西而花光积蓄背上债务。

女方沮丧地跟闺蜜说，自己不打算买婚戒了，随便买一对高仿戒指在婚礼上做做样子就行了，反正也没有人能看出真假，而且婚后也未必会戴。就算买了婚戒，因为婚礼现场人多手杂，很多人都选择用替代品。但闺蜜劝她："不要如此敷衍自己。不是说无名指中的有一根血管直接连接心脏吗？生命的重要时刻，哪怕不是名牌，不是钻石，也要用心挑选，再刻上双方的名字和婚礼的时间，那是你们专属的纪念品。"

后来他们还是去买了一枚小小的钻戒，给妻子戴上戒指时，丈夫说："以后我会给你买个大的。"但是妻子说，不管以后他给她买多大的钻戒，她都会永久珍藏这枚小戒指，因为她懂得这份礼物

背后的爱和成全。

围城里的生活，就算再精彩也难免会有倦怠的时候。也许有一天，你被生活中鸡毛蒜皮的琐事浸泡久了，在婚姻的油腻里倍感疲惫，或者某个时刻他让你顿生失望，你望着窗外的白月光，陷入深刻的自我怀疑，当初的白玫瑰变成了别人衣服上的饭黏子，还可以看看手指上这一抹光辉，它提醒你们曾经因为相爱而结合。

馨馨上大学时是班花，她和男朋友是班里的模范情侣，虽然男朋友柏杨没钱又没颜，在追求馨馨的男生里条件几乎垫底，但馨馨却义无反顾地跟他在一起。他们来自同一个小城市，对对方的穷困和梦想感同身受，所以他们更能互相理解、互相扶持、照顾彼此。

从大一开始他们俩就一起兼职，做家教、发传单。馨馨说虽然跟柏杨一起会很累很苦，经济上不宽裕，但她却感觉很幸福、很实在，对生活和未来充满希望。其实，大部分女生并不是因为男生家境不好才离开，而是发觉跟这个男生在一起不踏实，甚至总也看不到未来。柏杨对馨馨很好，关怀备至，除此之外的精力都放在学习和创业上，他发誓要出人头地，给馨馨最好的生活。

善良的姑娘总有好运气，大四毕业以后，他们在学校旁边开了个代收快递的加盟点，随着网购大潮的袭来，快递行业迎来红利期，馨馨和柏杨的网点迅速壮大。两三年的时间，就发展成规模不小的快递公司。当同学们为了涨工资不断面试跳槽的时候，他们已经成了老板给别人开工资，令同学们艳羡不已。

当大家知道柏杨跟馨馨分手的消息时，第一反应是柏杨有钱之后变了心。可是后来大家才知道，事情并不是他们想的那样，他们有钱有房有车以后，柏杨甚至比上学时对馨馨还好，他说他终于可以跟别的男人一样给心爱的女人买很多好看的衣服和奢侈品，他会在周末给馨馨订一束鲜花，穿戴整齐带她去高档餐厅吃饭；在一笔业务谈成以后跟馨馨去旅游。而馨馨却认为他们现在拥有的东西来之不易，她不需要这些仪式感，觉得这是在浪费时间和金钱！

她拒绝柏杨用心为她准备的礼物，甚至把礼物送去变卖，柏杨给她的惊喜都变成了空欢喜，她甚至要求和柏杨经济独立，她只在乎银行卡上的数字。终于，柏杨提出分手，房子、车子和公司都归馨馨，柏杨说他想要的生活不是这样的，不能只有工作和钱，当自己有能力为馨馨付出时，她却不给他这个机会。虽然事业小有所成，但感情却十分挫败。

M是一家知名IT公司的技术总监，近两年公司发展越来越好，他也越来越忙，薪资待遇也越来越高。但就在他风生水起、春风得意的时候，老婆却突然提出了离婚。

M感到非常不可思议，他不停地给老婆打电话、发信息、写邮件，翻来覆去地问同样的问题：我在外面辛辛苦苦、拼死拼活，挣钱养家，供你吃，供你喝，让你和孩子过上好日子，我对你这么好，你还不满足？为什么还要跟我离婚？

老婆说，不要打电话，不要发信息，能不能找个时间我们面对面好好聊聊？

M说，我很忙的！今天也要加班，有什么事情不能在电话里说吗？

于是老婆说，那就等你有时间我们再说吧！

M同意了。不想一等就是三个月，M一直没有时间跟老婆见面聊聊。当他终于有空跟老婆坐在一起时，他们的婚姻已经进入签订离婚协议的阶段。

M坐到老婆对面的时候，她跟他说的第一句话是："我担心你连签离婚协议的时间都没有。"她接着说，"当初嫁给你是想和你一起奋斗，好好经营我们的家庭。可结婚后这些年，你眼里根本就没有我，也没有我们这个家。晚上即使已经下班，你不是在公司加班，就是出门应酬，好不容易回家吃顿晚饭，也是一边吃一边打工作电话。周末你关在书房里写报告，做计划。无论我跟你商量什么事，你都心不在焉地说'你看着办'。有好几次我对你说'我们离婚吧'，你也点点头说'你看着办'。"

离婚以后，M的儿子坚决要跟着妈妈一起过，对他没有丝毫的留恋和不舍。M这才发现，原来在儿子心中，自己是一个不称职也不值得爱的父亲。他幡然悔悟，儿子长这么大，他很少陪伴他，也没能见证他的成长。

离婚后，M回到空荡荡的家，突然很伤感、很委屈，自己拼命工作究竟为了什么？不就是为了这个家吗！可现在老婆儿子都不要他了，他把这个家忙丢了。

职场与家庭是人生的重要内容，哪个更重要？现实且理性的人会说不知道！

虚伪的人会大喊感情至上，不知你有没有发现，大家真的都好忙！跳槽是家常便饭，分手只需发个微信告知对方，就连离婚签字也一挥而就，痛哭流涕这种戏码都无心上演。

现实生活中，很多人为了工作放弃了家庭的义务和责任，他们不断把天平往工作一侧倾斜，以至于把好好的家拆散。

事业和家庭确实很难两全，但是我们有没有问过自己，在有限的家庭时间里，是否做到对家人有质量的陪伴，哪怕是跟家人一起吃顿饭，认真听爱人说几句话，跟孩子玩几分钟游戏？

很多男人认为只要事业有成就可以免去一切责任，用挣到钱来抵消作为丈夫和父亲的失职。殊不知再多的钱也买不到感情，更无法弥补孩子教育中的缺失。只有懂得平衡好家庭与事业的关系，才能安心干好工作，让家人因你而获得幸福。

有人会说M是男人，男人总是要拼事业；馨馨是特例，一般女生都更热爱家庭。可有些人因为热爱搭上了自己的全部，却换不回幸福。

朋友和W姐四五年没见，再见面时，朋友感觉她好像老了10岁。

曾经的W姐是人见人爱的大美女，从小娇生惯养长大，十指不沾阳春水，总是打扮得优雅得体。可如今她整个人都浸到柴米油盐酱醋茶中，整日忙着买菜做饭干家务，忙得如陀螺一般，哪儿还有工夫打理自己。W姐的老公不仅不感念她辛苦操持，反而整天嘲笑她丑八怪、黄脸婆。

W姐一个人带孩子，每天她脑子里装的问题就是给孩子增加什么辅食，送孩子去哪家兴趣班，孩子是不是又生病了……渐渐地，她不但与外界隔绝，跟老公的共同话题也越来越少。

家庭主妇的生活会把女人困于三寸之地，圈子越来越小，生活也会越来越单调，烦琐的日常生活把她们压榨得没有一丝灵气和活力。

W姐的生活状态已经严重影响了她的心理健康。曾经她很开朗，可如今却变得越来越压抑。过去她温柔大方，现在她敏感多疑，经常因为鸡毛蒜皮或无中生有的小事跟老公吵架。

很多女人在家庭和职场之间，越来越重视前者，弱化了个人理想、生活情趣，甚至精神诉求，她们慢慢对此习以为常。女人应该知道，不懂得爱自己、没有私人空间、没有社交朋友圈的生活并无益于家庭，无益于夫妻关系的和睦，更无益于教养孩子。

有些人对在婚姻里制造浪漫的人嗤之以鼻，在他们的心目中，浪漫的生活只存在于小说和影视剧中，现实婚姻里哪有什么真正的浪漫。于是，做了父母之后，随之忘了怎么做夫妻。

邻居的一个姑娘，刚升级为妈妈那两年，也是一心扑在伟大的育儿工作上，眼里心里只有宝宝。结婚纪念日那天，丈夫西装革履，订了高级餐厅，她却随便绑了头发，随手抓起一件便装就要出门。看到她的样子，丈夫眼里的光芒顿时黯淡下去，说："请你好好打扮一下可以吗？这是我们两个人的纪念日。"她一听，火气上来了，心想这不是给自己添乱么，她问老公："你知道我每天有多忙多累吗？"不过，最后她还是在丈夫的要求下，换了长裙，涂了口红，两个人开车去全城最好的旋转餐厅吃晚餐，最后她还收到一束来自丈夫精心定制的玫瑰。

那一刻望着窗外的熠熠星光，她忽然泪盈于睫。原来婚姻里的仪式感，是一种被需要感，是将双方从家庭角色和日常事务里抽离出来，互相对视，彼此连接，重新找回爱和依恋。从那年之后，他们每年的纪念日，都会放下孩子，放下父母的身份，牵手去赴一个只属于他们彼此的约会。

你不觉得这样的仪式感真的很棒吗？

只有父母彼此相爱的家庭，才会养育出真正快乐的孩子。婚姻中的仪式感，让我们学会在为生计奔波、为五斗米折腰的现实生活里，依然保留一个诗意的、浪漫的远方。

贝克汉姆就深谙此道，他早前刚刚二度结婚，新娘还是维多利亚，结婚近20年的他们熟悉对方，深爱对方，这次婚礼是想通过一个仪式表明两人携手走下去的决心，让感情升华。

生活从来不止一面，家庭、事业、健康……如果不能分清主次，同时兼容并包，就会出乱子。真正会生活的，能将日子过得轻松的人，一定是懂得平衡生活的人。

　　奈吉尔·马什（Nigel Marsh）在TED演讲《如何实现工作与生活的平衡》时有一段话，我觉得很有道理，他说我们需要看清一个现实，很多人"夜以继日地工作，从事他们痛恨的职业，目的只是为了购买无用的商品，以博取无关痛痒的邻居的羡慕"。

　　对于任何人、任何事，生活中最大的智慧就是要学会平衡。子曰："过犹不及。"很多事情过少或者过多，都不和谐。学会平衡，才能真正幸福安定。试想一下，如果一个人为了工作透支身体，当事业风生水起时，没了身体做支撑，则一切都将成为海市蜃楼。

　　一个男人为了事业而放弃家庭，并不可取，事业不是人生的全部，工作从来不会因为某个人的离开而停止运作，但家人却会因为失去所爱之人而失去幸福。

　　虽然大多数女人会把家庭作为重心和焦点，但如果失去自主性，没有独处的空间，势必会在家庭生活中郁郁寡欢。

　　最聪明的活法就是懂得平衡，只有平衡好人、事、物之间的关系，才能真正在苟且的生活里，收藏诗和远方。

nine

仪式感是感情的催化剂

仪式感像钻石一般永恒，让我们在某一天，因为某些柴米油盐、鸡毛蒜皮的小事而倦怠时，看到它就会回忆起那些生命中的美好时光。而婚姻中的仪式感让我们学会在为生活奔波、为残酷的现实拼搏时，依然保留一个诗意的、浪漫的远方。

有一个线下调研，采访很多女生，问给她们100万元能不能把男朋友卖掉。让人意外的是，很多女生都迅速回答可以卖掉，还笑嘻嘻地说，不需要100万元，50万元就可以立马给对方发顺丰快递，包邮到家，一点都不含糊。而同样的问题问男生时，几乎所有的男生都十分愤慨地表示，不可能！没得商量！

采访者又问女生，在日常的感情相处当中，会不会在意男朋友或者老公忘了自己的生日；会不会在意情人节的时候对方不送自己礼物，不陪伴自己一起度过；会不会在意在一些比较有纪念意义的时刻他忘记跟自己说煽情动人的悄悄话？

并不意外的是，没有一个女生回答不在意。

同时，也采访了很多男生，问他们对以下情况的看法：有些男生因一时工作太忙而忘记了老婆的生日；由于在一起很久了，所以认为过情人节没必要特意买礼物或搞个浪漫的仪式；平常生活中，情话总是难以说出口。

不出意料，几乎所有的男生都觉得发生这样的情况，情有可原。

可有趣的是，采访者再把问过女生的那些问题反过来问男生，假如老婆忘记了他的生日，假如老婆在情人节整天在外面逛街也不陪自己，假如老婆一年到头就像是一个熟悉的女汉子一样直来直去从来不说柔情的话，他们会不会在意？会不会觉得情有可原？

结果大部分男生都表示不愿意。

社会心理学家说过，在我们的生活中，大多数男性都会以一种理性而沉稳的心态自居，他们认为女性都是感性的、脆弱的，甚至是作的、无理取闹的。所以有些男性，特别是结了婚的男性，往往忽视了生活中那些在女性眼中代表感情的仪式。

有他们看来，准备一份礼物花钱、花时间又耗精力，说情话既矫情又肉麻，所谓节日也不过是一个普通的日子而已，没必要上纲上线。他们的想法是，我爱你是在心里，根本没必要说出来，也没必要刻意去做什么，女人应该感受得到。

可问题是，有些女生偏偏就认死理，你不说你爱我，你也不做那些在我眼中代表爱情的事情，我怎么感受得到你爱我？

朋友文娟虽然和男朋友早就订了婚，但一直以来她都不想结婚。订婚时他们只匆匆办了个仪式。现在很长时间过去了，对方始终没有向她求婚，文娟内心不愿意就这样草草地和男朋友走进婚姻。

其实文娟能够感受得到，正是因为他们已经订了婚，所以，男朋友才对这段感情漫不经心。在他看来，她这辈子注定是他的人，还搞那些没用的仪式干什么。可是现在，他们的生活没有一点惊喜，远离一切浪漫，每天"坦诚"相对，打嗝、放屁、挖鼻孔，都十分随意，没有任何掩饰地暴露在对方面前。如今文娟回想起来，能够回忆的美好瞬间，掰着手指都数不出几件，可见她现在的生活过得有多随意、多糟糕。

既然发现了问题，那么就要解决它。文娟主动向男朋友提出了分手，男朋友很惊讶，在他的心里订婚跟结婚没什么两样，求婚不过是一种形式，婚礼也是多余的，只要有真爱，那些都不重要，所以他很想不通。两个人是真心相爱，也决定了要结婚，没理由分手！仅仅因为没有正经地求婚和一个正式的婚礼，仅仅因为生活中没有浪漫，就分手？浪漫可以当饭吃吗？

文娟的回答很简单，她说，她真的害怕今后的日子就像现在这样过，想到一辈子都将这么枯燥且乏味，没有任何色彩地度过，那简直是生不如死。婚姻对她来说，确实是一种托付和认定，但也需要一种仪式，那个美好的仪式能够表明她对这份感情的责任。她需要用一个正式的婚礼开启婚姻生活的篇章，这个篇章是充满浪漫的，也是富含色彩的，是值得期待的将来，而不是一眼就能看到底的乏味。

求婚仪式和婚礼到底有没有实际用处，我们谁也说不清楚，但是心理学家曾做过这方面的研究，他们在婚礼现场采集了新郎新娘和所有宾客的血液样本，结果实验发现：在婚礼中，每一位参与者的催产素都发生了变化。

这种催产素被称为爱情激素或是拥抱激素，实验证明，催产素能决定爱情忠诚度以及婚姻持久程度。实验结果还显示，在婚礼上，新娘血液中的催产素大量飙升，提高了28%，其次是新娘的父亲母亲，提高了24%，再其次是新郎，提高了15%，而各位宾客血液中的催产素的平均水平也提高了9%左右。由此可以发现仪式感不管是在爱情层面，还是在其他更广泛的层面，都会在生理和心理上给予我们更多的安全感和幸福感。

但是，只要仪式一完成，不需要有多长的时间，我们身体里的催产素就又回归到平常的数值，所以我们结婚或者订婚都不会带来恒久不变的幸福感。如果想要感情永远充满新鲜感，那么你和你的伴侣就要学会偶尔为你们的生活制造一些惊喜，比如送花或者送礼物，比如在景色美丽的地方漫步，一起去看最美的星空，一起享用一顿浪漫的晚餐，制作纪念日的惊喜，等等。

仪式感是将美好赋予生活和伴侣的最好方式，也是发自内心的对生活和伴侣的尊重。仪式感不一定非要用金钱去实现，不一定是用金钱去满足对方。就像汤唯在《北京遇上西雅图》里饰演的文佳佳那样，有那么多象征财富的包包，生日有包、圣诞节有包、情人节有包、三八节有包，就连六一儿童节也有包，可最后她也只剩下了包。试想，如果文佳佳只贪图富贵，只爱包的话，那她还干吗要分手，跟弗兰克这个不能给她奢华生活的男人在一起呢？

其实，大部分的女人根本不介意你有没有给她足够多的金钱，她们介意的是你有没有给她爱。就像文佳佳说的那样，他也许不会带我去坐游艇吃法餐，但是他可以每天早晨都跑几条街，为我去买我最爱吃的豆浆油条。这才是大多数女人最需要的，有钱没钱不重要，重要的是你是不是知冷知热。

仪式感与金钱、权力、地位无关，更多的是内心深处对对方的爱，过上有仪式感的生活也许可以从做一餐美食、过一个纪念日开始。

朋友陈实经常跟大家吐槽她的老爸老妈，她说自己天天被爸妈秀恩爱、"撒狗粮"。"你知道吗？我爸我妈真的是天天给我'喂狗粮'啊，我一个'单身狗'每天都要受到一万点的暴击，伤害值比王者峡谷里的关羽还高！"

她爸发了奖金，让她陪着去买个新手机。两人在手机店里逛得好好的，谁知她老爸突然跑到隔壁金店去了，一眼看中一条项链，非要立刻买下来给她老妈作为结婚纪念日的礼物。

结果原本要买的手机不能买了，可人家老先生一副无所谓的样子说："旧手机凑合凑合还可以用，以后再换也行，但是结婚纪念日就不一样了，一年只有一次，必须得好好过。"买了项链以后老先生挺开心，一路上捧着项链盒子反复向陈实确认："你妈会喜欢的吧？你妈应该会喜欢的吧？我看这条项链挺适合她的，我想她会喜欢的！哎，你说她会不会喜欢呢？应该会喜欢的吧？你觉得呢？"

"这还不算完，"陈实说着说着，情绪越来越激动，"买完项链刚到家，我就看见我妈妈穿得漂漂亮亮的，明显是精心打扮了一番，坐在沙发上，面前的茶几上还放着一部崭新的手机，我妈说看我爸的手机已经用了有些年头，很旧了，早就想给他买一个最新款、最高配的手机，作为结婚纪念日的礼物，然后，我妈还招呼我爸赶紧去换衣服，换好衣服人家老两口一起出去吃浪漫大餐，庆祝他们的结婚纪念日。"

而此时陈实非常不解风情、非常没有眼力见儿地堆起笑脸，谄媚地问她老妈："那我怎么办呢？我晚上吃啥？要不我换衣服跟你们一起去庆祝吧？"

她母亲大人正忙着帮她老爸把西服肩头并不存在的灰弹掉，头也不回地告诉她："我们过结婚纪念日跟你有什么关系？你这么大人了，吃个饭都还要老娘管吗？你说你单身这么久，也不知道给我们带一个男朋友回来，你晚饭自己解决吧啊！就这样了，再见！"

说完，俩人手挽着手，亲亲热热地出门了。在吃了一大把"狗粮"之后，陈实深深地怀疑自己到底是不是他们亲生的。

陈实爸妈并不仅仅在结婚纪念日当天这么恩爱，平时他们的感情就很好。陈实从小到大很少看到父母吵架，就算吵架了也都是当天解决。这是她父母之间的一个约定，每个大大小小的节日都要一起过，都要认真对待。几十年来，他们生活得很有情趣，很有意思，不管什么时候，都会记得给对方制造惊喜和浪漫。他们用专属于自己的爱情仪式感，提醒自己感恩和珍惜，用爱和智慧以及耐心，化解掉漫长婚姻生活当中必定会出现的矛盾和争执，就连陈实都承认，仪式感就是她父母能够保持爱情常鲜的秘诀。

仪式感像钻石一般永恒，让我们在某一天，因为某些柴米油盐、鸡毛蒜皮的小事而倦怠时，看到它就会回忆起那些生命中的美好时光。而婚姻中的仪式感让我们学会在为生活奔波、为残酷的现实拼搏时依然保留一个诗意的、浪漫的远方。

今年七夕，树小姐和男朋友大吵了一架，因为她男朋友忘记了牛郎织女相会的日子也是我们中国的情人节。

树小姐说自己早就给男朋友准备了礼物，精心打扮了很久，可是迟迟没有接到男朋友约她的电话，最后她沉不住气主动打了电话过去，问他在哪里，在干什么，对方用半死不活的语气告诉她，他正在家玩游戏。

树小姐很生气地质问他："你不觉得今天我们应该一起吃个饭吗？"

他男朋友却回答她："什么时候都可以一起吃饭啊，为什么非要今天？"

男朋友的反应让树小姐很是惊讶，她追问道："你难道不知道今天是情人节吗？"

男朋友不明所以地反问她："情人节不是2月14日吗？"

树小姐耐心地解释："今天是七夕节，是牛郎织女一年一度相会的日子，是鹊桥一年中唯一一次在银河上搭建起来的日子，是我们中国的情人节！"

可男朋友接下来的态度让树小姐有些抓狂，他不但不承认自己的疏忽，还吐槽说："这种节日有什么好过的，一年一个情人节就够了，还冒出一个七夕节，怪不得今天哪儿哪儿人都特别多。这些节日也就是商家炒作出来的噱头，忽悠女人们去消费而已，吃饭要排队，商场里到处都是人，还不如在家玩游戏来得自在，我们管这叫错峰。"

"错你个头！"树小姐生气地挂掉男朋友的电话，最后，她一个人打扮得漂漂亮亮地去吃了一顿大餐，吃完以后，她似乎想明白了很多事。

她的这个男朋友已经很久没有给过她什么惊喜了，他们两个人在一起的时间久了，很多浪漫的事情让他开始厌烦，甚至连正式出去约会的次数也越来越少。尽管树小姐知道，恋爱时间长了肯定不如刚开始在一起的时候热乎，她可以接受日子稍显平淡，但是却绝对不能接受一点温馨浪漫的时刻也没有，况且她要的浪漫从来都不是一定要对方大张旗鼓地浪费金钱，节日和纪念日也不需要煞费苦心地去准备。平常日子里只要用心都能成为惊喜，就像是你随口说想吃蛋糕，他下班回家就会给你带回来；点咖啡时忘了嘱咐加奶加糖，他会记得帮你提醒服务员，仅此而已。就像这个七夕节，哪怕他只是在家里为你做几个你最爱吃的菜，也是令人感动的惊喜。

一个真正在乎你、爱你的人，总会想方设法地让你开心，这些事情和什么时间、人多不多、路上堵不堵没有任何的关系。不能以此指责女人天生势利，爱慕虚荣，贪图钱财。

亦舒在《喜宝》中的一句话被很多女人认同，"我要很多很多的爱。如果没有爱，那么就很多很多的钱。"事实是男人没钱，也不想给女人爱。自己不努力，不疼女朋友，等到女朋友提出分手了，就咬牙切齿地给对方扣上拜金的帽子。

相信所有男人应该都见过那些绝世好男人怎么宠妻的，也相信很多男人并非不懂怎样让女朋友高兴，说白了还是自私，他们更爱自己。不给女朋友花钱也不愿意给女朋友更多的爱，还希望她死心塌地地跟着自己，给自己当保姆，真是异想天开。

宠女朋友关心女朋友这件事，跟有钱没钱真的没大关系，有钱的话你可以送Gucci酒神包，没钱的话你可以送个对方喜爱的小玩意；有钱的话你可以开着宝马送她上班，没钱的话你可以陪她一起坐公交；有钱的话你可以带她出国度假，没钱的话你可以跟她城市周边游。关键是你对她的那份心意。

在广告公司工作的周宇似乎就是树小姐口中的绝世好男人。他以前追女朋友的时候就很会搞浪漫，看电影、送鲜花、放烟火、送礼物、发红包，样样不落，甚至结婚两三年后，在我们眼中已经是老夫老妻的情况下，他还会事先瞒着媳妇，跟朋友们商量筹划给她举办生日派对。

于是，在周宇媳妇生日那天，朋友们都集体配合他的计划。先是有人打电话把周宇叫出来，跟他媳妇说公司有紧急公务需要周宇去处理，然后又找人约他媳妇出来逛街，把家留给另外一拨朋友协助周宇进行装饰。跟周宇媳妇一起逛街的朋友，算准时间假装说想吃她做的菜，不肯在外面吃饭，把她哄回了家。

在她拿钥匙打开门的那一刻，周宇捧着一个大蛋糕站在她面前，身后是装扮成粉色且摆满鲜花的家，还有一群起哄的朋友。在热闹的气氛里，所有人都看见了周宇媳妇脸上惊喜且幸福的笑容。

那天晚上，周宇媳妇发了一条朋友圈：亲爱的，谢谢你结婚后还待我如初，谢谢你给我制造的仪式感，我最喜欢的不是玫瑰、气球和蛋糕，而是背后你为我花的那些心思。

大多数时候，所谓的仪式感就是表达，那一刻因为被对方重视而变得不一样，有一份温暖，有一份闪耀，有一份珍惜。仪式感是爱情最好的催化剂，并不是奢华到非要有roseonly，一支普通的冰激凌也能表达同样的爱。

我能给你很多，但这次可以特别一点；我们生活很久，但这次可以改变一下。所有的一切，都是为了让我们的生活变得更加美好。

《小王子》中的小狐狸说："仪式，它就是使某一天与其他日子不同，使某一刻与其他时刻不同。"那个愿意为你制造仪式感的人，是愿意把你放在心尖的人，因为爱与尊重，所以才想为你花心思，才想让你的生活多点色彩。

情人节的礼物、生日的惊喜，这些都是爱情里的仪式，这些纪念日里小小的浪漫都值得我们提前一个月去期待，这些仪式让我们在剩下的300多天里有东西可以回味，想到就会开心。这些仪式感不是做作，不是俗气，是平淡生活里总要有的调味品。

有人说，仪式感这件事真是太浪费时间和金钱了，用各种理由来推脱，但仪式感并不是一味地一掷千金，用很大的排场来体现，才显得这件事情的重要。仪式感不过就是一顿亲手做的饭，一首学了很久要在那天唱给她听的歌，甚至是回家的路上买的一袋辣条。

对很多女生而言，真的不需要你用大笔的钱来讨她开心，更不在乎你转账的金额是5.20元还是520元。她要的不过是你心里有她，你愿意用特别的方式给她快乐，愿意和她一起去记住那些感动的瞬间。

感情都是要经历过初恋、热恋后趋于平淡的，这种平淡要想长久其实也很简单，不过是早安的一个吻，让她一天都有好心情；不过是睡前的一杯牛奶，让她带着幸福感在你身边安然入睡。

平淡日子里注入的仪式感，比双方荷尔蒙爆发时注入的活力更让人心动。

要让你爱的那个人开心，永远都那么简单。而想要一直相爱，仪式感是不可或缺的。

ten

你说这是精打细算，但我认为这是对生活的敷衍

人这辈子，如果时时计较如何省钱，那么本该用来享受美好生活的宝贵时光，就会在你的锱铢必较里被挥霍掉。我知道会有人站出来说，吃不穷，穿不穷，算计不到要受穷。钱是节省出来的，可谁见过省钱省出来的亿万富翁？

有个吝啬到极致的人，每次和大家AA制聚餐时，总要提前找个面馆吃碗面，等到了聚餐的餐厅后，立马表示自己已经吃饱了，他只是来跟大家聊天的。这样大家就不好意思跟他AA了。朋友们怎么好意思自己大快朵颐让他眼巴巴看着，就说，你快吃吧，不A你钱了。听了这话，他便放开肚皮又吃又喝起来。

他第一次正式请朋友吃饭，是他结婚后的第三天。被请的朋友大跌眼镜，他摆出来的菜是他婚宴上的剩菜，已经在冰箱里放了好几天了。他心急地想，再不吃完就要坏掉了，这才把朋友们叫到家里来。酒水也是婚宴上剩下的，他把各种饮品倒在一起，美其名曰鸡尾酒。结果朋友们吃完这顿饭不是回家拉肚子，就是直接进了医院。

为了省水，他早上起床之后花十分钟时间去单位上卫生间，亲戚朋友在他家做客，他也如此要求客人。他是家里的财政主管，把

自己和妻子一年的全部开销控制在5 000元之内，平均算下来，家住一线城市的他，一个月的开销仅有几百元！他得意扬扬地表示，自己这样才算是会过日子，每一分钱都花在刀刃上。

或许是世界观的差异，我不能理解这种所谓的会过日子。这种把钱花在刀刃上的方式，早晚会割伤自己的手。

节俭是美德，苛刻是失德。对身边的事物我们要怀有感恩之心，感谢有饭吃，感谢有衣服穿，对身边的事物不浪费，也不贪婪，凡事不要争长论短，斤斤计较。

无独有偶，L男生也是出了名的能省钱，他虽挣得不多，却也不至于入不敷出，大家都戏称L男生为老L，因为他虽然年纪轻轻，省起钱来却像上了年纪的老年人一样。

为了省打车费，常常在办公室趴着睡一夜也不回家，搞得自己腰酸背痛。去超市，逢试吃必吃，逛一圈就饱了。大家一起去唱歌，老L很少参加，难得去一次也要先比较各个App上的优惠幅度，选最小的房间进最多的人。坐在一起人挤人，就差叠起来坐了。

更夸张的是，老L有一个睡袋，当他知道有个同学租了套一室一厅后，连忙去找对方商量。他说自己只睡睡袋，占很少的一点的空间，想让同学在客厅里给他个位置，少算点钱！这样也行？当然，老L的同学倒是很大方，当场表示睡睡袋太难受，客厅里有张沙发床，他可以睡在上面。可老L却不干，坚持睡睡袋。因为睡沙发床的话，他不好意思跟同学借被子，因为他实在舍不得买被子……

老L的省钱方式让人很尴尬，但大家谁都拿他没办法，只好由他去。他就这么省来省去，最后把爱情也省掉了。大家问他原因，他诚实地叹气道，他当然也想找个女朋友，可是谈恋爱不便宜，要花很多钱，自己挣得不多，又没有什么积蓄，所以，就宁愿单着。眼看就要30岁了，老L也急了，他说从小就懂得钱不能乱花，但并不知道为什么要节省，如今自己并没省出一个巨大的数字，反而累得狼狈不堪。

老L说自己勤俭节约是美德，但在别人眼里看来却寒酸得可怜，他舍本逐末，以放弃舒适的生活为代价，成了金钱的奴隶。

一段时间里为了某种原因而节衣缩食，是可以的。但毫无来由地收缩一切开销，为了节省而节省，导致失去做人的尊严，失去生活应有的品质，就得不偿失了。

要知道，人这辈子，如果时时计较如何省钱，那么本该用来享受美好生活的宝贵时光，就会在你的锱铢必较里被挥霍掉。我知道会有人站出来说，吃不穷，穿不穷，算计不到要受穷。钱是节省出来的，可谁见过省钱省出来的亿万富翁？

漂亮姑娘丽芙跟老L的生活态度完全相反，在生活上极其注重仪式感。她从来不忽略早餐，即使周末不上班也一定会按时进餐。她家的阳台上常年摆着她喜欢的百合花，一束百合花对于丽芙的工资来说并不便宜，但她每周一束从不间断。她更注重睡眠质量，绝对不会因为加班就在公司里睡，她的房间从来都整整齐齐，床上不会出现任何跟睡觉无关的东西，床品都经过精挑细选，并且定期更换。

丽芙还喜欢旅行，每次出去都会对酒店精挑细选，要么是当地口碑较好的，要么就是四星五星级的。这让知道她收入的朋友们一度为她肉疼。

有人不解地问她："睡个觉而已，有必要这么挑剔吗？"丽芙回答："如果连觉都睡不好，那还怎么好好玩呢？之所以选择四星级五星级的酒店，是因为那里舒服的床铺可以让我在奔波劳累后拥有一个深度的睡眠，第二天能够'满血复活'。"

对于丽芙来说，仪式感是一种生活态度。关好门窗，把外界的喧嚣统统隔绝，让高床软枕亲密地拥抱自己的身体，好好地睡上一觉，享受一天中最私密，也最自由的时光。

压力都是自己扛，精致的生活也要自己给。洗漱沐浴完毕，床铺干净整洁，整个人扑进去，陷进一片意想不到的柔软里。温暖瞬间包围过来，内心一下子被幸福填满。揉一揉因久坐而酸痛的肩颈，疲惫顷刻间消散。翻个身，找到最舒服的姿势，不自觉地闭上眼，顷刻间入眠。

朋友小C上大学时，同寝室的女生想找人一起摆地摊，前提是需要两个人一起出钱进货。小C担心钱花出去却收不回来，就像泼出去的水一样，既然覆水难收，还是不要投钱的好。她婉言拒绝了同学的邀约。可没想到的是，这个女生通过摆地摊积累经历，摸透了客户的喜好，掌握了销售技巧和套路，毕业一年多就有了第一家店面，第二年又开了分店。相比小C这样的工薪阶层，赚得不知多多少倍。小C着实后悔，私下里不止一次埋怨自己，早知道如此当初就应该赌一把！

可就算是再给小C一次机会，她仍然会放弃，她脑海中那套省吃俭用的观念根深蒂固，很难改变。她为了省钱，宁愿住在不安全的"城中村"里，每天上班要耗费整整两个小时。一旦发现优惠活动，她就一遍遍在朋友圈里叫大家帮她集赞，即使落下工作也在所不惜。这种低效的生活方式，却被她说成是懂得理财，会过日子。

比起小C来，女生小Y是很"不会过日子"的，她会报最好的英语班，会在周末去咖啡厅里学习数字油画，会去巴厘岛和马尔代夫旅行，会买经典款的高级成衣，会花时间把自己打扮得美美的。

她说这些都属于她生活里的仪式，让她感觉到自己是在生活而不是生存。

没有仪式感的生活，有多么的可怕。一年365天，一味地省吃俭用，对生活完全没有要求，今天重复昨天，明天重复今天，乏善可陈，黯淡无光。

有人在背后这样议论小Y：只会花钱败家，小小年纪就买这么多品牌，不知道她妈有没有教育她什么叫作节俭，以后没有人会娶她。

我也好奇地问过小Y是不是花费过高，她笑着告诉我，她不会拿信用卡在奢侈品店里任意透支，而是量入而出。如果一味省吃俭用，久而久之，节省的只是菜场里的几毛钱、大卖场的优惠券，却浪费了大把的时间。

小Y说，相由"薪"生，舍得花钱去旅行，视野就不再是菜场里省下的几毛钱；舍得花钱充实自己，赚钱的机会与想法也会变多，而不是守着一份死工资；舍得花钱为自己买喜欢的东西，才会更有赚钱的动力。

很多人省钱是为了让以后的生活能过得好一点，不被钱所困。可是，钱到用时方恨少，生活往往就是这样，当你存了两万元钱的时候，发现还差五万元。明明自己已经很努力在赚钱了，却还是过着贫穷的生活。千万不要难过，因为这段缺钱的日子过去了，会有下一段更好的时光。所以，千万不要为了省钱而省钱，整日束手束脚，算来算去，过着连自己都嫌弃的憋屈日子。

我和一个朋友打过一个赌，每天晚上煮方便面吃，看谁坚持得久。虽然方便面有很多口味，吃多了还是会腻，我们连续吃了一个星期，吃到闻到方便面的味道就想吐。你看，钱不是那么好省的，简直像在受刑。

我省钱是为了能够住上大房子，一家人其乐融融。我可以经常陪他们看电影，陪他们去旅行。但我又希望能吃到珍馐百味，在我想吃的时候随时就能送到嘴边。我可不想等我老了的时候，味觉退化，牙齿脱落，想吃却吃不了，那可就尴尬了。

PART 3

很多时候仪式感是给我们一个契机去找到
真实的自己

eleven

仪式感，就是让我们的生活充满节奏

我们可以利用特定的仪式带来的仪式感，对自己进行强烈的心理暗示，而这种暗示能够使自我变革，让自己的专注力、反应力迅速提升。在很多情况下，仪式感可以带给我们节奏，让我们做事时能够事半功倍。

把纸折成纸飞机后，我们总习惯用嘴对着飞机尖哈一口气，再让它飞向远处，好像这样它就能够飞得更远。与别人对打之前，我们总会摆出一个拳头在前一个拳头在后的攻守兼备的架势，然后再出手，似乎这样一来胜算就会大一些。

我们都知道这些行为并不能让结果产生变化，可是为什么很多人还要郑重地去做呢？

这就是仪式感的一种节奏，我们可以利用这种仪式带来的仪式感，对自己进行强烈的心理暗示，而这种暗示能够使自我变革，让自己的专注力、反应能力迅速提升。在很多情况下，仪式感可以带给我们节奏，让我们做事时能够事半功倍。

村上春树认为，仪式感是一件很重要的事，如他所喜欢的音乐一样，具有强烈的节奏感。他把这种节奏感带进自己的小说，以至于他的每一部作品在大多数读者看来，都像是一首曲子一样，有着一定的节拍，或快，或慢，或柔情荡漾，或激情昂扬。

有位游泳运动员曾经跟大家分享过这样一段经历，他说自己在刚开始学游泳的时候很笨，根本游不了多远，还没怎么游就累得气喘吁吁，感觉再也游不动了。他做梦都没想到自己后来居然会成为专业的游泳运动员，在日常的训练里，每天要游上万米。

　　他的教练刚开始教他的时候就告诉过他，如果你感觉累，感觉身体在水中很沉，那是因为你还没有游出节奏感。比如最基础的蛙泳，不管是双腿一蹬双手一划，还是双腿两蹬双手一划，都记得腿要伸直，停顿两秒，让自己的身体完全放松，游出节奏感，这样你才能越游越快，越游越轻松，越游越远。

　　不仅仅是游泳，生活中还有许多事情都需要节奏，这样才能做得更好。比如学习这件事，很多学生经常等到要考试了才开始温习，快毕业了才慌慌张张地去考证。也许凭着一时的聪明，集中精力突击一阵子，能够侥幸应付过关。但是在这种情况下学到的知识，真的学懂了吗？能加以利用吗？这种应付考试的学习不过是自己骗自己罢了。

　　一位学霸在现场演讲时说，学习的确是一件细水长流的事，不管是什么科目，都讲究日积月累，才能厚积薄发，绝对不是一步登天。而且也别对学习苦大仇深的，我学得好，并不是因为我比大家更努力、更发奋、更卧薪尝胆，更辛苦，而是我懂得把认真看书，当成生活中一种固定的仪式，持之以恒，一步一个脚印，才能走得踏实而稳定。

　　学霸说，他实在想不通，为什么有些人可以在学习的时候，分心去做其他的事情，根本学不进去；又在休息的时候，想起自己成绩不好，逼迫自己非要去学习。他说："该学习的时候就全心全意地学，等到休息的时候，就完全把学习抛诸脑后，痛痛快快地做自己喜欢的事情。"这才是正确的节奏。

通常，不会生活的人往往在工作上的能力也不出众，他们的工作缺乏节奏感。计划一个月完成的项目，他们前松后紧，刚开始懈怠着不肯开工。等到结束时间迫近了，又拼命加班加点，没日没夜地忙活。

可想而知，这种工作节奏做出来的项目会是什么质量。

这样加班加点赶工出来的结果能好吗？

肯定是错误百出，质量粗糙。等到项目完成的时候，整个人也是筋疲力尽，灰头土脸。久而久之，就连健康也大受影响。但是也另有一类人，在职场上永远神采奕奕，从容淡定，工作有条不紊，能举重若轻地处理好很多难题。他们生活和工作两不耽误，生活品质从不因为工作的忙碌而有所降低。

生活就像一部小说，安排有序，张弛有度，先有开始，再有发展、高潮，最后是结局，这样才能环环相扣，引人入胜。生活也像是优秀的教师给学生上的一堂生动的课，课前要有课程安排，接下来要备课，正式讲课时要深入浅出，开始要引起学生的兴趣，中间自然过渡，讲到重点时要适度紧张，结尾复习时再放缓节奏，一堂课下来，学生既不会过分紧张，也不会过分松懈。生活更像是音乐人谱的一首曲子，要有前奏、过渡、高潮、结尾，这样才能有独特的韵味，美妙无比。

就算只是日常生活中的一顿晚餐，我们也要细心地提前准备食材，精心烹调，还要有漂亮的餐具和精致的摆盘，就是在用餐时，我们也要为了这餐美食而保持一种节奏，一口一口地细嚼慢咽，细心去品尝它的味道，而不是风卷残云般地狼吞虎咽，一扫而光，不知其味。

把节奏融入生活里就是一种仪式，而仪式感往往就是让我们生活得更有节奏。

虽然我们没有办法控制时间的流逝，没有办法回避所有的艰难和坎坷，但是我们却可以牢牢把握住生活的节奏，不会因为紧张而乱了阵脚，也不会因为太过逍遥而无所事事，生活中的许多仪式都可以让我们把生活过得张弛有度，充实而快乐。

仪式感，就是让我们的生活充满节奏。我的朋友秋秋就是一个把日常生活过得极其有节奏感的人。

秋秋是一家五百强企业的人事总监，她说，人事工作是一个公司发展中很重要的一个环节，它联系着领导和员工，既服务于领导的决策，又与基层员工的利益息息相关，是领导与基层之间的推动剂和润滑剂。所以，人事工作烦琐且复杂，看似简单平常，实则包含很多学问。人事工作不仅仅体现在工作时间上，更需要深入公司每个人平时的生活当中。所以，秋秋平时工作很忙，工作时间不能自由调配，尽管这样，秋秋却总能够把自己的工作和生活都安排得有条不紊，忙里偷闲，亦张亦弛。除此之外，她还经常抽空去健身，身材一直玲珑有致。不知道为什么，她还有足够的时间陪伴家人和孩子，她和老公去过很多风景优美的地方旅游，留下一整面墙的照片，她家的博古架上，放着很多她和孩子一起做的别致的手工和玩具。

秋秋把生活的从容，归功于节奏和计划。每天早上她都会早起半个小时看看书，在书页的清香中迎来崭新的一天。中午吃午餐的时候，她会在网上学习亲子小手工的教程，在网上买好材料，晚上回家就能跟孩子一起制作了。她会陪孩子去上补习班，送孩子进入教室以后，她去附近的健身房，练习一个小时的瑜伽。她会每天晚上给孩子讲睡前故事，孩子入睡以后，她和老公两个人依偎在客厅的沙发上，一起听音乐，或者在网上看一部电影。

周末，秋秋还会带孩子出去郊游，或跟老公去看开心麻花的话剧。如果哪个周末宅在家里不出门，她也会精心烹饪美食，制作一些精致小巧的西点和蛋糕。定期和朋友聚会，跟小姐妹们一起美容、逛街、品下午茶。放长假的时候，通常是一家人出门旅行。读万卷书不如行万里路，到处去走走看看，让身体和灵魂一起走在路上，是秋秋一直以来所坚持的生活方式和人生节奏。

无独有偶，吃货小米也能把自己的日子过得繁忙而不紧张，从容不迫。他是省广播电台的主持人，每周有三天需要凌晨五点到电台播报路况；他还是一档美食广播节目的主播，为了给广大听众朋友搜集一线美食信息，他经常亲自去探索城市里各处的美食餐厅；他还自己经营着一家私房菜馆，生意很是红火，每天的事情特别多，要设计菜品、监督货源，也要管理员工，更要了解顾客的建议和感受。即使这样，小米同样能够抽出时间来健身、学习，跟朋友们聚会，去国外采风和旅行。

甚至有听众打电话到节目里去问他，你怎么有时间做这么多事情？

他笑着回答说："我也希望一天能有48个小时，我最不嫌弃的就是时间多，因为我每天要做的事情太多了，好像总是做不完。但是，我不可能一天能有48个小时，我和大家一样，都只有24个小时，所以，我只能从有限的时间里去有计划，有节奏地挤出时间来。其实我们有很多碎片的时间可以充分利用。每天早上报完路况以后，我会跟店长来个10分钟视频，检查他们的工作是否到位。中午我一定要睡一个小时的午觉，保证下午有足够的体力工作。当主播工作结束以后，继续工作三到四个小时。每晚睡前一定会确认好明天店里的菜单，然后喝一杯牛奶，让自己更好地入睡。当然，适当的时候必须要偷个懒，给身心放个假。我每年都会闭店一次，带员工去旅游。人都是需要休息和放松的，不然就像弓弦一样，绷太紧的话，迟早是要断的。"小米在节目里这样告诉他的听众，"大家认真想想，分析一下，就不难发现，我们每天所有的活动，80%以上都是可以自己掌控的。所以，我们要学会有计划、有节奏地进行这些活动，学会统筹安排，分清楚主次缓急。这样我们就能过得从容不迫，有条不紊，不会感觉每天都有忙不完的事情，让自己活得很累。"

仪式感可以让我们的生活充满节奏，而让自己的生活有节奏，归根结底，是一种能力。

每个人的人生都是平淡而匆忙的，但是总有些人生活得丰富多彩，亦张亦弛，富有节奏感。他们对于幸福的触角，比任何人都敏感，他们热爱生命中的细枝末节，郑重地对待每一件平凡的小事。简单的日常生活在他们细心经营和计划之下变得活色生香。

真正的仪式感不是沐浴焚香、肃穆以待，也不是奢靡豪华、铺张浪费，而是把生活过得富有韵律感，就算只是柴米油盐的生活琐事，也要提前计划，做好充分的准备。对于那些懂得掌握节奏感的人来说，在他们光鲜亮丽的生活里，紧张拼搏与放松休憩同等重要，每一个环节他们都会全心全意地享受其中。

我们每个人的生活都需要一个平衡点：太忙则真性情不见，太闲则别念窃生！

太过忙碌的时候，记得要学会缓一下，转移自己的注意力，调节事情的节奏，不要操之过急；太过悠闲的时候，你也许需要去找点有意义的事情来做，比如挖掘自己的兴趣，学个技能，报个兴趣班。在忙与闲之间找到平衡感，才能过得充实又舒适，开心而有成就感。

人生在不同的阶段需要有不同的节奏。童年时期是天真无邪，尽情玩乐的节奏；少年时期是好好学习，天天向上的节奏；青年时期是兼收并蓄，成家立业的节奏；到了中年即是中流砥柱，担当责任的节奏；而老年则是安享晚年的慢节奏了。最终，不同的节奏，合奏出精彩的人生。

仪式感，就是让我们的生活充满节奏，人生需要变化，需要经历，需要丰盈，也需要我们在任何情况下都能从容面对。如果你不喜欢白开水一样的生活，那就要勇敢地改变自己生活的节奏，寻找到属于自己的韵律，不疾不徐、不慌不忙，从而活出精彩的人生！

twelve

仪式感，能够更好地提升我们的行为力

仪式意味着人从一种状态向另一种状态转化的过渡阶段、中间状态。

仪式有时候是为了转变角色，就像胜间和代放在写字桌上的那面镜子一样，可以帮我们准备好走入另一种空间、时间和角色。

心理学中有一种锚定效应，当因事物的不确定性而产生恐惧时，人可以通过一段预测、设想的过程来降低自己内心的不安。仪式在某种程度上就是一种心理锚定，给人以确定感和秩序感。生活的仪式是内心与世界之间的一座桥梁，带来的自我暗示会让我们更专注认真，也更能体味日常中的趣味与美好。

朋友吴宇星练了很多年的跆拳道，已经拿到了黑带，却还是年年报跆拳道的学习班，我开他玩笑说："你又不是要去参加奥运会，是个意思就成了呗，干吗年年都要花这个钱啊？"

他很认真地告诉我，跆拳道教会他的不仅仅是简单的格斗和对抗技能，还有一种充满仪式感的行为，这可以让他的专注力与效率得到提升。

他说每次训练开始，老师都会说一声："Osu！"只要这个词一出现，周围所有的人神情都会立马严肃起来，连呼吸都会保持一

种特有的节奏。也正是这个词，让他感受到仪式感的力量与意义。因为它是一个敬词、问候语，象征着耐力、决心以及坚持。吴宇星告诉我："跆拳道是一项极其严格的训练，需要逼迫自己的体能趋向极限。所以训练者要通过象征性的语言激发自己的斗志与潜力，向自身传播信号，让身体各个方面的机能短时间内迅速达到完美状态。最后在个人的思想中建立铜墙铁壁，不断给予自己暗示：要努力克服痛苦，要专注地训练。"

说到这里，吴宇星给我讲了件他小时候的事，他小时候每天出门前爸爸妈妈会给他一个拥抱，临睡前还会给他讲一个故事。讲故事时，爸爸或妈妈还会握住他的手。这样的动作让他感到无比温暖和安心，而这个睡前故事最后也成为他每天睡觉前的固定程序，不用父母提醒，自己会产生一种强烈的自我暗示：故事听完了，现在我要睡觉了。

吴宇星的话，我好像听懂了，可又好像没听懂。他见我似懂非懂的样子，就又进一步跟我解释，他告诉我，简单来说，仪式感就是一种强烈的自我暗示，也是一种精神上的礼仪。而把它应用到时间管理上，这种自我暗示就是一条明确的分界线，将人的生活状态与工作状态进行划分。然后一旦完成了充满仪式感的动作，内心便会出现提示，这种提示，能让自我发生变化。它将自己的反应能力、思考能力、专注能力提升到一个"绝对工作"的状态。

他说有位叫胜间和代的女士是日本非常有名的"职场女神"，她19岁就通过了日本注册会计师复试，是历史上最年轻的通过者。历经安达信、麦肯锡、摩根大通的工作后，独立成为经济评论家。被《华尔街日报》评为"全球最值得瞩目的50位女性"之一。

胜间和代在一次NHK的采访过程中，透露过自己进入"绝对工作"状态的一个小仪式。她说早年在准备注册会计师考试时，会放一面镜子在写字桌上。从镜子放上去的那一刻起，她便会全身心投入到学习状态。因为一旦她偷懒，就会从镜子中看得一目了然。

也就是说，我们可以用一种仪式让自己很好地分割时间，该工作的时候工作，该休息的时候休息，就像跆拳道中的"Osu"是一种开始，而睡前故事是一种结束那样。很多人之所以效率低，并不是因为能力上的问题，很大原因在于他们没有将工作状态与生活状态区分开来。没有区分就意味着这两种状态会搅成一锅粥。工作的时候想着些玩乐的事，玩乐的时候又想着烦心的工作，于是就造成该享受生活的时候，并没有百分之百地享受；而该工作的时候，也没有全身心地投入。

仪式有时候是为了转变角色，就像胜间和代放在写字桌上的那面镜子一样，可以帮我们准备好走入另一种空间、时间和角色。

英国著名人类学家维克多·特纳（Victor Turner）就曾经用"liminality"解释仪式一词，这个词的词源意味着"门槛（threshold）"。在特纳的论述中，仪式意味着人从一种状态向另一种状态转化的过渡阶段、中间状态。

维克多·特纳告诉我们，从时间维度的角度最容易理解仪式的作用。

比如犹太教和伊斯兰教的割礼，通过物理的（割除包皮）到象征的（穿着正式、念念有词的拉比或阿訇，参加仪式的群众），向世界宣布一个新的（男）人的生命正式开始了，或视具体施礼时间的不同，也可能是这个男人已经成年了，可以结婚了。

再比如现在我们国内也开始流行的单身派对（Bachelor Party），则是通过狂欢的形势来表示一个时代结束了，我以后就是一夫一妻制的信徒了。或是小学上课时铃声一响，随着"起立""同学们好""老师好""坐下"的声音，一个轻松的时段结束了，接下来的45分钟是学习的时间。

仪式感是我们个人对于自我的一种庄严的礼仪，我们能够借助它进入一种忘我的状态，一种全力以赴的状态。这种小小的自我暗示看起来似乎微不足道，却是一个强有力的杠杆，能够大幅度提升人的行为力。

郑微每天为了赶在图书馆8点开门时占到座位，通常会在7点20分起床，除了简单的洗漱，还要把头发打理好，然后打上粉底，拿着早餐去排队进馆。随着"大部队"进入图书馆后，郑微赶紧找到位置放下书，接着从包里掏出一个化妆包冲进洗手间，用十几分钟的时间化好妆。这是大学生郑微每天给自己的仪式，她认为这个仪式为她的考研做出了巨大的贡献，是她考到名校的重要秘笈之一。

郑微说，只有化好了妆，自己才能坚持一整天都待在图书馆里学习，不然就老怀疑自己不好看，想要回宿舍藏起来。同样备考研究生的张小雪在做一件重要的事情前，也要先化妆。在她看来，化妆的过程就像是一个仪式，让她静心，然后她便能进入最佳的学习状态。

说起学习的仪式，大学生们的习惯可谓是只有想不到，没有做不到。

接上一杯热水，在书桌的右手边摆好，再把笔袋放在正前方，这是杨凯开始一天的学习前必备的仪式。他说，几乎每次开始学习之前都会将水杯、笔袋摆好。如果哪天没有这么做，学习的时候就会感到不踏实。在杨凯的眼里，学习本身就是一件充满着仪式感的事情。在学习之前将需要用的物品按习惯摆好的过程，会让他更好地调整心态，稳定情绪。而如果是去咖啡厅学习的话，杨凯每次都会先点一杯咖啡。对他来说，这样会学得比较踏实。买了一杯咖啡，就感觉买了这一天在咖啡厅的学习时间，不会再想是否还要去干别的，而只考虑与学习有关的事。

杨凯的同学周正，他的学习仪式比杨凯还奇怪，他喜欢边听音乐边学习。对于周正来说，学习的仪式感不仅可以让他直面学习，甚至还可以躲开中断学习的借口和干扰。当然，如果周正意识到自己被音乐影响了，就会自动改成带耳塞学习。他说："我不喜欢别人翻书的声音，这会让我很烦躁。外界的声音大概就像听力考试的时候翻卷子的声音一样吧，在思考时会很影响我。"虽然有听着音乐学习的习惯，但周正一直是个学霸，因此父母也从未对他的习惯表示反对或者干预。在周正看来，只要能学下去、学得好，用什么奇怪的仪式都无所谓。

我们大部分人都容易把自己一直放在同一个状态下，很难转换，想要转换就需要一点点改变，而这种改变叫作仪式。仪式是一种将外界事物与精神紧紧相连的一个途径，我们借由这种仪式带来的仪式感，给自己一种强烈的自我暗示。这种暗示能够使自己变革，把自己的专注力、反应力、情绪等迅速提升，从心理上来讲，仪式感暗示你必须要认真地去对待这件事。

换上舒适的家居服、认真准备一顿晚餐是生活里的仪式，这顿晚餐在告诉你，你是在生活；着正装是职场里最好的仪式，正式的穿着与沟通可以给这份工作增加尊重。

生活里的仪式丰富了记忆，让生活多了些回忆和值得珍藏的点滴；工作中的仪式提升了责任感，让职场里的人更加自信，更加懂得自己工作的意义。

thirteen

仪式让我们的内心和身外的世界建立联系

仪式感可以让我们的内心和身外的世界更好地建立联系，使我们可以通过一些抽象的事物去感知和理解这个世界。仪式之所以重要，不是强化精神或者"加持"物质，而是将二者相连，将外界的物质与我们心中所理解的世界结合起来。

你有没有发现，有些人会突然出现在你生命里一段时间，然后又消失不见。或许并不是消失不见，只是你们的联系开始变少，逐渐变得陌生，就算再见面也不知道说些什么。之后你凑巧丢了手机，失去了他的联系方式，最后终于成了陌生人。我不知道这究竟是怎么一回事，但事实就是这样，你总会失去几个曾经无比熟悉的朋友，彼此在不知不觉中渐行渐远。

在分别的时候，比如毕业、搬家，或者换了工作，我们曾经恨不得把一些人的户口本和身份证都拿出来照抄一遍，以便铭记一生。我们互相都说好了要经常相见，却没想到最后会再也不见！

朋友告诉我，她和交往多年的男朋友分手了，声音很平静，表情很淡定。

我问她为什么，她说两个人在一起久了，感觉好像不合适，就分手了。

我问："就这么简单？"

她点点头，貌似很坦然的样子："就这么简单！"

接着就听她轻轻地叹息，我不知道怎样接话，只好保持沉默。片刻后她说："我原本以为两个相爱的人要分手，至少有一个简单的仪式，至少要发生一件轰轰烈烈的大事情，比如出现第三者，比如某方患了绝症，或者至少是关乎金钱和前途的抉择……但有时候真的没有那么戏剧化。仅仅是忙碌、淡漠、疲乏，就足够结束一切了。"

当然我也见过一些人在分手的时候寻死觅活，服毒、割腕、跳楼跳河，要你安慰，要你听她歇斯底里的倾诉，你的衣服被她的鼻涕和眼泪糊了一身，你打着哈欠收拾她喝完酒撒酒疯后留下的一片狼藉。虽然这些行为并不光彩，可是对于分手的人来说，这是一个仪式，一个能化解这份痛苦的仪式。

有了这个仪式，情绪才会得到发泄，受伤的人才能够在时间的抚慰下恢复到正常状态，慢慢地，平静下来，换一种心情，再愉快地牵起另外一个人的手，坚定不移地迈出自己人生幸福的步伐。

有人问我，爱过是不是就不会忘记？

我想说：遇到，我会感恩；错过，我会释怀！人生就像漫步星空，遇到的那些人，有些是恒星，有些注定是流星，我们不可能去一一把握。当我们有幸从茫茫星河里找到那颗恒星以后，我们就可以笑着流泪了。

据说，我们的一生一般会遇到8 263 500多人，会打招呼的是39 700多人，会和3 600多人熟悉，会和270多人亲近。

相遇和离开对于我们来说都是一种仪式。尽管我们对此心知肚明，但是在看到这个数据的时候，我却依然很悲伤，不去谈那些仅仅打招呼的3万多人，原来我们一辈子至少要损失3 000多个相熟的人，而最终只能与270多人亲近。

在我们的生命里，每天都必然会遇到一些人，同时又失去一些人。很多遇见照亮了生活，温暖了岁月；很多离开暗淡了心情，促使我们成长。生活总是因为聚散离合而多姿多彩，人生也因这些相遇和离开而充满悲喜。

有人说，前世相欠，今生相见。原本有些相见，就是为了续前世未了的缘；也有些相见，是为了还前世相欠的债。所有的遇见，都是有缘由的，没有人会无缘无故地来到你的生活中，也没有人会无缘无故地离开。

还有人说，这辈子都不一定能遇见，就别想下辈子了，相见不如怀念。有时候，遇见很容易；有时候，遇见又很难；更多的时候，见与不见，只在一念之间。

有些遇见，不在乎天长地久，却在乎曾经拥有；有些遇见，不在生活中，却在生命里。

得到与失去也是一种仪式。当它们在我们的生命里频繁出现时，就形成了一种习惯。既然有所得，那么有所失也就没有那么可怕，甚至我常安慰自己，也许下辈子还会遇见。

可是人生没有下辈子，今生的每一分每一秒都弥足珍贵。不要以为时间还早，不要以为年纪尚小，也不要以为过了今天还有明天，过了明天还有后天，我们都不知道明天和意外哪一个会先来，唯一能做的就是好好把握当下，不去想还有来生。

无论这辈子两个人能相处多久，无论这辈子是爱还是不爱，都请好好珍惜共聚的时光。下辈子无论爱与不爱，都不会再见。

生活中存在着许多我们无法左右的东西。比如今天你在街角看到一朵美丽绽放的花，明天再去看，它开始枯萎，到了后天，它已经凋谢了。

仪式感可以让我们的内心和身外的世界更好地建立联系，使我们可以通过一些抽象的事物去感知和理解这个世界。

在之前许多哲学体系中，人们偏好于二元的模型——物质和精神，于是便有了唯物与唯心的对立，这两个似乎不可调和的派系斗争了几千年，从希腊学院一直到今天的网络，直至此时此刻也还有人正在为此争论不休。

但有没有人想过，物质和精神或许并非对立，他们不过是世界模型的两个端点，在争论这两个端点谁是起点的时候，是不是也要考虑是什么将这两个端点连接起来的？

明代思想家王阳明将这个过程描述为"身、心、意、知、物"，抛却身这个个人本体不说，心和物之间还有意和知。这与现代部分历史学流派所关注的观念和文化两个概念不谋而合。而这两个概念，就是仪式的本源。

有一个讲王阳明和朋友到山间游玩的故事。朋友指着岩石间的一朵花对王阳明说："你经常说，心外无理，心外无物。天下一切物都在你心中，受你心的控制。你看这朵花，在山间自开自落，你的心能控制它吗？难道是你的心让它开，它才开的；你的心让它落，它才落的？"

而王阳明的回答很巧妙："花当然是自开自落的，可是它能不能扰动我的心却是由我来决定的。哪怕天崩地裂、洪水滔天、电闪雷鸣、暴雨大作，只要我心中安然，便永远是在桃花源、艳阳天。"

一朵花的开落，是一个无法改变的过程。正如一个人的衰老，也是无法抗拒的。所以，我们要有积极的观念，在内心塑造美好的意境。你拥有怎样的内心，便拥有怎样的人生。只有内心是美好的，你才会看到美好的东西，人生才会充满无限光明，充满温暖的爱。

另一个故事是关于王艮与王阳明的。一天，个性极强的王艮出游归来，王阳明问他：都见到了什么？王艮以一种异常惊讶的声调说："我看到满街都是圣人。"

王艮这句话别有深意，他来拜王阳明为师前是个狂傲不羁的人，拜师后也未改变"傲"的气质。王阳明多次说："人人都可以成为圣人。"王艮不相信，他始终认为圣人是遥不可及的，所以他说的"我看到满街都是圣人"是在讥讽王阳明。而王阳明大概是猜透了他的心思，于是就借力打力，道："你看到满大街都是圣人，那么满大街的人看你也是圣人。"

王阳明的这句话是有深意的，如果人心中有无限的包容、友爱和善意，那么谁不愿亲近他，谁不爱戴他呢？自然地，满大街的人看你也是圣人了。能做到如此，确实是圣人了。

短短一句话，既说出了一个人应该具有的文化修养，也道出了教化世人的最好方式——以身作则，感化世人。所以别再怀疑和抱怨，加强自身的修养，树立一种文化仪式感，你会看到一个包容和友善的世界。

仪式之所以重要，不是强化精神或者"加持"物质，而是将二者相连，将外界的物质与我们心中所理解的世界结合起来。

有信仰者的心中，必然有一个信仰的世界，这个世界有自己的规则、善恶，其本身与"物质"的世界必然是不同的。若说些不敬的话，神圣造像不过是些特殊形状的金石，焚烧的香料也不过是特殊气味的木材而已，但是通过仪式，金石、木材与心中的神圣造像和神圣气味结合，在信仰者眼中，身边的物质世界便与心中的信仰世界有了重叠。

　　个人的心灵必然是孤独的，因为一个人的观念必然与别人不同，甚至无法表达。但仪式给了个人和他人在心灵上同一的可能，通过特殊的器具、行为、程序，将个人意识中的某一部分与这些文化符号上所附着的意义同一化，从而使人们产生交托感与归属感，这就是仪式的重要所在。

fourteen

礼仪即礼节与仪式，不学礼仪则无以立身

礼仪素养是立身处世的基础，文明礼仪是人生道路上的通行证，齐家、治国、平天下皆始于修身。良好的文明礼仪素养，能够为我们实现梦想奠定坚实的基础。只有先学会做人，才能真正学会做事。

从小到大，我们上课前要起立鞠躬，向老师问好，下课了要再次起立鞠躬，同老师道别，在走廊上遇到老师要主动问好；每周一的升旗仪式，要升国旗，奏国歌，行队礼，还要听老师演讲对上周的总结以及对本周的期望；课间操的时候，我们要排好方队，跟着节奏，动作整齐划一……也许学生时期的你在做这些的时候，并不理解这是为什么，甚至会有些反感。

我国是礼仪之邦，古时候，人们极其讲究礼仪，比如开学礼、成人礼，拜师仪式、结拜仪式等。这些并非都是封建旧思想的糟粕，很多精华仍需我们好好学习，并传承下去。古时候，仪式中包含着一种承诺，将一些美好的价值观传递给孩子。就像拜师收徒弟需要下跪、敬茶，这意味着老师承诺会尽心教给徒弟全部的学问，以及做人处事的原则等，而徒弟则承诺自己不忤逆师长，不做有辱师门之事。而成人礼则是让孩子明白自己身上的责任，告诉他们将要为自己的行为负责，这也是一种承诺。

现如今大学里早已经不像中学、小学那样，严格执行课堂礼仪，就连起立问好也省略了。近日上海有所大学在各个教室里重新拾起课堂礼仪，得到了广大师生的支持和社会的热议。

发起者表示，上课礼这种仪式的实施有两方面的好处：一方面是对学生的提醒，使大家能够尽快调整好状态，将注意力集中到课堂上；另一方面，师生相互问好也可以促进双方之间的交流沟通，让课堂变得更加温馨。

学生汤培文说，在自己的印象里，离开中学后，已经有好几年都没有在课堂上起立问好了，刚开始时多少有些不习惯，但当听到同学们齐声问好时，整个课堂的授课环境顿时显得温馨起来。他说，从表面上看这只是课堂礼仪，培养大家尊师重道的意识，但实际上作为一名高校学生，在学习专业知识和技能的同时，更要学会如何做人。课堂礼仪是做人的一部分，也是我们"修身"的开始。

学生张婷是某班班长，现在，每节课前她都要带头喊"起立"，她说自己特别支持这样的上课礼仪。因为准备好笔记本等上课必备的文具和书籍、讲义等，安静端坐，恭候老师的到来，不仅是对老师的尊重，也会让课堂内学习的氛围浓重很多。同时课堂礼仪有助于改善学生们上课的精神状态，可以很好地调动起同学们听课的热情。明礼才能修身，实施课堂礼仪，意义就在于以小见大，将文明礼仪贯彻在学生的举手投足之中，使学生养成良好的习惯，为将来走上社会打下基础。

礼仪是一个人、一个民族文化素养和道德修养的外在表现，是一个社会、一个国家文明形象的标志。两千多年前，孔子就告诉其弟子"不学礼，无以立"。

礼仪素养是立身处世的基础，文明礼仪是人生道路上的通行证，齐家、治国、平天下皆始于修身。良好的文明礼仪素养，能够为我们实现梦想奠定坚实的基础。只有先学会做人，才能真正学会做事。

不学礼，无以立。意思就是说，不学会礼仪礼貌，就难以有立身之处。一个人懂得谦让，懂得生活中的点点滴滴，懂得别人的快乐，也懂得与别人分享快乐，这是最大的幸福。如果一个人文化程度很高，却不懂得礼仪，那他也是一个有很大问题的人。因为道德常常能填补知识的缺陷，而知识却永远也弥补不了道德的缺失。

礼仪是指礼节与仪式。而礼仪的本质是治人之道，是鬼神信仰的派生物。早期的人认为一切事物都有看不见的鬼神在操纵，履行礼仪即是向鬼神讨好求福。因此，礼仪起源于鬼神信仰，也是鬼神信仰的一种特殊体现形式。中国是礼仪之邦，上下五千年，从西周视礼为"国之大柄"，到荀子的"国无礼而不宁"，再到今天我们口中常提到的精神文明建设，礼仪一直是传统文化的核心。

宋代时，礼仪与封建伦理道德说教相融合，即礼仪与礼教相杂，成为实施礼教的得力工具之一。直到现代，礼仪才得到真正的改革，无论是国家政治生活的礼仪，还是人民生活礼仪，都改变成无鬼神论的新内容，从而成为现代文明礼仪。

中国礼仪在中国文化中起着"准法律"的作用。

礼仪的起源，可以追溯到久远的过去。应当说，中华民族的历史掀开第一页的时候，礼仪就伴随着人的活动，伴随着原始宗教而产生了。礼仪制度正是为了处理人与神、人与鬼、人与人的三大关系而制定出来的。

中国古代有"五礼"之说，祭祀之事为吉礼，冠婚之事为嘉礼，宾客之事为宾礼，军旅之事为军礼，丧葬之事为凶礼。

民俗界认为礼仪包括生、冠、婚、丧四种人生礼仪。

实际上礼仪可分为政治与生活两大类。政治类包括祭天、祭地、宗庙之祭，祭先师先圣、尊师，乡饮酒礼，相见礼，军礼等。生活类包括五祀、高禖之祀、傩仪、诞生礼、冠礼、饮食礼仪、馈赠礼仪等。这是对我国古代礼仪的总结汇编。这些礼仪内容，对后世人们的行为规范、人际交往以及社会公德的形成，都产生了极大的影响。

因此，学习礼仪知识的现实意义可以总结如下：

第一，社交礼仪是道德的示范，它代表着社会道德观念存在，是作为一种社会行为的标准和规范而出现的。这种标准，规范、制约着社会生活秩序，推动人们沿袭着"礼"的规范生活，用以培养我们的善恶标准和美的心灵。同样，社交礼仪也要求人们将自己的行动纳入规范，将自己的本性纳入规矩，加以约束，时时用道德的力量支配自己的行动。注重社交礼仪是社会文明进步的标志，是为了维护人的尊严和社会的道德面貌。

第二，社交礼仪在人际交往中有协调作用。今天的社交礼仪所表示的意义主要是尊重，尊重可以使对方在心理需要上感到满足，产生好感和信任。按照社交礼仪规范去做，有助于加强交际双方互相尊重、坦诚相待的良好关系，缓解或避免某些不必要的情感对立与障碍。社交礼仪规范是社会生活中的润滑剂、调节器，是协调交际关系的纽带和桥梁。人与人之间的相互理解、信任、关心和友爱，会营造良好的社会气氛，使每个人健康、合理的心理需求得到不同程度的满足，从而产生开朗、乐观的情绪，对生活更加热爱，并使整个社会保持一种稳定、融洽的秩序。完备的社交礼仪，可以沟通与各种人的感情，协调好上下左右、里里外外的关系，使误会、摩擦消除，减少矛盾，化干戈为玉帛。

第三，社交礼仪的实施可以促进社会精神文明建设，净化人的心灵，陶冶人的情操，提高人的品行，客观上也起着榜样作用和教育作用，无声地影响着周围的人。在对外交往中，注重礼仪，可以展示中国人民的精神风貌，增强民族自尊、自信、自强的精神，加深与世界各国人民的友谊和交流，提高我国的国际地位和威望，使中华民族的优秀文化传统得以弘扬，使中国以泱泱大国之风自立于世界民族之林。

PART 4

仪式感，是一种人生的修行

fifteen

如果你在错过太阳时哭泣，请擦干眼泪等星空

> 好好生活的定义是，懂得给自己的生命创造一些仪
> 式，让自己可以心境平和，无论顺境还是逆境，都能够坦
> 然接受，并从中找到美好。

似乎只有黑夜才能够唤醒我们的悲伤，人总是在深夜惊觉自己的生活原来有那么多的无常和辛苦。于是，我总会在深夜接到某某某的电话，听他哭诉自己如此的命运多舛。

就拿陈超来说，他生活里缺失了一些仪式感，在电话那边冲我嚷嚷的总是老一套：上司很讨厌，同事太鸡贼，邻居家的小孩每天晚上八点钟拉小提琴很难听，他喜欢的女孩不喜欢他，他不喜欢的女孩对他很殷勤，门口水果店里的水果很贵，钱总是越花越少……没完没了。

我的回复简单粗暴，工作不顺心就换一份，听到不好听的声音就戴耳机，你喜欢的人不喜欢你那就算了，你不喜欢的人对你殷勤就严词拒绝她，门口的水果贵就不要买，钱如果越花还越多的话，才真是叫奇怪！

几次三番以后，我发现陈超何尝不懂得，就算自己换了工作，下一份的工作还不是一样，甚至有可能会更糟糕，似乎每一份工作都总会有一个讨厌的上司和一群鸡贼的同事，我们都躲不过，也无

法幸免；而你喜欢的人不喜欢你，你不喜欢的人喜欢你，其实并不可怕，可怕的是你心中没有别人，别人心中也从来没有你。

今天他向我汇报的内容依旧没有任何新意，说自己又被迫加班到深夜，这周已经连续三天了，可恶的老板难道就不能早下班一天，让他可以观赏一次落日余晖，或享受一顿烛光晚餐？

我安慰他："你现在抬头看看，星光灿烂的夜晚是不是很美？你家的房子四面都是高楼，抬头就那么巴掌大的天空，肯定看不到这么美的星空，也看不到西沉的夕阳。所以，虽然加班很累，但你也能欣赏到美景啊！"

他气急败坏地在电话那边嚷嚷："我只是借题发挥一下，表示我很久没有按时下班而已。"我告诉他："我也只是实事求是，实话实话而已。需要加班证明你们公司的业务发展蒸蒸日上，你的能力有目共睹，被公司所需要。"

他有些抓狂地问我："为什么你每次都要这么怼我？"

但我也很想问他："为什么每次我这么怼你以后，你还是会给我打电话，像祥林嫂般地抱怨？"

最后，他给出的答案终于让我无法理直气壮地怼回去。他说，之所以会给我打电话，是因为我是他的朋友。还有，重点是在经过我们通话的这个过程之后，他会有种说不出来的身心愉悦。就像我们花很多钱收集手办一样，虽然只是把它们摆在那里，但对我们来说那就是生活中的一种仪式，看到它们我们就会快乐，偶尔地把玩更会让我们觉得生活实在美好。

我说："原来我就是一个能听你说话的手办，在你不开心的时候，被你拿起来把玩而已？"

陈超当时就笑了："谁让你是一个作家啊！我十分想知道作家

的生活是怎么样的？"

还能怎么样？也没有什么与众不同，如果非要我回答，那么作家就是坐在家里什么都不写不出来，然后被编辑催稿催得抓破头皮。可能你们都会好奇，作家写的那些精彩的故事来自哪里。我可以很负责地告诉你，越是把故事讲得天马行空、天花乱坠的人，他的生活过得可能越平淡，因为只有在现实里静下心来的人，才会有时间去发现或者构想另外的奇妙世界。当然有时候也要感谢你们——我们身边的人，你们的吐槽或者八卦，你们的一点一滴都将会是我们创作的灵感来源。

说到这里，陈超忍不住问："你觉得我的生活很精彩吗？"

我很认真地告诉他："我觉得很精彩啊，因为你总能给我那么多的刺激，比如你在旅游回来以后会找我吐槽，旅游其实一点劲都没有，回来后整个人都不好了，内心空虚，心理落差还特别大，玩的时候很开心，回来以后还是要面对惨淡的生活！可是你知道我内心的独白是什么吗？是你在旅游，而我只能在办公室里刷你的朋友圈，这样的心理落差才大呢！你可不可以给我闭嘴！"

最后，陈超暗示我是不是应该付给他付点信息费，我毫不犹豫地打断他："好了，夜深了，晚安，拜拜。"我们的通话终于在这里告一段落。

我们总是习惯在别人风生水起的光鲜亮丽里，去发现自己生活的不如意，然后自怨自艾。其实真的大可不必，因为大多数人给别人看的生活，都经过包装和美化，就像我常常在咖啡馆看见一些女生，对着自己面前的一桌下午茶猛拍，拍完既不怎么聊天，也不怎么吃，而是各自默然地端着手机修图，往往一个多小时过去了，桌上的点心还都没有动过。我想，我这是走进这几个女生生活秀场最真实的后台了，她们在朋友圈里发的是阳光正好的下午和可口诱人的甜点。这些被加工过的照片展现出一种休闲和惬意，传达给朋友的是一种"我在好好生活"的感觉。可惜有时候，我们只是沉迷于这些"好生活"的表象世界，并没有能力真的去好好生活。

好好生活的定义是，懂得给自己的生命创造一些仪式，让自己可以心境平和，无论顺境还是逆境，都能够坦然接受，并且从中找到美好。人生不可能总是一帆风顺，就像旅行前已经做足万千准备，但在遇到坏天气，面对飞机的延误时，你还是会束手无策。

有一次出行，我就遇到了因天气原因导致飞机晚点的情况。当所有人都绑着安全带坐在机舱里，已经百无聊赖地等了几个小时，飞机上的饮料都快把大家灌饱的时候，终于有人忍不住开始发牢骚："为什么雨都这么小了，还不能起飞，究竟什么时候才能起飞，就不能给我们一个确切的时间么？"

在无法得到具体起飞时间的情况下，一些人开始破口大骂，叫嚷着让航空公司赔偿损失，不断地为难空姐空少，对他们的服务吹毛求疵，故意找碴。

这种情况下，大多数人都会很烦躁，不过我却发现前排有一对母女一直都很平静，那个小女孩还时不时地发出快乐的笑声。她也不耐烦地问过妈妈，飞机什么时候才能起飞，妈妈告诉她："天空正在流泪，我们来给天空讲故事听吧，等天空不哭了，飞机就可以起飞了。"于是，女孩开始兴致勃勃地听故事。在她的眼里，她是在和天空一起听故事，这种假想的小仪式让女孩听得格外认真。后来她还和妈妈一起玩了你画我猜的游戏，外界的喧嚣和混乱好像始终与她们无关。

飞机终于起飞了，刚才吵闹的人们都不再说话，一个个疲惫地瘫坐在椅子里，只有小女孩在她妈妈的怀抱里，小声发出欢快的欢呼："飞机起飞了，天空不再流泪了，天空是不是正在微笑？"

小女孩的话让我想起巴西籍著名作家保罗·柯艾略的话：通过一些简单的仪式，我们要从平日司空见惯的事物中发掘出视而不见的秘密，如果你以美好的眼光来观察这个世界，淡定从容地享受生活，你就永远能看见天使的面容。

坦白说，我真心不喜欢雨天，下雨去哪里都会很麻烦，要打伞、要穿雨衣、不好打车、飞机会延误，就算是再小心也会弄湿衣服或者鞋袜。而朋友林微微却好像特别喜欢下雨天，我发现每次下雨的时候她都很开心。

有一天我终于忍不住问她："为什么你这么喜欢下雨？难道是因为你买了很多漂亮的雨伞，如果一直不下雨，你担心它们没有用武之地？"

林微微看着我若有所思地点点头，她说我说得没错，她确实有很多漂亮的雨伞，如果不下雨的话，她就不能撑着伞到处走。然后她又问我："难道你没发现无论什么样的雨伞，只有在撑开的时候，才会展现出它的美吗？"

好吧，我承认她说得没错，雨伞是要撑开才会好看，可是太阳伞也很好看呀？

于是她皱了皱眉毛，用很奇怪的表情看着我："那么你难道希望天永远都不下雨吗？可是你不想想，如果真的每天都是晴天的话，所有的植物都会缺水，慢慢枯萎，我们就没有吃的，也没有满目的绿色与烂漫的鲜花了。"

下雨是大自然的杰作，即使沙漠也需要下雨，雨水非人力所能控制。既然有些事情我们无从选择，倒不如坦然接受，换一个角度去发现它的美好。比如下雨天很凉快，下雨天没有灰尘，下雨时空气很清新，下过雨后树很漂亮，绿叶是那么的干净，下雨天走在大街上可以看到各种各样漂亮的雨伞，下雨天还能回想起小时候那些玩水、踩水、上学路上顺着水沟走的充满童趣的情景。

即使面对的只是一块干面包，在吃下之前，也要记得感恩赐予你食物的人，你会因此觉得干面包也很香甜。生活给了我们很多选择，我们可以在各种意外和不确定之中，从容淡定地发现它的美好和惊喜。可是有些人却刻意地把自己套进一个可怕的标准里，让自己变得势利无趣，这无异于作茧自缚。比如，酒店只住带星的，咖啡只喝星巴克的，车子只喜欢进口的，电脑和智能手机只选苹果的，衣服和包包只用固定几个名牌的，似乎只要把那些大家公认的高端品牌的LOGO贴在身上，就能过得高级，令人羡慕。事实真的是这样吗？难道从五星级酒店的窗户看到的天空是镶金边的吗？

星星在哪里都闪亮，只看你有没有去抬头仰望。生活在哪里都一样，不一样的是你选择怎样去生活。生活原本是一杯白开水，之所以会有不同的味道，是因为我们给它添加了不同的调味料。仪式感是我们自己寻找到的，可以让我们身心愉悦的那些事，像陈超向我倾诉他种种不如意的一个个电话，像飞机延误时妈妈讲给女儿的一个个动人的故事，还有下雨天那些被撑开的五颜六色的雨伞。

sixteen

越是没人爱，越要爱自己

越是没人爱，越要爱自己。很多人大约是忽略了，原来爱自己也是一种仪式感，我们应该对自己好，匀出一些时间来做自己认为更重要的事，进行更多的自我探索，认识自己的能量与边界，找到真正所喜之事、所爱之人，珍惜对待。

杨澜曾在一次采访当当网的俞渝时，问她："你最不自信的地方在哪？"

她回答说，是自己的长相。为此，她曾经自卑过，可是后来她在事业上获得了成功。

于是，杨澜又问："为什么随着年龄的增长，你反而越来越自信，越来越有气质和光芒了呢？"

她很郑重地回答，接受自己。

杨澜听了之后忍不住赞叹，说这一点值得许多女性去借鉴。

接受自己就是悦纳自己，是高高兴兴地接纳自己，不仅包括对自我价值的肯定，还包括对自己的不足甚至残缺的接纳，对失败挫折的包容。即使自己不够英俊或者美丽，不够高大挺拔或苗条靓丽，仍能欣赏自己的可爱之处。爱上自己，然后改变自己，直至令自己无限接近完美，让自己变得更好。这也许就是所谓的"悦人者众，悦己者王"。

很多人不懂得爱自己，不懂得给自己的生活加一点仪式感，不会给自己买礼物，也不会让自己好好吃一餐美味，不会把自己打扮得漂漂亮亮，也不会让自己的身体得到充分的休息和享受。

我知道，肯定会有人说，我没有仪式感是因为我正在努力奋斗，我努力奋斗是为了将来更好地生活。可我想问的是，没有现在，何谈将来？

努力的人很多，每一个行业都不缺优秀的人才。在室内设计行业就有这么一个女生，她27岁就成为国内室内设计行业里的领军人物，她的作品至今还是这个行业里的标杆。但是，为了能走到事业顶峰，她舍弃了自己的生活，舍弃生活里一切的仪式感，用无数个没日没夜的加班和辛苦换来事业的成功。

她自嘲的话有些悲伤，她说自己可以忙到没有时间花钱。虽然年纪轻轻就在一线城市最好的地段拥有了自己的房子，可她住在这所房子里的时间却寥寥无几，三年的时间里她回家住的日子加起来不超过一个月。苍天不负有心人，她在27岁之前拿遍了这个行业里所有的奖项，但也是在27岁那年，她接到妈妈的一个电话。妈妈吞吞吐吐地问她忙不忙，当时她刚接了一单大生意，忙得四脚朝天。在她的记忆里，妈妈永远是那个喜欢读俄国文学，把手风琴拉得宛转悠扬、悦耳动听的优雅女子。而那一年妈妈还不到50岁，在她的心里妈妈与"失去"二字仍相距甚远。可是，当亲人终于将实情婉转相告时，妈妈已经是癌症晚期。

尽管她最后辞掉了工作，也只是陪了妈妈不到一个月，而那时妈妈已经没有精力和她聊天，分享她的收获，期待她的未来……

一位诗人，写了不少的诗，有了一定的名气。可是，他还有很多诗并没有发表出来，无人欣赏。为此，诗人很苦恼。他的一位朋友是位禅师，这天，诗人向禅师说了自己的苦恼。禅师笑了，指着窗外一株茂盛的植物问："你看，那是什么花？"

诗人看了一眼植物说："那是夜来香。"

禅师点点头："对。夜来香只在夜晚开放，所以大家才叫它夜来香。那你知道，夜来香为什么不在白天开花，而在夜晚开花么？"

诗人看了看禅师，摇了摇头。禅师就笑着说："夜晚开花，并无人注意，它开花，只为取悦自己！而白天开放的花，都是为了引人注目，得到他人的赞赏。但夜来香在无人欣赏的情况下，依然径自绽放，散发芳香，它只是为了让自己快乐。而我们人，难道还不如一株植物吗？"

许多人总是把自己快乐的钥匙交给别人，自己所做的一切，都是为了给别人看，让别人来赞赏，仿佛只有这样才能快乐起来。我们应该为自己多做一些事情，学会爱自己，并且保持生活中应有的仪式感。

一位公众号粉丝过百万的自媒体人曾经在一篇文章里告诉她的读者，她说她在写公众号的路上，曾被最好的朋友挖苦指责她的文章一文不值，她低头听着，心里感觉很难过，好几个月不敢在公众号上更文，生怕再被批评，被轻视。过了很久之后她才知道，这位朋友并不曾读过她的文章，而那些指责批评，不过是出于对她的"惯有印象"。

她还有一位很要好的女性朋友，因为以前一次偶然的谈话，一直以为自己的男友喜欢长发飘飘的姑娘，尽管早就动了心思，想剪一头干练的短发，却因为男友的喜好留了很多年长发。直到某天，她终于狠心剪掉了长发，但没想到的是，她听到了男友难得的表扬，男友对她说："这样的你，更加漂亮，更加妩媚。"

我们总是习惯性地去让别人高兴，诚心诚意地对别人好，绞尽脑汁想要为别人做些什么，想要得到别人的认可，有时候全然不顾自己的感受，甚至从来没有考虑过，这样将一颗心系在别人身上的取悦，究竟耗费了我们多少心力。取悦原本就是一场高成本的、对自己的极大内耗。

每一个习惯取悦别人的人大概都很忙。忙着感知别人的需求，忙着抉择是先满足这个人还是先满足那个人，忙着努力奋斗做出一些成绩，然后焦虑地等待别人的认可，或者忙着担惊受怕，害怕是否会因为做得不够好而被抛弃。而每一个取悦者又都是健忘的，似乎昨天得到的喜爱和认可在明天就会被清零，然后重新去追求更大的认可。

最可怕的是，这个过程好像是一个无限的轮回，追求认可，然后忘记，然后再重新追求更大的认可。在这个轮回中，取悦者像极了一枚陀螺，被鞭子抽打着不停旋转。我们在其中消磨了自己的时光，耗费了自己的心力，看似一直在对别人好，但最后也许还会得不偿失，无法取得别人的珍惜和谅解。

越是没人爱，越要爱自己。很多人大约是忽略了，原来爱自己也是一种仪式感，我们应该对自己好，匀出一些时间来做自己认为更重要的事，进行更多的自我探索，认识自己的能量与边界，找到真正所喜之事、所爱之人，珍惜对待。

可是取悦者却常常对自己内心的声音置若罔闻，全身心投入了对别人需求的满足中。然后在某一个醒来的清晨，看阳光洒满全身，轻轻地问自己：我到底是谁？我这么忙碌，究竟为了什么？

一个周末，我去朋友王冉家，看到她家阳台上放着一张舒适的大红色单人沙发。

于是我忍不住问她："你家是沙发多了没处可放吗？干吗要放在阳台上风吹雨晒的。"

她笑着拍了一下沙发，说："这可是我们家最昂贵的沙发，我特意放在这里的，泡脚、发呆、看书，都能坐一下。风吹日晒就风吹日晒呗，这个坏了，就再换一个，虽然它很贵，但是跟舒服和放松比起来，再贵都值得。"

王冉在外企咨询公司工作，工作压力非常大，她还有一个顽皮的儿子，同一行业职位更高的丈夫比她还忙，经常加班到三更半夜。她每天晚上等儿子睡着了以后就坐在这张沙发上等丈夫回来。

王冉把在阳台上的只属于自己的这一点点时光，作为生活中的一种仪式，她称这个仪式为"一个人的心灵SPA"。她说，这样的时光对于每一个与她相似的，即要顾家庭又要顾事业的主妇而言，是比买名牌包包更奢侈的东西。所以，自己一个人用的东西要买好一点的，一个人在独处的时候，才更要奢侈一点。

"随着年龄的增长，谁都不想再讨好了，跟谁在一起更舒服就和谁在一起。朋友也是如此，累了就躲远一点。取悦别人远不如快乐自己，越是没人爱，越要爱自己！"说这句话的时候，王冉不住地跟我眨眼睛，她接着说，"这里的别人也包括我老公，我老公忙得顾不上我的时候，我就会自己一个人去看电影，一个人去花市买花，我会刷他的信用卡，给自己买很多漂亮的衣服，把自己打扮得漂漂亮亮的再出门。这样的次数多了，他也会主动抽出时间来陪我。当然，他嘴上说是陪我一起享受生活，但谁不知道他一是心疼钱，二是担心我这么漂亮地走到路上，会不会引来狂蜂浪蝶。"

幸福，不是某一种结果，而是无数有意义的小仪式所产生的微小感受。

幸福，不是哪一类的人生，哪一种活法，而是每个人都可以拥有的一些美好的时刻。

一笔钱，该花或者不该花，不是看钱的多少，而是看花与没花，你有什么不一样的感受。

幸福，不是两个人必需的捆绑，而是一个人的芬芳对另外一个人的吸引。善用生活中的仪式，懂得取悦自己，别人才会来取悦你，而你的价值，也会得到他人更多的关注。

爱自己、取悦自己本身就是一种仪式。当你开始取悦自己之后，会发现自己的身心变得更加美好。在这个浮躁的时代里，你的美好对他人来说，充满赏心悦目的价值。而反过来，如果你对别人付出太多，自己就会变得薄弱，你的价值就会被忽视，你们的关系也会渐行渐远。所以我们要在不自私的同时，学会爱自己、宠自己，把更多的沉淀留给自己。找个地方喝一杯咖啡、看场喜欢的电影、听一首歌、读一本小说，甚至是发一会儿呆，都能抚慰自己疲惫的心灵。

取悦自己，绝不是自私，不是为了抵抗他人、抵抗世俗，而是让自己在变得美好的同时，让身边的人、身边的事，也变得快乐和美好。取悦自己又是自我的，要让自己在寂寞中独自绽放，在孤独中微笑以待。只有学会在一个人的世界里生活，才能怡然自得地面对他人。所以，善待自己。

seventeen

任何仪式都是出于某种庄重的目的，
都值得我们去尊敬

所谓的仪式感，一面是生活中对价值观的敬畏所产生的庄重，一面是对他人和社会的尊重所展现的典雅。

曾经听过一个很有趣的形容，京东的老总刘强东和奶茶妹妹的爱情就超级充满仪式感，爱情的二维码贴满大街小巷，唯恐天下人不知，可谓常刷常新。

从爱情到婚姻，更是仪式感的高级进阶。前脚陈晓和陈妍希甜蜜婚礼的余热还未散去，关于霍建华和林心如从挚友到挚爱的蜕变"虐狗"行动就迅速展开。无论是陈妍希乘着小船满眼笑意地走向她的过儿陈晓，还是林心如笑靥如花地游走在巴厘岛的曼妙风景中，都让我们看到了一个婚礼该有的庄严与盛大。

那些年惊艳过我们的明星婚礼还有许多许多，如李小璐与贾乃亮的好事终成，吴奇隆和刘诗诗的梦幻海岛，周杰伦与昆凌的世纪婚礼以及Angelababy与黄晓明婚礼的万众瞩目。纵观所有明星婚礼，不知道你有没有发现，几乎都有那些必不可少的标配，美丽的鲜花、城堡般的场所、精致的妆容与烦琐的礼节，这些无疑都是出于对婚礼的敬畏而特意打造出的庄重的仪式感。

有人说，仪式感存在的真正原因是为了体现庄重，有时也是为了确认和确立权力关系。所谓有人的地方就有江湖，我们人类参与的社会活动都会体现出相应的权力关系。

比如，国内的一些婚礼会在开始时安排一个特殊的环节，即邀请新郎或者新娘单位的领导讲话，也有直接邀请领导做证婚人的，对于这种情况，虽然也有领导真的和下属混成了类似亲人关系的可能，但很多时候，这还是一种职位权力的延伸。

再比如学校的升旗仪式，学校主要领导负责主持，团委、大队辅导员等是具体仪式活动的负责人，而学生则属于活动参与者，这也体现出不同身份、不同职位的人，在仪式中其权力和责任的侧重点也各有不同。

同样，社会上的一些大型仪式活动也是在庄重的仪式中体现出了相应的权力关系。例如，近些年每逢农历三月初三，河南都会举办拜祖大典活动，祭拜中华民族的人文始祖黄帝。中央电视台会对整个仪式反复播放。从电视上我们可以看到，大典的整个过程庄重肃穆，气象不凡，表达了人们对黄帝高度的尊重和对自己过往历史的珍惜和爱护，尤其那首《黄帝颂》，庄严大气，流畅自然。

与河南的拜祖大典相似，陕西的祭黄陵仪式也是每年定期举行，现在已成为当地的一项经典文化活动，并将这种文化精神发展到了全国各地。近年来各地地方政府和民间对这种祭祀活动相当重视，一面是以仪式的形式提醒大家要重视对传统文化的继承和发扬，另一面是让大家在仪式感中对传统文化产生敬畏、尊重之情。

所谓的仪式感，一面是生活中对价值观的敬畏所产生的庄重，一面是对他人和社会的尊重所展现的典雅。这种仪式感似乎是我们多年来所缺少的。我们在过去的日子里，由于种种原因忽略了对仪式感的建立，忽视了为我们的文化生活赋予特殊意义的必要性。

仪式往往让一些抽象的品质、知识在我们面前变得生动形象。

不知道你是否记得抗日战争胜利70周年大阅兵的那天，天气很热，戴着帽子坐在观礼台上的观众，都禁不住擦汗、扇扇子。而接受检阅的军人，穿着长袖的军装、厚实的军靴，还要背着很沉重的武器，可他们却依旧保持着饱满的热情，以最规范的姿势走过天安门。这就是军人在仪式中展现给我们的高贵的品质。

军队中，从新兵授衔、功臣授枪、出征宣誓……到最后老兵退伍时眼含热泪地摘下肩章、领花，这些无一不与仪式有关。多年以后，当退伍老兵再次回顾自己的军旅生涯时，这些画面仍然历历在目，无法忘却。军队里的仪式是突出体现军人职业特色和展示军队形象的一种方式。越是历史悠久、注重传统的军队，仪式的种类越丰富，组织也越规范。有些国家的军人，从入伍到退伍，服役过程中几乎所有的重要时刻都有相应的仪式。军队就是借助这些仪式来强化军人的荣誉感的。

仪式还带有一定的宣传性，如同广告。在古代，皇帝登基一定要搞一个登基大典。登基大典的功能就是宣告一代新皇的统治已经开始，告诉天下人要服从新皇的统治。现代的仪式也是一种宣传，意在让人口耳相传，把仪式的意义传达给更多的人。

仪式是有选择的。比如企业的开业庆典，会邀请政府官员、经销商、原料供应商、银行家、学者，且有一定的排他性。仪式有大有小，根据实力及影响的不同，凝聚起所有参与者的意志、思想和精力，从而为某项事业而努力。仪式的这一标志性意义，就是群体的凝聚性。所有的仪式都要策划周密、细致，各个环节安排得当。既无哗众取宠之感，也无索然无味之觉；既不缺独运匠心的新意，也没有脱离主旨的做作。一个好的仪式就如同一篇文章有好的开头一样，可以起到先声夺人的作用，能迅速抓住观者的心，同时培养人们的自豪感与荣耀感。

体育健儿在奥运会上获奖时，升国旗奏国歌是仪式；毕业时，学生代表上台发言是仪式；老板把年终奖亲自交到辛勤工作的员工手中是仪式；看完表演以后，观众起立鼓掌是仪式；学生每天上课下课时，起立向老师问好也是一种仪式。任何仪式都是出于某种庄重的目的，都值得去尊敬。

就我而言，有了仪式就是对某件事存在一定的尊重，哪怕是件小事。比如新学期开始前，我一定要买崭新的笔记本；文具袋里的钢笔一定要把墨水灌足；写作业前一定要把书桌重新收拾一遍；就算是看心仪的电视剧，也要提前摆出喜欢的零食和饮料；过新年的时候一定要手写贺卡；在一段感情开始的时候要有告白，结束的时候会郑重地告别。因为有仪式感的存在，我们为这些事赋予了特定的意义，不再随意对待这些小事，也不会在身处困境时过度哀伤。

eighteen

仪式并不是简单的声色犬马

人的劣根性，需要克制，也需要释放。平日里饮食健康清淡，所以偶尔吃顿大餐是一种仪式。爱情里，情投意合的两个人每天早上睁开眼第一个看到的是对方，是一种仪式，更是一种幸福。但如果过度追求，贪得无厌，是永远也不会有满足感的。

《洪业：清朝开国史》一书中有一个故事很有意思。大名鼎鼎的闯王李自成，曾私下召见山东登州著名理学家、时任政府礼部尚书的杨观光，问他若远离酒色，怎么能够更好地享受生活的乐趣？杨观光告诉他，自己人生最大的目标就是保持心志清明。

李自成听了之后很高兴，当场就擢升杨观光为宫廷讲读。杨观光原本以为李自成会因自己所提的生活态度而有所感悟，可他没想到的是，李自成转过脸就率领农民军攻占了北京城，抢夺金银财宝，乐此不疲地纵情于声色犬马之中。

声色犬马的生活的确是非常诱惑人的，尤其对我们这些凡夫俗子来说。很多人理所当然地认为，我叫嚷的所谓的仪式感，其实就是享乐，就是奢华享受，是灯红酒绿、纸醉金迷，甚至是追欢逐乐、酒池肉林。

但实际上，一味追逐享受的人是空虚的，纸醉金迷的生活只会让我们越来越堕落。任何事情都是过犹不及的，真正懂得仪式感真谛的人，绝对不会将眼前的虚假繁华作为追求目标。

那么，是不是意味着我们要摒除一切享受呢？对此很多人都曾陷入过迷茫。有意思的是，有位朋友专门对此进行了一些尝试。他把摒除口腹之欲列为重中之重，有段时间吃得很素，清水煮白菜，白粥配馒头，只为果腹，不享受一丝口腹之欲，一点油水都不沾，结果导致营养不良，一度面黄肌瘦。身边的朋友吐槽他："你这个样子生活，哪有乐趣可言？"

他产生了自我怀疑，又恢复了正常饮食，一段日子后，他总结出一味地追求极致是错误的。他说，在他吃得很清淡的那段时日，就连一盘西红柿炒鸡蛋他都感觉十分美味，幸福感爆棚。

舍得舍得，有舍才会有得，懂得忍受生活的艰辛，才能明白富足的滋味，经历过平凡才能感受到生活的美妙。

一位朋友曾经问我，跟什么样的人谈恋爱最愉快？

我想了很久，也想得很仔细，我发现我不要求跟我谈恋爱的人多么的貌美如花、倾国倾城，只有两情相悦才能得到最大的欢愉。深谙风月的鱼玄机早在数百年前就给出了答案："易求无价宝，难得有情郎。"黄金万两容易得，知心一人也难求。如果不能相知，就算娶了一个天仙回来，也不过三夜五夕就冷淡了。有时粗茶淡饭未必输给山珍海味，简单未必逊色于繁华。

人的劣根性，需要克制，也需要释放。平日里饮食健康清淡，所以偶尔吃顿大餐是一种仪式。爱情里，情投意合的两个人每天早上睁开眼第一个看到的是对方，是一种仪式，更是一种幸福。但如果过度追求，贪得无厌，是永远也不会有满足感的。

并不是有钱有闲就能让你的生活变得精彩且幸福。《红楼梦》

里的贾宝玉就是一个富贵闲人，有钱有闲有颜，所有人都喜欢他、爱他，可是他却依然在杏子树结果的时候感叹花不常开，叶不常绿，依然没办法摆脱封建家庭对他的束缚，依然不能选择自己喜欢的林妹妹。

我们不能把仪式感单一地理解为吃吃喝喝或是各种玩乐，因为吃喝和玩乐本身只是人类最原始的欲望，而仪式感则高于生理需求，属于精神领域。

总有人对仪式感的理解很肤浅，微信朋友圈里最常见。他们从早到晚直播自己的生活，显得对生活的仪式感很重视，表现出一副很热爱生活的样子，但一刻都离不开手机的人，又何谈享受生活？

不管你愿不愿意承认，每个人都或多或少地会把自己的生活跟别人的生活进行比较。我们不自觉地将自己放在别人的眼光和标准中生活，幸福是别人眼里的幸福，痛苦是别人眼里的痛苦，再加上与生俱来的强烈自尊心，人生价值顺理成章地简化成一句话：过得比别人好。

过得比别人好，就意味着在学校里成绩要比别人优秀，得到的表扬要比别人多；报考的学校名气要比别人大，学的专业要比别人的专业前景更好；找的工作工资要比别人高，福利要比别人多，职位要比别人高，还要活少清闲。过得比别人好，还包括自己的人缘要比别人好，房子要比别人的宽敞，车子要比别人的高档，老婆要比别人的温柔漂亮，儿子要比别人的聪明懂事……这种比较可以无穷无尽。

但仪式感并不是单一地比较谁比谁好、谁比谁有钱、谁比谁成就大，仪式感更多的是把普通的日常生活点石成金，对明天永远充满期待。仪式感是属于我们自己的，以便让我们可以留下最甜蜜、最鲜明的记忆。

你的朋友圈里很可能有这样一个朋友，早上吃什么、中午吃什么、晚上吃什么，都会定时打卡，公之于众，向你汇报，似乎他家吃饭是件大事。他买了什么，用了什么，看了个电影，追了部电视剧，就连深夜厕所自拍都要发个美图来公告天下。一旦他出门旅游，那你就等着被刷屏吧。国内旅游至少一天三更，东南亚旅游至少一天七更，欧洲旅游估计就不出来了，跟直播差不多！

真的弄不明白他们，必须要这么高调吗？

有一回一位朋友兴致勃勃地刷屏时，我忍不住问道："你这么刷朋友圈，是在记录生活吗？"她抬起打了玻尿酸的下巴，高傲地扫了我一眼说："这是我对生活的仪式感啊！"

这一瞬间，我竟无言以对。

你上个厕所，吃个破外卖都要发个朋友圈，如果这就是你对生活的仪式感，那你的仪式感未免也太廉价了吧？

旅个游、买个高档商品就秀出来，这不是仪式感，是在炫耀！

我不知道人们是怎么理解仪式感的，失恋了，写几段悲伤的文字，发个朋友圈，称为仪式感；出去旅游发个朋友圈，也叫仪式感；半夜吃个夜宵感慨生活，也能不厌其烦地用美图拼凑，配上充满仪式感的图片；哪怕是荒腔走板地唱几句，也能加上音乐发个朋友圈的小视频。仿佛发了朋友圈，告诉了别人，你的仪式感就算完成了。仿佛装了高端、玩了洋气以后，你就活在有质感的、有仪式感的生活里了。

朋友圈里那些精美的"摆拍五分钟，修图二十分钟"的食物，也许你根本没吃完；那些你去书店买回来拍照霸屏的几本鸡汤书，可能随手被你丢在房间某个角落，过了三个月还没拆封，已经落满尘土；那些跟团去的旅游，走马观花的你并没有真正在放松的状态下享受美景。

我们总是忘记身边的小确幸，而过度去追求本不属于我们的东西。

　　你不喜欢的每一天都不是你的，因为你只是度过了它。

　　无论你过着什么样的日子，没有喜悦的生活，你就没有生活。

　　你无须去爱，去饮酒或者微笑，阳光倒映在水面上，如果它令你愉悦，就足够了。

　　幸福的人，把他们的欢乐，放在最微小的事物里，永远也不会剥夺属于每一天的、天然的财富！

这是费尔南多·佩索阿《惶然录》里的句子，很多人把它奉为信条。因为他们懂得，诗词里的微小事物和天然财富，就是人生中不可或缺的仪式感，它来源于我们生活中的各种小细节，以及那些雷打不动的习惯。

仪式又是一件很重要的事。它是在我狼吞虎咽吃饭时，你轻轻帮我擦掉嘴边的油渍；是走在路上时，我帮你系紧松了的鞋带；是失眠时，你强忍着困意陪我数着成百上千只绵羊；是你感到寒冷时，我给你披上温暖的大衣……仪式就是把本来单调普通的事情，变得不一样。而仪式感是让我们对我们所在意的事情，怀有敬畏且尊重的心理。

PART 5

你用心的套路，会成为漫长人生里我微笑想起的甜蜜

nineteen

仪式感，是父母给孩子成长的最好礼物

> 生活每天都在继续，在这些周而复始的重复中，我们
> 应该停下忙碌的脚步、花点心思，刻意制造"仪式感"。
> 因为它们能够唤起我们对美好生活的尊重和向往，它们能
> 够在此时和遥远的彼时提醒我们的家人：有人在意我们、
> 深深地爱着我们。

有人告诉我，没有结过婚的人不适合谈婚姻；也有人告诉我，没有生过小孩的人，不懂得小孩，也不懂得如何去做父母。总觉得婚姻应该是个很严肃的问题，而孩子应该是个更加头疼的问题，所以，我常想如果将来我有了孩子，我就把他用顺丰快递寄给我父母，让他替我承欢膝下之余，还可以省掉我很多洗尿布的时间。有个朋友听我这样说，只是淡淡地笑了笑，他告诉我："到时候你就会知道了，你绝对不会把孩子交给你的父母，因为根本就是你离不开孩子，而不是人家离不开你。"

朋友还告诉我，有孩子以后的生活除了快乐，更多的是被琐事、分歧或者疲倦充斥，比如半夜给孩子泡奶粉、换尿布，觉怎么都不够睡，早就没了心思过什么纪念日。为了给孩子做一顿营养丰富、搭配合理的饭，累到恨不得天天叫外卖来解决自己的肚子。你会发现原本整齐的房间如今到处是积木、海洋球、各种绘本以及数

不清的玩具，根本让人无处下脚。狼狈不堪的生活能让人随时哭晕在厕所里。

没有生日会，也没有纪念日，相机里再也不会有精致的照片，当然，除了孩子各种欢脱的笑脸。在这样粗糙的生活里消耗，日子变得了无生趣。甚至连他自己都怀疑，难道下半辈子就这样了？

但无论如何，岁月终究会告诉我们：生活是什么样的，取决于你用什么样的眼睛去看待。

生活每天都在继续，在这些周而复始的重复中，我们应该停下忙碌的脚步、花点心思，刻意制造"仪式感"。因为它们能够唤起我们对美好生活的尊重和向往，它们能够在此时和遥远的彼时提醒我们的家人：有人在意我们、深深地爱着我们。

培养孩子的仪式感，认真陪他们过每一个节日、生日，陪他们用心对待生活中那些看似无用的小事。这些仪式感所带来的惊喜和满足，是给孩子最好的心灵"富养"。

如何给孩子心灵上的"富养"，在朋友看来很简单，比如冒充圣诞老人就是他每年都会做的事情。

去年，我去他们家过圣诞节。我赶到他家后，还没在客厅的大沙发上坐稳，他七岁的小女儿姗姗已经迫不及待地把手里的粉色贺卡递给我看，她快乐得像只小麻雀，说那是昨天晚上圣诞老人写给她的信，还随信附带着她期盼已久的礼物，一套有368种颜色的画笔。

我一眼就看出信上分明是我朋友的笔迹，上面写着：

亲爱的姗姗小朋友，你好！

我是圣诞老人，今天是圣诞节，我送一套你一直想要的画笔，祝你圣诞快乐！希望你能用这些画笔，描绘出最美妙的图画。另外，我知道你很乖、很听话，学习也很努力，是一个乖巧懂事的小女孩。听说你今年已经上小学二年级了，希望你能继续好好学习，上课时认真听讲，写作业时要细心点，吃饭的时候不要磨磨蹭蹭，不要挑食，也不要动不动就哭鼻子。好了，如果你乖乖听爸爸妈妈的话，当一个懂事勇敢的小姑娘，如果你能改掉你的坏毛病，我明年圣诞节会再来给你送礼物哦！

圣诞老人

我悄悄白了一眼正在给我泡茶的朋友，虽然觉得他这封信写得十分幼稚，但是看着姗姗洋溢着幸福的可爱脸庞，又觉得这份幼稚也是值得借鉴和欣赏的。

于是我故作认真地跟姗姗说："你看，圣诞老人送给你最想要的画笔，你一定要好好利用它们哦。还有，圣诞老人希望你改掉生活中的那些缺点，你也不要让圣诞老人失望哦！不然明年就得不到礼物了。"小女孩一边点头一边大声答应着，脸上全是掩不住的笑意。

姗姗又跑去把她14岁的姐姐拉出来，跟我说："你看，圣诞老人也给姐姐送了礼物，只是，圣诞老人没有给我姐姐写信。"

姐姐笑着点点头，给了我一个你知我知的眼神，然后跟姗姗说："因为你表现得比我好，比我乖，所以圣诞老人才会给你写信嘛。"一句话，说得姗姗更开心了。

吃饭的时候，姗姗的姐姐偷偷告诉我："今年爸爸妈妈终于给我买了智能手机作为礼物，我小时候他们也年年冒充圣诞老人给我写信。那时候我真的以为是圣诞老人给我写的，收到信后非常高兴。后来我知道了，他们也就不需要再写信了。但是在不懂这个秘密的时候，能够收到圣诞老人的信非常快乐。我长大后才发现，这个世界上哪里有什么圣诞老人啊？那都是哄小孩子的。不过在我是小孩子的时候，还是很吃爸妈这套的。"

姗姗姐姐的话，让我想起我小时候的肯德基生日宴。我缠着爸妈让他们在肯德基给我过生日。虽然现在肯德基已经变成很多人口中的垃圾食品，味道也没有记忆里的那么好，但曾经在肯德基度过的那个生日却永久收藏在我的记忆里，无法忘记。现在再让我去肯德基里过生日，我肯定不干。但是如果回到小时候，我还是想去吃肯德基的生日宴，人有时候就是这么怀旧。

一位心理学家说，仪式感是家庭的重要组成部分，它是获得安全感的源泉之一，它能够增强孩子的自信心和自我认同感，它会给人一种最强烈的心理暗示，让孩子的注意力更加集中，更加认真以及更加用心。仪式感就是暗示我们必须要去认真对待某件事。

仪式感还可以培养孩子获得幸福的能力，在平淡的生活里不断提高幸福的层次，让无味的生活充满节奏和律动。平凡的日子，本来就是大同小异，我们只能通过不断给孩子制造生活的惊喜，才能让他们觉得生活是有趣的。

所有的父母都不可能跟随孩子一辈子，所以，如果想让他们幸福一辈子的话，那么就只能教会他们自己制造幸福的能力，给孩子的成长留下一座座里程碑，让这些里程碑成为他们日后独自面对生活时最坚实的基础。

另外，仪式感也是家庭成员之间表达内心情感最直接的方式，孩子虽小，就不懂吗？以前我们总是说孩子不懂得父母的苦心和爱，其实无论是苦心还是爱，都需要我们适当地表达出来。仪式感就是可以将家人之间难以言说的情感很好地表达出来的途径，它能增进家人的情感，增强家庭的凝聚力。

我们都知道，成年人的世界里没有"容易"这两个字，我们不能承诺孩子一生都幸福，但至少可以在他们幼年时给予他们获得幸福的力量，教会孩子带着爱去生活。

生活中的很多事情，发生的时候毫无征兆，结束的时候也无迹可寻。那些平凡的日子总是很容易被遗忘，我们需要做一些特别的事情，留在他们的记忆里，成为一种纪念。在孩子的成长中，父母做个有心人很重要，我们总是可以为他们再多做些什么。

在成人的世界里也是如此，一盏茶、一杯咖啡、一段音乐、一次奔跑、一次无目的的闲逛、一场电影，孤独的我们总想确认点什么。

舒妍是一个非常走心的妈妈，女儿馨馨的生日刚好是六一儿童节。她每年都会亲手做一个漂亮的蛋糕，把家里装饰一新，挂上气球和彩带，布置得漂漂亮亮的，还邀请馨馨的好朋友们一起为她过生日。这一天孩子们是主角，他们自己主持，自己安排想要表演的节目和游戏。舒妍会准备很多小礼物，让每一个来到的孩子都玩得尽兴，最后满载而归。

舒妍会在这一天郑重地告诉女儿：恭喜你又长大了一岁，新的一岁，需要一些新的变化。

除此之外，舒妍也细心地让女儿亲身感受传统节日的气氛。比如，正月十五跟女儿一起搓汤圆，端午节买粽叶回来跟女儿一起包粽子，中秋节和女儿一起用模子做月饼，冬至和女儿一起包饺子。父亲节的时候，舒妍会告诉女儿给爸爸画一张贺卡，送上祝福；教师节的时候，提醒女儿买花送给老师；周末带孩子去看望爷爷奶奶、外公外婆，每隔几天就给爷爷奶奶、外公外婆打个电话表示关心和问候。

舒妍说，有些事情是需要坚持的，正因为这些格外的坚持，馨馨才能在充满幸福感的环境下长大，各方面都很优秀，聪明懂事，独立自主，懂礼貌而有涵养。

也有反面的例子，馨馨的好朋友琳琳就受到过父母在生日宴上的粗暴对待。琳琳快过生日时，她提前一个星期通知了很多小朋友，请他们到自己家里一起为她庆祝。她原本以为自己的父母会跟馨馨的父母一样，精心准备，并和她的朋友们一起庆祝。

可万万没想到的是，琳琳生日当天，受邀的小朋友们刚刚走到她家门口，就听到琳琳妈妈在大声斥责她："谁让你招那么多小孩到家里来的？谁给你的权力让你带人回家的？你这么小过什么生日？'小孩生日挨顿打，大人生日吃顿嘎'，你生日没挨打就够好了，还想吃大餐，你的生日可是老娘我的受难日……你还好意思提说过生日！"

当着其他小朋友的面，家长就让琳琳下不了台，琳琳整个人呆在那里，涨红了脸，泪水哗哗地往下淌。小朋友们看到这个场面，连忙跑开了。

从那以后，琳琳也不好意思再参加其他小朋友的生日聚会。渐渐地，她也不跟大家一起玩了，变得越来越不合群，性格也变得内向了。

直到现在，舒妍说起这件事的时候，都还有些激动："我也是母亲，孩子的生日是妈妈的受难日没错，妈妈受苦换得一个新生命的到来，不也是一件应该纪念的事吗？"

一个蛋糕、一些零食，用不了多少钱。但是孩子可以从中感受你深深的爱，她从中得到的安全感和尊严是无价的。你的爱就是他们最好的生日礼物，让他们对这个世界充满期待，让他们能勇敢地迎接未来，何乐而不为呢？

人类学家维克多·特纳说，每个人的一生都伴随着仪式：诞生、成年、结婚、为人父母、工作、升职、职业专业化的确认、死亡。每一个事件的发生都伴随着仪式，通过仪式从一个状态过渡到另一个状态。

仪式感并不是追求不切实际、华而不实的东西。它是父母对孩子发自内心的爱。

所以你给孩子什么样的仪式感，他就会从中获取什么样的价值观。

仪式感，也是父母给孩子最好的成长礼物。

仪式不分大小，很多事情都可以变成自家独有的小仪式。

用心的父母，会认真注意孩子成长的每一个时刻。每一个精心准备的时刻，都会成为孩子幸福的时刻和成长的印记。孩子成长中的每一个第一次，第一次说话、第一次站立、第一次上幼儿园，父母都拍照记录下来；在开学第一天或毕业的最后一天，不论孩子是上幼儿园，还是上小学、中学，如果有条件的话，就在家门口留个影，或者在学校门口与老师拍张合影，日后翻看，尽是难忘的瞬间和美好的回忆。

孩子成长的点滴可以平时积累，制作成一个相册，很多妈妈非常喜欢给孩子拍照，手机中照片很多，但是有代表性的很少，尤其一些重要时刻，像爸爸妈妈的结婚纪念日、孩子的生日等。不妨每年设定打印20~50张，用专门的相册存起来。

还有一些其他的小仪式。如给孩子过生日时，告诉他大了一岁，要比以前更好，让他对自己的人生更有使命感；陪孩子参加学校的亲子运动会、汇报演出，让他对自己更有信心和认同感；让孩子在父亲节、母亲节、教师节的时候，给爸爸妈妈和老师送上祝福，让孩子懂得感恩和回报。

尽量每天都有和孩子互动的时间，一家人坐在一起分享自己遇到的开心事，并用小纸条写下来，然后扔进准备好的"百宝箱"；晚上给孩子讲睡前故事，陪伴孩子入睡；等等。亲子陪伴很重要，你希望你的孩子是什么样子，你就要先成为什么样子，或者你们一起学习。

早起互道"早安"，睡前互道"晚安"，出门互道"再见"，回家一进门就有最热烈的拥抱，有些好习惯是可以从小就养成的。

出席孩子成长中的重要活动，尤其是学校的活动，不要嫌麻烦，家庭成员最好至少有一个在场，让孩子相信家人一直陪伴在他身边。在孩子有情绪、伤心难过的时候，不是马上跟他讲道理，或者批评教育他，而是在孩子身边陪伴他，让他不感觉孤独。

这些属于家庭的特殊小仪式，每个家庭可以根据具体情况而定。不管你是否喜欢写文章，文笔如何，每年在孩子生日的时候，给他写一封信，封存在一个箱子里，作为孩子18岁的礼物。一封家书的力量伴随着孩子成长，想想就是一件幸福的事。

仪式感没有标准，这些看似平常的每一件小事，都可能是仪式感。它们在孩子的成长过程中潜移默化，润物无声，但会在孩子的心中种下爱的种子，这些种子会生根发芽，慢慢把孩子变成一个温暖、积极、乐观、有责任感的人。

用心地对待孩子吧，找到属于你家庭的小仪式，固化它，美化它。让你的孩子在爱和肯定中长大，让幸福感永远包围着他。

twenty

谋生的仪式感

我们能看到匠人们在做好充足的准备以后，穿着整洁的工作装，敛眉凝神，一字排开他们那些或锋利，或整齐，或一尘不染的工具，细致专注地施展他们的技艺。这个过程就是一种仪式，让我们能够体会他们所付出的努力和匠心，让人心生感动。

以前看过一部张国荣主演的电影，叫《金玉满堂》，最喜欢看他们做菜的部分。影片中，厨师在参加厨艺比赛之前，会拿出自己的一套工具，满满一大箱子，各种型号的刀，每一个刀具都有它特殊的用处，有专门片鱼肉的、专门切牛肉的、专门剔骨头的，这些刀具在厨师手上被舞得天花乱坠。厨师看起来就像武林高手一样，他们那些烹饪的手段简直能跟金庸先生笔下精妙的武功一较高低。

后来看韩国的电视剧《大长今》，他们也讲饮食，但是他们的物资真的很匮乏，食材种类也不太多，工具用来用去也就是一把普通菜刀。不过，他们的态度格外认真，甚至连切菜的姿势也要调整到最优雅，并且他们还表示要带着诚意做食物，因为那样吃到食物的人就会感到幸福。

当时，面粉在朝鲜是很珍贵的食材，连大白菜都是从我国引进，费了很大的功夫才培植成功。总体来说，就是食材较为一般，做出来的食物，谈不上珍馐美味，但却令人动容。这是因为韩国人特别擅长利用仪式感来营造一些氛围，包装他们的文化。做菜之前，尚宫和官女们要焚香沐浴，三拜九叩，穿上洁白的制服，用泉水把菜蔬洗净，然后才能拿起刀具利落地切出各种各样的菜丝。她们把做饮食的每个步骤、每个动作、每个角度都拿捏得分外细腻，原本再普通不过的青菜萝卜，经过她们的处理，都仿佛山珍海味。

不光厨师有自己的工具箱，理发师也有自己的大工具箱，随身携带。我认识的一个理发师就是这样，他的箱子里有好多把剪刀和梳子，还有好多个吹风机，其中一个中间镂空的吹风机售价3 000多元人民币。他握着那个吹风机告诉我，这是个英国的品牌，无叶设计，采用内置智能温控技术，可以针对各种发质调节温度和风速，能防止头发被过度干燥，而且并不是随便就能买到的，要把自己的工作照、工作的店面照片发过去，审核通过后才能购买。

我问他："这些工具是公司给配备的，还是要自己出钱买呢？"

他回答我："全部都是我自己买的。"

我问："可是，你自己的钱也不是大风刮来的啊？"

他笑了："我不觉得我这是在乱花钱，或者说浪费，这是对工作的尊重。另外，这也是一种投资，对我的事业和工作的一种投资。"他在说这句话的时候脸上洋溢着满满的骄傲和自豪，让我想到最近被强调的大国匠心精神。

我知道，匠心精神是努力勤奋，是一滴滴汗水所铸就的熟练技艺，是无数次重复再重复，用尽精力打磨出的高超技巧。但我们又怎么可能仅凭一面之缘，就知道这个人通过很多努力而掌握了高超技术，拥有匠心精神呢？

我的一个朋友跟我讲，她说，她化妆的时候，如果化妆师没有摆出一整排的化妆工具，她就会觉得这个化妆师不专业。不知道是心理作用还是什么，反正如果碰到这样的化妆师，她那次化出来的妆就真的不好看。

只有亲眼看到的，才算是真的。我们能看到匠人们在做好充足的准备以后，穿着整洁的工作装，敛眉凝神，一字排开他们那些或锋利，或整齐，或一尘不染的工具，细致专注地施展他们的技艺。这个过程就是一种仪式，让我们能够体会他们所付出的努力和匠心，让人心生感动。

大多数时候这是一种职业的套路，但偏偏我们就算明知如此，却也仍然甘之如饴地"被套路"。

就连玩游戏也是如此，如果你有极品装备就会有极大的优势。还会有人建议你，你现在用的键盘不是打游戏的标配，打游戏的人会用机械键盘，樱桃红轴或者黑轴；鼠标要用电竞鼠标，当然这些配备也是很昂贵的。

仪式可以让人感受到专业和美好，也可以传达阴暗。电影《风声》里有一些刑讯逼供的镜头，很多观众都说看完以后手脚发凉，毛骨悚然。那些刑具透着一种特别的狠和恶毒，甚至有人看见周迅被刑讯以后身下那根带血的麻绳都快要吐了。演员黄晓明说这件道具是日本侵华时用的一套刑具，现在是文物，"只是轻轻触摸这个刑具的时候，都会有一种刻骨的冰凉，感觉十分恐怖"。

子曰："工欲善其事，必先利其器。"意思是工匠想要使他的工作做好一定要先让工具锋利，比喻要做好一件事准备工作非常重要。

我相信每一个工作的人，都会有自己的器，刀是厨师手里的器，吹风机是理发师手里的器，化妆品是化妆师手里的器。在我们外行的人来看，一把刀就能做好一桌的饭菜；简单的化妆品就能化出一个很美的妆容；几百块钱的吹风机和三千块钱的吹风机功能性上并没有多大差别。但我觉得不能简简单单地仅从功能性或者价钱上去看待一些事情，这些器具也反映了他们对待职业的态度。一个舍得花3 000元钱去买一个吹风机的理发师，首先应该是热爱自己的职业的，其次他是一个向上的从业者，一个对自己有要求的理发师。

西方的教育讲究仪式感，夫妻、父子、母子、兄弟姐妹之间的爱要表达出来，最好还是有仪式地表达出来，这样孩子的幸福感甚至整个家庭的凝聚力都会不一样。我想，对于自己的谋生的职业来说，一件好用的工具，就是一种仪式感。曾听别人给我讲过这样一种情况，他说自己原本技术很一般，但如果能用上更专业的工具，他就有信心去把自己的技术提高上去。比如一个做家具的木工，手拿一件自己心仪已久的，价格超出自己承受范围的工具，他可能会觉得自己是一个艺术家，家具不再是简简单单的家具，而是有生命力的、有匠心精神的艺术品。

在谋生的征途上，如果有一件这样的利器，能让我们每天欣喜地带着仪式感去雕刻别人眼中的蹉跎岁月，的确是一种幸福。

twenty-one

每个人都可以拥有爱情，高贵只与美好有关

> 仪式感与金钱无关，与地位无关，它是关乎内心深处的爱。而过上有仪式感的生活也许可以从做一餐美食、过一个纪念日开始。

一次在一家餐厅，不小心听到一对情侣的对话，很有意思。起因是女方拿着几张宣传单问男生："你说，我们一会儿究竟是去这里玩呢？还是去那里呢……"她的话还没有说完，就被男生打断："你先看看我们吃什么。"

女生接过菜单赶紧问："你想吃什么？"

男生说："我都可以，你随便点。"

于是女生点了一盘至尊比萨，刚点完，男生就说："至尊比萨上的香肠一般都很不好吃。"女生就改成水果比萨，男生又表示："水果比萨上的水果一般都不新鲜。"女生放下菜单，很认真地说："我看咱们别吃了，我们还是分手吧。"

男生很意外，吃惊地问："为什么？"

女生很耐心地同他解释："你又不是第一天认识我，虽然我是喜欢讲道理的人，可是在我喜欢的人面前我就是不想讲道理。对我而言，最美的情话是：我讨厌的，你也讨厌；我喜欢的，你也无条件喜欢；哪怕我要去的远方遍布荆棘，我曾在那里跌得遍体鳞伤，

你还是会陪我前去。"说完就起身走了，留下一脸尴尬的男生。

或许有人会认为这个女生太矫情，可是这何尝不是她对自己的人生和爱情负责呢？

电影《河东狮吼》里张柏芝的一段经典台词曾让无数人拍案叫绝：

从现在开始，你只许对我一个人好，

要宠我，不能骗我；

答应我的每一件事情，你都要做到；

对我讲的每一句话都要是真心。

不许骗我、骂我，要关心我；

别人欺负我时，你要在第一时间出来帮我。

我开心时，你要陪我开心；

我不开心时，你要哄我开心。

永远都要觉得我是最漂亮的；

梦里你也要见到我，在你心里只有我……

仪式感与金钱无关，与地位无关，它是关乎内心深处的爱。而过上有仪式感的生活也许可以从做一餐美食，过一个纪念日开始。

尽管繁忙的生活可以给我们的借口越来越多，很多仪式感看起来似乎太过矫情。很多人说："我可是实在人，搞不来那些花哨且不靠谱的仪式。"

可是，亲爱的，实在不实在我不知道，但仪式一定是需要花心思的，不愿意花心思还给自己冠冕堂皇地戴上一个实在人的帽子，这样真的好吗？

别忘了，我们未来的日子是越过越少的。所以换种心态，尽可能地给家人创造一些美好的回忆，真的不是浪费时间，也不是矫情，而是对我们度过的每一天负责任！

多说一句"我爱你"很辛苦吗？

多陪爱人吃一次饭，真的就抽不出时间来吗？

真的有那么多比家人更重要的事情吗？

不是的，只看你如何对待，对吗？

热门韩剧《鬼怪》里有这样一段独白：

> 跟你在一起的时光都很耀眼，
>
> 因为天气好，
>
> 因为天气不好，
>
> 因为天气刚刚好，
>
> 每一天都很美好。

恋情刚开始的时候都是这样，一个微笑、一句情话、一次牵手，都让人甜到心里。但时间久了，日常琐事堆积，逐渐消磨了激情，最后变成左手握右手。虽然我还是爱你的，但却懒于表达，疏于经营，渐渐的，爱情的花园长满杂草。最后我们就这样一边抱怨生活无聊，一边毫无建树地混着日子。

《鬼怪》里最特别的仪式是恩倬吹灭蜡烛，就能召唤出鬼怪大叔。他们在一起后，恩倬故意找各种无理取闹的借口召唤男友，诸如路灯太暗我有点怕，我今天太漂亮觉得危险。大叔明明看穿了她的小伎俩，却仍一脸宠溺地对她说，以后不用再召唤，他会一直陪伴在她身边。对于一个从小就能看到鬼的少女来说，吹蜡烛召唤他的这个仪式，也许就是安全感的来源，代表爱与守护。

当然，生活不是电视剧，但女孩子想要恋人陪伴的心情，也是一种召唤仪式。我知道你未必能赶来，但就是想听听你的声音，你要做的是哄哄我，而不是冷漠。所以，节日想跟最重要的人一起过，就是一种爱的仪式。

在某个社交软件上有个很受欢迎的账号：Symmetry Breakfast，意思是"对称早餐"。这是英国伦敦一个叫Michael Zee的博主，每天早上给心爱的另一半做的可爱早餐。某年春天Zee给恋人做了早餐，摆盘后突然发现两份早餐完全对称。于是他立即拍了下来传到网上，受到众多网友的好评。后来，为恋人做早餐成为Zee独特的爱情宣言，这个习惯他坚持至今。几乎不重样的对称早餐是Zee对恋人Mark的爱意：给我和我的他。

普通的小人物，因为有爱、有仪式感，使每个普通的早上，每顿平凡但又不普通的早餐，成为他们心中诠释爱情的方式。但这样浪漫的故事却很少出现在我们的生活里，所以网友才对"对称早餐"如此感叹。

你的早餐怎么样，你的爱情就会怎么样。

恋爱时间长了，约会就慢慢变得麻木；结婚久了，看到对方的感觉就变了。常人都说"七年之痒"最难过，那种味同嚼蜡的日子，让曾经炽热的情感变得不远不近，不痛不痒。

没有了热恋时期的盛装约会，没有了第一次见面时的忐忑心情。在平淡的日子里，日复一日，年复一年，甚至在结婚纪念日那天，也选择了敷衍。

刘莉莉是个单身工作狂，在北京一家互联网公司做设计，工作很单调，但这并没有影响她对仪式感的热爱。这种习惯源于家庭的熏陶，她生活在重视仪式感的家庭氛围中，无论什么节日，父母都会郑重其事地对待。她生日的时候父母会煮一碗长寿面，为她庆生。后来她去外地上大学，父母也会专程赶来，给她过完生日再离开。

设计师是她人生的第一份工作，薪水待遇很普通。在她签入职合同的前一天，父母特地从外地赶过来，带着家乡的特产，还有她爱吃的零食。

虽然这只是一份普通的工作，但是对于她的父母来说，这是女儿凭自己的能力找到的工作，也是自力更生的开始，当然值得庆祝。

现在每次回想起当时的场面，刘莉莉都忍不住落泪。

后来，她签下了第一笔订单，找到了第一位大客户，她叫上朋友们一起聚餐庆祝，还买了一件自己心动已久却不舍得买的衣服。物质并不是最重要的，重要的是庆祝的心情。

也许事情很平常，以后还会发生很多很多次，但却是我们人生中的一个标记，在它发生的时候，都值得我们停下来纪念，哪怕是一顿散伙饭，也要认真地准备。

与前面几位相比，孙翔应该说是比较幸运的，因为在情人节这一天，他表白成功了。后来他问女朋友为什么同意和他交往时，女朋友说："我是一个比较注重浪漫的人，能够把什么东西都收拾得很干净的男孩子，也会是个顾家的男人。"

孙翔是个比较注重仪式感的人，总是把家里收拾得干干净净，他希望每一位到家里来的客人，都能感觉到温馨。聚会时，他也会穿戴整齐再出门，让对方感到自己被认真对待。

有位著名的心理学家曾做过一个实验，他要求第一组女大学生从两张照片（person A and person B）中选出一张她们认为比较友好的个体，结果这两张照片被选择的比率是一样的；而让第二组学生在选择照片之前，先与一位热情、友善、长相像A的实验者进行交流，结果两张照片被选择的比例为6：1；在让第三组学生选择照片之前，也跟同一位实验者进行了交流，但实验者的态度会表现得很不友善，结果这组学生都选择了person B。

这个实验结果叫做联系-喜欢原则，以此告诉大众一条非常实用的人际交往的妙招：

如果你希望保鲜一段婚姻，那么你和你的伴侣都要将你们的关系和美好的事物联系起来：浪漫的晚餐，度假时海边的漫步，纪念日的一个惊喜，等等。

仪式感也许是将美好赋予生活和伴侣的最好方式。

从这个意义上讲，举案齐眉，相敬如宾，花前月下，不是多情的矫揉造作，也不是刻意的附庸风雅，更不是旧式家庭繁文缛节的风俗，相反，这是一种发自内心的对生活和彼此的尊重！

仪式和仪式感最大的区别是，仪式通常是低频次的活动，带来的体验也是暂时性的，而仪式感则更接地气，带来的愉悦感更具有持久性。

叮叮应该是我朋友中最喜欢仪式感的人了，她的爱情也因此一直处于保鲜期。恋爱时，她会记得对方的一切事情，无论是节日、纪念日还是考试通过、拿到奖项，她都会准备很多小惊喜，有时是送花，有时是在朋友圈发张两人的合影。我能感觉到他们很幸福。

叮叮说"仪式感"重要的是将自己的心意通过某种形式表达出来，让对方知道你在意他，爱情本身就是一种"仪式"。而生活是需要用心经营的，随着时间的推移，爱情会慢慢转化成亲情，仪式感在此时就成为平淡生活的调味剂。

结婚后，一到节日，叮叮都会毫无悬念地收到老公送的鲜花。她和老公早就过了人们口中常说的"七年之痒"，但老公仍然年复一年地做着这些事情，使叮叮非常感动，让她觉得虽然这么多年过去了，但他们的感情还是一如当初。今年父亲节，叮叮给老公订了蛋糕，选了一家颇有情调的小餐馆，和孩子一起画了一幅画作为礼物，做足了仪式感，也给了老公一个小惊喜。

肯定会有人跳出来说，你说的这些都不是真爱，真爱就算没有仪式，对方也都懂。

可惜没有人不想当被爱情砸晕的幸运儿，每个人内心都渴望获得爱的肯定和甜蜜，没有无缘无故的爱恨情仇。试想，如果你内心充满了爱，却从来没有表达过，那么你的爱人又如何去感知你对她的爱呢？

爱情不是一句话、一个眼神就可以心领神会的，再相爱的人在这个善变的世界里也需要不断肯定自己在对方心里的位置，不要自私地忽略爱人的需求，并且冠以她不能理解你就是不懂事的罪名。

爱情的仪式感往往表现在愿意为这份感情付出相当的心思和精力。我始终相信，不愿意为你花心思的人，也没那么爱你。示爱的方式有很多种，并不是只有昂贵的礼品和豪华的阵容才行，也不需要全世界的见证。爱情的仪式感，只是早晨临时出门前你给他的一个吻，生日里的一份惊喜，或者纪念日的一顿烛光晚餐、精心安排的浪漫求婚仪式，甚至仅仅一句简单的情话，就会让对方感到无比幸福。

twenty-two

一个人拥有此生此世是不够的，
他还应该拥有诗意的世界

诗意的美好，或许意味着此生此世需要不断地创造人生的美好，不断地实现新的境界，也许这样才不会辜负来生来世。忘记年龄，忘记过去，立足当下，直面人生！你将拥有这个世界上所有的时间。

以前老是在报纸杂志上看到"名媛"这个词，这个溢美之词浮现在我脑海里的是那些含着金汤匙出生的上流社会的大家闺秀们，她们有才有貌，经常出入于各种时尚社交场。此外，她们多对社会有所贡献，并热衷慈善。然而，现在说"名媛"这个词，对方可能会以为你在骂她。

在很多人心里，名媛就是投胎的时候睁开了眼，找了个有钱的爸妈，可以衣食无忧、任意挥霍。但真正的名媛在于精神，也在于修养。民国时期上海永安百货的四小姐郭婉莹出身大家，她的风光我们暂且放下不说，只讲讲她落难的时候。经常身无分文为一日三餐而发愁的她却依然可以穿着洗得褪色的旗袍优雅地清洗厕所、穿着高跟皮鞋在菜场卖最廉价的咸鸭蛋，将路边采来的野花放到玻璃瓶里装点房间，用搪瓷杯喝白水当作下午茶。

无论在什么样的境遇里，她总能让人尊称她一声"四小姐"，只有这样无比热爱生活的女人才能真正担得起"名媛"两字。

很多人总是抱怨工作太累，下班后随便叫个外卖应付应付肚子。难得的一个周末，什么都不想做，动也懒得动，只想赖在床上睡一整天，连刷牙洗脸都认为是在浪费时间。

但是，如果你花一个周末的下午，跑跑步，品品茶，做个手工，画一幅画，看一场精彩的电影；在重要考试或者签到一份成功的合同之后约三五好友小酌一番；拿到第一份工资，给父母或者最好的朋友买份礼物；出门前给爱人孩子一个拥吻；睡觉前对你认为最重要人说一声"晚安"；在学习或工作取得进步的时候懂得奖励一下自己，那么，这算不算在枯燥的日子里，给自己燃起了希望的火，给原本苍白无味的岁月添上一丝别样的芬芳？只有爱自己的人才会懂得同样去爱别人。这与矫情无关，你总得抽出时间反思当下的生活，给自我一个反省的空间。

邻居是一对恩爱夫妻，两个人什么都好，但就是对自己太苛刻，省吃俭用，大半生勤俭节约，不幸的是上个月丈夫查出身患重病，从确诊到去世还不到三个月。从来没有出过国，连飞机都没有坐过的他们，第一次坐飞机居然是为了去有更好医疗条件的城市看病，让人感到说不出的苦涩。

后来好不容易找熟人托关系住进了医院，花了几十万，全身插满各种管子，受尽了罪，最后还是撒手而去。妻子在灵堂痛哭时说得最多的一句话是："早知道这样，省下那些钱，还不如和你想去哪里就去哪里，想吃什么就吃什么，想干什么就干什么。"

琼瑶阿姨写的一段台词我一直印象深刻，她说："人真的好脆弱，会有各种各样的病痛，但是人又真的好坚强，寻找制作出很多很多药剂来治疗我们的伤痛，只有伤心是谁都没有办法治疗的。除此之外，后悔也是无药可医的吧？”

很多时候，我们总想为自己的今后做些准备，但唯独忘了当下，苟待自己，疏忽自己，是一种对生活的缺失。

我们习惯对自己说："没关系，再坚持一下。"我们理所当然地这样对待自己，并不觉得这是对自己的亏欠。

我们总以为积攒够资本，才能优雅地站在对方面前，可往往生活告诉你：对不起，他刚刚离去。我们无数次委屈自己，是为了遇见将来最美的自己，但是越过山丘，才发现我们省略了前半生的美好仪式，最后换来的只是一场豪华的葬礼。

这样的人，二十几岁时就死了，只不过是等到80岁时才埋。但有些人却是耄耋之年，内心依旧停在二十几岁。

年过古稀对很多人来说意味着衰老，可是有位叫海蒂的79岁老奶奶并不是这样。她有一辆1930年改装版的哈德逊皮卡古董车。她给这辆汽车取了个名字叫Hudo，她在79岁高龄的时候，开着它从德国柏林出发，经过了土耳其和中东，穿越了整个中国，还带着车子乘坐邮轮跨越澳大利亚和新西兰，又去了美国和加拿大，最后开向南美。

这一路她领略了当地的风土人情，每到一个国家，她就在Hudo上插上这个国家的国旗，她会穿上最漂亮的连衣裙，化上精致的妆，拍一张美美的照片。这对于她来说是一种仪式，一种让自己生命更具有意义的纪念，尽管旅途中也充满意外，但对她来说，不论快乐还是伤痛，都是旅行中值得珍藏的回忆。

开车环游世界是很多人的梦想，但极少有人能实现它，这位年逾古稀的奶奶勇敢地风风火火地实现了它！

2017年6月，海蒂结束了10万公里的冒险，开着她的小Hudo

回到当初的出发点柏林，庆祝自己的80大寿。她对所有祝福她的人说：

　　能决定你走多远的从来不是年龄，而是你到底想过什么样的人生。我想任性地为自己活一回！

　　无独有偶，有位在66岁就已经可以退休的老人赵慕鹤，本可以像普通老人那样拿着足够他花销的退休工资，每天喝茶、逗鸟、安享晚年。可是他不想浪费大把时光，开始做自己想做的事。75岁的时候，他做出一个惊人的决定——像年轻人那样环游世界。他认为只要自己还活着，就要让活着的每一天都充满价值。而环游世界就是体现他生命价值的仪式，他用了十几年的时间去完成。

　　87岁时，因为健康问题他不宜再出远门了，于是他跟孙子凑热闹考大学。96岁那年，又和朋友的儿子相约一起考硕士。98岁的时候，他以一篇关于中国书法"鸟虫体"研究的论文获得了硕士学位，成为全球最老硕士，创下吉尼斯世界纪录，创造了又一个人生奇迹。

　　2012年，100岁的他受到马英九的接见，马英九称他是"高龄硕士，乐活不老"的全民楷模。105岁高龄的他，还坚持去医院当义工。他勤练书法，举办义卖，把自己的作品卖掉用来帮助有需要的人。至今他仍在创造着奇迹。在他看来：生命可以是任何一种姿态，它需要你突破、突破、再突破！而突破就是他体现生命价值的仪式，与年龄无关。所以只要不放弃，在任何起点都可以创造辉煌！

　　还有一位叫安娜·玛丽·摩西的奶奶是大器晚成的代表。她对农场生活了如指掌，77岁时她开始画农场里的场景，从此一发不可收拾。

2014年11月，国内出版了她的随笔作品《人生永远没有太晚的开始》。

摩西奶奶的双手被从前的擦地板、挤牛奶、装蔬菜罐头等琐事占据，她平日以刺绣乡村景色为乐，直到76岁因关节炎不得不放弃刺绣，转而开始绘画。她的画风轻松活泼，透着孩子一样的童稚。她指不出哪位画家曾使她产生过灵感。她一生为民妇，也未必会有哪位艺术大师有机会影响到她，大概生活才是她最好的老师，而绘画对于她来说，正是一种诠释自己生活的方式。

摩西奶奶鼓励日本作家渡边淳一的事也曾一度被传颂，当时她已100岁了，渡边淳一给她写信，纠结自己是继续从医还是转行选择自己喜欢的写作。摩西奶奶给他的回信是：做你喜欢做的事，上帝会高兴地帮你打开成功之门，哪怕你现在已经80岁了！

在我们中国有位老人叫王德顺。他24岁当话剧演员，44岁学英语，49岁的时候一穷二白地过着"北漂"生活，同时还研究哑剧。50岁开始健身，53岁练出一身肌肉，57岁又创造了世界唯一的艺术形式——"活雕塑"艺术，并被载入了中国百年史，65岁学骑马，78岁骑摩托，79岁走上T台。2015年在一次国际时装周上，他的走秀引爆全场，征服了无数人。如今80岁的他，依旧没有停止奋斗和挑战。

对于王德顺来说：年轻是一种生活态度，成就和年龄无关。年龄只是个数字，只要你还有激情，还愿意努力，什么时候开始都刚刚好！所以不断挖掘自己的潜能就是属于他的仪式，人的潜能是可以挖掘的，当你说太晚的时候，它只是你退缩的借口。没有谁能阻止你成功，除了你自己。

年龄的增长无法抹平满脸的皱纹，这是岁月留下的痕迹。只有保持身心健康，与时俱进，才能让生命鲜活地绽放！已经73岁的黄炎贞奶奶，退休后会去骑马、骑骆驼，走西藏、穿大漠，亲眼见到了那个只在梦中出现过的青海湖。

她的仪式感是在日常生活中把自己打扮得时尚感十足，她热衷于展示旗袍之美，还参加过海峡两岸旗袍节和第二届全球旗袍大赛，并且从中脱颖而出。为了在台上不输模特风采，她每天参加一个半小时的身体训练，专门练习走路的步伐。她被称为"中国最懂时尚的奶奶"，另外，她还喜欢骑哈雷摩托！

我很喜欢睡觉，总是因为睡觉而错过一些美好的东西，比如看日出，比如吃一顿丰盛的早餐，比如清晨最清新的空气。虽然现在我总是睡不够，但我却记得我妈跟我说的一句话："早死三年，你想想你可以多睡多久？"所以，我会在睁眼的第一时间打开窗子呼吸空气，会叫早餐外卖，大不了吃了回头再睡。这是个不好的习惯，请大家不要跟我学。

我还喜欢王小波说过的一句话，他说："一个人只拥有此生此世是不够的，他还应该拥有诗意的世界。"

诗意的美好，或许意味着此生此世需要不断地创造人生的美好，不断地实现新的境界，也许这样才不会辜负来生来世。忘记年龄，忘记过去，立足当下，直面人生，你将拥有这个世界上所有的时间。

一见如故的路人，不辞而别的朋友

这个后记跟仪式感无关。

关于仪式感，我想说的在正文里都说完了，暂时没有其他补充。

如果你非要问我，在我们平凡的生命中还有什么比拥有仪式感更加重要，我要告诉你，是我们的情感。

情感是最不受控制的。就像喝了一杯冰凉的水，然后用很长很长的时间，化成一滴一滴的热泪。谨此文赠给所有执迷不悔的人，包括我自己。

不管你是笨、是傻，还是太过天真，都不重要，重要的是无论你从什么时候开始，开始了就不要停下；无论你在什么时候结束，结束了就不要后悔！

你犯傻的那些时光，一定是你人生中尽管算不上光芒万丈，但也绚丽夺目的时光，就像烟火，点亮天际也照亮你的脸，虽然只有短短的一瞬，但已足够，你不用要求太多。

朋友喵姐很会做网文封面，她遇到一个很爱让别人为他的网文做封面的大神筝弟，原本这是一次美好的相遇，一个做漂亮的封面，一个写漂亮的文字，强强联手，相得益彰。

无论刮风下雨、生病难受，还是大姨妈驾到，喵姐不求回报地为筝弟做了很多好看的封面，但筝弟用了几张之后就不再用了，转而去找别人给他做封面。

喵姐想，一定是自己做得不够好，筝弟不满意。她不辞辛苦地设计了一版又一版，结果筝弟宁愿用别人设计的丑封面，也不用她设计的漂亮封面。喵姐实在搞不懂，她内心天人交战，纠结了很久后，开口问筝弟这是为什么。

一连串的"为什么"发过去以后，如石沉大海，筝弟一个字也没回复。他的沉默彻底打破了喵姐的心理防线，她又伤心又委屈。她傻傻地想，我不求回报为你服务，你怎么能对我的付出不屑一顾，我只是想让你给我个理由，哪怕你说"你做得不好、不美，不符合我的预期"。

为什么？

给一个答案会死吗？

说出来会要了你的命吗？

你为什么逃避、为什么不说话，明明QQ在线却装作不在线？

喵姐要不到答案，难过极了。我只能安慰她，很多人都拎不清，都像你这样执着地去做一些事。世事往往就是这样，就算你掏心掏肺，低到尘埃里，人家也不理会！这种现实我们无法改变。别的东西都可以拼一拼，只有感情这件事情，拼是没有用的，反而是你不放手的样子，在对方的眼里，真的很丑！

这年头有些事是不能解释的。

事情往往在刚发生的时候，美好得那么理所当然，但太过美好的开头似乎都预示不太完美的结局。有人说，上帝喜欢跟我们开玩笑，其实这就是人性，我们不甘愿平凡平淡，披荆斩棘去争取原本不属于我们的东西，比如某个人的爱情。

这就是你傻了！难道你真的相信我小说里写的情节？有一个女

的，天天发微信给一个男的，叫他起床睡觉，嘱咐他不舒服要多喝热水，天冷加衣，不要太辛苦，就这样默默坚持了好多年，然后这个男的被感动，女人最终收获爱情。

我告诉你，我自己都不信！这怎么可能呢？

现实中你去试试看，估计对方很快就会把你拉黑，或是打电话过来质问你：你究竟是什么人？为什么总给我老公发莫名其妙的微信？

你唯一能够相信的是，有些人性很丑陋，而生活永远比小说更精彩！

有一见如故的路人，也有不辞而别的朋友。就像某微博段子手说的那样，很多人谈了恋爱就想过一辈子，交了朋友就巴不得来往一生，尽管故作姿态地说一切顺其自然，可是心里不愿让任何美好的事情发生一丝一毫的改变。对于一个看不透、认不清的人来说，付出感情的最大期盼就是希望所有的感情都真挚而长久。这实在是难为别人，也难为自己。

你自始至终折磨的都是自己，大家都有自己对生活的选择，他也许是对的，你肯定也没错。"大家好，才是真的好"，那只是广告而已！

我始终记得一句话：如果你这辈子注定要打很多场硬仗，那么你最应该打赢的人是你自己！你的犯傻并不是自取其辱，而是一种人性的美好。

幸福女人枕边书

做个会说话
会表达的女人

史 襄—著

北京时代华文书局

图书在版编目（CIP）数据

做个会说话会表达的女人 / 史襄著. -- 北京 ： 北京时代华文书局，2020.6
（幸福女人枕边书）
ISBN 978-7-5699-3658-2

Ⅰ．①做… Ⅱ．①史… Ⅲ．①女性－语言艺术－通俗读物 Ⅳ．①H019-49

中国版本图书馆 CIP 数据核字 (2020) 第 061905 号

幸 福 女 人 枕 边 书　做 个 会 说 话 会 表 达 的 女 人
XINGFU NVREN ZHENBIAN SHU　ZUO GE HUI SHUOHUA HUI BIAODA DE NVREN

著　　者｜史　襄

出 版 人｜陈　涛
选题策划｜王　生
责任编辑｜周连杰
封面设计｜景　香
责任印制｜刘　银

出版发行｜北京时代华文书局 http://www.bjsdsj.com.cn
　　　　　北京市东城区安定门外大街136号皇城国际大厦A座8楼
　　　　　邮编：100011　电话：010-64267955　64267677
印　　刷｜三河市京兰印务有限公司　　电话：0316-3653362
　　　　　（如发现印装质量问题，请与印刷厂联系调换）
开　　本｜889mm×1194mm　1/32　　印　张｜5　　字　数｜116千字
版　　次｜2020 年 6 月第 1 版　　　　印　次｜2020 年 6 月第 1 次印刷
书　　号｜ISBN 978-7-5699-3658-2
定　　价｜168.00元（全 5 册）

版权所有，侵权必究

前言
会说话的女人最有魅力

一直以来我们总喜欢用外表来评判一个女人的魅力，但是女人更深层次的、能够直击内心的魅力并不是来自于外表，而是来自于她的言行举止。

其实，女人只要稍微对自己的外貌用点心，都是很好看的。这可能就是"世上没有丑女人，只有懒女人"这种说法流传的原因。不过，女人的相貌美丑并不是决定人际关系优劣的关键，真正受大家欢迎的女人，不但相貌端庄，而且善于营造舒适的交谈氛围，她说出的每一句话都能让人感到舒服，任何人与她相处起来都会感到十分开心。

会说话对于一个女人有多重要？

十分重要。

古诗有云：腹有诗书气自华。虽然一个女人日常的知识储备未必能够让人有"听君一席话，胜读十年书"的感觉，但是若能在不同的场合说不同的话，即便不是舌灿莲花，也能让人如沐春风。

一个女人，有才华、有美貌，但是不善于和别人沟通，那么她的这些闪光点很可能不被人察觉；一个女人，具有才华和美貌的同时，还十分善于与人沟通，那么她身上的闪光点不仅会被人发现，还会牢牢地吸引别人的注意。

会说话的女人，必然是一个聪明的女人，一个充满智慧的女人，一个气质迷人的女人，一个举止优雅的女人。

所以说，会说话的女人才是最有魅力的女人。

什么样的女人才算是会说话的女人呢?

要知道，会说话与多说话之间并不可以划等号，能够用简短的句子把自己的想法说清楚，也是一种本事。会说话不是为了炫耀自己，因此说话时不用咬文嚼字，更不用说一大堆别人无法理解的词句来证明自己学识丰富。

真正会说话的女人，能够用简单、易懂的词句表达自己的想法，把话说到别人心坎里，让人感到舒服，让人接受自己的话。其实，女人不需用暴力的手段来彰显自己，说话掷地有声，温柔而坚定，便会散发出女人的魅力。

会说话的女人懂得运用温柔有力的语言艺术，她们能够明白一件事情的轻重，知道什么样的表达方式能够让人轻松接受，她们从来不抱怨别人，也不会轻易发火。

现今，很多女人都喜欢追求"真我"，也就是不去过多关注别人的目光，只安心做自己想做的事情、说自己想说的话。在人际交往中，做自己固然没错，但一点都不顾及别人的感受未免有些不懂人情世故了。

一个自说自话的女人，最终只会害了自己。

人们常说"把天聊死了"，这并非是玩笑话，不少女人常常说话带刺，或者引出不该谈及的话题，这样自然没办法与人顺畅沟通。

一个不会说话的女人很可能得罪身边的人，从而白白失去工作上、生活上的很多机会，也失去很多乐趣。更重要的是，不会说话会让一个女人的魅力大打折扣。

因为，在外表、财富、年龄面前，会说话才会让一个女人散发出更吸引人的魅力。

目
录

第一章

女人就要会说话、会沟通

第二章

女人嘴巴真的是“甜”的

1

第三章

把话说出口才是高情商女人

第四章

这样说话，长成西施也白搭

第七章

入职拼"颜值"，晋级拼"言值"

第八章

学会拒绝，别用软肋换眼泪

第一章

女人就要会说话、会沟通

好看的皮囊抵不上有趣的灵魂

好看的皮囊千篇一律，有趣的灵魂万里挑一。

不知道从什么时候开始，这句话在网络上火了起来。然而，不同的人对这句话的认知也各不相同，正如一千个人眼中有一千个哈姆雷特。有人说，外貌才是最重要的，第一次见到一个人时，外貌决定了你是否愿意和他（她）继续交往，有趣的灵魂如果被隐藏在普通的外表下，那么就像是蒙上了尘土的钻石，是无法被人轻易发现的。也有人说，直达精神层面的交流才能产生情感的共鸣。

的确，世上从来不乏一见钟情的故事，但是那些所谓的"一眼万年"，真的能够让我们有勇气和力气去面对未知的艰难险阻吗？

答案是否定的。两个人初相识，外貌确实会对第一印象造成影响。一个长得十分漂亮的人，无论男女，他们的异性缘都要比相貌平平的人要好一些。但是在以后的交往过程中，能否由陌生人发展成朋友，甚至发展成恋人，都要看对方是否具有一个有趣的灵魂。

在我看来，这句话的意思就是告诉世人应该多关注一个人的内在，而不是外貌，因为想要找到一个有趣的、能够与自己灵魂契合的人并不容易。

站在一个女人的角度来看，我们都希望能够找到一个懂自己、疼自己的人。在难过的时候，再好看的皮囊也抵不过一个结实的肩膀；在失落的时候，再好看的皮囊也抵不过一个温暖的怀抱；在无助的时候，再好看的皮囊也抵不过对方伸来的一双手。

如果西施、杨贵妃空有美貌，言行举止却像泼妇一样，那么她们一定不会得到帝王的喜爱，中国"四大美人"的历史肯定也会被改写。

所以说，美丽的外表固然重要，但有趣的灵魂不可缺少。套用一句"追星族"常说的话："始于颜值，陷于才华，忠于人品。"颜值高纵然能够快速吸引周围人的注意，但没有内在有趣的灵魂，没有才华与人品，必定无法"留住"那些关注自己的人。

有趣的灵魂之所以可贵，是因为与一个无趣的人交谈就像是对牛弹琴，而和有趣的人聊天会感到十分快乐，可以享受交谈的乐趣，不用担心没有话题，也不用担心无聊。

更重要的是，在生活的摧残下，很多人失去了自己的"有趣"，开始变得麻木，这越发凸显了有趣的重要。生活不会总是一帆风顺，有时甚至会接二连三地遇到让自己崩溃的事情。在不如意的现实生活中，很多人磨去了自己的棱角，丢失了初心，丧失了自己的乐趣，成为了随波逐流、混日子的人。

一个无趣的人，他的世界是暗淡无光的，生活也只剩下了苟且。我见过很多婚姻不幸福的女性，她们张口闭口都是生活的无奈和压力，尽管许多人都羡慕她们的生活，但她们仍然觉得自己过得并不幸福。

其实压垮她们的并不是什么大事，只是一些鸡毛蒜皮的小事，比如孩子不听话，老公应酬没有及时回家。她们完全忽略了生活中的美好，孩子虽然偶尔和她拌嘴，但成绩一直很好，绝对属于"别人家的孩子"这一级别；老公虽然偶尔出去应酬，但是平时下班后就回家给孩子辅导功课，帮忙做家务，比那些只会说"老婆，辛苦了"的男人不知好了多少倍。

无趣的女人就是这样，只能看到生活中不好的一面，内心被负能量填满，一面说着生活无趣，一面又得过且过。有趣的女人就不一样了，即便生活是一团乱麻，她们也能把乱麻理顺，努力向着自己渴望的生活进发，过上自己想要的生活。这种如同玫瑰一般热情、如同蒲苇一般坚韧的女人，谁又能不爱？

女人和女人之间最大的区别不是外表，而是内心。一个内心丑陋的女人，不管外表再怎么好看，当她丑陋的内心被人发现后，也会惹人厌恶；一个心地善良的女人，即便外表不出众，也能够获得别人的赏识。真正的美是由内而外散发出来的，所以好看的皮囊抵不上有趣的灵魂。

当然，有趣的灵魂固然重要，但也不能不修边幅，毕竟好看的外貌更容易吸引别人。这个世界不存在丑女人，只有懒得收拾自己的女人，精心打扮自己的女人都不会太难看。发型、妆容、服饰、气质……这些都是女人的加分项。在这样一个"看脸"的时代，我们提倡追求美丽，但是不提倡在自己的脸上"动刀动枪"。

真正能让一个女人显得与众不同的，不是好看的皮囊，而是有趣的灵魂。一个女人最大的吸引力，就是永远有一个有趣的灵魂。

会说话的女人容易成为聚会的焦点

巩固感情、扩充朋友圈的最佳形式就是聚会。

从几个要好的朋友相约举办的小型聚会，到一个班级、一个部门之间发起的，人数在十几个人到几十个人不等的中型聚会，再到一个集团、一个协会等机构组织的，人数在几十个人到上百人甚至上千人的大型聚会……无论哪种聚会，都离不开交际，而交际自然离不开沟通与交流。在聚会的时候，我们会发现占据焦点的女人一定是会说话的女人。

为什么会这样？

以比较常见的同学聚会为例。踏出学校大门后同学们都从事了不同的行业，有些同学工作忙碌疏于和别人联系，那么对这些人来说，同学聚会不仅能够帮自己重建同学友谊，也能扩大朋友圈。

每个女人都渴望被关注。在同学聚会中成为焦点人物，自然是每个女人想要的。但事实是，并不是每个女人都有机会占据焦点位置，想要成为焦点人物可以通过以下几种方式：

1. 颠覆形象

同学聚会一般是毕业后几年组织的，期间很多人可能都没有联系过，所以大家的印象还停留在上学的时候，那么可以试着改变自己的风格，让自己变成"另一个人"。比如，平时比较"女汉子"，这时可以打扮得淑女一些；平时比较淑女，这时可以打扮得张扬一些。通过改变自身来引起周围人的关注，从而成为聚会的焦点。

2. 行为夸张

无论何时何地，行为夸张、特立独行的人总是能够引起人们的关注，不过一定要把握好分寸。在把握分寸的前提下夸张一些，可以活跃气氛，带来关注度，而过分夸张则会适得其反，给人一种"疯疯癫癫"的感觉。

3. 游戏高手

同学聚会除了回忆往昔峥嵘岁月、交代目前经历外，也需要通过一些游戏来活跃气氛。一个人如果能够驾驭聚会上的各种游戏，那他也会成为大家关注的焦点。

拥有上述特质的女人通常会成为聚会的焦点，可是会说话的女人却能够轻易地把人们的目光吸引过来。试想一下，如果一个有钱的女人不停地炫耀自己，同时还用言语贬低他人，那么她注定会被人厌恶。

事实上，无论哪种性质的聚会，都免不了寒暄。你在这个时候展现口才、发表自己的"外交辞令"、赞美他人的长处的话，不仅能够让身边的人感到受尊重，也能让自己赢得关注，从而让聚会的气氛活跃起来。

在很多大型的社交场合中，整体氛围都是庄重的、严肃的，但是如果一直保持着庄重的气氛，就会让参与者感到紧张与压抑。在充满压抑与紧张的氛围中，采用一些幽默、诙谐的语言，不仅能够缓解气氛，还能把自己想表达的东西更好地呈献出来。所以，在大家的对话有些无趣的时候，要想吸引大家的注意，不妨说一些笑话或者是幽默的语句。

生来便会说话的人是不存在的，幽默感也并非与生俱来，这都需要我们不断练习和借鉴。比如，在见到一个从未谋面的前辈时，可以套用影视作品里的话："我对您的敬佩之情犹如滔滔江水连绵不绝。"在表达自己敬仰之情的同时，也不会显得特别谄媚和虚伪，反而会让人感觉轻松。

成功的社交聚会需要达到众人畅所欲言的效果，每个人都有机会在聚会中表现自己。因此，在社交聚会上，最大的忌讳就是"唱独角戏"，也就是自顾自说，不理会大家的感受，让大家做听众。

要想让大家都参与到社交中来，就要寻找大家都感兴趣的内容，让大家都能各抒己见。这个时候把自己平时见到的好玩的故事讲出来，给大家评论的机会，不仅就能够活跃气氛，还会让自己成为聚会中的焦点。

当然了，在聚会上必须适当地进行对话，不可以过分调侃，更不能说出一些可能引起别人误会的话，以下这些"雷区"是不能踩的。

1. 刻意贬低对方

无论是关系特别好的朋友，还是关系一般的朋友，都不能去贬低对方。比如在大家面前说对方某些地方不如自己，无论对方是男是女，也无论这句话是否在开玩笑，都有可能伤害对方的自尊心和自信心，引起对方不愉快。

2. 比较对方的另一半

有些女人总喜欢用比较来证明自己的优秀，要么拿自己和男性朋友的老婆进行对比，要么拿自己的老公和女性朋友的老公进行对比，无论是怎么样进行对比，都会让对方感到不适，甚至伤害对方的夫妻感情。所以，无论是在什么情况下，这样的比较都不可取，证明自己幸福与优秀的话也绝不能说出口。

3. 翻旧账

有些女人在吵架的时候总喜欢翻旧账，这样的做法只会让人感到厌烦。为什么？因为对于对方来讲，这就像是把自己的陈年往事一次次拎出来进行嘲弄，任谁都受不了。因此，在聚会时不要说"上次你也做过这种事"之类的话，这句话的弦外之音就是告诉对方，你做的事情我记着，而且你今天又犯了同样的错。这种行为无异于在众人面前揭人伤疤，把对方激怒自然不可避免。

能够调节聚会氛围的女人，能够让大家感到轻松愉悦的女人，自然会变成全场的焦点。因此，要想成为聚会的焦点人物，就要"会说话"，让自己保持足够的幽默感。

口才好，到哪儿都有朋友

语言作为连接人与人关系的纽带，其质量的高低，直接影响了人际关系是否和谐，进而对事业发展乃至人生幸福产生影响。拥有良好口才，掌握说话的技巧，不仅能让家庭更加幸福，还能为事业道路上的披荆斩棘提供助力，让自己散发出更强的个人魅力。

女人要想"四海之内皆朋友"，并不一定要有倾国倾城的美貌，也不一定要有奢侈品傍身，但一定要做到说话得体。说话得体是指无论在什么场合，都能口吐莲花、妙语连珠，让身边的人为之倾倒。

可是做到这一点并不容易，有的女人与人交谈不了几句话就陷入了沉默。无话可说又不能立即停止对话，只能找话题接着聊。这种充满"仪式感"而又尴尬的聊天被人戏称为"尬聊"。

说到"尬聊"，很多人都会想到相亲。两个素不相识的陌生男女，在家人、亲戚、朋友的撮合下见面聊天，从而决定是否交往下去，日后成为情侣，乃至夫妻。由于两个人实在不熟，但是家人又催促着两人交谈，所以就出现了很多"尬聊"。

比如，男生早上发消息：起床没？

女生回答：起了。

男生接着发消息：吃饭没？

女生回答：没呢，准备吃。

男生继续发消息：嗯，那你吃吧！

女生回答：嗯！

男生回一条消息：嗯！

这样聊天的结果自然是两人不可能成为情侣。充满尴尬的对话，女人自然不想经历第二次。把角色调换过来，如果一个女人以这样尴尬的方式开场，那男人也未必能够接受。

找不到共同话题容易让人聊进死胡同，从而导致"尬聊"的出现。有些女人不会说话，说了得罪人的话而不自知。比如，一个女性朋友新买了一身条纹的衣服，你却脱口而出："这件衣服怎么这么像病号服？"本来大家并没有往这个方向联想，听你一说大家都觉得确实如此。这个女性朋友听了你的话以及大家的议论，即便嘴上不说什么，心里也会感觉十分难过，甚至对你产生敌意。

不会聊天的女人，一开口往往就终结了话题；不会说话的女人，一开口往往就得罪了人。经常得罪人的女人，自然是没有朋友的，而会说话的女人自然到哪里都不会缺少朋友。

那么，为什么有的女人不会说话？

很多女人把不会说话归结于"嘴笨"，试图通过这种"清晰的自我定位"来拒绝接受改变。其实，"嘴笨"只是表象，本质上是不敢说话、情商低。

不敢说话的女人多半没有自信，害怕自己的意见与他人不同，害怕自己的想法不为他人所接受，更害怕自己说错话让对方不开心，于是只好保持沉默。对方一直得不到回应，自然会放弃聊天，于是聊天很容易便走进了死胡同。

情商低其实是社交经验少导致的。情商不是与生俱来的，也不是由基因决定的，而是后期慢慢培养的。那些朋友多的女人，无不是情商高、会说话的女人。她们知道如何"包装"自己，知道通过哪些方式展示自己的魅力，更知道怎样与人沟通交流能使感情快速升温。

职场也好，生活中也罢，一个聪明的女人总是善于通过说话的艺术来彰显自己的魅力与能力。而一个不会说话的女人，不但容易得罪人，还不容易交到朋友，甚至可能因为口无遮拦白白失去晋升的机会。

既然"会说话"对现代女性具有如此重要的意义，那我们应该怎么做一个会说话的女人呢？

不敢说话就需要通过练习来解决。在自己的脑海里设定场景，先预习一遍，当这个场景真实发生的时候不要怯场，大胆说出自己的想法，多做几次就不会害怕了。

至于如何提高情商，那就需要积累阅历了。例如，多看书、多看名人的采访视频或者演讲，把其中的幽默句子背下来，填充自己的"语言库"，观察人际关系好的人的言行举止等，如此不断积累一定可以提高自己的情商，使自己的口才也得到提高。

戴尔·卡耐基说过："一个人的成功，15%靠技术知识，85%靠口才艺术。"

或许这个说法不完全对，但却足以说明"会说话"对一个人的重要性。与人相处，对方的情绪往往会受到你的言语的影响。如果你是一个"会说话"的女人，那么对方一定会感到很快乐，并且愿意和你做朋友；如果你是一个"不会说话"的女人，那么对方很可能总是被你激怒，更别提与你做朋友了。

不懂得说话的艺术，说的越多对别人造成的伤害便越大；懂得说话的艺术，短短的一句话便可以胜过千言万语。

幽默感会让女人更加出色

无论外貌是否出众，幽默感都是一个女人需要掌握的一门技能。

美丽的脸庞会被岁月镌刻皱纹，乌黑的秀发会被岁月染上白霜，但人的幽默感会随着时间的流逝变得更加引人注目。那些与生俱来的东西可以轻易被岁月夺走，但后天养成的幽默感会一直陪伴你，直到寿终正寝的那一天。有幽默感的女人能够给身边的人带来欢乐，也能够表现出她的机智与风趣。

幽默是一个外来词，由英文Humor音译而来，形容一个人说话有趣或可笑，同时让人感到意味深长。幽默感能帮助我们缓解敌意，减少摩擦，降低矛盾发生的几率。有人认为幽默对于激励士气、提升效率也有很大的作用。

美国科罗拉多州的一家公司经过调查证实，凡是进行了幽默训练的中层主管，在之后的九个月里工作效率提升了15%，请病假的次数则减少了50%。这一项测试表明，一个毫无幽默感的人与一个充满幽默感的人，会在若干个方面展现出差距，而这些差距恰巧体现了幽默感对于个人的影响力有多大：

1. 智商

相关心理测验证实，幽默感测试成绩较高的人，智商测验成绩也普遍较高；而幽默感测试成绩较低的人，其智商测试也是成绩平平。

2. 人际关系

幽默感十足的人，可以在短时间内用个人魅力获得对方的好感和信赖，因此这些人一般都拥有良好的人际关系。而缺乏幽默感的人，很难迅速获得别人的好感，因此在人际交往方面会受一定程度的影响。

3. 工作业绩

有幽默感的人，在工作中很容易保持较好的心态。数据显示，那些在工作中取得优异成绩的人，并非都是最勤奋的人，但大部分人都具有十足的幽默感。也就是说，善于理解他人、幽默感十足的人，更容易获得成功。

4. 对待困难的表现

幽默感十足的人，即使面对困难也会泰然处之，并用自己的幽默感抵消工作上的紧张和焦虑；而缺乏幽默感的人，往往找不到宣泄口，只能默默承担着痛苦，更增加了自己的心理负担。

有幽默感的女人，就像是戈壁滩上绽放的花朵，能带给人们美好与希望。没有幽默感的女人，就像是鱼缸中的金鱼，每天无望地重复着单调乏味的生活。

富有幽默感的女人会比其他女人显得更加出众。不过，幽默感并非与生俱来的，它与成长环境、性格和个人经历有密切的关系，因此我们可以通过后天的努力来培养幽默感。借鉴别人的经典语录，使用一些修辞手法，说话时添加一些肢体动作，都是增加幽默感的良好办法。

修辞方法如果运用得当，能够达到引人发笑的效果，因此有人把它称为制造幽默的"催化剂"。例如，通过比喻这样的修辞手法来形容一件事情，能够让对方更加具体、形象地了解你所表达的意思。一些俏皮话、歇后语，不但说起来朗朗上口，还能很好地表达自己的观点，更能让人忍俊不禁。比如用"脚踩西瓜皮——滑到哪里是哪里"来形容一个人遇到事情态度消极，总是走一步看一步；用"老鼠钻风箱——两头受气"形容一个人陷入两方的争斗之中，讨好两方的同时还要承受来自两方的压力。再比如，形容一个人欺软怕硬，可以说他是"遇到绵羊是好汉，遇到好汉是绵羊"。这样的形容不但生动形象，让人一听就懂，还能给人留下风趣幽默的印象。

一语双关也是一种常见的修辞方式，即利用一个同音词或者近义词，让同一个词语涉及两层含义或者两个事物，让这个词变成具有双重意义的词。一语双关可以造成一种"言在此而意在彼"或者是"亦此亦彼"的效果，在活跃气氛的同时，让对方更加愿意倾听你的诉求，也更加容易接受你的诉求。

在遇到争辩时，有幽默感的女人会马上想到用同音词的谐音，或者其他有关联的词语，通过一语双关的方式向对方进行暗示，让对方认错道歉，然后以比较体面的方式结束无休止的争论。

人们可以通过夸张的方式表达自己的幽默感，通过对事物的形象、特征、作用、程度等内容进行特意的放大或缩小，让对方感受到你想要的表达效果。我们只有学会通过修辞为自己的语言增添色彩，才能让人更加容易地接受自己的观点，让自己的话更有说服力，从而让自己的表现更出色。

当然了，我们在借鉴别人做法的同时，也应该添加一些适合自己的元素，或者是适合朋友的元素，不能一味地模仿别人。

会说话，人生处处是惊喜

美丽的女人，要有一双美丽的眼睛，用于发现别人的优点；要有一张漂亮的嘴，用来说好听的话。

这句话出自奥黛丽·赫本，一个世人皆知的大美女。

美丽的女人总是容易被人们记住。亚里士多德曾经说过："漂亮比一封介绍信更具有推荐力，也更容易被人们所接受。"毫无疑问，女人的形象十分重要，但同样重要的还有女人的口才，会说话的女人才是最有魅力的！

在传统观念中，女人是不需要什么才学的，古代甚至有过"女子无才便是德"这样的说法。古代的女人"大门不出，二门不迈"，每天过着相夫教子的生活，不需要什么才学，似乎也不需要多么高超的口才。如今的社会早已摆脱了"男主外，女主内"的传统模式，新时代的女性要像男子一样进入职场打拼，大部分女性在照顾好家庭的同时还要负责赚钱养家，而这些都对女性的口才提出了要求。

毫无疑问，口才好会说话的女人无论是在家庭中还是在职场中都让人称羡。这是为什么呢？因为会说话的女人，能在合适的时机采用适当的话语称赞他人，让人感觉如沐春风；会说话的女人，能用婉转的语言说出自己的不满，让批评变得没有那么让人难以接受；会说话的女人，能审时度势，知道什么时候该用温柔婉转的话语，也知道什么时候应该仗义执言；会说话的女人，能看透玄机，知道什么时候应该改变话题，避免现场气氛过于僵化……

中央电视台著名的节目主持人董卿曾经因为跪着对一个老兵进行采访而受到大众的称赞，但她之所以能够受到这么多观众的喜爱，不光是因为她的气质和涵养，还在于她的"会说话"。

一次，董卿在成都参加《朗读者》的签售会，进行到互动环节时，主持人对董卿说，有一些粉丝为了参加这次活动，凌晨三点就开始在书店门口排队。董卿听到这句话时露出了惊讶的表情，不过她很快整理了情绪，说道："三点啊，其实那个时候我也没睡，我们在同一个时刻醒着。我很感谢你们为了我，或者为了今天的签售，凌晨三点还在赶路。但我想说的是，在今后的每一天，都让我们照顾好自己，照顾好自己是为了更好地爱自己，也是为了更好地爱身边的人，更好地爱这个世界。"

这句话很短，却让粉丝心中很暖，让大家都感到舒服。这样的女人，又怎能不惹人欣赏呢？

董卿是观众眼中的"完美女人"，她用自己的行动诠释了更高级别的魅力——会说话。

作为一个女人，即便你没有出色的外貌，没有修长的身材，也不必耿耿于怀，因为这些都是先天因素决定的，改变它们并不容易。不过，你完全可以通过锻炼自己的口才，让自己获得足够的魅力。

会说话的女人，能够享受什么样的人生"特权"？

1. 在婚姻方面，能够有更多的底气面对生活

关于婚姻，有一句话说得非常好：女人不怕吃苦，但害怕一辈子吃苦，怕看不到希望；女人不怕嫁给穷人，但害怕一辈子贫穷依然不思进取，并且对自己不好。

那些会说话、情商高的女人，总能用自己的方式"镇住"自己的老公，让夫妻之间和和美美。

著名导演李安的太太就是个很好的例子。李安是有名的好男人，在接受鲁豫采访时，鲁豫向他提出了一个问题："现阶段您最大的幸福感是什么？"

李安的回答让无数人为之触动，他是这么说的："我太太能够对我笑一下，我就放松一点，我就会感觉很幸福。我做了父亲，做了人家的先生，并不代表说，我就很自然地可以得到他们尊敬，你每天还是要赚来他们的尊敬。你要达到某一个标准，因为这个是让我不懈怠的一个原因。"

很多人听了这段话为李安导演的痴情而感动，却忽视了"导演背后的女人"——李安的太太林惠嘉。

有一次，李安获得奥斯卡奖后和林惠嘉一起到超市买菜，一位来这家超市买菜的家庭主妇认出了他们。就在李安将大包小包塞进车子后备箱的间隙，这位家庭主妇凑到林惠嘉跟前，悄悄说道："你真幸运，你丈夫现在还有时间陪你买菜。"林惠嘉看了对方一眼，笑着说道："不，其实今天是我有时间陪他出来买菜。"

这句话听起来是玩笑话，但展现出了林惠嘉的幽默，还透露了林惠嘉和李安之间平等的婚姻关系。像林惠嘉这样会说话的女人，能获得丈夫的尊敬也是必然的。

会说话的女人能够牢牢地抓住丈夫的心，并且灵活地处理好生活中的各种纠纷，与这样的女人一起生活会感觉婚姻生活处处有惊喜。

2. 在工作方面，能够开拓自己的事业

会说话的女人，知道什么该说、什么不该说，更知道应该怎么说。有些人说话词不达意，不是让同事会错意，就是让客户产生误会，老板自然也不会高兴。而那些说话干练、言简意赅的员工，试问哪个老板能不喜欢呢？

在工作中，沟通的第一要素是明确目的，第二要素是语言干练、表述清晰，第三要素是注意用词和语气。

一家公司的某个部门，组长A和组长B竞争部门主管的职位，两个组长都是十足的女强人。不过，无论是学历还是个人工作能力，组长A都比组长B略微逊色一些，可是最后竟然是组长A当选了部门主管。为什么会这样？原来组长A说话平易近人，而组长B说话总是趾高气昂。在交代任务时，组长A总是对属下说：你帮我把这个做一下，如果有不懂的地方就来问我。而组长B向属下交代任务时总会说：你把这个给我做了，不会的地方自己想办法解决，不行就加班。

可想而知，虽然组长B的个人工作能力出众，但是她所带领的小组却远远赶不上组长A所带领的小组。从综合及长远方面考虑，组长A成为部门主管也是情理之中的事情。

有人说：上帝给了女人靓丽的外表，但没有给予她们同样出彩的口才。所以，女人最大的必修课不是化妆，不是打扮，而是学习如何说出得体的话。

第二章

女人嘴巴真的是"甜"的

自我介绍就是用一句话让人记住你

自我介绍无须太长，就是用一句话的时间让人记住你。

自我介绍是每个人都要去做的一件事，上学时要向同学进行自我介绍，工作时也要向同事进行自我介绍。不同的是，有的人社交圈子小，很多时候不用进行自我介绍，而有的人社交圈子大，随时都有陌生人需要结识。

如果说外形是一个人的第一张名片，那么自我介绍就是人的第二张名片。如何将这个名片优雅地"递出去"，也是一门艺术。

众所周知，自我介绍是日常生活中和陌生人产生认识、建立交际的一种十分重要的手段。自我介绍的好与坏，直接影响到自己为他人留下的第一印象是好还是坏，并且对以后的交际也有十分重要的意义。同时，自我介绍也是认识自我的一种方式。因此，通过自我介绍获得对方的认识，乃至认可，对于身在职场的女人而言十分重要。

需要进行自我介绍的时机不尽相同，可能是在面试时，可能是在入职时，可能是在见客户的过程中，因此自我介绍的表达方法也会有细微的差距。但自我介绍的内容，也就是自我介绍时所表达的主体部分——关于自身情况的具体内容需要兼顾各种场合，同时应该具备针对性，不能让自我介绍"千人一面"，否则无法获得更多的关注。

现代社会的职场都是高速运营模式，每一个工作者都不愿意花费大量的时间去深入研究和了解一个人，所以我们如果不能给同事和上司留下十分深刻的第一印象，就会很容易被他们忽视，甚至被遗忘。

所以，在面试时，就算把自己的资料都印在了简历上，也需要进行一个简短的自我介绍，告诉面试人员你是谁、为什么会在这里、你的希冀是什么，通过自我介绍为自己加分。正式入职和接触客户时则应该直截了当地告诉对方自己是谁，可以省掉后面的为什么会在这里、希冀是什么。

为了让别人能够快速记住我们，也为了给人留下一个深刻的印象，第一次见面时的自我介绍需要仔细"雕琢"。

1. 自我介绍的开头

一个好的开头，能够迅速拉近你和对方的距离，增强对方对你的印象，甚至能够让你们在此基础上展开互动，迅速打成一片。

什么样的开头才算是好的呢？

这是一个仁者见仁、智者见智的问题，我们可以从自己中意的内容开始。比如能够引起对方好奇心的开头，就像小说设置的悬念一样可以勾起人们阅读的欲望。同理，用能够勾起他人好奇心的方式进行自我介绍，无疑已经成功了一半。无论对方是不是对你产生了深刻的印象，至少都会想要进一步了解你。

例如一个做化妆品生意的女人，她的皮肤状态非常好，经常亲自为自己的产品做广告。一次聚会时，她遇到了很多同龄的陌生女性，为了让更多的人记住自己，她在人群中对大家说："你们看我的皮肤怎么样？"得到大家的称赞后，她继续说，"你们猜这是为什么？"虽然有几个女性不感兴趣走开了，但大部分女人开始围着她追问。在这样一问一答间，她很快又多了几个客户。

总之，能够给人留下深刻印象的自我介绍的开头，都是需要用心准备的，越是与众不同，就越容易引起他人的兴趣。学会这一招，能够提升自己的职场情商，在遇到需要自我介绍的情况时可以迅速"破冰"。

2. 说出自己的名字

在进行自我介绍时一定会说出自己的名字。如何让人一下子就记住自己的名字，同时又觉得自己的方式有别于常人？可以把自己的名字拆分开来，比如姓李的女性介绍自己时，常用的一句话就是"我姓李，木子李"，让人能够在瞬间明白她的姓氏是哪个字，避免了"同音不同字"的尴尬。当然，介绍名字时也可以说出自己名字的寓意。长辈为自己取名字的时候一定是挑选了有含义的字或者词，把这个寓意说出来可以加深别人对自己的印象。

还可以把自己的名字编成一个小故事，就像《红楼梦》里贾宝玉给林黛玉讲的"耗子精"的故事，虽然故事中的"此香玉"非"彼香玉"，但是能够把林黛玉融入到故事中，确实让人印象深刻。

3. 个人情况

与男人相比，女人找工作的环境其实是十分糟糕的。因此在面试时以及接触客户的过程中，可以谈一谈自己的工作情况，除了告诉对方你的大致工作经历以及任职情况外，还要着重说明自己在任职期间取得的成就，尤其是接触过的大型项目，这些不仅可以帮助你树立良好形象，也可以间接展示自己的能力。

但是，在阐述过往经历以及自己取得的成就时，切忌过分夸大，将功劳都揽到自己身上，甚至谎称一些根本没有接触过的项目也是自己操盘的。要知道，这些夸大的成分确实有助于你给对方留下深刻印象，但它是不长久的。无论你因此通过面试也好，还是与客户达成合作也好，在日后的时间里对方都能通过你的能力判断你是否说谎，一旦事情败露，那么难堪的还是自己。

除此之外，在面试时还可以说说自己选择这家公司的原因，以及自己的希冀，让面试官看到你对未来有一个清晰、完整的规划，加深你在对方脑海里的印象。

4. 兴趣爱好

前面说到女人找工作的环境并不乐观，所以我们应该尽可能地展示自己的技能。因此假如时间允许，可以向对方说出自己的兴趣爱好或者是特长。值得注意的是，不能强行为自己扣上几个特长的帽子，那样反而会让你心虚，一旦被人发现自己说谎，那么难堪的依旧是自己。

总之，自我介绍的目的就是为了让人能够在一句话的时间里记住自己，如果条件允许就做一个详细的介绍，加深别人对自己的印象；如果条件不允许，就挑选重点部分来说。

总之，女人想要让别人记住自己，就一定要"能说、会说"。

学会微笑，你也可以做蒙娜丽莎

"回眸一笑百媚生，六宫粉黛无颜色。"看到这句话，我们的脑海中便会浮现出一个脸上带着笑意的绝色美女。

一般来讲，沟通时的表情能够映照出一个人的内心是喜是悲。而微笑能够给人如沐春风的感觉，能够带动人与人之间的交往，让社交变得更有活力和效果。

对于女人而言，微笑是非常厉害的"武器"。心理专家认为，发自内心微笑的女人看起来是美好的，更是迷人的。这是因为只有内心感到真正的快乐并且充满自信时，女人才会露出发自内心的微笑。一个快乐、自信的女人当然是美好而迷人的。

微笑的女人就像是一朵绽放的花朵，能散发出夺目的光彩，自然地会吸引人们的视线。

说到微笑的女人，很多人都会想到卢浮宫的镇馆之宝——达·芬奇名作《蒙娜丽莎的微笑》。实际上，见过达·芬奇这幅画的人都会觉得怪异，无论站在哪个角度欣赏这幅画，画中所描绘的女子都会对观赏者投以微笑。

这种微笑为画中的女子蒙上了神秘的面纱，也让她更具吸引力。古往今来，已经有数不尽的人为之痴迷，无数专家学者都在研究这幅画。拜倒在"蒙娜丽莎"微笑下的不仅有男人，还有女人，证明了画作中"蒙娜丽莎的微笑"具有多么大的吸引力。

常常面露微笑的女人，身上具有一种特别的气质，让她们看起来有亲和力，让身边的人不由自主地想要靠近。就像有人说的，微笑是女人最高级的"保养品"，能够让男人为之倾倒，并且无法自拔。

那么，微笑能给女人带来什么呢？

1. 微笑可以带来快乐

有人说："爱笑的人运气不会太差。"这句话很有道理，爱笑的人一般都性格开朗，以积极的心态面对生活，诚恳地帮助别人。因此，当这样的人遇到困难，自然有很多人伸出援手帮其渡过难关，于是运气自然不会太差。此外，爱笑的人很容易为大家营造一个轻松、愉悦的氛围，让大家都放松下来。微笑还能传递快乐与正能量，一个沮丧的人，在看到别人微笑的那一瞬间，也会萌生一种积极向上的信念。

微笑能够让人拥有更多的人格魅力，懂得微笑的女人能散发出强大的个人魅力。一个在任何场景都表现得十分严肃的女人会让人感到压抑，让人产生不可接触的感觉；而一个时常保持微笑的女人，能够让人产生亲近感，让人不由自主地想去接近。经常微笑的女人能够让接触她的人变得快乐起来，从而拉近与周围人的距离。要知道，很多时候微笑多一些，快乐也就会随之多一些。所以，请不要吝啬自己的微笑。

2. 微笑能带来良好的沟通

有时候沟通并不需要通过话语，一些肢体语言或面部表情就可以实现沟通，微笑便是常见的一种沟通方式。在情侣或者夫妻之间，微笑可以说是最有趣、最直击人心的沟通方式。

众所周知，生活在不同环境下的男人和女人，无论是生理上还是思想上都有很大的差异，他们的性格、行为等差异可能更为明显。虽然这样的差异并不一定能阻止两个人结合，但终归会影响两个人之间的沟通和交流，这个时候就需要女人用微笑来化解矛盾。

女人的微笑能够让自己的另一半感到安静祥和，有利于稳定他的情绪。无论男人是充满紧张，还是茫然失措，或是经历挫折，抑或是神情沮丧，在女人微笑的注视下，他们都能够慢慢放松下来。所以说，微笑对于情侣、夫妻而言，是最直击人心的沟通方式，它甚至比千言万语更能打动男人的心。

微笑的力量究竟有多大？这是一个无法用数字估量和文字描述的概念，但是不可否认，在很多时候微笑的力量是神奇的。微笑展现了一个女人对待生活的态度，让人能够感受到女人内心世界的坚强。作为一个女人，即便你没有出色的外表，即便你没有华丽的服饰，但只要你时刻保持微笑，让人感受到你积极向上的生活态度，让人感觉到你对生活的热爱，散发出独特的个人魅力。

经常面露微笑的女人有着迷人的风采，对于调节身边人的情绪、制造轻松的氛围发挥着重要的作用。另外，喜欢微笑的女人心态比较平和，对于生活不会有太多苛刻的要求，懂得化解内心的负面情绪，更懂得享受生活。

经常微笑的女人是充满自信的，就像一只优雅美丽的天鹅。

不过，在微笑时还需要注意一些细节。

1. 微笑应该是发自内心的行为

微笑是一种自发式的行为，只有在心情愉悦时展现的微笑才有最大的吸引力。如果情绪低落，不要勉强自己露出微笑。有句老话叫"笑得比哭还难看"，在情绪低落时展现的微笑，会让人感到虚假，容易引起他人的不满。没有人希望与自己结交的人是一个"戴面具"的人，所以不要勉强自己，不要刻意伪装自己的表情。

2. 注意场合

任何事情都要注意场合，微笑也不例外。举个例子，一个人正在说一件让自己特别伤心的事情，比如亲人离世等，这个时候如果面露微笑显然不合适，因为这会让对方感到不舒服，这时的正确做法是，保持沉默或者表达自己的惋惜之情。

有一句话说得很对："微笑是没有成本的，但是它所造就的价值是无法估量的。"女人露出微笑并不只是为了"回眸一笑百媚生"，它大多时候是为了激励自己和同伴以积极的心态面对生活的挑战。

因此，无论你在生活中充当着什么样的身份，妻子也好，恋人也好，朋友也好，陌生人也好，请时刻保持真挚的微笑，让自己做一个可爱的女人。

找对话题比选对衣服更吸引人

良言一句三冬暖，话不投机六月寒。

无论是工作还是生活中，与人交流都是展开人际关系、拓展朋友圈的第一步，而且交流效果决定了人际关系发展的走向。所以说，对话也是一种艺术，能够把握住对话的节奏和技巧，就能够轻松地和人进行交流，那么交流中遇到的问题也就轻松地化解了。当然，与人愉快地进行交流的前提是尊重对方，不过掌握一些谈话技巧，能让对话变得更加充实、有趣。

学习如何交谈，其实就是学习"没话找话"的过程，而这个"话"指的自然是"话题"。一个人写文章时，如果看到了一个好题目，就文思泉涌，能很快写就一篇文章。交谈也是如此，找到一个好话题与大家进行讨论，自然不会出现冷场。

话题的好与坏不仅直接决定了交谈氛围，也决定了与人交往的深度和广度。通过对话题循序渐进的深入，双方都能感受到对方的性格、爱好乃至人品。一个爱好文学、喜欢谈古论今的人，一定不愿意和满嘴脏话的女人做过多的交流；同样，一个谈吐大方得体的人，一定不愿意和一个言语粗鄙的女人进行深入的交流。

俗话说"人靠衣服马靠鞍"，对于女人而言，在交谈时找对话题，比购买一件十分华丽的衣服更加吸引人。选择衣服的标准是"好看""适合"，而找话题的标准是"对方熟悉""对方感兴趣""对方有话说"……总之，找话题的标准就是投其所好，让对方有话可说。

那么，如何开始一段对话呢？

在与自己认识的朋友进行交谈时，我们可以轻车熟路、开门见山地说出自己想要表达的思想或者讨论的话题。但如果是在参与社交活动时与陌生人展开对话，采用开门见山的方式就会有些唐突了。初次与人交谈，不得不认真思考所聊的话题。

面对陌生人的情况可以分为两种，一种是面对许多陌生人，一种是面对某一个陌生人。

当与许多陌生人进行交谈时，需要考虑这些人可能对什么话题感兴趣，并把话题引向这里。同时，尽量把谈话的内容放在大家熟悉的方面，这样大家都可以发表自己的观点，话题也才有继续讨论下去的余地。当每个人都有机会发表自己的想法时，交谈自然也就不会停下来，交流过程也会让大家感到轻松愉快。

当面对某一个陌生人时，可以直接询问对方的名字、年龄等信息，并将自己的信息与之交换，当两个人有了一定的了解后，在适当的范围内想到什么就说什么，可以对谈话的内容进行适当的联想，通过循序渐进的方式了解陌生人的兴趣，慢慢引出另外的话题。

当两个人已经交谈了一段时间后，可以根据对方感兴趣的点顺利进入话题。如询问对方"平时喜欢做什么？"由此发现对方平时喜欢养花，就可以将这个当成两个人的话题，讨论养花的心得，交流养花的技巧。如果对方与你的爱好是相同的，或者对方感兴趣的地方恰好你也有所涉猎，那么你们之间的交谈就会比较轻松、愉悦；如果对方的爱好与你并不相同，你完全不了解对方爱好的领域，那么你也可以做一个倾听者，在倾听的过程中学习新事物，适当地进行提问，确保交流不会中断。

除此之外，还可以把时间、地点、人物作为聊天的话题。如果实在不知道和陌生人说什么，也可以通过一些已知信息去引起交谈，比如在朋友的婚礼上与陌生人交谈，可以问问对方与新人的关系，进而展开话题。等到两个人对彼此略微了解后，再选择新的话题进行交谈。

引出话题的方式有很多，无论是通过哪种方式展开交谈，都要记住我们的目的是什么——引发话题的重点是"引"，目的就是让对方"说话"。所以，无论面对陌生人还是熟人，都要把握住交谈的时机，适当地融入交谈之中，在了解对方的同时，也给对方了解自己的机会。交谈是双方互通有无的过程，只有对方一味地"输出"是无法让对话进行下去的。

当一段对话成了一个人的独角戏，那这段对话很快就会结束。因此，在与人交谈时要给对方发言的机会，让对方能够将自己的想法表达出来，这样有来有往才能保障交谈顺利进行下去。不必因为担心你停止说话就会冷场，一直不停地说更容易让人感到厌烦。更重要的是，如果交谈时只有一个人喋喋不休，那么很可能是话题没有选对，对方根本不想针对这个话题进行交流。因此，与人交谈时一定要选对话题，并且不要把话都说完，要给对方留下说话的余地和机会。

女人与自己心仪的男人交谈时，总会不自觉地进行伪装，试图让自己在对方心目中变成一个完美的女人。这种心情可以理解，不过这样的方式并不可取，因为这种做法非但无法增进你们之间的距离，反而有可能适得其反，给对方留下一种做作的感觉。

女人无论在何时都应该保持自我，无论面对谁都应该展现真实的自己，因为女人的魅力来自于心，而不是外表。所以，与其为了自己的外表费尽心力，不如想办法找对话题。

想做"御姐"也不用天天板着脸

生活，不是快乐就是不快乐，但这不是你板着脸的理由。

最近几年很流行"御姐"这个词汇，很多女人为了让自己看起来像个"御姐"，都假装高冷，变成了不苟言笑的模样。可能很多女人并没有意识到，"御姐"的核心因素不是面部表情，而是一个人的内涵。

"御姐"是一个舶来词，源自于日本的词语"御姊"，原本是对姐姐的敬称。而在ACGN（即Animation、Comic、Game、Novel四个单词的缩写，分别指动画、漫画、游戏、小说）中，"御姐"这个词成了外表、身材、气质等方面比较成熟的年轻女性的代名词，她们的年龄一般在16岁到34岁之间，遇到问题十分冷静，性格也十分坚强，具有比较成熟的思想，气质出众且高贵。与此相反，那些看起来比较稚嫩、个性单纯的女性则不在"御姐"范围内。

"御姐"行事果断、冷静，具有强大的内心和坚强的个性，让人感觉十分理智、成熟，因此掀起了一股追捧并效仿"御姐"的狂潮。随着女人对于生活质量的要求越来越高，许多女人已经不甘心做一个"三日入厨下，洗手作羹汤"的家庭主妇，她们认为女人也应该追求自己的事业，有一份可以养活自己的工作。正因如此，越来越多的女人渴望能够成为主宰自己命运的"御姐"。

有些女人确实变得成熟有了"御姐"风范，但也有些女人将"御姐"这个形象定义为不苟言笑，认为自己板着脸扮演严肃就是"御姐"了。那么，板着脸就能够成为"御姐"吗？答案是否定的。

"御姐"的首要标准是成熟。成熟指的不是身材或者样貌方面，更加不是表情方面，而是指人的行为方式。如果一个女人骨子里就是小女人的类型，那么无论怎么装得面无表情，都无法让人联想到"御姐"。"御姐"的性格是淡定的、冷静的，遇到问题不会自乱阵脚，而是设法自己解决问题，一个骨子里就是小女人的女子是没办法做到这点的。

"御姐"的另一个标准是自信。如果一个女人做事情唯唯诺诺，平时都不敢抬头看人，那么无论多么面无表情，也不会让人联想到"御姐"。而且"御姐"都是博学多才的，这就不难解释"御姐"对待生活的底气来自哪里。一个拥有足够智慧与知识的女人，走到哪里都有自己的立足之地，当然也就有面对生活的底气。

鲁迅曾经说过："真正的猛士，敢于直面惨淡的人生，敢于正视淋漓的鲜血。"在这里套用一下这句话：真正的"御姐"，不靠妆容粉饰自己，不靠表情产生距离，而是靠强大的内心造就自己。

适当撒谎让女人更可爱

说谎是不对的，但有时候生活也需要"善意的谎言"。

"善意的谎言"蕴含了人们的美好愿望，表现了人们内心的善良，体现了人与人之间的相互慰藉，展现了人们心底最柔软的一寸地方。没有人会追究善意的谎言是真是假，即使"被骗的人"知道大家对自己说了谎，还是愿意去相信欺骗自己的人，甚至有时还会对其心存感激。

可能有人说，"善意的谎言"不管怎么说都是谎言，说谎就是不对的。

众所周知，矛盾具有两种，一种是普遍性，一种是特殊性。"善意的谎言"之所以是"善意"的，就是因为它的出发点是善良的，是建立在为他人好的基础之上；而恶意的谎言之所以是"恶意"的，就是因为它的出发点是邪恶的，是一个人或者一个团队为了一己私欲，而蒙骗别人、伤害别人。

"善意的谎言"能够体现一个人的细腻感官，是一个人思想成熟的体现。"善意的谎言"能够鼓舞对方一点点地进步，让其努力摆脱生命的枷锁，甚至能让一个身患绝症的病人重获新生。"善意的谎言"能够让人心情愉快，能够让人感觉自己的生活美好，从而有勇气面对未知的挑战。

很多人读美国短篇小说《最后一片叶子》时，总会忍不住湿了眼眶。生病的穷学生看着窗外的落叶，由此及彼，想到自己的生命也在一点点流逝，生的希望随着树叶的凋零一点点被磨灭。在她快要绝望的时候，一个内心充满爱的老画家精心画了一片绿叶，并将这片绿叶牢牢地粘在了干枯的大树上，从而点燃了这个学生求生的意志。

这样的故事并不罕见。有一个学生，英语成绩并不出众，但在一次随机抽查中，老师夸赞了他，说他是一个有潜力的孩子。后来，这个学生废寝忘食地学习英语，他的英语成绩突飞猛进，果真考上了不错的大学。长大后他找到了自己的老师，对老师说："其实我知道自己的成绩并没有那么好，但是感谢您对我的鼓励，让我燃起了学习的信心。如果没有您的鼓励，我不会取得今天的成绩。"

"善意的谎言"就像火种，能够点燃人们对美好生活向往的火焰。

当我们出于对别人考虑说一些"善意的谎言"时，别人即使知道了也会理解我们。"善意的谎言"也是谎言，这是不可否认的，但是"善意的谎言"会让人们感受到温馨和爱意，不会让人萌生被欺骗的懊恼与愤怒。

在婚姻家庭中我们一般需要两种"善意的谎言"，一种是应该说出口的，另一种是不应该说出口的。

1. 不管什么时候都要告诉老公，他是最棒的

男人也会有无助的时候，在这个时候女人没必要摆出大道理，因为他需要的不是认清现实，而是需要身边最亲近的人的支持。这样的支持能够让他重燃希望，甚至能让他战胜绝望。

所以，在男人失落、无助的时候，说一些能够让他开心的话，哪怕这些话已经达到了"说谎"的范畴，又有什么关系呢？这些无关紧要、无伤大雅的小谎言，不仅不会让夫妻关系变糟糕，还会让夫妻关系变得更好。

2. 适当隐瞒生活琐事

婚姻不是两个人的事情，而是两个家庭的事情，会牵扯到双方的父母、亲戚。牵扯的人多了，事情自然也会多。因此，每一个家庭都会有生活上的琐事，这些琐事有些需要和老公一起解决，有些则需要女人独自去面对。

比如，和婆婆产生矛盾，比较大的矛盾可以告诉老公，让他帮助自己解决。而一些小事可以隐瞒下来，如果婆婆主动将事情告诉老公，老公了解经过后会认为你更加懂事，也会更加疼惜你。

除了偶尔"撒点小谎"之外，女人对男人那些无伤大雅的行为可以视若不见。

许多恋人，乃至夫妻之间都会出现这样的问题：女人十分热衷于询问男人对自己的爱有多深，而男人则喜欢对女人说一些自认为无伤大雅的谎言。时间久了，女人无法接受男人和其他女人联系，男人则不能忍受女人的刨根问底。最后，两个人渐行渐远，难免走向分手。

请记住，任何感情都需要用心维护，用"善意的谎言"去维护自己的感情，不是一件不可理喻的事情，更不是一件"丢人"的事情。

在感情的世界里，只要心是纯粹的，感情是纯粹的，那么"善意的谎言"就当成生活的点缀吧！

第三章

把话说出口才是高情商女人

别做一个只会傻笑的女人

化解尴尬的方式有千万种，但是千万不要只会用大笑。

在人与人的交往中，经常会发生一些不如意的事情，有时候还会发生令人十分尴尬的事情，有些甚至让我们难堪到无地自容。其实这是很正常的事情，但很多人在不小心制造了尴尬事件后，往往喜欢用笑来掩饰内心的尴尬，可是傻站着赔笑脸并不能化解尴尬。

这个时候如果你用一句话或者一个举动，将尴尬遮掩过去，那很可能带来出人意料的效果，甚至把尴尬的瞬间变成受人膜拜的时刻。

很多人被节目《我是歌手》上汪涵的表现"圈粉"。在《我是歌手》这档直播节目中，歌手孙楠突然宣布退出比赛，在场所有人员都十分错愕，汪涵在短暂的惊讶后迅速发挥了高超的控场能力：先是提醒节目组准备插播广告，然后说了一段话稳住现场。整个过程一气呵成，直播结束后，汪涵收到了无数观众的称赞，与孙楠受到的指责形成鲜明对比。

汪涵总是能够通过三言两语化解尴尬。例如，在某个综艺节目上讨论问题时，汪涵说道："你看，最好的发型师，男生；最好的厨师，男生；最好的妇产科医生，男生……"

汪涵想表达的意思是，许多比较细致的工作，男人都有足够的细心和耐心去完成，男人并不都是"粗心大意"和"没有耐性"的。这句话结合当时的语境看是没有问题的，但看台上的一位女性观众却表示不满，直接喊出："你这是什么意思啊！"

刚开始大家没有反应过来这位女性观众为什么生气，后来才发现汪涵的话单独拎出来看，确实有歧视女性的意思，大家忍不住为他捏了一把汗。汪涵面不改色，接了一句："我的意思就是，男生生来就是为女人服务的。"然后汪涵继续他的言论，犹如不曾发生过什么一样，而那个不满的女性观众也没有再反驳。

一句话轻易化解尴尬，这是多么高的情商？

在娱乐圈里，黄渤一直被视为高情商"男神"。黄渤的相貌并不出众，但是他有着很高的情商，很多人都喜欢与他交往。在《星空演讲》上，黄渤讲述了自己以及身边朋友的经历，这些经历对女性来说绝对是一门实用的"高情商速成课"。其中一个故事让我收益颇丰，这个故事讲述的是一个女孩去上厕所时是如何化解尴尬的。

一个女孩去上厕所，她关上隔间的门以后感觉整个世界都安静了，小小的空间里只剩下她一个人，萌生了一种"世界由我主宰"的感觉。于是，她拿出了手机，打开微信给同事发了条语音消息："小红，这两天很辛苦，连续加了四天班了，我们终于搞定了。"

过了一会儿，同事没有回复消息，她又发了一条语音消息："你说咱们辛辛苦苦这么多天，我估计马姐现在又穿着她那双红高跟鞋，拿着咱们的劳动成果，过去邀功去了吧！"发完这条语音消息没多久，另一个同事发来了一串文字：刚才马姐就在你隔壁厕所前，你说话不要这么大声。

看着这短短几行字，她觉得空气都凝固了，她连忙竖起耳朵听了听，隔壁似乎真的有什么动静，她被吓得出了一身冷汗，感觉自己就像是掉进了冰窖里。一想到隔壁就是自己的领导，而自己刚刚在说领导的坏话，她就感觉头皮发麻、两腿发软。

她急中生智又给同事发了条语音消息："不过，姜还是老的辣，这还真是没错。要不是马姐给咱们支招儿，我估计咱们再多加五六天班也想不出来。"发完这条消息，她还是觉得不安，想了想又发了条语音消息："对了，马姐的红色高跟鞋在哪儿买的？我托人转了好多地方都没买到，真好看。"发出这条消息后，她又竖起耳朵听隔壁的动静，隔壁一点声响都没有，估计那边的人是想听她说话。不知道过了多久，隔壁传来了冲水声，她也终于松了一口气。这时候她看了看手机，其实也就是半分钟的时间，但她觉得像是半个世纪。

黄渤的演讲告诉我们，无论是在职场，还是生活中，"会说话"的女人都能轻易地化解尴尬。当然，比"会说话"更重要的一个作用便是不要让自己陷入尴尬。

故事中的女孩估计这辈子都不敢在公司说上司的坏话了，不过她随机应变的能力确实值得我们学习。现实中像她一样背后说人坏话被发现的或许不在少数，但是很多人并不知道如何化解这种尴尬，而只知道在那里傻笑。

可是，遭遇尴尬只会傻笑的女人，注定是不讨喜的。

在现实生活中，造成尴尬的原因有很多，除了背后说人坏话外，莽撞行事也是常见的原因。比如一群人聊得热火朝天，你明明和对方不是特别熟悉，还要凑过去加入谈话，结果自己刚说了几句话，大家便不再说话了，大家虽然没有离开却没有人接你的话茬。

这些都是让人感觉尴尬，同时又无法避免的情况。这个时候多想无益，还是赶紧起身离开为妙，大家可能并不是对你有意见，有可能是你说的话与对方想要说的并不相同，也有可能对方不愿意与你一同讨论这件事。如果你继续待在这里，那才是真的让人讨厌。

每个人都有自己的小圈子，既然你无法融入别人的圈子，不妨大大方方退出，让别人能够愉快聊天的同时，也能够避免让自己难堪。如果你的介入让正在开心交谈的人都停了下来，不妨找个理由趁机离开。即便你的出现可能引起了尴尬，但及时离开别人也不会说什么，下次记住别再犯同样的错误就好。

尴尬的时候还有很多，比如当着许多人的面被上司指责、被长辈训斥，这样的尴尬时刻，一味通过"尴尬而不失礼貌的微笑"来解决是不够的。因为你的笑未必会制止对方继续说下去，反而有可能让对方变本加厉。

与其等对方越说越多，倒不如主动出击，用自己的好口才化解尴尬。有话就说，别做一个只会傻笑的女人。

自黑自嘲也是一种态度

自黑自嘲，就是不给别人嘲笑自己的机会。

可能很多人不知道，自黑自嘲其实很重要。在生活中，相信有不少人体会到了幽默感是一种多么独特的人格魅力。一个物品或者一件事情往往可以调节生活，让生活变得有趣，而具有幽默感的人会让生活更有趣。

现在很多人展现幽默的方式不仅仅是调侃一个物品或者调侃一件事情，而是把自己也当作一个调侃的对象，也就是我们所说的自嘲。自嘲可以被视为一个人有幽默的标志，因为自嘲不仅能够活跃谈话的氛围，还能够改善自嘲者的心情。

人的一生中难免遇到各种问题和挑战，想要直面人生的各种磨难，就要拥有一颗强大的内心，而自嘲就是内心强大的体现。《优雅人生，从自嘲开始》的作者苏珊·斯帕克斯曾经在《今日心理学》的博客上留下这样一句话："如果你能学会自嘲，你就能够原谅自己；你能够原谅自己，也就可以宽恕他人。"

作为一种展现个人幽默的方式，自嘲也能够体现一个人的智慧。一直以来，幽默都被视为智商、情商都比较高的人特有的气质，其中自嘲更被视为最能够展现幽默感的说话方式。

有人认为，自嘲是一种"承认自己无能"的表现，但事实上，这种想法是大错特错的，因为能够自嘲、乐于自嘲的人，不仅拥有强大的内心，还是十分自信的人。敢于自嘲的人，并不是因为内心自卑，而是因为他们充分认识到了自身的不足，也充分了解自己的长处，所以他们敢把自己的不足放在大家面前，这也从侧面证明他们对自己充满了信心。

或许也有人认为，通过自嘲来解决问题是一种"逃避"。但是，这也并不能算是正确的观点，自嘲的目的不是为了"逃避"问题，而是为了更好地解决问题。有一位资深的销售人员就经常利用自嘲帮自己解决困境，并回击那些对自己充满敌意的人。一次，他正在台上做演讲，台下突然有个听众站了起来，指责他是一个"两面派"。当时他不可能直接反驳，更不可能借此与对方大吵大闹。

只见这位销售人员停下了演讲，环视了一圈会场，对着大家说道："希望各位帮我评评理，我如果还有另一副面孔，会带着这样一副难看的面孔到这里来吗？"这句话得到了会场上所有听众的赞许，他就这样巧妙地通过自黑解决了一场危机。

事实上，这位销售人员的外表看起来确实不符合大众审美观，眼睛不够大，脸型又有些长。面对他人的指责，他把"两面派"解释成"两副脸孔"，利用外貌调侃自己，在回击对方的同时，也化解了尴尬，活跃了气氛，可谓一举多得。

影视明星杨幂在电视剧《三生三世十里桃花》播出期间，也被人指出了某个造型暴露了发际线后移的缺点。面对众人的嘲笑，杨幂在新浪微博上回应称："我是一个禁不起批评的人，如果你们批评我……我就去植发。"

这句话既回应了"发际线靠后"的问题，也化解了尴尬，让大家觉得她是个十分可爱、有趣的女人。

懂得自嘲的女人，都是聪明的女人。通过自嘲的方式去回应别人的质疑，看似是贬低自己，其实是在保全自己的形象，这是一种比"骂回去"更智慧的还击。

在生活中，有自嘲精神的女人，反而能够以更加轻松的姿态生活。总有一些人喜欢揪住别人的小缺点不放，我们没办法将自己所有的缺点都隐藏起来，也没办法监视别人不去讨论自己的缺点。每个人都有缺点，这是无可改变的事实，在这样的事实面前，任何争辩都显得苍白无力，倒不如多一些自嘲精神，让自己活得开心一些。

黄渤算不上帅，但是能在一个"看脸"的时代获得这么多人的喜爱，足以说明他有着巨大的人格魅力。在许多场合中，经常有人拿黄渤的外貌调侃，但黄渤从来没有恼怒过。面对他人的刁难，黄渤总是妙语连珠，不惜以自黑的方式将对方说得哑口无言，让我们不得不由衷地称赞他。

黄渤在接受采访时曾表示："自信不重要，学会自嘲是一个很重要的本领，自嘲是自信进阶的表现，能帮你解决很多问题。"

黄渤的做法值得我们借鉴。别人如何评价我们和我们的生活，是我们无法控制的，可是我们可以用自嘲的方式把那些不好的声音降到最低，把这些评价给我们造成的伤害降到最低。如果和别人争执，最终只会把自己的伤口越扯越大，倒不如用自嘲的方式化解尴尬，阻止对方继续嘲笑自己。

嘲弄别人是一种缺德的行为，但自嘲却是一种美德。拿自己的短处来调侃，博得众人的欢乐及喝彩，是调节自我情绪的方式，也是一种十分重要的交流方式。面对尴尬的局面，你越是自嘲，越是谈笑风生，尴尬对你造成的影响越小；可你越是在意，越是逃避，尴尬对你造成的影响便越大。除此之外，对于一些已经发生且无力改变的事情，不妨也用一句自嘲带过。心胸开阔一些，心态平和一些，会让自己的生活更加轻松快乐。

自嘲，是展现人类幽默的一种方式，也是减少生活摩擦的"润滑剂"。拥有自嘲精神，让生活更加快乐。

赞美他人也是自我升华

由衷的赞美让人感到愉快，阿谀奉承则让人反感。

我们都知道，在与人交往的过程中，需要通过赞美来拉近对方与自己的关系，我们在社会上生活，也需要通过他人的肯定与认可来确认自己的存在价值。

他人的赞美对于一个人的影响是不容忽视的，甚至能够改变人的一生。下面我们用一个小故事来说明赞美对于一个人的重要性。

一个学生非常粗心，经常为此遭到老师们的批评。一天，新来了一个语文老师，这个老师虽然刚踏上工作岗位，但是她对工作十分认真。她从别的老师口中知道这名学生不够认真、努力，就一直挖掘他身上的闪光点，希望能帮助他建立自信，让他对学习感兴趣。

很快，女老师发现这个学生的成绩不好，是因为父亲出了事故，母亲为了挣钱养家，一个人打好几份工。这个学生想帮母亲分担一部分压力，放学后就承担了照顾父亲的责任，晚上休息不好，白天也没有精力学习。其他老师不了解情况，以为是他贪玩，难免批评他，让他对学习越来越没兴趣。久而久之，他的成绩成了班里最差的。

　　了解情况后，女老师并没有把他叫到办公室谈心，而是在一次自习课上悄悄走到他身边。在他身边逗留了几分钟后，女老师对他说："你的字写得很漂亮，以后班里需要写什么东西就交给你了。"

　　女老师的话让一向自卑的学生抬起了头，眼睛里也闪现了自信的光芒。从那以后，这个学生开始努力学习。每当他取得进步，女老师都会鼓励他、赞美他，最后这个学生以优异的成绩考上了当地最好的高中。

　　所有人都以为学生的改变是一个奇迹，可是只有学生自己明白，要是没有女老师对自己的赞美，他不会有信心面对生活和学习的压力，也不会重新燃起对学习的热情。

　　事实上，这并不是一个偶然的现象。早在1925年，伊丽莎白·赫洛克就曾做过一个关于上述故事的实验。他通过一次数学测试，对一群小学四年级到六年级的儿童进行分组。

　　第一组是表扬组，每次完成任务后都会受到表扬和鼓励；第二组是受训组，每次完成任务后都会受到严厉的训斥；第三组是被忽视组，每次完成任务后都不会收到任何评价，但是会作为旁观者去"参观"前两组得到的评价；第四组是控制组，这一组与前三组是隔离的，不会接收任何评价。

　　结果证明，在孩子完成一项任务后对其进行评价，可以对他的发展起到促进作用，其中适当的表扬和鼓励要比批评的效果好，而没有收到任何评价的效果还不如被批评。也就是说，在教育孩子的时候要给予适当的鼓励和批评，不能不予理会或者一味批评。

　　这样的原则并非只体现在教育孩子上，在工作中同样适用。适当的赞美可以让一个职场新人更快地融入到集体环境中，有利于他迅速开展工作，也有利于他后期发展。

赞美能够帮助一个人，甚至改变一个人的人生轨迹。那么，一个总是赞美他人的女人，一个能够通过赞美让他人感到温暖的人，即便无法改变别人的命运，也一定能够获得对方的感激与欣赏。

可惜，大多数女人对于情感的表达一直都是比较含蓄的，很少有人能做到常把赞美挂在嘴边。除此之外，有一些女人认为承认了别人的优点，就等同于承认了自己的不足，所以不愿意表达自己的赞美之情。其实两者之间是没有关联性的，更不是矛盾的，你看到了别人的闪光点并不意味着自己就没有闪光点，更何况每个人都不一样，长处也各不相同，如果这世界千人一面还有什么意思？

还有些女人不愿意赞美别人，是担心自己的赞美不被接受，或者害怕自己词不达意，让对方觉得自己不够真诚。其实这也太过忧虑了，只要是发自内心的赞美，对方都是可以感受出你的真诚的，不会认为你"虚伪"。

因此，我们应该积极发现别人身上的闪光点，并且由衷地赞美它。每个人都渴望，也都需要被赞美，真诚地赞美别人，可以在人与人之间架起沟通的桥梁，也可以拉近彼此的情谊。

但是，并不是所有的赞美都能起到良好的效果，适当的赞美会让人心情愉悦，不当的赞美自然也会让人感到不适。我们要学习真诚赞美别人，而不是学习虚伪的阿谀奉承。

有句话说得好：赞美发自内心，奉承来自唇齿。所以我们对于他人的赞美一定要恰到好处，这样才能达到渴望的效果。

1. 站在对方的角度考虑

每个人都有不同的感受，就像有的人喜欢吃酸的，有的人偏爱辣的，所以每个人看到的、理解的、想表达的信息都会不一样。因此，想要表示对一个人的赞赏就要站在对方的角度，设身处地对对方进行赞美。也就是说，在人际交往中需要体会他人的想法，还要理解他人的感受，并需要站在对方的角度思考问题。如果能够做到这一点，赞美就会事半功倍；如果做不到这一点，就会显得过犹不及。

2. 从细节见人品

好的赞美可以从细节展开，让对方看到你的用心和仔细，也让对方明白你是真的关注着他的一举一动。赞美可以变得具象化，比如列举看到的一些具体的事情，再加上一些生动形象的词汇，就能让对方感受到你由衷的赞美之情。"假大空"的赞美，会让人感到你是个不真诚的人，甚至怀疑你的动机。将赞美具体到某件事情、某个物品上，才会显得真诚，也能展现出你对对方的关注。

3. 及时反应，不要慢半拍

当你发现一个人的闪光点时，就要及时对他进行赞美，如果过一段时间再赞美，那样不仅收不到成效，还会有没话找话的嫌疑。比如说，你在一个聚会上发现一个人唱歌很好听，但当时你并没有说什么，在一个月后你又遇见了他才夸赞他唱歌好听，且不说他是不是还记得你，这样没来由的话注定不会特别讨喜。

4. 赞美不要千篇一律

对他人的赞美不应该每次都是"你好美哦""你好厉害哦"，也该换换花样，用心去表达对他人的赞美。比如，说一千遍"你真漂亮""你真帅",不如说对方像某个公认的长得好看的明星。

归根结底,赞美是发自内心的,要直击对方的心坎才能发挥作用。但是,我们不能"投机取巧"地用一个"标准答案"去称赞你认识的所有人,这样只会让人觉得虚假。

不要吝啬你的赞美,要知道,赞美别人也是在升华自己的人格。

巧妙转移话题才能打破窘境

交流就像是走迷宫，一旦发现前方是死胡同就该转身。

社交场合下意外情况有可能突然出现，这是因为每个人的心思不同，即便是朝夕相处的人也有可能出现误解，更何况那些和自己并不熟识的人。这个时候就要求讲话者保持灵活转换的说话风格，能够随时应对突发事件，把大家从交谈的死胡同中拉出来，甚至直接在死胡同中开辟一条道路。

应变能力表现了一个女人的临场适应能力，同时也展现了一个女人是不是具有控场能力，是否能在不同的场合有不同的应对措施。如果在交际活动中遇到冷场情况，需要审时度势，抓住大部分在场人员的心理，利用自己的说话技巧，及时将现场的尴尬化解，让社交活动可以正常进行下去。

通常，可以用幽默的话语转移话题，让气氛轻松起来；可以在原有的话题基础之上引申出新的话题，改变大家讨论的焦点；可以巧妙地进行"错误理解"，将话题转嫁到另一件事情上，或者是给予大家都能够接受的解释；可以指出各种不同观点的合理性，并将其融合为一点，让大家都接受……

那么，转移话题的具体方式包括哪些呢？

1.改变观察角度，让尴尬迎刃而解

每个女人对于同一种事物都会有不同的看法，如果与别人交谈时因为意见或者想法相左而陷入僵持阶段，不如从多方面分析、理解这一事物，然后从对自己有利的层面进行阐述，从而转移话题、化解尴尬。

一个女富豪虽然有钱，但是并不喜欢铺张浪费。有一次，她去参加一个聚会，大家聊起了房子的事情。当女富豪说出自己住的房子还是十几年前买的时，一个有过几面之缘的人问她："你明明很有钱了，为什么不换一个大一点的房子，这样你们一家三口也住得舒服些。我认识的好多人还没有你有钱，他们都买了几百平方米的别墅。"

面对尴尬的场景，女富豪笑着回答："是这样的，我这个人特别容易迷路，买了大房子我怕自己找不到房间。"女富豪并没有纠结对方的问题，而是把话题引申到"自己容易迷路"这一点上，改变了谈话的方向，也让自己摆脱了困境。

2.巧用幽默，让气氛活跃起来

在交际场合中，难免会遇到严肃的时刻，有时候也会因为比较敏感的问题而使双方的谈话陷入对立，让交谈无法正常进行下去。这个时候不妨暂时抛开这个问题，用一些让人感觉比较轻松的玩笑话来转移双方的注意力，避免双方争执中出现过激行为。

有些女人固执己见，所以经常会和身边的人争论不休，但出现这种僵持局面往往与双方的看法不同无关，而是一种好胜心理支撑着双方"不肯服输"。这个时候可以说一些轻松的话，让双方的情绪平缓下来，等到两个人的情绪平复下来，问题也就解决了。比如

两个人在午饭前因为某个事情争得面红耳赤，而你恰好与他们关系都不错，这个时候可以适当地提醒他们一句："你们这个问题的难度不亚于高数作业，要不我们先找个地方填饱肚子，然后再接着探讨？"午饭结束后，这件事情多半也就被他们遗忘了。

3. 帮对方"找借口"，别让对方"下不来台"

人总是会犯错，即使是十分善谈，且公认情商高的人也难免犯错，所以如果有人说错了话，不要抓住这个错误不放，让对方"下不来台"。

在2018年4月22日举办的"第八届北京国际电影节闭幕仪式"上，黄渤担任了主持人，但在主持过程中犯了一个错误——他把演员"佟丽娅"的名字念成了"tong ya li"，说完后黄渤并没有意识到自己的错误，在同伴们的提醒下才意识到自己念错了名字。

此时的黄渤没有自乱阵脚，而是用非常幽默的方式化解了尴尬。事后，黄渤在其个人微博上再次道歉："能力有限，压力山大，上台前还开玩笑说别像上一次一样再说错了，默默地把所有名字又念叨了一遍……结果……果真……把佟丽娅的名字念成了'tong ya li'。这事得多少顿饭才能摆平。"

黄渤道歉的方式展现了他的幽默，而佟丽娅的回应也展现了她的高情商。对于黄渤的道歉，佟丽娅是这样回应的："渤哥，你别紧张，你只是叫出了我的曾用名，就是怕'亚丽'压力大才改的。"

无论佟丽娅是不是有过这样一个曾用名，她的回应都为黄渤的行为"找到了借口"，为黄渤解了围，化解了黄渤的窘迫。

4. 让对方的意思变成"另一种意思"

俗话说"三个女人一台戏"，女人与女人的交往难免会出现误会，有些是交际的双方造成的直接误会，而有些误会是"道听途说"产生的。由于女人天生就是容易多想的群体，对于事情的看法很容易出现偏颇，而小道消息存在添油加醋的成分，产生误会也是很平常的现象。

这样的误会自然是不利于社交的，为了避免引起更大的尴尬，我们有必要进行一些曲解，将会引起尴尬的话解释为另一种意思。为了缓解尴尬局面，我们可以假装无法理解对方语言所表达的真实含义，从善意的角度将对方的话解读为能够化解尴尬的解释。也就是说，对引起他人尴尬的事件进行善意的曲解，让谈话朝着更加和谐的方向发展。

5. 避实就虚，不要问什么答什么

在谈话时，如果出现了冷场或者不好直接回答的问题，可以避实就虚提出一个更具吸引力的话题，把对方的注意力转移到另一件事情上，从而避开原本的话题。

例如，一个女孩刚刚跳槽到一家公司，做了一名文秘。实习期间上司突然问她是否了解某一领域的专业知识。她虽然对该领域有所涉猎，但并不是专业的人员，可此时又不好直接说自己不会。于是她对上司说："我之前接触过，但是接触的不多。"

上司听后点点头就走开了。第二天一早，上司交代给她一个任务，虽然她对这个领域不熟悉，但好在任务并不难，她圆满地完成了任务，获得了上司的赏识，很快就转正了。

避实就虚不是要我们说谎，而是要适当隐藏自己的不足，尤其

是在工作上。没有哪个老板喜欢什么都不会的员工，也没有哪个老板喜欢到处吹嘘的员工，所以避实就虚一定要在合理的范围内。

总之，转移话题的方式有很多，但一定要记住"巧妙"这两个字，不要显得太过刻意。比如上一秒大家还在讨论川菜，就在两个人或者两拨人因为川菜烹饪方式而争执的时候，没有参与讨论的人为了化解尴尬，就忽然在大家面前说起了正在热播的古装剧，这就显得太过刻意了。

这个时候，想要"劝架"的人哪怕指出某些影视作品或者网络上流传的川菜做法里有哪些是错误的，让大家予以评价，也比没头没脑地说出一部古装剧的效果要好。至少，说起川菜大家还可以接着聊下去，而且不至于让正在争执的人认为"劝架"的人是没话找话。

在讲话过程中出现冷场是很正常的现象，无论是出现了争执，还是谈论到了他人的隐私，这时继续交谈显然是不好的，应该立刻将话题转移到另一个区域。

冲动是魔鬼，别让伤害脱口而出

一个女人成熟的标志就是能够控制自己的情绪。

出口伤人其实是一种很愚蠢的行为。在情绪激动时说出一些伤害别人的话，不仅会影响与对方的关系，事后冷静下来也会为自己的行为感到内疚。

一个高情商的女人，说出的话会让人感到舒服，并且能够轻而易举地说服别人。所有人都愿意和情商高、会说话的女人打交道，原因可能就是和这样的女人一起聊天十分放松，不用担心无聊和冷场，也不用担心她会说出自己不愿听的话。

人们常说，冲动是魔鬼。情商低的女人之所以不受欢迎，就是因为她们容易被"魔鬼"控制，往往来不急考虑清楚就把话说出口，从不考虑脱口而出的话会带来怎样的后果。或许一开始，人们会因为她的心直口快而与其结交，但一个动不动就用言语攻击、伤害他人的女人，又有多少人愿意长期与她相处下去？

所以说，做事前要考虑好后果再做，说话前也要考虑清楚后果再说，这样可以避免伤害他人，也可以减少自己的懊恼。在与他人交谈的时候，我们一定要明白有哪些话是绝对不可以说的。

1. 别人的痛处不可以说

随意戳人痛处只会让人觉得自己没素质。情商低的女人，总是喜欢说一些刻薄的话语，丝毫不顾及他人的感受，有时戳到了他人的痛处而不自知，有时甚至为了凸显自己的优秀，就肆无忌惮地说别人的痛处。比如，明明知道一个男人因为秃顶而自卑，还要当着许多人的面说人家的秃顶看起来不正常，让这个男人更加无地自容。

这样的女人自然无法引起他人的喜欢。而情商高的女人从不这样，她们懂得站在别人的角度看待问题，不会刻意抓住别人的痛处进行取笑。她们明白一个人的痛处就像是扎在心里的刺，每次提及都像是把这根刺扎深了一寸，让对方的心灵受到严重的伤害。因此，她们会观察身边的人在意什么，顾及每一个人的感受，避免戳到别人的痛处让对方难堪。

2. 侮辱他人自尊的话不可以说

践踏别人的自尊，其实也是在践踏自己。每一个人都是有自尊心的，任何一个人都不愿意在人前被折损面子和尊严。但是，一些情商低的女人总喜欢说一些让人没面子的话，做一些损人利己，甚至是损人不利己的事情，就好像让别人没面子是一件让其十分自豪的事情一样。

比如，女同事A的老公给她买了一条项链，虽然不是什么值钱的首饰，却体现了老公的一番心意。女同事A戴着项链去公司上班，许多同事看到了都夸赞项链好看，女同事B却说："前段时间我男朋友也送了我这样一条项链，我觉得质量太次，怕划伤脖子，一直没有戴。"

这句话一出口，大家都低下头不说话了，默默地回到自己的座位上，女同事A也把项链收了起来。女同事B看到大家这样，不但没有意识到自己说错了话，反而为自己的"成绩"沾沾自喜。像女同事B这样情商低的人，估计很难在生活中找到朋友，也很难在事业上有起色。

情商高的女人，说话时会照顾他人的情绪，更会维护他人的面子，不会故意让他人难堪。懂得给他人面子的女人，他人也一定会给她们面子，这是自然而然的事情。

3. 无事生非的话不可以说

有些女人总是喜欢恶意揣测别人，看到刚开始工作的女孩子可以开车上班，就怀疑对方的钱来路不明，甚至造谣中伤他人。

一个刚参加工作的女孩经常得到对面已婚男同事的照顾，而女孩为了回报男同事的照顾，也会帮他买一些咖啡等饮品。两个人是很正常的同事关系，但是不到一个月，公司居然传出了两个人在一起的谣言，女孩迫于无奈选择了辞职。

后来大家才知道，谣言是一个保洁阿姨编出来的。有一次她看到女孩帮男同事买咖啡，就一口咬定两个人关系不正常，并把自己的想法告诉了其他的保洁阿姨。一传十，十传百，很快公司上下都知道了这件事情。

这种无事生非的女人最让人讨厌，对于某件事，如果只是听到一些传言，甚至只是你的一些猜测，那么最好不要大肆宣扬。一个不去臆想他人、不无中生有的女人，才会让人感到成熟、有修养。

4. 无法做到的承诺不可以说

有句话是"没有金刚钻，别揽瓷器活"。轻易许下承诺却不兑现，会让人觉得不守信用。承诺之前先考虑清楚自己是不是有能力兑现，如果不能就不要急着答应，许下的承诺一定要做到，这样大家才会觉得你是一个"言必信，行必果"的女人，才会毫无保留地相信你。

情商高的女人，不会刻意为难别人，也不会让人陷入为难的境地，她们会时刻考虑对方的感受，赢得人心也是必然的。

既然大家都愿意和情商高的女人对话，那么情商低的女人应该通过什么方式来改变自己呢？

1. 降低语速

所谓心直口快，"口快"虽然能够快速表达自己的想法，但是也容易说错话，所以应该适当降低自己的语速。不要不假思索地将所有想法都说出来，要给自己，也给别人留有余地。说出去的话收不回来，放慢语速给大脑思考的时间，也就降低了出错的次数。在遇到急事时，能够条理清楚地将事情表述出来，既方便对方思考应对的办法，也会给人留下沉稳的印象。

2. 多思多看

如果说话总是不经大脑，就要多思考、多看书，让自己的心变得平静一些。在说话前先思考一下，这些话是不是应该说出口，这样的思考可以降低我们犯错误的频率。而书是一个人最好的老师，好书能够带我们去看人生百态，教会我们处事之道。多读一些好书，就会有文化气息，谈吐也会不同。在不断磨炼意志的过程中，让自己变成一个成熟、知性的女人。

3. 少说多听

想要学会"说话"，就得先从"不说话"做起。如果老是说错话，不妨把自己"关起来"，改变自己说话着急、毛躁的毛病。当与别人聊天时，要控制自己说话的欲望，多听别人说，理解了他人的意思后再表达自己的想法。有时候他人找人聊天不是为了找一个能够与自己讨论问题的人，而是为了找一个倾听的对象，所以我们要做的就是在旁边倾听。

4. 控制情绪

这是最重要的一点。无论一个女人平时看起来多么端庄，在情绪失控的一瞬间，是没有智商和情商可言的，一定要等情绪冷静下来再做决定，这样才能避免让自己后悔。

这个世界没有如果，无论我们冲动过后多么后悔，无论我们说多少遍"对不起"都是无用的。"当时不应该这么说"和"当初我是真的很爱你"这句话一样没用。

错过的感情不会轻易回来，对他人造成的伤害也无法轻易弥补。

第四章

这样说话，长成西施也白搭

"直白"的你说的不是话，而是刀子

说话直白一点究竟好不好？

建立在善意的基础上，出发点不是为了伤害别人，或者说在特定的场合和时间直白地说出自己的想法，确实能够让人与人之间的沟通更加顺利。

前几年，网络上曾经流传过这样一段视频。视频拍摄的是一对情侣在讨论吃饭的问题。男生问女生想吃什么。女生说，随便。男生继续问，那吃火锅可以吗？女生回答说，火锅太油了，自己最近在减肥。男生继续问，要不要吃烧烤？女生说，味道太大了，而且等的时间很长。男生接着问，那吃海鲜可以吗？女生想了想说，自己不想吃海鲜。

男生认为两个人针对吃饭是讨论不出什么结果了，就对女生说，要不我们去看电影吧。女生想了想说，最近没有什么想看的电影。男生又提议道，要不我们出去散散步，正好可以减肥。女生说，饿着肚子减什么肥呀？男生发现话题又回到了吃饭上，就对女生说那我们先吃饭吧！女生说，好呀好呀！男生这个时候又问，我们吃什么？女生的回答又是随便……

故事就这样陷入了无限循环中……许多看过视频的人纷纷表

示，自己在与女友相处中也经常出现这类情况。

想来很多人都遇到过这样的女人。每次大家提出举行活动询问她的意见时，她都表示没有意见，听从大家的决定。可是到了活动现场，她又开始挑三拣四，说这里不好，哪里不行。总之，一开始表示最无所谓的是她，最后要求最多的还是她。

中国人比较含蓄，不善于表达自己的想法，认为说话应该委婉一些。可是试想一下，如果一家公司组织旅游，询问员工的意见，男员工们表示听从上级安排，而女员工们既不肯直白地说出自己的真实想法，又要在负责人提出建议时百般挑剔。这样"不直白"的做法不仅浪费时间和精力，也容易让员工之间形成隔阂，就好像这些女员工在故意刁难负责人一样。

一个刚刚毕业的女大学生去面试，面试过程中感觉十分顺利，在她询问自己是否通过面试时，面试的负责人员对她说："回家等通知吧！"

就这样，这个女大学生开始了漫长的等待，在等待的过程中她推掉了三四家自己比较中意的企业发来的工作邀约，以及七八家她认为还不错的企业发来的工作邀约。等了一个月，她实在按捺不住，联系了企业的人事部，对方却告诉她"此次招聘人员已经满了，没有通知就是没有通过面试"。

这让她感到非常愤怒，但是也无计可施。很多企业面试后会对参加面试的人说一句"请回去静候消息吧！"但最后往往都没有下文了。既然决定不留用，为什么要给面试者这样一个希望？要知道，这样一个希望可能会让面试者放弃其他的机会，最后导致人家赔了夫人又折兵。

大部分企业都觉得直接拒绝会对面试者造成伤害，但让面试者

　　白白等候又何尝不是一种伤害？当然，现今就业机会比较多，很少有人会耗费时间等待这个不知道什么时候才能到来的通知。可是，我们把面试结果直白地说出来又如何？

　　有时候说话直白一些是为别人着想的表现，因为直言相告至少可以避免让别人把时间消耗在无谓的事情上。从这个层面来看，直白是十分讨喜的，能够减少人与人之间的猜忌和误解，能够让我们把更多的时间和精力放在有用的事情上。

　　这一点在情感方面同样受用，通过直白的方法表达情感，能够让对方更加清楚地感受到我们的爱意。就像《爱我你就抱抱我》这首歌里唱的那样：如果你们爱我，就多多地陪陪我；如果你们爱我，就多多地亲亲我；如果你们爱我，就多多地夸夸我；如果你们爱我，就多多地抱抱我。这样的方式足够直白，也足够让孩子真切地感受到父母对他们的爱。

　　中国人一直崇尚处事"圆滑"，但未必任何事情都能够"圆"得恰到好处，所以有时候我们需要用直白的语言和举动让对方明白自己的底线。

　　直白是一把双刃剑，用好了你就能帮助别人披荆斩棘，用不好你就是往别人心上插刀子。正所谓物极必反，直白原本并不算什么坏事，但是直白过头就变成了伤人的刀子。"口无遮拦"这个词语便是用来形容这类行为，即一个人说话不经过思考，想到什么就说什么，丝毫不考虑别人的感受，惹得身边的人嫌弃。

　　生活中很多女人打着"直白"的幌子，做着打击别人的事情，这样的行为是对"直白"的曲解。什么时候说了什么算是直白，什么时候说了什么算是"无脑"，这点必须要分清。

　　很多女人对于"说话直白"的理解会产生偏差，从而让自己的话变得十分刺耳。这些误区包括以下几点：

1. 以自我为中心

直白不等于批判。然而，一部分女人认为自己的想法是对的，不管不顾地对别人的想法进行抨击，甚至连带着指责别人。被批判的人难免会产生抵触的心理，于是一旦发现批判方出现问题，马上就会紧抓不放，进而开始争吵，甚至大打出手，让沟通变成"斗殴"。

2. 发现的事情一定要说出来，不管是不是对方的秘密

每个人都有自己的隐私，哪怕是好朋友、夫妻、家人之间都应该尊重对方的隐私，但偏偏有些女人喜欢将别人的隐私大肆宣扬，不考虑对方是不是会因此感到难堪。甚至在别人为此感到尴尬和难堪时，她还会理直气壮地说自己是在阐述事实。我认为，这样的做法不是直白与真性情的体现，而是一种缺乏教养的行为。

3. 不管在什么场合，想到什么说什么

有些事情需要考虑说话的场合。比如，学生A家庭条件不好，从没到高档的餐厅吃过饭，当他和同学们到高档餐厅用餐时，表现得手足无措。同学B发现后在大家面前说："你是不是没来过这么高级的地方，脚都不知道该放哪了？"看似一句直白的玩笑话，却像刀子一样扎进了同学A的心里。

直白不是伤害别人的理由和借口，那些打着"我说话直，你别介意"的名头去伤害别人的行为，注定是不被人们接受和喜欢的。

聊天不是辩论赛，何必非要当"冠军"

赢得争论的方法只有一个，那就是避免争论。这是《人性的弱点》中的一句话。有人的地方就容易有摩擦，朝夕相处的亲人，或者关系特别好的朋友，都免不了有争吵的时候。其实，并不是所有的吵架都是坏事，有时候吵架是为了宣泄不满的情绪，让对方明白我们的底线是什么，这样的吵架不仅不会影响感情，还会让彼此更加明白对方。

可是总有一些女人，不是为了解决问题而争吵，只是为了分出高低，强迫对方认同自己的想法而争吵。这样的争吵毫无意义，因为"一定要赢"的念头会让双方争论的核心偏移，忘了最开始关注的是什么。

争吵，能够看出一个人的人品。或许有些女人觉得，争吵的方式能够让大家把自己的想法表达出来。不可否认，人们在冷静的状态下进行争辩能够表达出自己的观点，而且这样的争辩不会引起太大的负面影响。但是，一旦有一方情绪失控，将"赢"作为争辩的目的，那么这个争辩就没有任何意义。善于争辩的女人拥有好口才，但争辩的目的只是想强迫对方认同自己的观点，这自然不利于解决问题。

比如，你去参加一个小型聚会，酒过三巡，你和其他几个女人聚在一起讨论一部电视剧，原本就是随便说说，根本没人放在心上。这时一个女人说某明星参演了某电视剧，但在你的印象里该明星参演的是另一部电视剧，所以你指出对方说错了，但是大家一致表示是你记错了，你仔细想了想好像确实是自己记错了。

相信这个时候很多人都会感到尴尬，这时摆在你面前的有两条路：一是承认自己的错误，坦诚自己记错了，或者用一句话转移话题，让大家明白你意识到了自己的问题；二是拒不认错，表示是大家记错了。

这样的两条路自然会带来截然不同的结果：走第一条路，大家相安无事，继续讨论下去，以后还能够聚在一起；走第二条路，大家会觉得你小题大做，而且认不清自己的错误。如果性格温和，那她们可能当场不会说什么，但是肯定没办法继续聊下去，以后的聚会也不见得会叫你；如果其中有一两个暴脾气的女人，那她可能还会和你吵起来，总之是得不偿失。

总有一些女人把辩论和争辩当成是说服别人的方式，却不曾想，急切的争辩只会让别人看到你丑陋的一面。

什么是辩论和争辩？什么又是说服？

辩论和争辩是站在相对的立场上，想要证明自己是对的，说出一些让别人感到不适的话；而说服是站在相同的立场，站在对方的角度去说话，让对方感到舒服，从而起到让对方接受自己想法的效果。

在对他人了解不够透彻、无法知晓他人想法的时候，贸然说出自己的想法或者去解释对方的话，并不一定能够让对方认可，有很大可能会事与愿违，最终导致两个人或者两伙人发生争辩。想要说服对方，让对方接受自己的看法，能够和自己愉快地交谈下去，需要结合实际情况，循序渐进地说出自己的想法，这样才能引导对方。

所以说，争辩与说服两者之间具有很大的差距，但不明所以的女人总把争辩当说服，把对方的不予理睬当作认可了自己的观点。实际上，那些遇到事情总喜欢争输赢的女人，尤其是争执得面红耳赤的女人，大多是有太多的执念，无法放下那些所谓的尊严，也不愿意失去可有可无的蝇头小利。

可是，小到生活细节，大到国家大事，每个人都有不同的见解与看法，这都是个人习惯而已，争论根本没有任何意义。就算到最后他人默不作声，就能保证别人心悦诚服地认可你的观点吗？就算嘴上赢了，就能够保证以后不会出现同样的事情吗？答案是否定的。越是斤斤计较的女人，越是输得最多，看起来是赢得了嘴上的争辩，其实已经输掉了人格。

无时无刻不想着"要赢"的女人，不仅执念太深，也不具备面对失败的勇气与能力。因为输不起，所以不愿听到来自外界的批评，更不愿接受任何反对意见。这种心态就像掩耳盗铃，无论她们如何逃避外界的声音，事情都是真真切切地发生了。

只可惜，凡是爱争论、喜欢逞口舌之快的女人，都忽略了自己的一时之快是在往别人心上插刀子。

其实，每次争执过后，只要冷静下来，就能发现，自己之所以陷入毫无意义的争论中，无非是因为当时把重点放在了对方并不算友好的语气上，而不是针对谈话的内容。再者，又有谁愿意承认那些反对自己的声音？越是有反对的声音，就越容易引起内心的不平，也就越发不敢承认自己的错误，造成"基本归因偏差"。

基本归因偏差作为一种心理学现象，业界上给予的定义是：我们在考察某些行为或后果的原因时，高估了个体性因素，低估了情景性因素的倾向。即人们常常把他人的行为归因于人格、态度等内在特质，而忽略了他们所处的情境的重要性。

也就是说，面对他人的问题，我们认为这是对方的原因；而当自己出现问题时，我们却会把造成问题的原因归结于外部因素。

于是，面对别人的反驳和质疑，我们就会下意识地思考如何"打败"对方，而不是问自己，是不是我的问题？

这样的情绪是女人常有的，也不算什么个例。但问题在于，当我们产生这种心理而不自知时，就会陷入将自己犯的错归咎于他人，不知道从错误中吸取教训，并再一次犯错的死循环中。

那么，我们怎么才能降低"基本归因偏差"的影响，直至完全消失呢？这就需要我们建立"绿灯思维"。绿灯思维，是指当认识到的新理念或者行为与自己过往的认知不同甚至相悖时，不应该予以排斥，而应该去思考当中的价值。

林肯曾经说过："一个成大事的人，不能处处计较别人，消耗自己的时间去和别人争论，无谓的争论，对自己性情上不但有所损害，而且会失去自己的自制力。"

要知道，生活不是比赛，聊天也不是为了辩论，我们完全没有必要在一些无关紧要的事情上分出高下。

"女士优先"可不是用在说话上

女士优先是出于礼让，但并不意味着可以在所有事情上都做到优先。

比如，在说话的问题上就不能秉持女士优先的原则。说话是一件很容易的事情，但是并不意味着可以随便说。一个人的某一句话可能会对另一个人造成难以磨灭的影响，甚至影响对方的一生，所以说话时切记不要着急。占据的立场不同，说话的方式也就不同。如果别人说的话让你无法理解或者接受，那就保持沉默，不要试着抢夺话语权。

许多人不能忍受别人在大街上随地吐痰的行为，尤其不能忍受自己吃饭时，隔壁桌不断发出吐痰的声音。其实，那些总是喜欢抢别人话的女人，就像是随地吐痰的人，让别人感到讨厌还不自知。

无论是谁，当对方明白了你要说什么后，如果你依然不管不顾地表述自己的观点，相信所有人都不会喜欢这样的情况。

与人交往需要真诚，也需要注意说话的方式。如果与人对话时总是打断对方，很容易引起他人的反感，即便你对那人心怀真诚，也无济于事。

交流能够帮助彼此建立信任，也能够帮助我们了解一个人是否有良好的素质。一个女人无论能力多强，也无论心地多么善良，如果不善言辞，总是在说话方面让人感觉不适，那么就会被人认定是素质不高的女人。一个不懂得尊重他人的女人，自然不会获得大家的喜欢，也就没办法得到珍贵的友谊。

进一步说，一个有能力但不善言辞的女人，通常会被人看作是傲慢；一个没能力也同样不善言辞的女人，通常会被人认为不懂事。这两种女人成为"孤家寡人"也就不算什么稀罕事了。

在现实生活中，有很多女人一面讨厌别人打断自己说话，一面又总是不自觉地打断别人说话，经常一不小心就得罪了人，但自己还毫不知情。

生活是一种历练，说话是一种修行，想要提高自己的境界，就要在与人交流时注意说话方式，所以需要根据不同的情况选择不同的方式。

1. 无法理解对方的话

人与人的思维方式和认知程度不同，与别人交谈时，我们有可能会遇到自己从没接触过的内容，也有可能遇到对方表达不清楚的情况，所以有时可能听不懂对方的话。有些女人是急性子，一旦听不懂对方的话就恨不得马上打断对方，并且不停地追问对方，直到把自己不明白的地方弄清楚为止。

如果遇到没有听懂的问题，不要急着抢话，可以先把不懂的地方记下来。如果担心自己记不住，可以用笔写下来或者进行录音，等到对方说完再提出自己的疑惑，让对方为自己解答。如果对方的解答还是让你感到困惑，可以继续提问，但在理解后要及时表达谢意。

2. 对方表达的内容不正确

当今社会网络发达，许多信息都可以通过网络传播。然而，网络的飞速发展也有利有弊，一方面能够让人通过更多的渠道获取信息，另一方面由于网络上的信息真假参半，很有可能导致获取假信息。当人们聚在一起聊天时，他们也会把从网络上得到的假信息进行传递。由于人的记忆有时并不可靠，所以在交谈时传达的信息也未必全部正确。有些女人喜欢较真，一旦发现对方说错了，就会马上打断对方并予以纠正。可能在她看来，这是在及时纠正别人的错误，但是不分场合突然打断别人的话会让人感到难堪。

谁都有说错话的时候，即便你发现了对方的说法存在纰漏，也要小心谨慎地指出。如果周围还有其他人，或者错误比较大，为了避免别人被误导，也为了让对方能够在错误的道路上迷途知返，可以选择打断他的话，但是要注意说话的方式和语气；如果听众只有你一个人，并且对方只是说错了一些细节，所犯的错误并不严重，那么你可以忽略或者让对方把话说完再进行讨论。

3. 对方的话不够全面

讲故事时，由于每个人感兴趣的点都不一样，故事的侧重点会有所不同。分析问题时，每个人的关注点和侧重点也不同，所以在交谈时表述的观点未必足够全面。当别人表达的观点不够全面时，我们要做的就是静静听对方讲完，然后进行补充，而不是立刻提出对方的不完善之处。

4. 没有耐心让对方把话说完

很多女人在与他人交流时缺乏耐心，对方一张口就恨不得马上接话。不过，这也分为两种情况，一种是对方说的话是你之前听过的，你早已经知道结果所以不想做深入讨论；另一种是，你觉得对方说话时间太长，自己也想发言。

无论是哪种情况，都不能成为抢话的理由，尤其是身边还有别人的时候，更需要为他人考虑，就算话题对你而言没有吸引力，但未必对他人也没有吸引力。如果别人感兴趣的话题被你打断了，别人一定会感到不开心。

在与人交谈时，一定要让对方把话说完，经过思考后再表达自己的观点。要知道，在交谈中心急是"吃不了热豆腐"的。比如，你和一个平时关系不错的女人聊天，对方刚刚开口说自己前段时间去北京出差了，你马上接话说自己前段时间也在北京出差，还质问对方为什么不找自己逛街，语气中还有些许埋怨的意味。你以为对方听了这些话会觉得内疚，却不想对方冷冷地说自己出差的第二天就病倒了，在医院住了一个星期。这样一来，你会不会觉得场面十分尴尬？

因此，在与人交谈时一定要保持耐心。通常情况下，越是成熟稳重的女人，越不愿意抢话。因为她们明白，只有到了最后一刻，听到的内容才是最完整的，也只有结合完整的故事，并经过深思熟虑，才能让自己说出的话更有逻辑和感染力。

总之，不管是多么"急性子"的女人，为了表现自己而随意插话总是不好的。身为女人，你必须明白，任何时候"女士优先"都不应该用在说话上。

秘密不能被拿来当乐趣

每个女人的心中都有属于自己的小秘密。

一段已经过去的感情、一个偶然间发生的错误、一个不能言说的不好习惯……可能都是别人心中的秘密。耐心倾听他人的秘密，还能为其保守秘密，并不让别人因为这个秘密而难堪，是一个十分重要的美德。生活中可能很多人曾将自己的秘密告诉过值得信赖的朋友，也有很多人曾充当过这个值得信赖的朋友的角色。

我们都明白，有的人会对我们的痛苦"感同身受"，但任何人都不可能替自己分担痛苦。我们伤心难过的时候找人倾诉，只是为了将心中的不满与压抑发泄出来，让自己能够好受一点。将心中的苦闷像倒垃圾一样倒出来，才能让自己轻松一点，也才能转身用笑脸去迎接这个世界。

如果一个人愿意向你倾诉自己的秘密，那么说明这个人对你十分信任，也说明这个人信得过你的人品。面对他人的倾诉，我们要做的就是倾听并为其保守秘密，无论对方说的是无关紧要的小事情，还是不堪的隐私，我们要做的都是倾听、劝慰，然后忘掉这件事情，就像对方从来不曾对自己说过一样。

对他人的秘密绝口不提，是做人的基本道德要求。但是，现实毕竟没有我们想的那么简单，每一个人的素质水平也高低不齐，分辨一个人是不是值得自己倾诉秘密，需要有一双慧眼，否则秘密就会像病毒一样传播开来。可笑的是，许多传播他人秘密的人总喜欢最后说一句："千万不要告诉别人。"

己所不欲，勿施于人。试想一下，如果你有一个秘密向朋友倾诉了，然而不久之后，你却从另一个朋友口中听到了这件事，遇到这样的情况谁会不生气？但我们无论多么伤心、生气，都只能这样安慰自己：秘密是从自己的嘴巴说出去的，既然自己可以随意说出口，也就不算是什么了不得的大秘密了，这件事怪不得旁人，只能怪自己太相信别人的"口德"。

别人把自己的秘密告诉你，是充分信任你的表现，可是你转身就把这件事情告诉别人，这就辜负了旁人对你的信任。也许那些将他人的秘密说出去的人也认识到了这一点，也许她们也希望自己能够守住他人的秘密，但由于种种原因，她们并没有达到这样的期许。

在这个充满"八卦"的社会上，想要自己的秘密不被人知晓是一件很难的事情，想要守住别人的秘密同样也非易事。泰国手机网络运营商DTAC曾制作了一部反网络暴力广告——《"感谢"分享》。在这个广告中，正在读书的女主人公有一个十分特殊的小癖好——她喜欢吃自己的鼻屎。这个癖好不知道持续了多久，但一直没有被人发现。有一天，一个女同学无意间拍下了女主人公偷吃鼻屎的画面，并在另一个女同学的怂恿下传给了认识的人。虽然她嘱咐别人不要外传，但很快，所有人都知道了女主人公的特殊癖好。

这条视频的传播让女主人公的世界彻底改变了，她的男朋友因为看到了视频而选择分手，还有许多人将鼻屎贴到了她的桌子上，甚至还标注了口味。无奈之下，女主人公选择了转学，她以为换了学校和环境就可以重新开始，可是当她再次看到自己课桌上标注着"荔枝味"的鼻屎时，还是忍不住哭了起来。故事的最后，两个把视频传播出去的始作俑者在一起聊天，她们觉得女主人公未免有些小题大做了，但事实上她们毁掉的是女主人公的一生。广告最后的字幕上写着："当有人的生活被毁了，就不是玩笑了。停止观看，停止分享，阻止网络暴力。"

《"感谢"分享》的简介中写道："有时候玩笑与伤害只有一线之隔。有时候一个人眼中的玩笑也可能成为扎在另一个人身上的刺，旁观者觉得无伤大雅，只不过是事情没有发生在自己身上罢了。当你无意得到了一段熟人的'惊人'视频，怕是很难压抑住想要分享的心思吧？就像所有的秘密一样，越不能说，越有着神奇的力量，每时每刻都调动着人散布的欲望。'我就告诉几个人，让他们不要传出去就好了。'这样想着，本就微弱的负罪感就会立马'降服'于由爆料带来的满足感。然而，守住秘密的最好方式，不是监督下一个得到消息的人守口如瓶，而是让秘密在你心里就被断绝去路。"

守住秘密，体现了一个女人的真诚，也体现了一个女人的修养。人世间有无数的秘密，每个人的秘密都不尽相同，而且千奇百怪，帮别人守住秘密，也就是帮别人守住了声誉，同时也是帮自己守住了人格。

一旦别人将自己的秘密告诉我们，我们就要坚守诺言，帮助对方保守秘密，不要辜负对方的信任。那么，我们怎样才能守住他人的秘密呢？

1. 管住自己的嘴巴

俗话说"祸从口出""言多必失"。无论是与人交流也好，还是有意或无意知道了别人的秘密也好，都要管住自己的嘴巴，不要到处和别人说，也不要想着如何用这个"重大新闻"去获取其他的信息。

2. 学会体谅别人

每个人都有自己不可告人的小癖好或者是伤心事，这些都是不希望被他人知道的事情，所以当我们有意或无意间发现了对方的小秘密时，要懂得站在对方的角度思考，学会体谅对方，不要把秘密告诉别人。同时，这也是在尊重别人的隐私，这不仅体现了一个女人的道德水平，也体现了女人的良好修养。

3. 找到发泄点

并不是每个女人都可以轻松守住秘密，总有一些女人认为他人的秘密对自己来说就是负担，这个时候找人诉说并不是明智的选择，但不能诉说又会让自己觉得很压抑。这个时候我们可以选择写在纸上然后撕毁，也可以对着自己的宠物或者心爱的玩具倾诉，亦或者可以到公园里没人的地方说出来，通过不会"泄密"的方式来发泄情绪。

4. 忘掉秘密

帮助一个人守住秘密最好的方式就是忘掉这个秘密，不要经常在心中念叨这个秘密，否则很容易在无意间将秘密说出来，所以我们可以下意识地忘掉这件事情，当做什么都不知道。

当别人不想表达的心事时，记住不要刨根问底。因为你的刨根问底对于旁人来说是一种伤害，会把自己的人际关系变得一团糟。即便是十分要好、亲密的朋友或者亲人，都要保有底线。

如果对方愿意被你"刨根问底"，甚至愿意主动告诉你自己的秘密，那么你要做的就是倾听并保守秘密。那个可以对你袒露真心，并愿意将自己的秘密告诉你的人，一定十分信任你。

不管对方是为了找个说话的机会，还是为了找个人分担自己的痛苦，既然对方找到了你，你就要当好这个"树洞"，让对方的秘密终结在你心中。

你说别人丑的时候，自己也没美到哪去

贬低别人并不能抬高自己，而是同样贬低了自己。

民间一直流传着一个故事，是关于宋代大文豪苏轼和高僧佛印的。

苏轼是大才子，而佛印是高僧，两个人看起来毫无瓜葛，可是经常一起参禅、打坐，一起谈佛论道。本性老实的佛印，总是被苏轼"欺负"。

有一天苏轼去拜访佛印，和佛印坐在一起聊天，苏轼看着佛印，突然想刁难他一下，就问佛印：你知道你坐在那里会让我想到什么吗？

佛印回答说：我不知道。

苏轼又接着说：大师，您坐在那里看着很像是一坨屎。

说完苏轼哈哈大笑，佛印却看着苏轼说：苏学士，您在我眼里俨然是一尊佛。

得到了佛印的夸赞，苏轼得意扬扬地回到家找来苏小妹，并对苏小妹讲了自己与佛印的故事。苏轼说完以后，本以为苏小妹会觉得自己很厉害，但苏小妹摇了摇头，对苏轼说："哥哥你的境界不够高，佛印他心中是佛，所以任何事物在他看来都是一尊佛，而你心中有屎，所以任何事物在你看来都是一坨屎。"

苏轼并不是故意要贬低佛印，只是想开个玩笑，他以为是自己捉弄了佛印，却被苏小妹一语道破其中的玄机。这个故事也告诉我们，当你说对方不好的时候，其实也意味着你自己不够好。

在生活中，每个人都会遇见几个自以为是的女人，她们总是喜欢贬低别人，好像把别人说得一无是处能体现自己能力出众一样。有的女人为了凸显自己的厉害，故意用自己的优点和别人的缺点进行比较，这样的女人，就算真的有过人之处，也会被人轻视。

还有一些女人喜欢"王婆卖瓜，自卖自夸"，觉得自己是一个远远强于别人的"完美女人"。可事实上，没有哪个人是完美的，人都有缺点，只是有些人意识到了，有些人不愿意承认而已。那些只知道自我陶醉的女人，会因为自己的态度问题而遭到旁人的排斥，让自己处于不利地位。

一个女人拥有自信自然是一件好事，一个女人自爱更不是坏事，但是自信并不是要我们骄傲自大目无他人。俗话说"天外有天，人外有人"，这世界没有绝对的强者，也没有永远的强者，我们对待任何事物都应该保持敬畏之心。我们只有学会了尊重他人，他人才有可能尊重我们，一个不懂得尊重他人的女人，同样不值得他人去尊重。

在现实中，许多女人喜欢吹嘘自己曾经的辉煌，走到哪里都不忘夸赞自己的能力与学识，她们以为自吹自擂可以获得周围人的好感和赞扬，让别人对自己产生崇拜之情，从而拉近与对方的关系。但实际上，越是喜欢吹嘘的人，越容易被人所厌恶，让他人心里产生无比的反感。老子曾经通过"水"来解释人生的哲学："上善若水，水善利万物而不争。"这是在告诫世人，无论何时都不要自满，即便你拥有渊博的学识，也要懂得谦虚。因为只有时刻牢记谦逊，才能够得到他人发自内心的尊重，才能有共同学习的机会。

伟人多谦逊，小人多傲慢。无论你有多大的本事，都应该学会谦虚。时刻保持高傲的性子，摆出一副不可一世的架子，只会让别人更加看不起你。

还有一些女人为了凸显自己的优越感，总是喜欢说别人看上的事物"很丑"。逛街的时候，朋友喜欢一条项链，她瞥了一眼说道："这个一点都不适合你，而且这么丑，你有没有审美啊！"朋友和她聚在一起说悄悄话，聊起了心仪的男生，对方说起的人恰好她也认识，她便不屑地撇撇嘴，说道："啊？你喜欢他呀？长得那么丑，有什么好的？"朋友自己做了个小饰品，拿来让她看看，她只看了一眼就说："你这是从哪儿捡来的？这么丑！"偶有一次或许不算什么，可是长此以往任谁都会觉得厌恶，仿佛打压了对方，就会体现出自己的优越感。

有些女人总喜欢高人一等，于是在朋友面前就爱摆出一副"我什么都懂，听我的就行了"的模样。也有些女人觉得在朋友面前可以直言不讳，于是觉得不好便喜欢赤裸裸地指出来，丝毫不顾及对方的面子。无论出于哪种心态，对方把自己认为很重要的事情和你分享，没有得到你的赞扬不说，还惹来你的吐槽，这是谁都无法接受的。

每个人都有自己的生活方式和处事之道，对于别人的事情，无法欣赏就不要过多干涉与询问，即便要发表意见也要注意言辞，不要让对方觉得自己咄咄逼人、趾高气扬。如果实在无法和对方有共同话题和爱好，那就直接选择远离，不要为难了自己也耽误了他人。

人们总喜欢听一些奉承的话，哪怕明知并不是真的。古人更是告诫后人"忠言逆耳"，可是如今有多少人打着"忠言"的幌子故意说"逆耳"的话。有些女人觉得自己无意说出的话让别人难过了好久，觉得自己很委屈。有些女人却理直气壮地说："我说话一直这么直接，你也知道我从来不说假话，我也没办法。"

她们以为这是心直口快，其实这是在伤害自己的朋友。朋友之间应该互相呵护，就算两个人关系很好，也不要说话直来直去，该委婉的时候委婉，该给予宽慰时也不要吝啬。或许会有朋友对你说"我感觉自己特别糟糕"，但无论对方说了什么贬低自己的话，都不是为了让你附和"你确实很糟糕"，而是希望能从你这里得到宽慰，希望你告诉他"其实你很好"。

在对方妄自菲薄的时候，你为了不违背自己的良心连宽慰的话也不愿意说，反而丢下一句自认为正确的"其实我也觉得你挺糟糕的，但是我一直没好意思说"，那会有什么后果？你可能觉得自己只是"无意"中说了句实话，并没有感到有什么不妥，但是对于对方来说，这样的说法就是在泼冷水。任何时候，理直气壮地回答对方的话，都是不应该在打击他人的基础上进行的。我们都是普通人，没有权利去评判他人。

管好自己的嘴，不要刻意贬低任何人，这也是一种修养。

第五章

上得了厅堂，也要下得了厨房

朋友之间玩笑也不要开得太过分

开玩笑可以让沟通变得更加轻松，适当的玩笑能够展现一个女人的幽默感。

有人说："将人生比作一份美食，幽默就是这份美食的调味剂。"假如生活没有幽默，没有玩笑，那么我们也会觉得生活失去了乐趣，又怎么会感到快乐？

在生活中，我们要面对来自家庭、事业、社会等各方面的压力，适当地和朋友说说玩笑话，能够活跃气氛，也能放松心情，缓解压力。虽然开玩笑确实可以让我们感到快乐，但是开玩笑也要注意时间、场合和人物，玩笑开过了头，就会影响别人的心情，甚至让别人感到厌烦。因此，我们在开玩笑时一定要注意场合，不要总想着捉弄别人。

适当的玩笑可以拉近人与人之间的关系，让他人感受到你的幽默，所以，想让"开玩笑"恰到好处，必须把握好这个"度"。

1. 不要拿他人的缺点开玩笑

这世界上没有人是完美的，每个人都有缺点，但这缺点不应该成为被别人取笑的理由。即便对方是你的闺蜜，也不能拿对方的缺点来开玩笑，可能你觉得很好玩，可能你没有恶意，但是对于对方来说，这样的玩笑可能会刺痛她和激怒她，进而毁掉你们之间的友谊。

2. 不要不分场合进行恶作剧

开玩笑的常规手段之一就是恶作剧，确实有些恶作剧很有趣，也能够增强彼此的友谊，但是搞恶作剧也要分清场合。如果对方正处于情绪低落的时候，你悄悄进行恶作剧整蛊对方，那么你们收到的不一定是快乐，很可能是两个人的决裂。

3. 不要伤害别人

开玩笑也好，恶作剧也好，我们都是本着开心、高兴的心态，但如果有人在这个过程中受了伤，那就不是一件能够引人发笑的事情了。

4. 不要不休不止

开玩笑和恶作剧都应该适可而止，一旦对方已经表现出不愉悦，就应该立刻停止并道歉，不要拿别人的窘迫来开玩笑。

我们每个人都有独立的人生观和价值观，也都有不同的心理承受能力，并不是所有人在任何时间场所都能接受别人的任何形式的玩笑。玩笑适当，我们就能够多交一个朋友；玩笑不适当，那就是搬起石头砸自己的脚，让自己到处树敌。

所以，开玩笑一定要把握好"度"，不要让自己成为一个"过分"的女人，也不要让自己变得像"过街老鼠"一样引人生厌。

请记住：面试时，你的名字就是"不紧张"

对于众多女性求职者而言，面试时最难以克服的问题就是紧张。

面试是每一个步入职场的女人都要经历的一步，但并不是每一个女人都能顺利地通过面试。有些女人从名牌大学毕业，自然能够很轻易地通过面试，但有些女人并非出自名牌大学，却也能在一众与自己水平差不多的女人中脱颖而出，这靠的就是她们的自信与不紧张。

刚刚走出大学校门的学生，在面试时由于太过紧张，导致面试失败的事情屡见不鲜。其实，紧张主要是因为心理素质不够强大，所以只要做好前期准备，就能够有效缓解面试时的紧张情绪。

1. 不要迟到

守时是现代交际的重要原则之一，也决定了面试官对于我们的第一印象。作为一个女人，可以要求约会对象毫无怨言地等待，但不能要求面试官等待自己。所以面试时必须提前到场，最好是提前半个小时，以防止路上遇到突发状况。

2. 穿着得体

面试时应该穿着得体。通常情况，面试者的穿着和仪态会对面试结果产生至关重要的影响。所以女人在面试时穿着不要太暴露，也不要太随意，更不要佩戴太多饰品，最好是穿着比较成熟的职业装或其他较为正式的着装。另外，最好不要穿之前没有穿过的新衣服，防止衣服穿起来不舒服而影响面试成绩。

3. 资料充足

在面试时，需要带好自己的相关材料，比如对方要求的学历证明、专业证书等，也可以带上之前工作中比较出色的成果，让面试官能够第一时间对你有所了解。

在面试前做好准备，面试中就不会太过慌乱，但准备工作不只包括知识、形象等，还有心理、精神等方面的准备，尤其是在说话这方面。

1. 懂礼貌，常微笑

没有人会讨厌一个有礼貌的女人，参加面试时表现得彬彬有礼，见到面试官主动问好，能够给面试官留下一个好印象。正所谓"伸手不打笑脸人"，任何公司都愿意要一个充满正能量的员工，而不愿接受一个充满负能量的员工。所以面试时除了要懂得礼貌，还要时刻保持微笑，让面试官感到自己是一个自信乐观、积极向上的女人。

2. 放缓语速

在面试时，有些女人由于紧张说话会很快，有些女人原本语速就很快，这样的行为对面试极其不利。一来，面试官未必能够听清楚你说的话，你自然也不会给面试官留下好印象；二来，语速太快会让人感觉轻浮、急躁，而企业在面试时总希望找到比较成熟稳重的员工，这样很容易与工作失之交臂；三来，如果是由于紧张导致语速太快，那么语速越快的同时人也就会越紧张，这样会形成恶性循环，影响面试结果。所以，面试时要放慢语速，让自己有时间思考应该怎么说，也让面试官听清楚你说了什么。

3. 保持谦虚

大型公司在组织面试时，通常会由几个面试官共同进行面试，小型公司可能只有一个人进行面试，但无论多少个人，对方一定是久经职场的人，甚至可能是某个领域的专家级人物。在面试时，对方可能会提问一些较为有深度的问题，这个时候一定要谨慎作答、谦虚作答，千万不要为了显示自己的能力而不懂装懂，更不要因为害怕不能被录用就大吹大擂。

4. 扬长避短

每个人都有特长，也都有不足之处，这一点体现在性格上，同样也体现在专业上。因此，在面试过程中要学会扬长避短，必要时通过较为婉转的方式向对方阐述自己的特长和不足之处，并通过特长来弥补不足，展现自己的综合能力。值得一提的是，面试的时间往往不会很长，求职者不一定有时间将所有的才华都展示出来，这个时候就要挑选对面试有利的才艺进行展示，其他的才艺可以暂时放一放，等面试通过后，在工作中可以慢慢展示。

5. 避免聒噪

在面试时，面试官提出问题就要及时回答，而且一定要言简意赅，避免出现词不达意等情况。有一点需要特别注意，不要用太长的时间去回答简单的问题，因为这样很可能使面试官觉得你聒噪。总之，在面试时该说就说，该安静时就安静下来，不要喧宾夺主。

面试对于一个女人而言是很重要的，尤其对于初次找工作的职场新人来说更为重要，可是一味紧张并没有用，把握技巧才是取胜的关键。总之，该准备的就好好准备，剩下的就交给面试官了。

别做同事中的"长舌妇"

"男女之间不可能存在友谊，有的只是爱恨情仇。"

这是王尔德说过的一句话。在职场上，不会有清一色都是男人的单位，也不会有清一色都是女人的单位，在有男人也有女人的地方，就会有形形色色的"小道消息"，还有无数恶意中伤他人的话语。

有人说，如果这世间没有人在背后议论别人，那么也就不会有那么多纠纷。确实，许多纠纷其实都来自于背后议论，那些总是到处说别人坏话的女人总是不被人喜欢，还因此被人戴上了"长舌妇"的帽子。舌头无疑是柔软的，但长在别有用心的人的嘴巴里，柔软的舌头也变成了伤人的利器，这利器不但会对别人造成伤害，还有可能伤到自己。所以，女人在说话之前务必要仔细斟酌，不要成为那个人人喊打的"长舌妇"。

初入职场的女人懵懵懂懂，还不能灵活地应对职场的刀光剑影。而在职场摸爬滚打多年的女人固然有了些许经验，可是这并不能成为我们对别人横加揣测的理由。比如，一个刚刚毕业的女大学生，喜欢化妆和穿短裙，就被年长的女同事说成是"看一眼就知道这不是个好女孩"。接着，短短时间内就传出了这个女孩"坐台""被包养"等谣言。这个女孩是否会因此受到伤害，她们是丝毫不关心的。

又比如，一个男员工和妻子在电话里吵架，被一个女员工听到了，这个女员工把这件事告诉了另一个女员工，另一个女员工又告诉了别人……一传十，十传百，最后竟演变成了"这个男员工马上就要离婚了"，这让男员工十分无语。这自然是无稽之谈，只是小道消息来回传播后出现的"误差"。至于男员工的婚姻是不是会受到谣言的影响，是没有人关心的。喜欢造谣、中伤他人的女人，就是"长舌妇"，无论在哪里都是会被人厌恶的。

女人聚在一起总喜欢说些东家长、西家短的事，以此来满足自己的好奇心。但是，满足好奇心也应该建立在不伤害别人的前提下，因此不要去传播对他人影响不好的话。即便我们无法阻止他人恶意揣测，也应该听过就忘掉，而不是转身就"添油加醋"地告诉另一个人。

舌头当真是厉害的武器。"长舌妇"最喜欢、最擅长做的事情就是把一些捕风捉影的事情，添油加醋地进行传播，偏偏这个社会"好事不出门，坏事传千里"，每个人都在故事里添加一些个人特色，原本平淡无奇的事情也就变成了风谲云诡的职场大戏。

事实上，古人就非常厌恶这种"长舌妇"的行为。在封建社会中，休妻所规定的"七出"中便有一条是针对"长舌妇"的——

"口多言"，简而言之就是搬弄是非，对家庭团结产生了不利影响。

生活如是，家庭如是，事业上亦如是。在生活中，"长舌妇"的挑拨会让一个家庭不和睦——兄弟反目、夫妻成仇的事情屡见不鲜；在工作中，"长舌妇"的挑拨同样会让一个企业四分五裂——大家各自为政，整个工作环境乌烟瘴气。无论是生活中还是工作上，"长舌妇"总是一个不被人喜欢的群体。

女人一定要时刻管好自己的舌头，把它看作珍宝，该沉默时就保持沉默，这样的女人能够得到许多的好处。

如果想和别人聚在一起闲谈，就要想着如何让大家轻松一点、愉快一点。我们有那么多的方式打发时间，让自己充实、快乐起来，为什么要选择在背后讽刺、挖苦别人这种最让人厌恶、最为人不齿的方式呢？如果你想要找人聊天，但身边的人都在讨论他人的是非，导致你实在没有其他的话题可以聊，不如出去跑跑步，或者在家练练瑜伽，既能锻炼身体，还能陶冶情操，总比讨论别人的是非要好得多。

其实，女人还是做自己比较好，不用关心别人怎么看、怎么讨论自己。当然了，也不要随便去评论别人。

夫妻之间，多撒娇，少撒气

家是讲爱的地方，不是讲理的地方。

夫妻之间没有血缘关系，连接两个人的无非是一份感情，但是争执、生气、吵架等具有负面因素的事情发生得多了，自然会影响夫妻之间的感情。

总有男人愤愤不平地说着妻子的坏话：脾气差、没素质、不讲理……似乎在他们眼中，自己的妻子就是一个不知道心疼自己的女人。

中国有句古话叫"清官难断家务事"，家务事之所以难断，是因为一家人之间都是血脉相连，无论发生多少事情，家人之间都不会生分，所以也没有办法用"道理"来评判对与错。

这个世界上有许多夫妻，都是为了争一个"理"字弄得两败俱伤；这个世界上有许多家庭，为了争辩孰对孰错搞得伤痕累累。其实，家庭不是讲理的地方，是讲爱的地方，需要"得饶人处且饶人"，这样家庭才能和谐。

有些女人虽然结婚很长时间了，但还是喜欢和老公斗嘴、撒娇，其实女人斗嘴也好，撒娇也好，都是为了得到热恋时那种被哄着、宠着的感觉。男人只要好言相劝，让着女人一些，女人就会十分听话，并且愿意去关心男人。女人在婚姻中得到了"爱"，才愿意去付出"爱"。

每个女人都希望自己的婚姻生活美满快乐，但想要达成却不是一件简单的事情，作为一个妻子必须学会如何化解夫妻之间的矛盾。化解夫妻矛盾的方式有很多，撒娇便是每一个女人的必备武器。会撒娇的女人是可爱的，能够让男人心软，所以如果夫妻间产生矛盾，那么女人不要急着撒气，不妨先试试撒娇。

1. 因为孩子而产生矛盾

孩子是夫妻爱的结晶，但许多夫妻都会因为孩子的问题产生争执。夫妻因为孩子发生争执时，妻子可以先把孩子叫到一边，告诉孩子去和丈夫玩耍，等到气氛稍微缓和后，可以靠在丈夫的肩膀上，说一些软话，让对方意识到两个人不该为此争执。

2. 因为老人而产生矛盾

我们常说年龄差距大的人之间有"代沟"，还有人说"三岁一个代沟"，家里的老人和我们相差了几十岁，存在代沟很正常，会产生矛盾也在所难免。如果夫妻二人因为老人而产生矛盾，这个时候夫妻俩最好先冷静一下，等到把问题想清楚后再慢慢讨论。讨论时说话的语气柔和一些，要注意自己的目的不是为了吵架，而是为了解决问题。

3. 因为钱财而产生矛盾

女人都喜欢买东西，所以许多家庭都会因为钱财问题产生矛盾，这也不算是什么稀奇的事情。在钱财问题上，我们必须明白丈夫的金钱观，并且把你花钱的原因告诉她，适当的时候可以撒娇，让他不忍心"为难"你。

4. 因为家务而产生矛盾

现在很多人都是独生子女，都是在父母的宠爱下长大的。结婚前，可能很多家务都是父母包办的，可是结婚后，家务就要两个人来分担。有些男人习惯了被"伺候"，根本不愿意做家务；女人也是千娇万宠长大的，又怎么愿意去"伺候"一个男人？久而久之，就会觉得自己受了委屈，进而出现矛盾。

其实，有委屈应该委婉地告诉对方，不要傻傻地埋在心里等着对方发现。生活不是偶像剧，与其等待对方发现，不如把心中的委屈告诉他。有些男人并不是不愿意做家务，而是没有意识到你希望得到他的帮助，这个时候只要告诉男人去做些什么，或者用撒娇的语气让对方帮自己做些什么，事情可能就迎刃而解了。

总之，夫妻之间的关系就像是一根弹力绳，撒气只会让这根弹力绳越拉越紧，当承受不了压力时弹力绳就会断开，那时受伤的是夫妻两个人。

撒娇女人最好命，多撒娇，少撒气。

长辈面前，放低姿态也没什么大不了

尊敬长辈、孝顺父母是一个女人的基本素养。

在实际生活中，许多人把对长辈的孝敬定义为让对方"有钱花"。其实长辈需要的不是金钱上的孝敬，而是子女的陪伴，让自己不要那么孤单。

不同的年龄阶层，关心的问题、热衷的话题也都不同。我们总喜欢把人分为"70后""80后""90后""00后"，这也是因为每一个年龄阶层喜欢的事物不尽相同，思维习惯也都不尽相同。长辈们也有必要按照年代进行划分，虽然也有"忘年交"存在，但这种情况极其少见。比如，一个八十岁的老人与六十岁的老人相比，他们的思维就不尽相同，他们喜欢的话题也极有可能不同。

那么，在和长辈聊天时，怎么才能讨得对方欢心呢？

1. 态度要亲切

和长辈聊天时，态度要亲切，表现得开心一些。不要表现得像是"上刑"一样，皱着眉头嘟着嘴，这样长辈看到了会失去和你聊天的兴致。

2. 放慢语速

年纪大了以后各个身体器官都没有年轻时那么好用了，接受能力可能也不如从前，所以说话要放慢语速，长辈才能够听清楚你说的是什么。和长辈聊天不是参加比赛，没有必要和电视上的"名嘴"一样说话那么快。

3. 要有耐心

和长辈聊天要保持耐心。人年纪大了可能会经常忘记一些事情，很多话会重复说好多遍，这个时候不要表现出不耐烦。要知道，你小时候学说话的时候，长辈也是这样听你说的。有些女人和长辈聊天时，总喜欢时不时地看手机，表现出一副很多事等着自己处理的样子。其实，她们并没有多忙，只是不想听长辈们说话而已。人的生命有限，在有机会陪伴长辈的时候还是多陪陪他们吧，不要在失去他们的时候后悔。

4. 聊聊长辈年轻的时候

每个人的一生都不可能毫无波澜，长辈们年轻时的生活是我们无法想象的。老年人有个很厉害的地方，那就是虽然他们学不会现代的新技术，但是他们会记得过往事情的每一个细节。多与长辈们聊聊他们年轻时候的事情，相信他们可以把那时发生的事情讲述得津津有味。

5. 聊聊长辈的兴趣爱好

每个人都有兴趣爱好，我们的长辈们也一样。如果你实在不知道和长辈聊些什么，不妨问问长辈平时做些什么来打发时间。他们回答后你自然就知道他们的兴趣爱好了，也就知道应该说些什么了。

6. 多听，不要抢话

和长辈在一起聊天时，不要只顾着滔滔不绝地说，因为长辈未必听得懂，也未必感兴趣。人到了一定年龄总是喜欢怀旧，特别喜欢说自己年轻时候的事，作为晚辈你只需要静静地听着就好，时不时附和几句，不明白的地方也可以提问。要知道，他们的阅历是我们远远不及的，他们所说的东西值得我们学习。

7. 不要和长辈争执

年轻人在一起聊天时喜欢争论，但这个习惯千万不要带到和长辈聊天的过程中。长辈不喜欢和晚辈争论，更不喜欢晚辈和自己争论。人年纪大了，思维会僵化，没有年轻时那么容易发现自己的错误。在这种情况下，假如长辈坚持自己是对的，并且说你是错的，应该笑着把话题带过去，不要去和老人争论。有的女人性子倔，不肯低头认错，而老年人的性子可能更倔，更不愿意低头认错，这个时候晚辈不主动揽下错误，无疑是在激怒长辈。

8. 关心长辈身体

与长辈交流时，最好一开始就询问对方的身体状况，表达自己的关心之情，还可以根据长辈的身体状况提出一些合理的建议，让长辈能够利用科学手段预防心血管等方面的疾病。

第六章

别让自己变成一个怨妇

"紧箍咒"只对孙悟空有效，对老公无效

女人总以为自己的"紧箍咒"可以留住男人，但是她们都忘了，"紧箍咒"是唐三藏用来对付孙悟空的。

在婚姻生活中，许多男人总是有一个疑问，那就是为什么自己的老婆总是喜欢唠叨，就像是电影《大话西游》中的唐三藏，把人弄得烦不胜烦。

许多女人认为自己对着老公唠叨是证明自己在乎他，如果对方不是自己的老公，自己才不会搭理他呢。可是，事实真的如此吗？

心理学家曾经针对夫妻间的唠叨进行调查，得出的结果是，在丈夫看来，妻子唠叨和挑剔是最让他无法忍受的；在妻子看来，总是唠叨不停的丈夫也是没办法忍受的。心理学家由此得出结论：唠叨和挑剔能够给一个家庭带来巨大的伤害，这是夫妻双方大部分缺点都无法达到的"效果"。

在实际生活中，因为日常琐事产生争执的夫妻不在少数，因为一方唠叨而产生矛盾，进而大打出手的案例也并非没有。甚至有许多夫妻因为唠叨而感情破裂，最终走向离婚道路。

可能有人以为，这些夫妻是因为一些无法调和的问题才走到离婚这一步的，但实际上，这些夫妻争执的都是一些鸡毛蒜皮的小

事，只要在生活中时刻注意，让自己保持冷静，心胸再豁达一些，这些问题都是可以避免的。

事实证明，唠叨并非大家所认为的那样，是"爱一个人"的表现，相反，唠叨只会让双方产生隔阂，加深两个人的误会，直至摧毁所有的幸福，让夫妻两个人走向极端。一个喜欢唠叨的女人，只要随口说几句话就可以打垮自己的老公，这并不是她的老公心理素质差，对于男人来说，女人的唠叨就是一种酷刑，毕竟没有谁能够在长期"酷刑"下而选择"不投降"的。

人们都说，总是抱怨和唠叨的男人一定是碌碌无为之辈，而总是抱怨和唠叨的女人，也逃不开成为一个不可救药的怨妇的命运。总之，夫妻之间最大的忌讳莫过于唠叨。

唠叨的原因很简单，大多是一方关心一件事，而另一方并没有放在心上。于是，在不断的唠叨中，矛盾会升级为争吵，甚至大打出手，冷静下来后两人还要想尽办法弥补自己犯下的错。与其在感情破裂时想尽办法挽回，为什么不把问题都扼杀在摇篮里呢？

1. 想一想是不是值得

为了避免让唠叨消磨掉你们之间美好的爱情，在想要唠叨之前，先静下心来想一想，这件事情有没有必要反复说？每个人都会有棱角，即便是几十年的婚姻生活，也未必能够完全磨掉这些棱角，这些棱角或许有很多是不讨人喜欢的，但也未必都是不讨人喜欢的。如果总是用挑剔的眼光看待你的丈夫，那么就总能发现不足之处。或许你是想通过自己的努力改掉他的坏习惯，但是平心而论，有谁愿意轻易改变自己？你过分的唠叨只会引起对方的抵触和反感。

2. 换个角度看问题

如果你觉得对方太过幼稚，那么你可以多想一想他的单纯善良；如果你觉得对方容易受骗，那么你可以多想一想他的真诚坦荡；如果你觉得对方没有才艺，那么你可以多想一想他对你的细心呵护。老天是公平的，我们每个人都是有得有失的，每个人的缺点背后其实都藏着一个优点，只要你愿意发现，就能够看到。所以，不要老是忙着抱怨他，试着换个角度看他，或许会发现他身上的很多优点。

3. 态度温和一些

许多抱怨升级为争吵都是因为态度问题，当你对他冷冰冰的时候，他也一定不愿意和你好好说话，当两个人的态度都是冷冰冰的时候，争吵也是在所难免的。所以，遇到问题要时刻保持冷静，把等待解决的问题开诚布公地拿出来说，讨论时态度尽量温和一些，这样也有利于解决问题。

卡耐基在《人性的弱点》中说过："唠叨是爱情的坟墓。"《圣经》中也有一句话："在地狱中，魔鬼为了破坏贞洁的爱情而发明的恶毒办法，唠叨是其中最厉害的一种。它总能成功地破坏爱情，永远不会失败，就像眼镜蛇咬人一样，具有可怕的破坏性，甚至会致人于死地。"

老公不是孙悟空，你也不是唐三藏，不要总以为唠叨可以把老公套牢，这样只能让你自己看起来像个怨妇。

别急着指责，先听听他怎么说

在婚姻中，越是喜欢指责对方的女人，就越容易把婚姻经营得一塌糊涂。

有人说：婚姻是爱情的坟墓。确实，许多已婚人士都会发现，结婚后两个人没有那么多时间浪漫了，有了孩子钱都要留着给孩子花，热恋时候的"风花雪月"，在结婚后都变成了乌烟瘴气。上述情况可能已经是大多数女人对于婚姻的共识。

可事实上，有许多女人把婚姻经营得很好，她们就算结婚许多年，但自身状态还是像热恋时一样。究其根本，她们更加懂得婚姻。

如果说感情是为了享受，那么婚姻就是为了忍受。生活中的那些鸡毛蒜皮永远只有自己最清楚，能否成功拿到解决问题的钥匙，打开通往幸福的大门，还要看一个女人的修为。

婚姻是需要两个人共同付出和经营的，只有学会宽容，才能够让两个人的关系越来越密切。一发现问题就急着指责，只会让两个人的距离越来越远，感情也越来越淡。

试想一下，你生日那天老公明明说好了下班直接回家，但是你到家以后却没有看到他，你以为他和同事去喝酒了，瞬间觉得十分低落，同时感觉十分生气，于是给他打电话。他说工作上临时有事需要处理一下，马上就到家。半个多小时后，他果然如约回家，但一进门还没说话，你就劈头盖脸地骂起来，说他居然忘了你的生日。

原本你以为他看到你这个样子会向你道歉，但是他没有。你生气并疑惑地看着他，他默默地伸出了藏在背后的手，左手拿着一束鲜花，右手提着一个你最喜欢的玩偶样式的蛋糕。他把东西递给你后低头说了句"祝你生日快乐"，你还没来得及回答，他就准备向书房走去。走了两步他又回过头来，从衣服的口袋里取出一个精致的小盒子，递给你后说了句"生日礼物"，便在你错愕的目光下走进了书房。

第二天你才知道，他为了帮你过生日，提前请了两个小时的假，就是为了帮你准备生日礼物。那个蛋糕也是他亲手做的，只不过笨手笨脚地才耽误了时间。他兴高采烈地回家，不想一进家门就受到了你的指责。

其实，很多女人都经历过上述故事的桥段，也都多次犯过同样的错误。女人都愿意相信自己的猜疑，一旦自己想象了事情是什么样子的，就笃定事情就是那样。比如，老公回家晚了，就忍不住猜测他是不是和别人在一起，等到老公回家了，便跳过询问环节开始指责他。

习惯指责老公的女人总是感觉婚姻不幸福。其实未必真的是老公不够好，而是女人总是把自己的臆想强加在老公身上，根本不听对方的说辞，认为无论对方怎么说都是在欺骗自己。这样的家庭总是矛盾重重，很容易导致婚姻破裂。因此，女人要克制自己那想要指责老公的心，先冷静地把事情都弄清楚。

1. 行为上

告诉自己不要用语言、肢体动作等行为来表达自己的不满，遇到问题先冷静地了解情况，了解情况后再想对策。如果真的出现问题，指责解决不了问题；如果根本没有问题，而是自己想多了，劈头盖脸的指责只会让夫妻关系疏远。

2. 思想上

有些女人对于老公采取不闻不问的态度，对于对方的所有事情都表现得漠不关心，更别提指责了，可是这样的态度并不意味着她真的不在乎自己的老公。俗话说"积少成多"，许多夫妻之所以反目成仇，就是因为一件件小事没有妥善解决，导致怨念越来越深。不要做这种心里指责老公，但是表面风平浪静的女人，有问题还是应该尽早沟通。女人应该从思想上放下对老公的指责，进而减少行为上的指责。

可能有人觉得可以把女人的指责看作是撒娇，可是就算是不痛不痒的指责，次数多了也会让老公吃不消，对两个人的感情造成伤害。

放下指责，多点夸赞，你会发现生活会变得美好起来。

"都是为他好"也不如让他自己选择

女人总喜欢用"为他好"的名义控制老公，但是许多时候却是在为两个人制造烦恼。

无论你认为自己和老公有多么亲密，都不要轻易帮老公做决定，因为你并不一定能够帮他选择一条正确的道路。除了自己以外，根本没有人能够明白自己最真实的目的和想法。所以，无论别人向你提出了什么问题，你都应该只提供建议，把真正下决定的机会留给对方。

这个道理许多女人都知道，但很少有人能做到。下面这个故事很能说明这个问题。

在某个城市里，有姓李和姓张的两家人，这两家人做了几十年的邻居，关系特别好。有一天，李夫人在别人的推荐下为自己的儿子购买了一份保险，张夫人听说保险的价格很高，害怕李夫人受骗，就劝她退掉保险。

李夫人还记着推销人员说的话，想也没想就拒绝了张夫人的提议。可接下来的几天，张夫人每天都会和李夫人说保险的事情，继续劝说她退掉保险。李夫人的耳根子软，被张夫人说动了，两个人结伴去退了保险。接下来的几个月都相安无事，有一天，李夫人的儿子酒后开车撞上了路边的树，被送到医院后虽然保住了一条命，但是后续的治疗费还要很多。

李夫人家里也不是特别富裕，数额巨大的医药费让他们家负担不起。这个时候李夫人的儿媳妇想到了婆婆曾经提到过保险的事情，就问起了李夫人，李夫人支支吾吾地说保险被自己退掉了。

故事的最后，李家和张家为此大吵一架，李夫人甚至冲到张夫人家要求对方拿钱给儿子看病。张夫人哪里肯做这样的事情，她报警说李夫人敲诈勒索，两家从此成了仇人。

这个案例着实让人感到痛心，原本只是邻居"好心"提醒，最后却成为了罪人。

其实，这样的情况并不少见。很多父母喜欢为孩子打理好一切，从小时候培养什么兴趣爱好，到上大学时选择什么专业，再到毕业后找什么工作，最后到结婚时该找什么对象，恨不得每一步都算计到位，每一步都按照自己的计划进行。

很多女人在的婚姻中，也把自己当成了"父母"。她们控制着老公应该穿什么样的衣服，控制着老公该和什么样的人结交，控制着老公该做什么样的工作……她们认为自己对老公照顾得细致周到，但是老公总是不领情，进而引起家庭矛盾。

每一个女人都渴望拥有幸福的婚姻，但并不是每一个女人都能拥有。每一个感到不幸福的女人总喜欢指责自己的另一半，被指责的人也会进行反驳。于是，两个人开始互相指责对方，希望对方为了自己进行改变。其实，想要幸福，未必需要对方进行改变，不如先从改变自己开始。

许多女人素日十分强势，习惯了为家里大大小小的事情操心，也习惯了决定家里的所有事情。还有一些女人总是担心亲近的人吃亏，所以总是喜欢帮对方做决定，认为自己的决定是经过仔细考量的，是最正确的。可是，每个人都有自己的人生，每个人都有遇到问题需要自己处理的时候，你不可能无时无刻跟着对方，你也不可能为其打理好一切。

能够决定自己想做和不想做的事情，是一个人最起码的自由与权力。没有人喜欢被人指使，就算是婚姻中，被压制的一方也一定不开心。所以尽量少帮自己的老公做决定，要让老公感受到你对他的尊重与认可。更何况，我们永远无法替代自己的老公，更没有办法说自己的决定对于他而言就一定是正确的。

所以，在你的老公面临选择时，如果你担心他吃亏，可以将自己的想法和顾虑如实地告诉他。但是，最终的选择权还是要交给他，这样你既对他表示了关心，也不至于让自己成为帮老公做了不利决定的"罪人"。

女人的幸福不是通过控制自己的老公就能够得到的，想要获得幸福还是要学会约束自己。

生活中没有回头路可走，逝去的日子都不会重来，我们所做的每一个决定都没有反悔的余地。因此，我们每一步路都必须走好，不要轻易地帮老公做决定，不要给他日后埋怨你的机会。

永远不要拿别人和他做比较

没有对比，就没有伤害。

夫妻之间吵架的时候，有些女人经常喜欢冒出来一句："你看×××，人家比你好了不知道多少倍。"

吵过以后，或许我们会很快忘了当时说过的话，但是如果每次吵架都把这句话拿出来说一次，时间久了就会形成习惯，一有什么不愉快就会说出"你看×××如何如何"这样的话。

或许你认为吵架时拿出一个第三方作为比较是很合理的事情，也或许你已经产生了比较的习惯，更或者你认为比较是为了督促自己的老公进步。但这样想就错了，夫妻之间进行沟通，真的不适合拿别人来进行比较。每个人都有缺点，同时也有优点，如果你的老公没有任何优点，你也不会心甘情愿和他在一起。没有谁与谁的结合是因为看中了对方的缺点，都是因为觉得对方有一些优点让自己很欢喜，所以才想要长久在一起。

所以，当我们与自己的老公沟通时，千万不要拿别人和他做对比。拿自己的老公和别人进行比较，不仅有可能会让自己觉得老公"无能"，也会让老公感到十分伤心。事实上，对于一个男人而言，最让他受打击的方式莫过于拿他和别人进行比较。有的女人认为，通过与别的男人进行对比可以刺激老公，女人也总希望通过对比让男人明白自己应该努力。可是女人很少意识到，对方未必能够轻易接受这样的刺激，他有自己的目标与理想，也有自己的长处与优势。女人应该想一想，男人听到妻子说出这番话会有多么伤心。

站在男人的角度来看，一个女人以他人为标准来评判自己的老公和家庭，无异于一种背叛行为。无论女人是否出于善意的心理做出了对比，对于男人而言，他们都不会把这件事情看成是善意的，只会认为女人是在对他表达不满。有的男人自尊心太重，甚至会对女人说出"既然你如此不满意我，为什么不马上离开"的话。

夫妻之间真的不适合总是拿别人进行对比。因为做比较往往是拿一个人的缺点和别人的优点进行对比，这本就是一件很不公平的事情，也没有人愿意接受这种不公平的待遇。

女人总是喜欢做比较，很多时候都是虚荣心在作怪。比如，一对夫妻在路上无意间遇到了妻子许久未见的同学和同学的老公，妻子觉得同学的老公不仅长得高高大大、一表人才，还开着宝马汽车。回身看看自己的老公，身材不够挺拔、容貌也不够清秀，更没有宝马汽车，两相对比，自己的老公自然是败下阵来。

抱着这样的想法，回到家后女人将自己发现的"对比数据"向老公一一说明。最后的结果可想而知，要么是老公对妻子的抱怨不予理睬，女人一边说着一边自己生闷气；要么是老公听到女人的抱怨，忍不住和女人大吵一架。无论是哪种结果，总是会影响夫妻感情。

"为什么你赚的钱这么少？""为什么你不能给我买心爱的包？""为什么你不能给我买大房子？""你什么时候可以出人头地？"这样的话或许问出了女人的心声，却让男人陷入了沉默，让男人认为自己是一个无用的人。至少，会让他认为，在你心里他就是一个无用的人。这些问题简直是摧毁感情的杀手，更是毁掉幸福的导火线。

其实，激励自己的老公要更加努力，我们可以用其他的沟通技巧。要记住，我们的目的是化解矛盾，把别人引出来进行比较是一种火上浇油的行为，这只能激化夫妻之间的矛盾，让问题变得更加糟糕。

拿自己的老公与别人做对比，只能看到自己老公的不足之处，同时艳羡于其他人的优势。被拿来做对比的人越是优秀，就越是容易引起你内心的不平衡，让你内心越是难受。

不想总是拿别人和老公做比较，就多想一想自己老公的好。对于女人而言，不管别的男人多么"风流倜傥"，都抵不上自己老公的一个温暖拥抱；不管别的男人多么有权有势，都抵不过自己老公风雨中的呵护；不管别的男人多么会制造浪漫，都抵不过自己老公准备的家常饭……

老公是用来爱的，不是被拿来比较的，不用总是羡慕别人老公有多好，更不要数落自己的老公没出息。你们是最亲密的人，爱他就要懂得尊重他，即便生气也不能出口伤人，言语造成的伤害，有时候会在心里留下一辈子的伤口。

女人要记住，不要总是拿老公和别的男人对比，身体的伤害或许能够轻易治愈，但精神上的伤害可能伴随一生。

鼓励和支持胜过无数碎碎念

想要激发一个人的潜力，鼓励和支持其实是最好的方式。

许多女人总是羡慕别人，看到别人的老公事业有成、细心温柔，就会抱怨自己的老公不够优秀、对自己不够好。

她们不知道的是，自己对老公的态度决定了老公的未来。

优秀的女人总是时时刻刻夸奖自己的老公。当老公的事业出现不顺心的地方，她们不会一直在老公耳边碎碎念，而是无条件地提供支持；当老公与客户沟通出现问题时，她们不会数落老公不会与人打交道，而是鼓励他慢慢来；当老公帮忙做家务却把事情弄得一团糟时，她们不会不停地数落对方，而是耐心地教他。

有些女人的老公之所以不优秀，就是因为妻子做得不及格。举个例子，一对情侣在结婚之前，男方一直表现得很优秀。虽然男方是二婚，但他很会照顾自己的孩子和父母，不管工作多么辛苦，他都不遗余力地照顾家人，把事情处理得井井有条。

而女方喜欢他，也是看中了男方能够吃苦。女方认为男方是一个不可多得的好男人，所以在他们认识几个月的时候就主动提出了结婚。可是，当她提出要结婚时，男方劝女方要考虑清楚，不要着急做决定，免得以后后悔。女方听到男方的话，更加坚定了要嫁给他的决心。就这样，他们认识了短短几个月就结婚了。婚后，女方以为自己会很幸福，但她万万没想到，自己的婚姻生活会那么不顺利。

结婚后她开始对男方的事情指手画脚。她觉得男方的工资虽然足够养活自己和一大家子，但是以后他们要是有了自己的孩子，需要花钱的地方会很多，这样的工资怕是不足以支撑。因此，她天天在老公面前碎碎念。男方终于不胜其扰，和自己的朋友合伙开了一家饭店。

开店以后，男方每天要把大部分时间投入到工作中，家务没时间去做了，照顾孩子和父母的重担都落在了女方身上。因此，女方不得不辞去工作做起了家庭主妇。

一开始，女方还觉得不用工作，每天接送一下孩子，照顾一下老人，在家做做家务还挺轻松。可是时间一久，女方被家里大大小小的事情搞得身心俱疲。孩子调皮不好教育，又不敢大声训斥，生怕自己这个后妈被人说三道四；家里老人都爱干净，地板上有一点脏东西就要叫她打扫……她突然觉得自己的生活过得太不顺心了，开始后悔自己当初逼老公创业。

接下来的日子，她又开始碎碎念，希望老公多陪陪自己。为了让老公早点回家，她经常不停地给他打电话，甚至还跑到饭店找人。在她一而再再而三的无理取闹下，她老公的饭店也倒闭了。两个人为此争吵了很多次，而她还是没有消停，逼着自己的老公赶紧找工作。她老公为了婚姻又一次选择妥协，可是这反而助长了她的嚣张气焰，两个人的争执也越来越多。最后，她到处找人诉苦，哭诉老公没有想象得那么好，甚至扬言要和他离婚。

结婚前，男方怎么看都是一个值得托付终身的男人，谁也没想到最后却变成了一个一事无成的人。为什么会这样？究其原因是这个女人的吵闹。

丘吉尔说过："如果你想让你的男人有多么优秀，那么就朝着这个方向鼓励他。"这句话告诉我们，男人其实很需要别人的夸奖和鼓励，尤其是自己另一半的夸奖和鼓励。如果只能从自己的另一半那里得到埋怨和指责，那么就算这个男人的能力再强，也会被打击得萎靡不振。

每个人都有自卑情结，男人也不例外。所以，不要轻易打击男人的自信心，那些碎碎念就是对他的不认可，这是所有男人都无法接受的一件事情，很可能会让男人丧失对生活的信心。

对自己的老公，女人应该保持三个态度，一是相信，二是支持，三是鼓励。每个成功男人的背后都有一个默默奉献的女人，她们带给男人最大的安慰就是鼓励和支持。不过，现在很多女人都不喜欢这种默默奉献的方式，她们总喜欢把一些事情弄得满城风雨。其实，这种行为不仅会伤害夫妻之间的感情，更会伤害男人的自信和自尊心。

婚姻需要用心经营，理解、信任和支持才能留住丈夫的心，才会营造一个和谐的家庭氛围；而唠叨争吵只会引起家人厌烦，甚至使夫妻离心。因此，想让自己的老公变成自己想要的样子，与其不断地碎碎念，不如通过鼓励和支持给他信心，让他有勇气有精力去完成属于你们的梦想。

第七章

入职拼"颜值"，晋级拼"言值"

想办法让忠言也能顺耳

让忠言顺耳，是一个职场女性要上的第一课。

忠言几乎没有人愿意听，但却是最有价值的话。

忠言往往能让我们看到自己的缺点和不足，能够督促我们去改变自己，成为一个更加完美的女人，让自己从美好的假象中挣脱出来。

忠言对我们有好处，所有人都无法否认这一点，但是中国自古有一句话，叫"良药苦口利于病，忠言逆耳利于行"。千百年来，这句话一直被当作真理，许多人也一直奉行着这个真理，甚至为了让自己的话不那么逆耳而选择说谎。

自古以来，无数的忠良之士都因为直言进谏而遭罪，轻则被罚、被革职，重则入狱，甚至丢了性命，那些因为直言上谏而被"抄家灭族"的也并非个例。这种现象，更印证了"忠言逆耳"这四个字。其实，究竟说的是忠言，还是怀揣了恶意，都在于听者怎么理解。

俗话说"说者无心，听者有意"，一句话究竟是好是坏，要看对方是怎么理解的。如果一个人明事理，他就能够明白别人的批评是为了他好，并不是为了讽刺他；而一个不明事理的人，会认为别人的批评是为了让自己丢脸，并不是为了自己好。所以，一句话的好与坏要看听者怎么去评判。

如今的女性不再像古时候一样，养在深闺不能见外人，她们也要进入职场与男子一样进行打拼。职业女性每天要和数不清的人打交道，因此与人沟通的方式与技巧显得非常重要。怎样才能通过比较合适的方式向别人表达自己的想法，尤其是与对方的观点不一致时，这是十分关键的一点。

1. 不要让对方尴尬

忠言之所以逆耳，就是因为它会让对方感到尴尬。就像是长辈教训晚辈，虽然大多数时候晚辈恭恭敬敬地在一旁听着，但内心多半会感到不舒服。归根结底，没有人喜欢一个人摆出一副高高在上的姿态去教训自己。

假如，有两个人和你的意见相左，其中一个人不假思索地将自己的说法当众说出来，顺便还对你的观点进行了一番讽刺；另一个人先是委婉地表达了自己的想法，然后询问了你的意见，同时说明了自己的想法也有待进步，言语中十分客气没有显示丝毫傲慢的态度。

如果是你，你会更加喜欢和哪一个人说话？我想大多数女人都会喜欢和第二个人说话，而十分排斥与第一个人进行交谈。

因为第一个人相对直接的态度，让你的自尊受到了侵犯。没有人愿意承认自己无能，更何况有时候并非真的是自己无能。任何事物从不同的角度看都有不同的结果，可能你和对方恰好站在了两个对立位置而已。第二个人则用自己的方式保住了你的面子，也给了你心理上的缓冲时间，让你能够有足够的时间去接受对方的信息，自然也更容易达成共识。

2. 带入自己

当今社会最不缺的就是竞争，尤其是在职场中。想要在职场站稳脚跟，和同事、上司建立良好的关系，就必须懂得如何说话。那么，怎么才能让忠言听起来不那么刺耳和逆耳呢？接下来我们说一个马云的例子。

2011年马云曾在举办的"第八届网商大会"上进行演讲，其中有一段话是告诉大家要懂得尊重对手的。或许这样的话从别人的口中说出会让人感到不适应，但是马云说的话让人感到特别舒服，并且愿意接受。这段话是这样的：

"学会和对手相处，才是最最厉害的。狮子去吃羊，绝不是因为我恨羊，而是我不得不吃。打败对手绝不是因为自己有多么强大，而是因为对手顽固自封的思想，不愿意完善自己，失去了未来。所以我觉得，只有共赢，只有跟对手一起玩，活得好的才算赢。没有狮子，羚羊们也活不久，所以你不要去恨对手。"

很明显，马云属于第二类人，虽然是规劝别人，但不会让人觉得反感。马云没有采取高高在上、咄咄逼人的气势，而是把自己也带入进去，让自己和他人成为了同样需要进步的人。这样的不同是细微的，却很有成效，让人感觉只是简单的沟通。

所以说，讲话一定要掌握技巧，忠言也要用顺耳的方式说。马云平时对于各种事件的批评都是十分犀利的，经常能够一针见血地指出问题，但还是有很多人喜欢他的演讲，喜欢和他结交，可能就是因为他虽然是在批评别人，但总会让人感受到平等对待。

忠言逆耳并非当今社会的真理，在尊重他人的前提下，适当地表达也能够把忠言变得顺耳。

不要积极帮助老板做决定

献策的关键是"献"字，"献"不好，"策"可能也就无人问津了。

在和老板相处的时候，说话的艺术极其重要。会说话的女人很多，但是能够把话说好，说到对方心坎里，并不是一件容易的事情。老板作为一个企业的最高决策者，对于企业中的所有事情都有绝对的大权，怎么正确把握和老板对话的分寸，是所有身在职场的女人十分关心的一点。

想要让老板觉得自己是个可靠的、值得信赖的女人，甚至让老板觉得离开你，企业就无法运营下去，你就必须明白企业的特点，找准自己的定位。和老板沟通最大的忌讳就是替老板做决定。即便老板提出要你去解决一些问题，也要在老板的授意下，根据工作习惯和实际情况进行处理。

为了方便理解，接下来我们通过一个简单的例子来说明这点。

一个女人进入一家企业任职，由于她工作能力强，为人积极向上，在短短几年内就成了部门的得力干将，部门的同事也认为她是最有希望晋升的员工，甚至连部门主管也认为她就是接替自己职位的最佳人选。

没想到，这个女人居然在即将晋升的时候在工作中出现了纰漏。有一天，部门主管临时有事，便把向老板汇报工作的机会交给了她。虽然她之前和主管一起向老板汇报过工作，而且许多方案都是她自己策划的，可是这是她第一次独自向老板汇报工作，于是她既紧张又兴奋。

为了让自己表现得完美一些，她特意提前半个小时把自己的策划案又看了一遍，确保没有问题后才走进会议室。在会议室她侃侃而谈，几乎把策划案的每一个细节都解释了一遍，也认真回答了老板提出的问题。最后，她对老板说了一句："我决定用B方案。"

说完，她微笑着看向老板，以为老板会夸奖自己，但是老板并没有，而是对她说："我觉得C方案更好，要不还是执行C方案吧！"老板的决定让她忍不住在心里吐槽，但嘴上还是说"好的"。

从会议室出来后，她自言自语："真是奇怪，明明B方案更好。"

通过这个故事，我们可以看到这个女人犯了一个职场大忌，那就是帮老板做决定。"我决定用B方案"这句话在老板看来，或多或少有一些自作主张的意味。当然了，这也不算是真的自作主张，否则就省去汇报的环节了。她的问题出在没有把握好说话的方式，让老板误认为她想要自作主张。

如果汇报完以后，她说的是："老板，您看，这是我列出的几个方案，都是有利有弊的，我个人认为B方案更加符合我们的要求，但我怕自己资历尚浅，认识不够深刻，所以这个决定还得您做。"相信她的老板听到这样的话会给出另一种结果。

因此，我们在与老板沟通时，一定要注意以下几点：

1. 了解老板的风格

归根结底，员工的所有工作都是围绕企业管理者开展的，所以在工作过程中必须对自己的老板有一定了解，比如老板是不是喜欢说话直白的人，再比如老板讨厌哪些事情被人私自做决定。只有了解了老板工作的风格、方式和偏好，以及他的人际关系等，才能更好地帮助老板解决问题。想要和老板构建良好的沟通关系，必须要时刻保持对老板的敬意。

2. 慢慢渗透、循序渐进

与老板说话不可莽撞，就算你已经有了决定，也不要直接说出口，而要通过慢慢渗透、循序渐进的方式告诉他，或者是引导他选择你认为好的方案。注意避免和老板起正面冲突，更要避免抢了老板的风头。

3. 不要和老板争执

就算老板不肯接受你的建议，也一定要保持冷静，不可以太过急躁。你可以询问老板的意见，了解老板究竟认为哪一方面不够完善，并及时改进方案，切不可去做一些不容辩驳的决定，更不要为之争论。因为这时候的决定，对于老板来说可能已经无关乎你的对与错了，而是关乎他的面子问题，因此这个时候一定要给足老板面子，不要让老板感到难堪，否则倒霉的还是自己。无论老板的能力是否出众，尊重都是要有的，不要擅自行动和做决定。

总之，在与老板沟通或者讨论问题时，需要注意，老板才是最终拍板的人，任何事情都要他最终做决定。

功劳理应是大家的，别急着出风头

木秀于林，风必摧之；行高于人，众必非之。

工作不是唱独角戏，也别总想唱主角，职场当中不要老想着出风头。著名的心理专家米切尔博士曾说过："人们总习惯在人前显露自己的精明和风光，他们从未意识到，这样会给他人带来什么样的感觉，也从未觉得这样做有何不妥。"

确实，我们总希望自己能够成为人们心中的"核心人物"，甚至希望能够成为万众瞩目的女神。生活中，职场中，我们都有这样的愿景。

但是，在职场中一直抱着这样的念头，就会忽视旁人的感受。职场中的许多女人总是喜欢争强好胜，时时刻刻都希望自己能够在一众员工中脱颖而出，从而被领导赏识，被同事羡慕。

这种"鹤立鸡群"的想法是职场中每个女人都有的，可一旦我们被这种想法控制，那么我们的言行都会与自己的初心有所偏差。我们除了想要展现自己的才能之外，还会对其他的事情都毫不关心，甚至用各种小动作去打压别人、排挤别人。可是，这样做的女人真的会成为那个万众瞩目的女神吗？不能，一旦事情败露，她会引起他人的反感，最后落得众叛亲离的下场，让自己的工作之路越来越难走。

我们先来看看司马懿的故事，或许通过这个故事可以明白职场上的一些道理。

曹操第一次请司马懿出山时，他十分果断地拒绝了，此后对外声称自己生病，这一"病"就是足足七年。其实司马懿也想引起曹操的注意，但是曹操手下谋士众多，其中不乏资质出众之人，他们都是司马懿所不及的。此时的司马懿，就算站在了曹操的阵营里，也会变成无足轻重的一个，过了多久就会被曹操忘记。这自然不是司马懿想要的，所以他选择称病躲避，虽然走了弯路，却厚积薄发让自己得到了更加有利的资源。

有句古话说："善忍者，藏于九天之下，当动于九天之上。"可能对于许多人来说，七年真的太过漫长。按照常人的心性，别说是七年了，只怕七个月，甚至七天都不愿意等，可是司马懿等了，因为他从一开始就给自己规划了定位——既然选择出仕，那就必定给自己寻一个让"老板"能够看到自己的位置。

司马懿忍到了风平浪静，也忍出了海阔天空。晚年的司马懿已经到了功高盖主的地步，曹操的后人曹爽为此一心想要除掉他。司马懿明白，自己是时候离开朝堂了，隐退不仅是为了养老，更是为了躲避无妄之灾。虽然隐退便意味着抛弃精心培养了数十年的势力，但司马懿没有犹豫就选择了隐退。

这个故事告诉我们两个道理，一是不要太过张扬，要懂得韬光养晦；二是不要总想着把所有的功劳都揽到自己身上，尤其是那些本就不属于自己的功劳。

懂得不抢风头，才是职场中的明智之举。那些每天算计别人，想着大出风头，甚至将自己置于风口浪尖的职场女性，日子未必就过得舒服。要想避免抢风头的负面影响，可以从以下几个方面入手。

1. 不产生念头

团队取得了成绩，要把成绩归到每一个成员身上，不要总想着功劳都是自己的，错误都是别人的。另外，在表达自己的观点时，也要注意他人的感受，不要制造严肃或者尴尬的场景。

2. 懂得适可而止

有才能是一件很好的事情，但是我们并不需要随时把它拿出来和别人比个高下。展现才能也要适当，锋芒太露的女人很有可能会成为职场中众人攻击的目标。就算你解决了一件别人觉得很棘手的事情，那也不要表现得十分骄傲，因为任何时候通过贬低别人来抬高自己都是不可取的。

3. 给别人话语权

莎士比亚说过："对于他人的话，你要善意听之，因为你将得到五倍的聪明。"聆听同事的意见，能够增进同事之间的情谊。不论对方的建议是否正确，你都应该本着"有则改之，无则加勉"的心态对待。

职场中最大的智慧就是有亲和力，无论是什么性格的同事，你都要尝试接纳。不抢风头是工作的底线，唯有如此，才能缔造融洽的工作环境。

三言两语化解与上司的矛盾

　　有人的地方就有矛盾，关键在你怎么化解。

　　在职场中，与上司产生矛盾是每个女人都可能遇到的事情。一旦与上司产生矛盾，身为下属的你如果无法用合适的方式处理，就会加深和上司之间的误会，让自己陷入泥潭，甚至让自己失业。

　　大部分矛盾都是因为意见不合产生的，想要解决与上司的矛盾，就需要知道为什么会产生矛盾；想要与上司的意见统一，自然也要明白你为什么会与上司意见不合。其实，和领导意见相左的原因通常有以下几类。

1. 经验不够

　　能够成为领导的人，都不是"普通"人，他们一定有其过人之处。因此，对方的思维方式可能与你不同，所做的决定也可能与你不同，我们自然也无法理解上司如此安排任务的原因。

2. 信息不对等

　　上司在安排任务时，通常不会交代前因后果，所以很多任务交代下来，会让人觉得摸不着头脑，甚至觉得不够合理。其实，可能是上司已经接收到了更高领导的指令，并且没有必要向你进行说明。

3. 错误安排

这种现象一般不常见。能成为领导的人，能力一定不会太差，所以在安排任务时很少出错。

以上三点就是与上司出现意见分歧的主要原因。总体来看，上司就算与你存在分歧，但其决策通常是正确的，所以按照上司的要求执行未尝不可。那么，一时冲动和上司发生了矛盾，我们又应该怎么处理呢？

1. 冷静思考

常言道"冤家宜解不宜结"，无论遇到什么问题，总是会有解决方法的，所以就算我们一时冲动与上司产生了矛盾，也要让自己冷静下来，尽快思索解决方法。过多的争论对于你或者上司而言都是无关紧要的，因为争论并不能让你们得出一个结论，反而会激化你们的矛盾。所以，这个时候你不妨先冷静下来再进行详细的沟通，千万不要以为上司是借着自己的权利欺负你，除非你做好了离职的准备。

2. 变换角度

我们的想法都是站在个人的角度上产生的基本上不会有人站在别人的角度看待问题，所以两个人意见产生分歧很正常。同理，我们不是上司，没办法理解他的想法很正常。但当你和上司产生矛盾时，不要笃定就是领导的错误，先试着弄清楚领导的想法。可以问一问自己，假如我是领导，我会怎么想？我为什么会做这个决定？我的期望是什么？

你若把这个问题想明白，或许就可以明白上司的考量了，矛盾也就迎刃而解了。

3. 冷却处理

当你和上司产生矛盾后，如果这个矛盾不算太大，那你可以选择既不计较，也不做任何为自己争辩的行为，更不去和别的同事说当时的情形，而是把这件事情先放一边，正常地进行自己的工作，需要汇报和请示的事情也都一一照做。这是一种不揭旧伤疤的行为，随着时间的流逝，这件事情最终会归于平淡，它的影响也就消失不见了。

4. 自我检讨

和上司产生矛盾，有时候错误确实是在自己身上，这个时候可以主动找上司承认错误，并真诚地道歉。如果错误是在上司身上，只要不是原则性问题，那也可以将过错揽到自己身上，主动和上司达成和解，从而化干戈为玉帛。

5. 寻找时机

寻找机会指的就是选择一个恰当的时机，通过自己的努力去化解矛盾。可以选择上司比较开心的时候进行（比如通过道贺来表明自己的态度），让上司感觉到你想要和解的意愿。笑脸相迎且是上门恭喜自己的人，上司多半是不会拒绝的。

综上所述，职场新人听从上司安排能够少走弯路，已经在职场中站稳脚跟的女人要根据自己的经验去判断上司的对与错，有意见可以用委婉的方式提出来。总之，这都是建立在上司通情达理、心胸宽厚的基础上的。假如你面对的是一个心胸狭隘、蛮横霸道的上司，那还是不要有什么留恋了。

做不到出口成章，就该隐藏锋芒

病从口入，祸从口出。

即便是身在职场许多年的女人，也未必都能够做到出口成章，既然如此，那就应该隐藏锋芒。

在职场中说错话，有时候比做错了一件事情更加可怕。人们常说，说出去的话就像泼出去的水，正所谓"覆水难收"，就是这个道理。所以很多职场女性一定会发现，有时候一句不经意的话，很可能得罪了一众同事。

也许你没有关注自己说的话，也许你从来不在意自己说的话，但是未必你身边的人也不在意。说话在职场中是一门很重要的学问，在职场若不注意自己的言辞，很可能会影响自己的职业发展。

1. 这不是我的工作

一项工作指令对你而言可能无关紧要，但是它对另一个人而言可能至关重要，不然这项工作指令也不会被提出来。在一个团队中应该具有奉献精神，不仅要关心自己的成败，也要关注别人的成败，以及整个团队的兴衰荣辱。假如你有事求助别人，比如让对方帮你带一份饭，或者是拿一份快递，对方却告诉你这不是他的工作，你一定也会觉得很生气。

2. 这公司，我真是受够了

毁掉一个女人职业生涯的事情有很多，背地里"泼妇骂街"一样的言辞绝对是致命的一种，因为这只会让老板觉得你是一个不成熟的女人，并且对公司有诸多不满。如果不满公司，可以通过正确的渠道发泄，比如辞职。

3. 我不会

有过工作经验的女人都明白，面试时只能确定大致的工作范围，可能到了真正开始上班时才能发现许多工作自己从来没有接触过。这个时候你直接告诉上司"我不会"，只会让上司觉得你是一个"无用"的人。正确的做法是告诉上司你没有接触过，但是正在学，让上司知道你在努力进步。

4. 我早就知道会这样

出现问题后第一时间想到的不是尽力止损，而是"马后炮"地说出自己的"先见之明"，这样不仅不会让同事和老板觉得你是有远见，还会让他们觉得你喜欢幸灾乐祸。此时应该做的是帮助企业止损，如果能力不够，那就不要说话了。

5. 我没有时间

上司认为自己安排下来的工作并没有多少，但是你总是说自己没有时间，时间久了上司就会以为你是故意怠工。与其告诉上司自己没时间，不如把自己的工作内容和工作计划发给上司，让他了解你每天的工作内容和工作量，这样上司就会自己来评判你有没有时间，而不是根据你嘴上说的五个字来判断。

6. 我不会加班的

工作后加班不算什么大事，但是当你已经完成了一天的工作后，上司还要留你加班，这时你若直接对他说"我不会加班的"，结果往往是既要加班，又会给上司留下坏印象。其实，这个时候你不如告诉上司你的工作已经做完了，询问下为什么要加班，是不是非要加班不可。这样说有两种可能：一是上司听到你说工作完成了，就会放你回家；二是上司说有临时交代的任务，让你不得不加班。这样就算你一定要加班，也能够在上司心中留下一个好印象。

7. 你上个月工资多少

同事之间有时候很喜欢相互讨论工资情况，尤其是女同事之间。如果发现其他同事工资不如你，你虽然会感到窃喜，但其他同事会觉得不开心；如果发现其他同事工资比你高，你势必会感到不开心，但其他同事可能在窃喜。无论是哪种结果，都不利于同事的团结和企业发展，因此对于企业而言，员工的工资都属于机密。而且，对于个人而言，工资也是隐私，于公于私都不应该讨论别人的工资问题。

在职场中，学会管好自己的嘴巴是很重要的事情，能够管住自己嘴巴的女人，不会被风言风语所吸引，能够安心完成自己的工作；能够管住自己嘴巴的女人，不会理会外界的纷纷扰扰，只会专心提升自己的能力。可以说，能否管好自己的嘴巴，影响着我们职业生涯的长远发展。

那些能管住自己嘴巴的女人能够获得升职加薪的机会。而那些管不住自己嘴巴的人，会陷入公司的各种斗争中，让自己无法安心工作，更不要说提升自己了。

第八章

学会拒绝，别用软肋换眼泪

不要强迫自己，不喜欢的请大声说"NO"

我们是为自己而活，不是为了满足别人的期待，更不是为了取悦别人而活。

很多女人都为这样的事情而烦恼：内心明明不想去做某件事，可是当别人请求自己时又不忍心拒绝，于是只好强迫自己去做这件事；内心明明很不想取悦某个人，可是某种情况下又不得不逼迫自己去取悦这个人。做了违背自己内心的事情，当然会满心懊恼。实际上，这种强迫自己取悦别人的行为并不是人际关系方面出了问题，而是一个女人内心的问题。

为什么人们总是喜欢强迫自己来取悦他人？

这个还要从我们的成长经历说起。通常情况下，儿童总是会不由自主地取悦父母和长辈，以此来获得对方的肯定、赞许，以及一些物质上的奖励。适当的肯定和赞许势必有利于孩子心理的健康发展，让孩子变成一个有自信、积极向上的人。但是一旦孩子由于父母的原因，开始过度追求肯定和赞许，就会影响心理发育，在内心形成取悦他人的习惯。

父母的偏执会让孩子形成不正确的价值观，孩子长大后必然也会遵从这样的价值观。只要一件事情让他感到愉悦，他就会持续去做这件事情，继而能够持续享受这种愉悦。总是取悦别人的女人，之所以会有这样的举动，也是因为她们认为取悦别人是一件很愉悦的事情。再者，她们渴望得到别人的肯定与赞许，而通过取悦别人能够获得所渴望的肯定与赞许。

实际上，喜欢取悦他人的女人，对于人际关系的认识是不正确的。她们觉得，别人的需求比自己的重要，不管出于什么原因，都不能让别人感到失望；自己应该永远保持和善的态度，时刻注意着他人的情绪与感受，绝对不能因为自己的问题而让别人感到不适……

大部分取悦别人的女人，都是把自己放在了末位，对自己的关心不够，总认为别人的事情应该放在最前面，否则就是自私，而自私的人是不会得到别人的尊重和关爱的。在这样的认知下，喜欢取悦别人的女人不断付出，希望依靠自己的努力得到别人的认可并得到外界的关怀。

在这个人人平等的年代，我们本不需要把自己放在不对等的地位，让自己的生活变成别人的添加剂。并不是所有不肯取悦别人的女人都是自私的，做事以自我为中心也不是错误的选择，自私和关注自我并没有本质上的联系。

那么，我们应该怎么改变这种喜欢取悦他人的性格呢？我觉得不妨从以下几点入手。

1. 不在错误的人身上浪费时间

人生短短几十年，中间会遇到无数人，但并不是每一个人都值得我们去深入交流和认识，那些让自己感到不快和不适的人完全没必要与其纠缠。一个真心待你的人，并不需要你刻意做些什么，对方也会自然而然地给予你肯定和鼓励。而那些并非真心待你的人，只会低估你的实力与价值，和你认识的目的就是为了从你身上蹭点好处。所以，我们不要把时间浪费在不值得的人身上。

2. 不欺骗自己

喜欢取悦别人的女人要打开自己的心结，就需要从心理上开始转变。比如每天对自己说"我和别人一样重要"，让自己意识到并不是别人的事情就比自己的事情重要，自己的欲望和需求也很重要。不要对自己说谎，如果对方提出的问题是你不能接受或者不想接受的，就大生说"NO"，而不是唯唯诺诺地说"好"。

3. 不要迷失自己

世界上最悲惨的事情，莫过于因为对别人过分关注而把自己弄丢了，忘记了自己究竟是谁，也忘掉了自己与别人的不同。我们帮助别人是没有错的，但这并不意味着帮助人就可以不爱护自己。相反，我们帮助别人的前提就是先爱护自己。

有的女人认为好人不会拒绝别人的要求，甚至有的女人觉得说"不"会让自己充满罪恶感，就好像是自己害了别人一样。其实仔细想想，当别人的要求侵害了我们自己的权利时，我们为什么不能说"不"呢？在恰当的时刻对恰当的人说出"不"，并非是一件坏事，更不会影响你在别人眼中的价值和形象。相反，这只会使你在别人眼中更具价值，让你的形象更高大。

如果一个人被迫去做一件事，就会感觉整个世界都失去了光彩。所以，永远不要强迫别人去做事，更不要强迫自己，遇到不喜欢的事情，请勇敢说"NO"。

追求者死缠烂打？"杀伤性武器"让他知难而退

尽管女人渴望被关注，但是被追求者死缠烂打可不是一件令人愉悦的事情。

在传统的思想里，女人是娇羞的一个群体，在爱情里她们不能表现得太过主动，即便是喜欢一个人也要等着对方自己发现。正是因为这样被动的思想，才有了"好女怕缠郎"的说法。

但是，随着社会不断发展，人们的思想已与以前大不相同，我们不能用古时候的眼光去看待现代人，尤其是现代的女人。

很多男人忽略了一个道理，那就是"好女怕缠郎"的基础是什么？没错，基础便是建立在女方对男方也存在好感。如果女方对男方没有好感，那么男方的一味纠缠，只会被视为骚扰。

男人对女人死缠烂打的方式可谓花样百出，常见的有以下几种。

1. 持续不间断发消息

在确定恋爱关系之前，双方一般会通过发短信、打电话等方式作为了解，这个时候双方无论聊到多晚都不觉得对方烦。可一旦有了实质性的接触，女方发现男方并不合适自己，于是拒绝了对方的交往请求，男方如果还继续发消息就会让女方感到自己被骚扰了。

2. 接近对方的朋友

许多男人被拒绝后都不会轻易放弃，为了能够捕获女方的心，他们会采用迂回战术，先接近女方身边的朋友。这样做的结果有两个，一是女方的朋友通过接触认为男方还不错，于是将男方介绍给女方，并且时不时说些男方的好话；二是女方的朋友通过接触认为男方并不够好，找女方抱怨。

3. 任打任骂不肯走

有的男人将"求爱不怕被羞辱"当作爱情的真谛。为了捍卫爱情，为了追到女方，他们不惜放弃自己的尊严，即便女方每一次见到自己都是冷嘲热讽，甚至一番打骂，他还是愿意主动贴上去，并且认为自己会抱得美人归。

4. 在家门口或单位门口围追堵截

男人被喜欢的女人拒绝后，会想尽办法与女人取得联系，但女人未必会接收这些信息。所以很多男人会选择最原始、最直接的方法——在女方的家门口或单位门口等。总之，他会在女方必经之路上等待，目的就是为了见女方一面。

5. 不停地送礼物

女人都喜欢礼物，有些男人深知这一点，所以他们被心仪的女人拒绝后，会不断地送礼物给对方。但这种方式仅适用于女方对男方也有好感的情况，假如女方对男方并没有好感，甚至充满厌恶，那么送礼物也只会让女方更加心烦。

其实，喜欢就是喜欢，不喜欢就是不喜欢，一个女人不够喜欢一个男人，那么无论这个男人怎么"缠"，都不会得到女人的青睐，纠缠得太过分，反而会引起女方更多的厌恶。作为新时代的女性，面对死缠烂打的追求者，我们应该直接说出自己的想法。

勇敢表达自己的立场，不拖累别人、不委屈自己，这才是新时代的好女人。不过，拒绝对方时还是要注意以下几点：

1. 措辞得当

就算不喜欢对方，拒绝对方时也要考虑到对方的自尊心和面子问题，不要让对方感觉受到了你的侮辱，引起不必要的误会。

2. 坚定立场

面对不喜欢的追求者，一定要将自己的想法直接明了地告诉对方，切记不可优柔寡断，更不要想着走一步看一步，这样是一种对双方都不负责任的做法。

3. 不要贪心

有些女人觉得自己并没有男朋友，于是就心安理得地接受别人的好，其实这样会让对方误会，引起不必要的麻烦，最后导致害人又害己。因此，一定不要贪求别人对自己的照顾。

其实，遇到自己不喜欢的追求者很正常，遇到死缠烂打的人也不算稀奇，只是在处理这类感情问题的过程中一定要冷静。即便遇到不得不和对方相处的时刻，也要保持客气和礼貌，但不能让对方感到你有一丝一毫想与他深入交往的念头。通过刻意的疏离让他明白强扭的瓜不甜，让其知难而退，千万不要因为不喜欢对方，就对他百般羞辱，更不要用言语和行为去刺激他，以免对方因为刺激而做出过激的行为。

不合理的请求？抱歉，我没时间

人生在世，遇到的不合理请求就像雪花一样多，如何拒绝是门技术活。

生活中，无论是同事之间，还是亲戚、朋友、邻居之间，互有所求在所难免。如果你天生就喜欢帮助别人，或者不知道应该如何拒绝别人，那么时间长了，你可能会陷入繁忙带来的痛苦之中。

例如，同事请求你帮忙接杯水或者收一下快递，你帮帮忙也不算什么，但如果是关于工作上的事情，那就要好好考虑一下了。

有些女人丝毫不懂得拒绝同事的不合理请求，即便放弃自己的工作时间，即便自己完不成工作也要按时完成对方的嘱托。这类女人就是"老好人"，她们不具备拒绝他人要求的能力，虽然心中想要拒绝对方，但又怕拒绝对方会影响两人的关系，而且认为帮助同事完成工作是体现自己价值的一种方式，所以她们便硬着头皮接下了这个"任务"。

可是这样的做法无疑是有百害而无一利的。先不说帮同事完成工作是否符合公司的要求，仅站在自己的角度来看，这也是费力不讨好的事情。帮同事工作必然得加班，工作完成后，做得好，功劳都是同事的；做得不好，同事反倒还会怪你。而且，帮助同事完成工作未必能够体现自己的价值，因为人的精力总是有限的。在职场上，能够体现自己价值的最好方式就是好好完成自己的本职工作。

所以说，面对同事提出的不合理请求，该拒绝时一定要拒绝，否则就是给自己接下了一大个烫手山芋。但是，同事之间需要朝夕相见，直接拒绝难免会觉得面子上过不去，例如有的女人会直接和对方说"不行，我没时间"，有的女人会和对方说"我觉得我做不了，我看另一个人更适合"，还有的女人会和对方说"我手头还有别的事情，抽不开身"，这些都是常见的拒绝方式，但似乎都不是最佳的答案，很有可能恶化与对方的关系。

那么，我们应该怎么做才能在不得罪他人的前提下，拒绝他人提出的不合理请求呢？最好既能拒绝他人的请求，同时不妨碍他人的面子、不拉其他人入水、不影响以后相处。因此，我们要注意以下几点：

1.听完对方的话再做决定

其实，别人向你提出帮忙的请求时，内心也是十分忐忑的。他不知道你是否会马上拒绝，更不知道你以后会用什么样的态度对待他。不等对方把话说完就打断并拒绝其请求显然是不礼貌的，也会让对方原本的忐忑变为尴尬，甚至是愤怒。所以我们要听完对方的话，本着能帮就帮的原则为对方提供帮助。如果实在没有能力去帮助他人，就明确告诉对方，不要让对方抱有不切实际的希望。

在职场上，同事请求你帮助不仅会担心你拒绝，还要担心你是不是会向上司告状。我们直接拒绝肯定会影响以后相处，打小报告等行为也都不利于你在公司的形象。所以，在你决定拒绝对方之前，应该听对方把话说完，至少要明白对方的处境与需要。

等对方把来龙去脉说清楚后，你可以根据情况处理。如果是关乎公司的生死存亡，或者对公司影响比较大的工作，而你恰好有空闲时间，那就要本着以大局为重的原则，能做多少就做多少；如果是对方自己故意偷懒没有好好工作或者其他情况，你就要向他表示你明白他的难处，进而表示自己无能为力。

听对方把话说完的好处是让对方感到被尊重，你了解情况后表达自己的立场时，也能够避免伤害对方，或者避免给人造成你在敷衍的感觉。这样做的另一个好处是，虽然你并没有帮助他工作，但你可以根据他的情况，提出自己的建议。如果你的建议对他而言有效，对方自然也会感激万分。

2. 态度要好

拒绝别人的请求时要保持良好的态度，不可表现得太过高傲，不要让对方感到自己被人看不起。语气也要适当地柔和一些，不要咄咄逼人，更不要大喊大叫，在委婉表达自己无法提供帮助的同时，也可以给对方加油打气。

拒绝别人时态度之所以重要，是因为好的态度会让对方感受到你是针对这件事情，而非针对其个人。虽然委婉地拒绝也可能让对方感到不快，但温和的态度会让对方认为你并不是讨厌他，而且你希望这件事不影响你们今后的关系。

3. 说明情况

拒绝他人的请求需要一个理由，这个时候没有必要胡编乱造，直接说明自己的情况就好。比如，同事提出的请求是有悖于公司规定的，你可以将自己的工作权限委婉地告诉对方，让对方明白一旦你答应了他的请求，就超出了自己的工作范围，这是违反公司规定的行为。

总之，拒绝他人不合理的请求，极其考验你的说话技巧。不过，你的拒绝是在敷衍了事，还是真的力不从心，你说话的神态会清楚地告知对方。

我也没钱，要不你借我点？

世界需要温暖，朋友需要互相帮助。

这句话没有错，但是在当今社会，有一件事可以轻易瓦解两个人的友谊。这件事是什么呢？

说起来这件事也是朋友间的互相帮助，但就是一些心术不正的人把这件事弄得"变了味"，让人们对这件事唯恐避之不及。说来说去，这件事到底是什么呢？其实它就是借钱！

关于借钱，通常会产生以下几种结果：

1. 只字不提

有些人借了钱就开口不提还钱的事情，明明不是没有钱的人，甚至吃喝穿戴都比自己的债主要好，但每次债主催问何时还钱，他都会躲避这个话题。

2. 逃避不还

有些人借钱之前便已约定好还款日期，但是到了约定的时间却迟迟见不到人，任何联系方式都找不到他，就像人间蒸发了一样。

3. 绝不认账

有些人借的钱不多，十几块、几十块，说好了过几天还，到了日子去找他要，他却装傻说自己没有借过，反正没有欠条，最后"死无对证"。

4. 无力偿还

有些人借钱做生意，但是生意赔了，或者是借钱赌博、看病……这些情况下很可能是真的不具备还钱的能力了。

5. 按时还款

有些人借钱说好了什么时候还就一定信守承诺即时还钱，手头有钱了还会提前还钱，不过这类人已经不多见了。

有人说，借钱是最能考验两个人友谊的行为。这是因为现在不仅有很多人骗钱，还有很多人借钱不还，甚至因此反目成仇。有的人为了帮自己的朋友，把买房的钱、买车的钱，甚至看病的钱都拿了出来，但是却得到对方拒绝还钱的结果，自然是十分伤心。

把自己辛辛苦苦积攒的钱借给朋友，没想到对方却拒不归还，试问这样的经历怎能不让人心寒？我想，一次这样的经历就会让她不再信任别人，让她不愿与别人有金钱上的来往，甚至以后她都不会再借钱给别人。

在生活中，我们免不了遇到亲戚朋友找自己借钱的情况，对方开口找我们借钱，无异于给我们抛来一道难题。可是我们不能因为害怕对方不还钱就直接拒绝，毕竟有些人借钱真的是有急用。那么，如果有人找我们借钱，我们应该怎么做才好呢？

1. 弄清原因

如果对方是一个出了名的"老赖"，那么直接拒绝也好，采取无视举措也好，都无所谓。如果对方和你关系不错，而且平时人品有保障，那么就先听对方把原因说清楚，再根据对方说明的情况决定是否要借钱给对方。

2. 对方可信任

有些人借钱是找自己的好朋友，有些人则是广撒网。广撒网的人显然没有还钱的打算，所以最好不要借钱给对方。如果你抱着送给对方的心态，那么也可以把钱给对方。

3. 救急不救贫

俗话说："天有不测风云，人有旦夕祸福。"谁都不能保证一辈子平安顺遂，家里难免有急需用钱的时候，所以当对方因为突发情况找到你时，可以量力而行地借给对方一些钱。如果对方只是因为条件不好，想要改善生活而找你借钱，那么就要慎重了。如果你手头比较宽裕，那可以送一些钱给对方，但是送出去的钱就不要想着对方还回来了。

遇到并不想把钱借出去的人，我们应该怎么说才能巧妙地拒绝对方，同时又不伤害两人的感情呢？

1. 坦诚相待

大家都是普通人，未必朋友来借钱的时候自己手上就正好有多余的资金，你可以把自己的经济状况坦诚地告诉对方。如果真的没有能力借钱给对方，你就把话跟对方说清楚。

2. 出其不意

有些人找你借钱之前可能已经欠了很多人的钱，那么你一定会对这件事略有耳闻，所以当对方找上你的时候，可先发制人将自己的经济状况说出口，相信对方听后就不好意思提借钱的事情了。如果你的条件属于还不错的，那么就试试其他方法，比如转移话题、拖延答复等。

3. 转换话题

如果无法正面拒绝，那你可以选择迂回战术，将话题转移到另一个方向。比如告诉对方你也要收账，如果对方可以将你的钱收回来就可以借给对方。

4. 拖延答复

已经答应了的事情，一直拖着是不好的行为，而这里说的拖延答复是一种策略。这种策略是指对方提出借钱后，先不要应下来，也不要急着拒绝，可以告诉对方自己需要考虑。拖一段时间，对方就会明白你的意思了。

总之，想要借钱的人，有无数的理由，拒绝别人借钱的请求也有无数应对策略，但拒绝别人需要遵循一个原则——不要让对方感到不舒服和尴尬。

好意我心领了，但我真的不能接受

他人的好意总是让我们心存感激，但是有些好意是我们不能接受的。

并不是所有好意都能被人接受，拒绝好意是一件很为难，但有时候又不得不做的事情。

我们每个人对事情有不同的处理方式，对于世界的认知也是不同的，所以有些人感到别人处于困难的阶段，就会出于好意施予援手。大部分人对于别人的无私帮助会选择欣然接受，并对向自己提供帮助的人充满感激，但是有很多人会选择拒绝别人的好意。

这些人之所以选择拒绝，大多是因为以下几点原因：

1. 突如其来的好意

这世界上总有热心肠的人，他们喜欢给陌生人提供帮助，但是也有不少人给陌生人提供帮助却遭到了对方的拒绝。对方之所以拒绝陌生人的好意，是因为他们觉得这样的好意来得太莫名其妙，让自己无法适应。

如果平时人品很差的一个人突然对你表现出好意，那你肯定不会觉得温暖，反而会觉得脊背发凉，因为在你看来，这种人品不好的人不会无缘无故帮助别人，你会觉得对方一定是另有所图。戴着有色眼镜看人确实不好，但是一个坏人突然变成好人，大概是很多人都无法接受的。

2. 不愿意麻烦他人

有些人拒绝别人的好意，是因为不想给别人添麻烦，也不想欠人情。很多人觉得自己身边发生了许多糟糕的事情，所以不想把麻烦带给大家，于是他们便会选择拒绝对方的好意。食物、金钱，这些都是可以还的，但是人情这种东西没有办法偿还，所以有些人不愿意因为接受别人的好意而欠人情。

3. 自己可以解决问题

一个人如果可以自己解决问题，就会拒绝别人的好意，这就是"不需要别人的好意"。通常情况，这样的人性格比较独立，遇到问题自己解决。而且他们遇到问题时需要的是别人的安慰，并不需要别人的帮助，所以当一个人只是需要安慰的时候，别人提供的其他帮助就会被拒绝。

4. 好意没有用对地方

有句话叫"好心办坏事"，有些人认为自己是帮助别人，但站在对方的角度未必如此。就好像一个原本正在等人的老人，你一时热心肠扶着老人过了马路，却不想让老人和自己的家人失散了。再比如，对方只是希望得到一些人的支持，但是你在支持之余又提出了其他的问题，让对方原本已经快要解决的问题增加了难度，加大了对方的压力。你的做法当然是为了帮助对方，可是如此不过问对方意思的好意，自然会被人拒绝。

5. 不想接受带有同情的好意

有些人的好意带着同情的情绪，这样会让被帮助的人感到自己接受的不是真诚的帮助，而是"一场戏"，这会让被帮助的人不适应，感到自己被轻视了，所以会选择拒绝这样的好意。有些事情确实需要我们的同情与怜悯，但是有些事情确实并不需要，把有困难的人都归为应该被同情和需要怜悯的一类，显然是对他人的不尊敬。

以上就是大部分人选择拒绝别人好意的原因。拒绝其实不是一件容易的事情，尤其是拒绝别人的好意，更是让人不知道怎么开口为好。可是有时候，我们又不得不拒绝对方，那么我们应该怎么做才能拒绝别人的好意，同时又让彼此不觉得尴尬呢？

1. 道明原因

如果你的确不能接受他人的好意，那你可以直接将原因告诉对方，对方听了你的话就会站在你的角度考虑问题，这样自然就不会逼迫你接受这份好意了。

2. 委婉拒绝

有些事情不能轻易告诉别人，哪怕对方是为你好的人，这个时候你就要委婉告诉对方，让对方能够通过你的暗示理解到自己应该收回好意。

3. 真诚感谢

无论你是否愿意接受他人的好意，他人的好意都值得我们去感谢，因此应该对想要帮助我们的人表示感谢。

4. 重视对方

除了要对帮助自己的人表示感谢，我们还要强调对方的帮助对自己十分重要，只可惜自己没办法接受，这是一件十分遗憾的事情。总之，要让对方感受到你是十分重视他的，让对方得到安慰，也使双方脱离尴尬。

幸福女人枕边书

卡耐基写给女人的
幸福忠告

史 襄—著

SJ 北京时代华文书局

图书在版编目（CIP）数据

卡耐基写给女人的幸福忠告 / 史襄著. -- 北京 ： 北京时代华文书局，2020.6
（幸福女人枕边书）
ISBN 978-7-5699-3658-2

Ⅰ．①卡… Ⅱ．①史… Ⅲ．①女性－幸福－通俗读物 Ⅳ．①B82-49

中国版本图书馆 CIP 数据核字（2020）第 061902 号

幸 福 女 人 枕 边 书　卡 耐 基 写 给 女 人 的 幸 福 忠 告

XINGFU NVREN ZHENBIAN SHU　KANAIJI XIE GEI NVREN DE XINGFU ZHONGGAO

著　者	史　襄
出 版 人	陈　涛
选题策划	王　生
责任编辑	周连杰
封面设计	景　香
责任印制	刘　银

出版发行｜北京时代华文书局 http://www.bjsdsj.com.cn
　　　　　北京市东城区安定门外大街136号皇城国际大厦A座8楼
　　　　　邮编：100011　电话：010-64267955　64267677
印　　刷｜三河市京兰印务有限公司　　电话：0316-3653362
　　　　　（如发现印装质量问题，请与印刷厂联系调换）
开　　本｜889mm×1194mm　1/32　印　张｜5　字　数｜116千字
版　　次｜2020年6月第1版　　印　次｜2020年6月第1次印刷
书　　号｜ISBN 978-7-5699-3658-2
定　　价｜168.00元（全5册）

版权所有，侵权必究

目 ♥ 录

上篇

卡耐基写给女人的说话技巧

众所周知，卡耐基是一个伟大的演讲口才艺术家，是20世纪最伟大的成功学大师，同时也是美国现代成人教育之父。

在教导女人说话方面，卡耐基曾经说过一句话："与人交际，需要的可不单单是语言，还需要依靠你的个人修养和风度！"因此，一个女人想要在自己说话之间流露出无限的个人修养，那么，你就一定要先从提升自身修养入手。

每个女人都有一张美丽的嘴唇，在它的张与合之间，人们不但可以听到你的话语，也能够感受到你的修养，而在许多时候，你语言背后的修养，往往在很大程度上决定着一件事情的成败。

那么，如何在说话之间体现完美的修养，赢得他人的好感与认同呢？很多女人都认为，只要精通社交交谈，就能做到这一点。而所谓精通社交交谈就是说得好，换句话说，就是能说会道。实际上，事情并没有这么简单，这里面可是藏着大文章呢。

你可以去菜市场转一转，你就会发现，菜市场卖菜的大妈也有着非常好的口才，她们一句接着一句地吆喝着，说得也很有门道。但是，你是否注意到了，不管卖菜的大妈说得如何天花乱坠，给你的印象也只有两个字，那就是：世俗。那些大妈们个个都是卖菜的好手，这是毋庸置疑的，但是，如果将这样的口才用到社交谈话上，那么很可能就不行了，甚至还会引起消极的影响。

因此，对于我们女人而言，千万不可以简单地理解"说话"这两个字。若想在你美丽嘴唇的张与合之间，让人们不仅听到你的声音，而且还真切地感受你的个人修养，那你就必须掌握说话的技巧。

卡耐基在写给女人的说话技巧上，主要从六个方面来阐述了他的观点：首先，卡耐基认为，语言足以改变女人的命运，重点讲述了好口才的重要性及些许练就好口才的技巧；其次，卡耐基告诉女人要运用幽默将气氛炒热，详细地讲述了幽默的运用技巧；再次，卡耐基觉得聪明的女人说话时，就应该滴水不漏。为此，他为女人讲述了说话要到位、看见不同的人说不同的话等说话技巧；第四，在卡耐基看来，掌握说话艺术，可以让女人变得八面玲珑。比如，他为女人讲述了帮助别人等于帮助自己、如何影响和应对职场复杂的人际关系以及要善于倾听朋友的忠告等说话技巧；第五，卡耐基教导女人如何与陌生人搭讪，比如，悬疑式开场白助你巧搭讪、寻找共同点迅速拉近彼此关系、第一句话就显示你的关心等；第六，在卡耐基看来，睿智的女人要懂得拒绝的艺术，比如，睿智的女人在面对别人的"盛情"时，要懂得巧妙推脱，当朋友借钱时，要能够巧妙拒绝等。

总而言之，在当今社会，掌握卓有成效的说话技巧与交流能力，是每个女人最为迫切的需求之一。只要你认真遵循卡耐基先生这些简单而实用的说话标准与技巧，你就会发现成功原来可以如此简单，你也可以轻轻松松地打开成功之门，戴上胜利的桂冠！

第一章 言语得当，足以改变你的命运

❤ 口才，一种美丽的说话艺术

说话是一种艺术，不仅具有极大的美感，而且还具有超大的魅力。它可以让你与朋友的友谊常青，与亲人的感情密切，与同事的关系协调，还能帮你寻觅终生的伴侣，等等。它是人际交往过程中的必备工具，也是联结人与人之间关系的纽带。你的说话水平，直接决定着你的人际关系是否和谐，对你事业的发展与人生的幸福有着巨大的影响。特别是现代女性，超好的口才、颇有技巧的说话方式，不但有利于家庭幸福，而且还能为你的事业提供相当大的帮助。

出色的女人都懂得说话的艺术。那些能够在社交场上取得成功的女性，在言谈之间必定闪烁着优雅与智慧，给人一种精辟、睿智的感觉。一个成功的女性一定要具备良好的口才，这将会为其带来诸多的利益与机遇。

梅女士是S市某家电梯公司的业务代表。该公司与S市某家宾馆之间签有合约，负责对这家宾馆的电梯进行维修。宾馆经理为了不让旅客感到诸多不便，每次维修之时，电梯的停开时间最多为2个小时。可是，修理电梯至少要8个小时，而在宾馆方便将电梯停下的时候，电梯公司都未能将所需要的技工派遣过去。

这不，该宾馆的电梯又坏了。梅女士在派遣一位修理电梯的技工以前，她需要先给这家宾馆的经理打电话。在打电话时，梅女士并没有与这位经理进行争辩，而是心平气和地说："杰克，我知道你们宾馆有很多客人，你要尽可能地将电梯的停开时间减少。我明白你对这一点很重视，我们要尽可能地与你的要求进行配合。不过，我们在对你们的电梯进行检查后发现，倘若我们现在不彻底地修理好电梯，那么你们的电梯损坏的情形将会变得更为严重，到时候电梯的停开时间将会更长。我很清楚你不会愿意在好几天的时间里都让客人感到不方便。"听到这里，经理只好同意将电梯的停开时间延长到8个小时。因为如此一来总好过将来停开几天。由于梅女士深谙说话的技巧，她从内心深处表示自己很理解这位经理想要让访客愉快的愿望，所以，也就更加容易地取得这位经理的同意。

所以，口才是相当重要的。一个人说话的语气与态度对双方的合作顺利与否起着决定性的作用。梅女士应用说话技巧，从对别人表示同情的角度，与他人进行沟通，取得了对方的认可与信任。因此，作为一个女人，若想在社会上站稳脚跟，就要懂得用心去说话，要懂得适时地进行变通，如此才能将事情做到最好。

玛利亚是一名钢琴教师，教十几个学生弹钢琴。其中，有一个名字叫贝利的小女孩，她的指甲留得很长。我们都知道，不管什么人要想将钢琴弹好，都不应该留很长的指甲。玛利亚老师知道贝利的长指甲会对她弹钢琴有很大的不利影响。但是，为了不打击她想学钢琴的愿望与积极性，所以在刚开始教她课的时候，玛利亚老师并没有提到她的长指甲问题。

在第一堂课结束之后，玛利亚老师感觉时机已经成熟了，就将贝利叫过来，说："贝利，你的手很漂亮，你的指甲很美丽。可我知道你也特别想把钢琴弹得你想象的那么好，老师想告诉你，如果你能够将你的指甲修得短一点，你就会发现弹好钢琴实在是太简单了。你认真地想想吧。"贝利听后做了个鬼脸，表示她肯定将自己的指甲修短。果然，在第二个星期来上第二堂钢琴课的时候，贝利的指甲修短了。

其实，玛利亚要命令贝利修短指甲是极其困难的事情，因为贝利知道自己的指甲非常美丽，但是玛利亚老师向贝利传达了一种情感：我对你表示同情，我知道将指甲修短并非易事，但是在音乐方面的收获，将会使你获得更好的补偿。

所以，有的时候，一个人的口才好坏起着至关重要的作用。俗话说得好：一人之辩重于九鼎之宝，三寸之舌强于百万之师。口才了得的女人，能更好地将自己的才能展现出来；口才了得的女人，能获得更多的生存空间与更好的发展。

作为一个想要成功的女人，倘若你的外貌并不出众，你无须耿耿于怀，因为你可以通过不断的努力来完善自己的口才，以此为自己的形象与魅力加分！

作为一个想要成功的女人，要懂得修炼自己的口才。在奔向成功的道路上，杰出的口才会是你终生的伙伴，它会为你的成功增加砝码，让你更快地抵达成功的彼岸！

♥ 虽寥寥数语，但却令人心动

我们常会发现：有些女人长篇大论甚至慷慨激昂，可就是难以提起听者的精神；而有些女人仅仅寥寥数语，却掷地有声，产生吸引人的魔力。这是为什么呢？很简单，因为后者能了解人们的内心需要，能设身处地地站在对方的立场，为对方着想。因此她们的话总是充满真诚，也更容易打动人心。

沟通是我们生活的主要部分，而说话又是我们沟通的一种重要途径。说话是一个传递信息的过程。因此，女人在说话的时候，要努力提高自己的说话水平，增添自己的说话魅力，将话说好，使自己的语言能够打动听者的心弦。

统计数据表明，我们大多数人每天花费50%～75%的时间，以书面形式、面对面的形式或打电话的形式进行交流。而在交流中80%是以语言即说的形式进行的，那么说什么以及怎样说，是我们成功沟通的关键。

1991年11月，中国电影的最高奖"金鸡奖"与"百花奖"在北京同时揭晓。著名演员李雪健因主演《焦裕禄》的主角焦裕禄而同获两个大奖的"最佳男主角"。李雪健在获奖后致答谢词时说："苦和累都让一个好人——焦裕禄受了；名和利都让一个傻小子——李雪健得了。"话音刚落，全场掌声雷动。

在这里，李雪健虽然只说了不到30字的获奖感言，但却非常具有感染力，言语中既歌颂了焦裕禄的高尚品质，又体现了自己的谦虚品质，淳朴实在，给人以深刻的印象。

真诚的语言虽然是朴实无华的，但却是最感人的。有家电视台播放过一个节目，中国女足在一次足球赛上获得较好的名次后，记者向运动员问道："你们得了亚军后心情如何？你们是怎么想的？"其中一名运动员不假思索地回答道："我想最好能睡三天觉！"

这样的回答让人有些出乎意料，但它质朴、没有任何修饰成分，全场顿时爆发出一片赞许的笑声和掌声。如果这位运动员"谦虚"一番，讲一通"我们还有很多不足"之类的话，可能就没有如此强烈的反响了。

情深，才可惊心动魄。语言真诚，那么即使几句简单的话，也能引起听众的强烈共鸣。学会用真诚打动听众的心，可以帮助女性朋友在交往中捕获人心。

有段日子，王小姐总是接到一个童书推销员的电话。王小姐一向厌恶推销员的死缠烂打，所以电话里的口气并不很好。有一天，这位推销员找上门来了，王小姐毫不客气地把她轰了出去。过了三个星期，推销员又来了，她的客气、谦虚反而让王小姐不忍心了，于是王小姐试着和她谈了十几分钟，虽然王小姐没有买她的书，但是却介绍了一名客户给她。

每次这个推销员的话语并不多，但是她的真诚最终打动了王小姐，使王小姐成了她的潜在客户。

说话如同做生意。做生意的规律是，只要你的一件产品有问题，你的全部产品就都会遭受怀疑。女人说话也是一样，只要你十句话中有一句是谎言，你的全部话语就都会遭受质疑。一个人种下什么种子，就会收获什么果实。种下欺骗，收获的就不会是真诚；而种下真诚，收获的也一定是真诚。作为女人，要想打动人心，就必须学会真诚，用简单的话语表达出我们内心的诚意。

有一个女厂长，在就职时向员工发表了别出心裁的讲话："我来当厂长，打心眼儿里高兴！但厂长不好当，担子重啊！从现在起，我给大家交个底儿，我不想干两件事就捞一把，非跟大伙儿一块儿干出个样儿来不可。我们好比一根绳子上拴着的蚂蚱，飞不了你们，也跑不了我。"

简单的几句话，平实、通俗，更没有表面的客套，但让人听后却觉得含义不平常。显然，这几句话赢得了员工的信任，许多人说："这个厂长挺实在。"还有的人说："厂长是个老实人，我们跟着实在的厂长干，心里踏实。"

这位厂长亮相前，其实对说话的方式、内容、角度进行了周密的考虑，实实在在地讲出了自己上任时的心理活动及上任后的打算。虽然短短几句话，却达到了与职工交流的目的。

因此，话不在多，而在于分量。只有掌握了说话的技巧，即使寥寥数语也可以打动人心。

♥ 好口才，不仅利己还利人

作为女人，在与人交往的过程中，必然要与别人进行交谈。倘若你只重视自己的外貌与形象，而忽视了言谈的重要性，甚至连最起码的说话方式都不懂，那么你的社交关系必然不会良好。

哲学家亚里士多德曾说过："美丽比一封介绍信更具有推荐力，也更容易被人们所接受。"可以这么说，作为女人，美貌也是自身的一种竞争力。然而，天下有多少女人天生就花容月貌？而相较于女人的美貌，杰出的口才才是女人在诸多竞争中脱颖而出的最大本钱！成功者需要拥有智慧，女性成功者更需要拥有智慧。想要使自我、事业、家庭这三者之间保持完美的平衡，需要相当高的做人本领。只有将所有的事情办得妥妥帖帖的，将每一句话都说到别人的心坎中，才有可能达到这种优雅、美好的境界。

女人的这种说话做事的本领并不是天生就有的，而是需要女人所独有的敏感与悟性，需要在日常生活与工作中不断地进行总结与思考，将它自然地融入到自己的生活与工作中。

张丽与王明先后向同一个老人问路。张丽遇到一个年纪很大的老人家，她一看到这位老人就大声地嚷嚷："喂！老头儿，去操场应该如何走啊？"这位老人听了之后十分生气，看了张丽一眼没有吭声。后来，王明也遇到了这位老人，她慢慢地走到老人身边，非常有礼貌地问道："老大爷，您好，您有没有看到一个年轻的女子？这个年轻女子穿着红色的格子上衣，您知道她往哪个方向走了吗？"老人听了之后，很高兴地给王明指明了那女子的去向。

为什么张丽与王明向同一位老人问路，却得到截然不同的结果呢？很显然，其关键就是张丽问路的时候一点儿也不注意基本的礼节。一个"喂"字，既粗野又缺乏教养，对待老人丝毫没有礼貌，自然会引起老人的反感，继而拒绝为其指路。而王明则不一样，她在与老人交谈的言行中都做到了彬彬有礼，老人家自然很高兴地为她指引去向了。因此，在与他人交谈的过程中，表达者能否注意到自己所扮演的角色与基本的交谈礼节，直接决定着交谈能否成功。

有一次，马莲打算去拜访一位著名的书法大师，为奶奶求一幅字作为生日礼物。她认为这件事情不是很重要，既然让朋友约好了大师，自己只要过去跟大师说怎么写就可以了，就像去超市取东西一样随便，于是早上就匆匆出发了，连衣服都没挑选一下。

到了大师家里，一见面，马莲就冒失地说自己是来取字的，是某某介绍来的。大师一看马莲慌慌张张的样子就心生不喜，再一看她穿的带洞的新潮牛仔裤更是"不堪入眼"，再加上马莲说话一点儿也没有谦虚、礼貌的样子，于是气呼呼地说："谁介绍你来的啊？我怎么不知道？谁介绍你来的你找谁要去！"说罢就转身回到书房，把马莲晾在了一边。

马莲一时尴尬，于是找到了引见自己的朋友，描述了自己的遭遇。朋友听了她的话，再一看她的样子，无奈地说："你也不想想，哪个名声在外的书法家不喜欢别人对他毕恭毕敬啊！你一副不在乎的样子，人家能喜欢你吗？再说了，去见大师这么讲究的人，怎么能穿成这样子呀？"

马莲一听哑口无言，就因为自己说话不懂礼貌，才让自己失去了好机会。因此，女人要懂得：在工作、生活中，你要求别人，就得在打交道之前做好准备，最起码要知道人家忌讳什么、讨厌什么。如果像马莲那样冒失地闯过去，一句话不对，惹得对方发了火，不仅你的事情办不成，还惹得别人也不高兴，这岂不是损失太大！连礼貌都不讲，人家还怎么跟你谈事情呢？

有些女人是天生的社交高手，这不是因为她们拥有倾城的外貌，而是因为她们无论在任何场合，都能妙语连珠，博得满堂彩。会说话的女人能适时送出赞美，让人听了如沐春风；会说话的女人，能让批评也变得悦耳；会说话的女人懂得什么时候该温柔婉转，什么时候该仗义执言；会说话的女人面对不同的人，会采取不同的语言策略；会说话的女人能适时转变话题，以免气氛冷场。

因此，在与人交往的过程中，你可以没有金钱，没有地位，但你不能不懂得说话。女人一定要学会说话，这样你就会发现，在尊重别人的同时，你自己也赢得了别人的尊重！

♥ 好口才讲究深度与广度

一个女人要展示自己具有良好的修养和内涵，最直接的方法就是"谈话"。通过交谈，人们可以感觉出这个女人的品性和修养。一个善于言谈的女人，一定能引起别人的兴趣和注意。在现代经济社会，把自己推销出去的捷径就是要善于谈吐。

1903年12月17日，是人类第一次驾驶飞机离开地面飞行的日子。美国发明家莱特兄弟完成了这一历史创举后，到欧洲旅行。在法国的一次欢迎宴会上，各界名流都来庆祝莱特兄弟的成功，并希望他们能给大家讲讲话。再三推托后，大莱特走向了讲台，而他的演讲仅有一句话："据我所知，鸟类中会说话的只有鹦鹉，而鹦鹉是飞不高的。"正是这句精彩的话，赢得了全场热烈的掌声。

其实，大莱特可以详尽地介绍自己科学发明的经过，但是他并没有这样做，用一句话就很有高度地反映出了他们创造的艰难和埋头苦干的精神。就是这样一句话，足以留给听众深刻的印象。所以，好的口才不仅要有广度，更要有深度。

古语说得好：山不在高，有仙则灵。如果说话不着重点地废话连篇，那么抵不上一句有根有据的话所能发挥出的作用。

20世纪30年代，我国著名新闻记者、政治家、出版家邹韬奋在上海各界公祭鲁迅先生的大会上发表了一句话演讲："今天天色不早，我愿用一句话来纪念先生：许多人是不战而屈，鲁迅先生是战而不屈。"

邹韬奋只用了一句话，就将鲁迅的精神说了出来。在当时，他的演讲被人们誉为最具特色的演讲。即便是现在，人们仍感叹邹韬奋演讲的简练、有力。

俗语说：蛤蟆从夜晚叫到天亮，不会引人注意；公鸡只啼一声，人们就起身干活。的确，话不在多而在精。

清朝皇帝有一座庄园，叫避暑山庄。每当天气炎热的时候，皇上便带着重臣和后妃们到那里办公避暑。臣僚们都以能陪驾去避暑山庄为荣。

有一年夏天，乾隆让军机要员和珅和三朝元老刘统勋陪同去避暑山庄。一天，乾隆邀二人同游烟雨楼。那烟雨楼是避暑山庄三十六景之一，此楼四面环水只有一桥可通。楼在湖上水汽一蒸便迷蒙如在雨中，故得此名。

三人来到桥上，那桥弯弯曲曲折叠在湖面上，时而薄雾飘过如在天上，时而雾过水清又如荡舟湖湾，引得乾隆诗兴大发，于是便邀二人赋诗比赛。

乾隆先出一题，问道："什么高，什么低，什么东，什么西？"刘统勋觉得自己是三朝元老，资历在和珅之上，忙抢先答道："君主高，臣子低，文臣在东，武臣在西。"

和珅一听，很不高兴。一来自己是军机要员，权力比刘统勋大，二来刘统勋诗中说"武在西"，古代以东为上以西为下，也有暗含自己这军机大臣不如刘统勋那三世文臣的意思。

于是，和珅打定主意，要挫败刘统勋的锐气。他环视四周，看见自己站在乾隆的东面，刘统勋站在西面，而那桥下的热河流水正自东向西流入离宫湖，便借机吟道："天最高，地最低，河（以'河'谐音'和'，指和珅自己）在东，流（以河流之'流'谐音'刘'，指刘统勋）在西。"

当然，刘统勋也听出了和珅诗中谐音双关的字义，明白他是在借诗与自己争地位高低，心中更是不快。

乾隆笑了一笑，什么也没说。又接着出题：每人以"水"为题，拆一个字，说一句成语以成一句诗。刘统勋见来了报复机会，忙抢先道："有水念溪无水也念奚，单奚加鸟变为鸡，得时的狐狸欢如虎，落坡的凤凰不如鸡。"

　　和珅早已听出刘统勋讽刺自己是"得时狐"之意，于是吟诗反击道："有水念湘，无水也念相，雨落相上便为霜。"意思是说你刘统勋的现况是新老交替的自然规律造成的，埋怨我做什么？

　　乾隆早已听出两人的弦外之音，上前来一边拉住一个，赋诗道："有水念清，无水也念青，爱卿协力心有情。不看僧面看佛面，不看孤情看水情。"

　　这时，三人身影正倒映在水中。和珅和刘统勋听罢，心中为之一震，明白自己不应为个人名分争高低而误国事。二人为乾隆的苦心所感动，当即互相认错，表示共辅国政的决心，乾隆听后很高兴。

　　从上面的例子可以看出：乾隆的话语虽然不多，但是却隐含了让两人和好，共同辅政之意，其意义之深远，令和珅和刘统勋十分惭愧。

　　可见，会说话的人，往往语言简明扼要、言简意赅、简中求准。短短几句话，却犹如一粒粒沉甸甸的石子，在听者平静的心湖里激起层层波澜。

　　我们每个女人都希望自己说出来的话语既有深度，又有广度。好的口才是建立在深厚的学识基础之上的，如果脱离了这个根本，那么言谈就会成为"无源之水、无本之木"，淡而无味。

　　小霞是一名大三的学生，平时她最爱做的事情就是泡图书馆，各种类型的书都喜欢看一些，各个学科都喜欢研究一下。这些书籍极大地开阔了她的视野，让她了解了各方面的知识，所以她说起话来总是头头是道，让人信服。后来，她参加了市里举行的辩论大赛，还拿了一等奖。这说明肚子里有"货"，说出来的话才能兼有深度和广度。

如果你有一桶水，那么给别人一杯是再简单不过的事情，而如果你的桶里没水，又怎么能给别人呢？说话也是一样，虽然需要一定的技巧，但也与一个人掌握知识的多少有着密切的关系，正所谓"腹有诗书气自华"。知识面不够宽广，就算技巧掌握得再多，也是无法说服别人的。

缜密的思维，幽默机智的应答，这一切无疑都来源于头脑中的广博知识，那种不着边际，没有实际意义的夸夸其谈不是好口才。女人要想说出来的话有深度、有广度，就要丰富自己的文化修养，上通天文，下晓地理，知识面越宽底蕴越深。

♥ 说话之前，请三思而后行

现代女人在节奏越来越快的社会生活中经常会忽视了说话的技巧。有些女人不假思索地按照自己的意愿说话，伤害到了别人，自己却一无所知。这样的例子在现实生活中确实不少。因此，我们在说话的时候要学会三思而后说，学会在说话之前考虑对方的感受，这样，就可以对别人多一份尊重，多一份相互的关怀和理解，让语言更加柔和与委婉，让人际关系更加和谐。要像打扮你自己一样用心打扮你的言语，才能够让人舒服地与你交往，从而愿意成为你的朋友。

不妨让我们从一个小故事来看看我们为什么要学会三思而后说。

一对情侣在一家服装店，为了一条裤子讨价还价，年轻的女老板坚持要60元，女孩坚持给50元。女老板不卖，女孩拉着男朋友要走。女老板脸色一沉，说了一句："60块钱还讲个没完，真是没出息！没钱就别出来逛，丢人现眼！"

这话说得十分难听，这对情侣一听当然是火冒三丈，结果女老板还来劲了，说了句更狠的话："像你这种身材，肥得像猪一样，一辈子买不到合适的裤子！"这下女孩的男朋友可不干了，抓起女老板的衣领就是一拳……

女老板为了一条裤子，居然说出这么伤人的话，招来一顿痛打，也真是不值。俗话说，买卖不成仁义在，明白人应该懂得和气生财的道理，宽容一点，看人的长处，言辞才会亲和，没准一桩生意就做成了，不至于到拳脚相加的地步。不会好好说话，既伤害了别人，于己也没有什么好处。

以此为借鉴，我们在说话的时候，一定要注意包装自己的语言。这样不仅能够防止无意中中伤别人，还可以让自己的话语更有魅力。很多时候，或许一句自己认为无关紧要的话就可能在听者的心中划开一道无法愈合的伤口。有道是"说者无心，听者有意"，同样的一句话，不同的人说会有不同的效果，不同的人听到了也会有不同的反应。

会说话的女人可能会说得人开怀一笑，而不会说话的女人就可能会让敏感的人觉得自尊心受到了伤害。因此小心"说者无心，听者有意"，这是会说话的女人开口的大前提。粗心的女人说话常常不经仔细思考，只顾自己把话说完，而忽略了"听者"的闻后所想，造成无法弥补的损失。下面就是一个这样的例子。

有一个女主人请客，看看时间都快到点了，还有一大半的人没来，心里很焦急，便自言自语地说："怎么搞的，该来的客人还不来？"一些敏感的客人听到了，心想："该来的没来，那我们是不该来的？"于是悄悄地走了。

女主人一看这种情况，更着急了，就接着说："怎么这些不该走的客人，反倒走了呢？"剩下的客人一听，又想："走了的是不该走的，那我们这些没走的倒是该走的了！"于是又走了几个朋友。

房间里只剩下了一个朋友。看到这尴尬的场面，那个朋友就劝她说："你说话前应该先考虑一下，否则说错了，就不容易收回来了。"女主人大叫冤枉，急忙解释说："我并不是叫他们走哇！"朋友听了也大为光火，说："不是叫他们走，那就是叫我走了。"说完，头也不回地离开了。

从上面的例子可以看出：在我们和人沟通的过程中，往往会因为一句话而引起他人的不悦，原因在于我们没有考虑到对方的感受，而只顾发泄自己的情绪，一吐为快。虽然说者无心，但是听者有意。如果我们不注意自己的言语，如果我们不"慎言"，就会不同程度地给听者造成伤害。

同样的事情，有的女人着急上火，口不择言，有的女人则不急不躁，言语稳重，最后结果就大相径庭。话语如同一把利刃，可以伐木也可以伤人，就看操持者怎么使用。既然每个人都喜欢听美酒一样的良言，为什么不对别人也说出美好的语言呢？包装一下再出口，注意说话的方式，把难说的话说得好听，才是真正有素养的口才高手。

因此，在生活中，为了避免产生语言冲突，女人在说任何话之前，都该先想想"如果别人对我这样说，我会作何感想？""我的批评是有害的，还是有益的？"在很多情况下，如果能多花一些时间，设身处地为他人着想，就不会因一句话惹得众人怒了。所以，要学会三思而后言。

♥ 含蓄一点儿，语言会更有魅力

生活中，有些女人把说话直来直去、想什么说什么，视为是一种好习惯，认为这样的人坦诚、实在。可是，有的时候，难免会遇到不便直说、不忍直说、不能直说的情境。在这种情况下，如果说了直话，可能影响到人际关系，给自己添麻烦，也伤害到别人。因此，为了避免不愉快的事情发生，在某些场合说话还是要讲究一点技巧，尤其女人要学会委婉含蓄地表达自己的看法。

某单位的一个职员到领导家请领导帮忙办事，领导夫人热情招待，很有礼貌地端水果倒茶。这位职员办完事后，却仍然待在领导家里不走，高谈阔论起来。天色已经很晚了，领导的孩子还要早点休息，领导夫人也很疲倦了。但是，客人此时说得正酣，也不好直接请客人出门，怎么办呢？

领导夫人便到厨房收拾了一下家务，然后回到房间对丈夫说："人家这么晚来找你，你快点给人家想个办法，别让人家总这样等着。"然后又对客人说："您再喝杯茶吧。"这位职员听出了领导夫人的弦外之音，很知趣地马上告辞了。

这位领导夫人就懂得说话之道，既把自己的意思曲折地表达了出来，又尊重了客人，不至于让客人难看。表面看她是在为客人说话，为客人帮忙，但实际却在传达另一个含义，以得体的表达方式达到了自己的目的。

总之，女人说话不一定要直来直去，委婉含蓄地表达，不仅让人更易接受，还可深得人心。下面也是一个这样的例子。

战国时期，楚国有一位能言善辩的人名叫优孟，他善于在谈笑之间劝说国君。楚庄王有匹爱马，楚庄王非常看重这匹马。比如他为马披上锦绣的衣服，将马养在华丽的房舍里，马站的地方设有床垫，并用枣脯来喂它。可是，马因为吃得太好太多，不久就患肥胖病死了。楚庄王非常难过，下令全体大臣给马戴孝，不仅准备给马做棺材，还要用大夫的礼仪来安葬马。

群臣对楚庄王的做法都非常反对，纷纷上书劝楚庄王别这样做。然而楚庄王对群臣的劝谏十分反感，并下令说："谁再敢对葬马这件事进谏，格杀勿论！"

慑于楚庄王的淫威，群臣们都不敢再进谏。优孟听说这件事后，来到殿门，刚步入门阶就仰天大哭。楚庄王见他哭得这么伤心，觉得很惊奇，问他为什么大哭。

优孟说："这匹死去的马是大王最疼爱的，楚国是堂堂大国，用大夫的礼仪来安葬，礼太薄了，一定要用国君的礼仪来安葬它。"

楚庄王听到优孟不像群臣那样拼死劝谏，而是支持他的主张，不觉喜上心头，很高兴地问道："照你看来，应该怎样办才好呢？"

"依我看来，"优孟清了清嗓子，慢吞吞地说，"以雕工做棺材，用耐朽的梓木做外椁，以上等木材围护棺椁，派士兵挖掘墓穴，命男女老少都参加挑土修墓，齐王、赵王陪祭在前面，韩王、魏王护卫在后面，用牛、羊、猪来隆重祭祀，给马建庙，封它万户城邑，将税收作为每年祭马的费用。"说到这里，优孟已指出了庄王隆重葬马之害。

楚庄王大为震惊，这才知道了葬马的害处如此之大。于是说道："寡人要葬马的错误竟到了这么严重的地步吗？那么该怎么办才好呢？"

优孟接着说："那就让我为大王用葬六畜的办法来葬马吧。用土灶做外椁，用大锅做棺材，用姜枣做调味，用木兰除腥味，用禾秆做祭品，用火光做衣服，把它葬在人的肚肠里。"于是，楚庄王听从优孟的劝谏，派人把马交给掌管厨房之人去处理，不让此事传扬出去。

优孟因侍从楚庄王多年，熟知楚庄王的性情，知道对此时的楚庄王忠言直谏、强行硬谏肯定是没有效果的，所以干脆从称赞、礼颂楚庄王"贵马"精神的后面折射出另一种相反的又正是劝谏的真意，从而把楚庄王逼入死胡同，不得不回头，改变自己的决定。在特定情况下，采用正话反说的方法，会收到意想不到的效果。优孟正是采用了正话反说的方式，不直接说出自己的意思，而是从相反的方向委婉含蓄地表达了自己及众大臣的意愿，让楚庄王接受。

因此，在语言的实际运用中，许多话是不必说得过于清楚的。具有一定的含蓄性，反而能让语言表达更有魅力。例如，当你去拜访朋友时，主人热情地拿出水果、茶点招待你。如果你直言道："不吃不吃，我从来都不喜欢吃零食的，再说我也刚刚吃完饭，肚子饱得很，哪有胃口吃这些东西啊！"这样不仅让主人扫兴，还会伤害主人的一片热心。但如果表达含蓄一点，效果就完全不一样了："谢谢，多新鲜的水果啊，多香的糕点！可惜我刚刚吃完饭，没有胃口吃了，真是太遗憾了。"主人听了此番话后，心里必定很高兴，这样你也传递出了自己所要表达的意思。

孙犁曾在《荷花淀》中有这样一段描述。有几个青年妇女的丈夫参军走了，她们都很想念自己的丈夫，很想去驻地探望一下。

但是，因为害羞，不好当着众人的面直接说出自己的想法，就各自找了一个借口来表达本意："听说他们还在这里没走。我不拖尾巴，可是忘下了一件衣服。""我有句要紧的话要和他说。""我本来不想去，可是俺婆婆非要叫我再去看看，你说能有什么看头啊？"……正所谓曲径通幽。从侧面切入，暗中点明自己要说的话的主要含义，将话说在明处，而含义却藏在话的暗处。

当然，直言直语是人性中一种很可爱、很值得大家珍惜的特质，也唯有这种直言直语的人，才能让是非得以分明，让人的优缺点得以分明。只是在现实社会里，直言直语却可能是为人处世中的致命伤。

因此，在日常交谈中，当遇到一些让我们不便、不忍或语境不允许直说的话时，女人们要懂得把"词锋"隐遁，或把"棱角"磨圆一些，或从相反的角度深入，使语意软化，以便听者接受，最终达到表达真意的目的。

第二章　运用幽默，将气氛炒热

♥ 懂得幽默，掌握语言智慧

很多女人都有这样的感觉：觉得自己在公众场合是一个不会说话的人，觉得自己说话不幽默，就像没话找话似的，这种心理给自己的生活和工作带来了很大的困扰，也成为与人交往的障碍。

恩格斯曾经说过："幽默是具有智慧、教养和道德的优越感的表现。"幽默不仅能给周围的人带来欢乐和愉快，同时还可以提高个人的语言魅力，为谈话锦上添花。幽默的批评，可以让人们在笑声中擦亮眼睛；幽默的讽刺，可以在笑声中敲响生活的警钟；幽默的交流，可以在笑声中改变人们的情绪和心态；幽默平息矛盾，可以在笑声中显出人们的洒脱。

众所周知，幽默能显示出女性的风度、素养和魅力，能让人在忍俊不禁、轻松活泼的气氛中工作和学习。那么，怎样才能学会说话幽默呢？

在某公司举办的产品展销会上，几位年轻的女营销人员用专业术语详细地向消费者介绍了产品的性能、使用方法等，给人以业务精通的印象。在回答消费者提出的问题时，她们彬彬有礼、幽默风趣的回答，给消费者留下了非常深刻的印象。

有消费者问："你们的产品真能像广告上说的那么好吗？"营销人员立即答道："您用过后就会发现它会比广告上说的更好。"

消费者又问："如果买回去使用后发现性能并不好怎么办？"营销人员马上笑着回答："不，我们想念您的感觉。"

展销会取得了很大的成功：产品销量大大超过以往，更重要的是，产品品牌的知名度得到了提高。在公司召开的总结会上，经理特别强调，是营销人员语言训练有素才让这次展销如此成功。他要求公司全体人员都应像营销人员那样，在说话上下一番功夫，这样既能提升自己的语言魅力，还能提升公司的整体形象。

英国思想家培根说过："善谈者必善幽默。"幽默的魅力就在于：话无须直说，但却让人通过曲折含蓄的表达方式心领神会。

友善的幽默能表达人与人之间的真诚友爱，能沟通心灵，拉近人与人之间的距离，填平人与人之间的鸿沟。尤其当一个女人，要表达内心的不满时，或和他人关系紧张时，即使是在一触即发的关键时刻，幽默也可以使彼此从容地摆脱不愉快的窘境或消除矛盾。

一个善于表达的女人，说话总具有幽默风趣的特征。一个女人出口成趣时，既把别人带入了一个愉悦的氛围，自己也拥有了一个良好的人际关系。因此，幽默是一种应变的技巧，有时能帮助我们在瞬息之间摆脱尴尬的场面。

有一位顾客到一家饭店点了一只油焖龙虾。结果菜上来后，他发现盘中的龙虾少了一只虾螯，于是就询问侍者。侍者无法解释，只好找来了店老板孙女士。

店老板孙女士抱歉地说："真是对不起先生，龙虾是一种残忍的动物。您点的龙虾可能是在和它的同伴打架时被咬掉了一只螯。"

顾客巧妙地说："那么，就请给我换一只打胜的龙虾吧。"

老板孙女士和顾客都用了幽默的方式，委婉地指出了双方存在的分歧。这种方式，没有取笑他人，没有批评他人，也没有伤及他人的自尊，既保护了饭店的声誉，又维护了顾客的利益。

其实，很多时候我们在帮助别人摆脱难堪的同时，也是在给自己一个台阶下。这个时候，人们称赞的往往不是你的语言功夫，而是你的人品。最重要的是，你因此而化解了很多矛盾，也赢得了很多朋友。

钢琴家雯雯一次在某大剧院演奏，结果发现到场的观众不到50%。这让她既失望又尴尬。但是她并未因此而影响演奏情绪。她微笑着走向舞台，用幽默的语言对前来的观众说："我想这个城市的人一定很有钱，因为我看到你们每个人都买了两三张票。"话音一落，大厅里充满了笑声，打破了尴尬的局面。

雯雯对空座位原因的解释虽然荒诞，但却很巧妙，用幽默产生的愉悦压倒了因观众少而产生的沮丧。

适当的幽默能帮助女性与他人建立和谐的关系，赢得别人的信任和喜爱。幽默不仅能帮女性更好地与他人进行有效的沟通和交往，还能帮助她们处理一些特殊的人际关系，让她们能顺利地摆脱困境。

一次，一个女翻译与士兵们一起开庆功会，在与一个士兵碰杯时，那个士兵由于过于紧张，举杯时用力过猛，竟将一杯酒泼到了女翻译的头上。士兵当时吓坏了，可女翻译却用手擦擦头顶的酒笑着说："小伙子，你以为用酒能滋养我的头发吗？我可没听说过这个偏方呀！"说得大家哈哈大笑，也让这个士兵对女翻译充满了感激和崇拜。幽默的女人，说出话来虽让人感到如憨似傻，却因心境豁达，反而令人感受到她朴实的天性和无穷的智慧。如果女人都能拥有一份旷达朗润如万里晴空的心境，她们说的话，也就完全能够达到"无意幽默，但却幽默自现"的境界。

善于使用幽默的女人，她们常常能将窘迫的情境化为乌有，这实在令人羡慕。事实上，当交流陷入尴尬的境地时，无论是名人还是普通人，无论是随机应变还是荒诞推理，一些幽默技巧的运用，可以让自己摆脱尴尬，甚至还会给对方以回敬。

有个女议员发表演讲，在大家都侧耳倾听时，突然座位中有一个听众的椅子腿折断了，这个听众顺势就跌落在地面。此时，听众的注意力马上就分散了，女议员见状急中生智，紧接着椅子腿的折断声大声说道："诸位，现在都相信我所说的理由足以压倒一切异议声了吧？"话音一落，底下立即响起了一阵笑声，随后，就是热烈的掌声。

在人际交往中，我们轻松幽默地开些得体的玩笑，可以松弛神经，活跃气氛，营造出一个适于交际的轻松愉快的氛围，因而幽默的女人常常受到人们的欢迎与喜爱。

总之，幽默是一种情趣，它能有效地润滑和缓解矛盾，调节人际关系，给我们周围的人带来欢乐。因此，如果女人说话时能带点幽默，就能更好地赢得他人的赞赏。

♥ 融洽的氛围可以调侃出来

女人聊天说话的时候，适度地开个玩笑，调侃一下，能够营造一个融洽欢乐的说话氛围。有的时候，我们和他人聊天觉得气氛太过平淡，大家因为没有话题或者陷入尴尬，都不知道说什么话好，这种情况下，调侃一下能够让枯燥紧张的气氛活跃起来。

我们可以因地制宜，寻找可以拿来作为调侃对象的事情或人，开一些无伤大雅的玩笑；还可以就事论事，用幽默的话语使尴尬的气氛得到缓和。

和陌生的朋友初次见面的时候，因为大家都不熟悉，现场气氛难免时常陷入沉默。冷场的时候，聪明的女人要快速转动脑筋，仔细观察，找一个又合适又有趣的话题打开僵局，将气氛带动起来。

有的时候女人和别人聊天，聊着聊着气氛便不甚融洽，眼看着就要往不愉快的方向发展，这个时候聪明的女人会巧转话头，调侃一番，让大家在幽默的话语中开怀一笑，忘掉之前的不愉快。

张云晨是个很有主张的女人，所以在家里，张云晨管老公管得非常严。老公是个脾气好的人，但有的时候也会产生抱怨。

这天，张云晨的老公要外出一趟，张云晨说："老公，你在外面少和朋友喝酒，不准和漂亮的女性朋友多说话。还有，吃饭的时候少吃油腻的东西，多吃蔬菜。吃完饭不能跟着他们去别的地方玩，晚上9点以前必须回家……"老公边穿外套边打断张云晨的"例行条例"，发牢骚说："人家老公在家里都是一家之长，我在家就像个儿子一样被你管，让人家知道我怕老婆还不笑话死我。"

张云晨看着老公委屈的模样，笑眯眯地说："老公你不知道，男人怕老婆好处多着呢！你看，男人怕老婆首先能长寿，老婆管老公，男人不抽烟少喝酒，生活习惯好了身体自然就好，还不长寿？再一个，怕老婆还能省钱，少花一些交际应酬方面的冤枉钱。怕老婆的男人还有利于今后的事业发展，你想啊，怕老婆的男人因为长期惧内，磨炼出细心谨慎、反应迅速的个性，这可是在职场上很重要的素质呀！"

老公被张云晨这一套一套的话逗得哈哈大笑，只好说："好好好，这么多好处，别人还求不来呢，我就好好享受好了！"

张云晨在面对老公的抱怨的时候，并没有针对老公的话反驳或者用命令的口气让老公不许抱怨，而是拿老公"怕老婆"这个话题，用"一本正经"的语气调侃了一番。这样的俏皮话不但让老公心中的抱怨消失，还促进了双方的感情。

人生并不总是舒心如意，遇到令人不快的事情，若是用过于严肃的态度生活，难免太沉重，生活也会笼罩着一片灰暗。如果换一种心态，在生活中调侃一下，就会显得诙谐幽默，大度自然，每天都会很阳光、很光明，充满希望和快乐。女人在面对一些尴尬或令人不快的境地的时候，调侃几句还能够将自己从中解脱出来。擅长言辞的女人同时也是一个心存快乐的女人，她会给自己身边的人带来莫大的欢乐。

美国有一个著名的女影星，在她演艺事业的巅峰时期，她美丽的身姿一直活跃在银幕上。但是时光易逝，这位女影星晚年的时候却苗条不再，日渐发胖。正因自己身体太胖，当朋友多次邀请她一起去海滨浴场游泳，她都因为不好意思去，找尽各种理由推辞。

但是有一次，一位娱乐记者偏偏就针对这个问题向这位女影星发问："尊敬的女士，您是不是因为自己身材太胖，怕出丑才不去海滨游泳的？"

这位女影星想了一下，非常干脆地回答道："是的，我是因为自己胖才不去游泳的，因为我怕我们的空军驾驶员在天上看见我，会把我当成一个新生的岛屿。"

周围的人听后，发出阵阵欢呼声和笑声，不由得鼓起掌来。

这位女影星非常善于调侃，她用自嘲的口吻、夸张的手法化解了尴尬，既没有被记者牵着鼻子走，又很好地活跃了整个场面的气氛，同时还给大家留下了一个豁达开朗、诙谐幽默的良好印象，显示出自己不凡的人格魅力。

平淡无聊的生活太过乏味，尴尬难堪或者伤心绝望也会给人们带来伤痛。会调侃的女人懂得如何给生活添加作料，让生活瞬间换一个味道，即使心情郁闷，也能通过调侃自己的方式给别人传达自己乐观坚强的信息。学会用调侃的态度面对生活的女人，是一个热爱生活、大智若愚的女人。因为她身上闪耀着幽默的人格魅力，会得到更多朋友的喜爱和欢迎。

但是，我们需要注意的是，调侃要有一个尺度，尤其是那些可能让对方尴尬或误会的话不说为妙。不论是和陌生人第一次会面，参加同事聚餐，还是和朋友亲人聊天，女人要想活跃气氛，千万注意不要将调侃引入歧途，不要说一些不雅或者敏感的话题，否则只会适得其反。

女人在调侃自己的时候可以不必顾及太多，但用在别人身上时就一定要注意分寸，千万不可肆无忌惮地调侃。调侃的目的是活跃气氛，聪明的女人都会把握好调侃的分寸。同样的话用在不同的场合以及不同的人身上不一定都合适，说话的时候女人一定要入乡随俗、因人而异，只有这样才能获得一个好人缘，做一个幽默诙谐的女人。

❤ 会幽默赞美，你还怕不受欢迎吗

赞美别人固然会让别人开心，如果赞美的话语用幽默的方式说出口，更能让对方高兴，对说话者的印象也会更为深刻。幽默是人际交往中不可或缺的赞美方式。它不仅能为你赢得更多的朋友，还会让你的赞美显得自然而真实，更容易被对方接受。

"虚荣心"是人皆有之的，对别人讲的赞美话，谁都免不了会沾沾自喜。但是赞美不能千篇一律，因为千人千面，没有谁会喜欢过于"大众"的赞扬话。

苏羽宁记性不好，一些偶然遇见的人，隔一段时间她就会忘得干干净净。一次苏羽宁去参加一个户外运动俱乐部，相熟的朋友给她指了指一个年轻女孩，问她："你看这是谁？"

苏羽宁顺着朋友指的方向，看见一个秀气的女孩向她微笑，心里想："这是谁？我见过吗？我可完全不记得了。"苏羽宁只好不好意思地笑笑，说："我想不起来了。"只见那女孩脸上有点失望。

经过朋友的提示，苏羽宁才想起来，这是两年前他们外出旅游的时候路上碰见的一个女孩，苏羽宁还帮这个独自登山结果受伤的女孩包扎过伤口。

苏羽宁笑着说："是你呀！哎呀，真是女大十八变，才两年你就漂亮了一大截，难怪我认不出来你呢！"那女孩顿时笑了起来，和苏羽宁聊了起来。

苏羽宁用幽默的话语巧妙地避开了自己记性不好造成的尴尬，还顺带赞美了那女孩的漂亮，自然将整个气氛都调动起来了。不过，赞美别人也不是张张口、说说好话就能达到目的，尤其是在赞美一些小人物、小事件时，更要有一个分寸。

大文豪萧伯纳曾说过："每次有人吹捧我，我都头痛，因为他们捧得不够。"可见，赞美的话是人人爱听的，关键是说话的人能不能把赞美的话说到位。虽然大家都喜欢幽默的人和幽默的话，但幽默的赞美也要注意对策，并非任何赞美都能使对方高兴。只有别出心裁的赞美，才能打动对方的心。

林诗是一家广告公司的业务经理，有一次她约一个客户及妻子吃晚饭，并想在晚饭时间谈生意。客户带着自己的妻子准时赴约。林诗见到客户的妻子后，便夸赞道："您的夫人真是太漂亮了！"

客户客气地说道："哪里！哪里！"

林诗一听，想起一个笑话来，就笑眯眯地说："您的夫人哪里都漂亮，特别是眼睛，明亮有神，气质也非常出众。"

客户一听，心领意会，于是大家哈哈大笑起来，商业洽谈在愉快的氛围中开始了。

赞美也是门大学问，一定要有策略。称赞别人是件好事，但却并非易事，如果赞美得不够或者赞美不到位，就容易吃力不讨好。女人用开玩笑的方式，更能够达到称赞的效果，还能让人耳目一新。

孙晓茹非常风趣，朋友都说她是看着《幽默大王》长大的，十足是一个"幽默女王"。有一次，孙晓茹和朋友去吃饭，有一道菜摆成了一个非常别致的形状。孙晓茹看见就说："这厨师八成是自学过美术，你们看这菜，十足是个美工雕塑！"大家都被逗乐了。孙晓茹的话传到了厨师的耳朵里，厨师特意为他们免费送了一盘水果沙拉。

赞美自然是要让被赞美的人觉得高兴，产生自我满足感。光是让对方吃赞美的"面包"，有的时候难免会觉得单调。聪明的女人只要在面包上加一些幽默的"果酱"，对方会更容易接受，会满心欢喜地吃下去。

❤ 表达善意时，不妨开个小玩笑

幽默能让大家感到轻松愉快，善于运用幽默的女人会让自己妙语连珠。在与人相处的过程中，真正的幽默既要得体又要让对方体会到自己是在明确地示好，而不是让人感觉到你的低级趣味。如果运用得好，友善的幽默会在第一时间营造出一个愉悦的交际氛围。

每天早上上班高峰期公交车都很拥挤，有时候几乎是人贴人，每个人都不得不忍受这种"亲密接触"。

季小璐个子不高，被挤得受不了了，又看见身边的人都紧锁眉头，于是计上心头，喊道："喂，朋友们，大家都吸一口气，缩小些体积，我挤得快成相片了！"

被挤得愁眉苦脸，甚至想发火的人们听到此话都忍不住露出了笑容，还有的"扑哧"笑出了声。自然，季小璐身边的人主动为她挪了一点地方，让季小璐缓解了被挤的痛苦。

季小璐用自己的幽默，不但达到了目的，还让车内的人心情转好。在人际交往中，我们轻松幽默地开个友善的玩笑，可以松弛神经、活跃气氛，营造出一个适于交际的氛围，因而幽默的人常常受到人们的欢迎与喜爱。

百货公司大减价，购货的人又推又挤，每个人都被挤得憋了一肚子火，说是一点就着也不为过。有一位中年女士愤愤地对收银小姐说："幸好我没打算在你们这儿找'礼貌'，在这儿根本就找不到。"收银小姐沉默了一会儿，彬彬有礼地说："您可不可以让我看看您的'礼貌'样品？"那位女士愣了片刻，笑了。一场冲突就这样被化解。

这名收银小姐用俏皮幽默的玩笑话，让原本紧张的气氛顿时友善活泼起来，也避免了原先有可能会发生的争执冲突，可谓是一个善于运用幽默的聪明女人。

友善的笑话不仅能够化解陌生感，还能够化解人与人之间生硬紧张的情绪，有时还能够化解矛盾。需要注意的是，女人在开玩笑的时候一定要把握好幽默的度，不要弄巧成拙。玩笑一旦开得不好，幽默过了头，友善的效果就会适得其反。

友善的幽默是感情互相交流的过程。如果借幽默来达到对别人冷嘲热讽、发泄内心厌恶和不满情绪的目的，那么这种玩笑就不能称为幽默。当然，也许有些人不如你口齿伶俐，表面上你占到上风，但别人一定会认为你不够尊重他人，以后也不会愿意和你继续交往。

一位年轻画家最近找到了一处新房，准备搬进去前对好友说："我打算将墙壁好好地粉刷一下，然后在上面画几幅画，你们看行吗？"

深知年轻画家水平的好友，都暗暗发笑。有个朋友心直口快："就你的画画水平，还是别献丑了。"画家听了面露不悦。

这时，画家的女朋友善意地开了个玩笑："我看你还是先画几幅画，然后，再将墙壁好好地粉刷一遍。"年轻画家听了一笑，要在墙上画画的念头就此作罢。

女人在开玩笑的时候，一定要分清场合，还要注意自己的玩笑会不会产生歧义，让人误解。一般来说，女人最好不要开自己长辈的玩笑，对自己的上级也最好不要开过分的玩笑。同龄人之间开玩笑的时候，要注意对方的性格，太敏感内向的朋友最好不要乱开玩笑，因为对方很有可能不领情，将你的善意看作嘲笑和讥讽。

女人的幽默一定要优雅得体，开玩笑的时候也是一种对自己美好形象的塑造。如果幽默者的思想情趣与文化修养高雅健康，说出来的玩笑话就容易显得友善。幽默内容粗俗或不雅，固然也能博人一笑，但过后就会感到乏味无聊。只有内容健康、格调高雅的幽默，才能给人精神享受，还能让人事后回味。

真正友善的玩笑能够瞬间消除双方的心理隔阂，能让大家相谈甚欢。聪明的女人也是一个幽默艺术家，一个小玩笑就可以为大家塑造一个融洽、欢乐的氛围，别人怎么会不喜欢这样的女人呢？

♥ 幽默，消除尴尬的"利器"

在我们的生活中常常会遇到一些令人尴尬的场面，比如打碎碗盘、弄错事实、迟到等，女人要想让自己迅速从窘境中摆脱出来，幽默就是一个绝佳的妙招。聪明的女人在遇到尴尬的时候，总是不慌不忙，靠自己的机智和风趣，将棘手的难题轻松地化解掉，将尴尬的场面变得轻松随意。这样的女人能够随时随地化解自己和他人的尴尬，自然会很受欢迎。

聪明的女人善于利用当时的情势，用幽默的方式做一番自我解嘲或者巧用一些托词，就很容易将原本没有面子的场景变成皆大欢喜的局面。

有一家饭店的卫生不太好，经常有顾客会在用餐时发生一些不愉快的事情。一次，一位男士在吃饭时，竟然在碗里发现了一根头发，于是把女服务员叫来，问道："你们餐厅是不是换新厨师了？"

女服务员很诧异地说："是呀，您怎么知道的？"

那位男士说："当然知道啦，平日的碗里总有一根白头发，今天的碗里是根黑头发。"

女服务员灵机一动，脱口而出："先生，您说的可能是以前的情况，可是现在我们的厨师是一位秃子。"

这位顾客非常聪明地发挥了他的幽默，既向对方委婉地表达了自己对该餐厅饭菜卫生的意见，又给对方留了面子，使对方不至于恼羞成怒。而更绝的是餐厅的女服务员，又用幽默成功地帮助自己和饭店走出了尴尬。在一片欢笑声中避免了一场口舌纠纷。

曾雪是一位教师。一天，她第一次去上课，就赶上了一场大雨。她要赶到讲课的地方，要坐好几站公交车，因为下大雨，公交车好久都没有来。没办法，曾雪只能徒步赶往授课地点。

当曾雪从住处赶到授课地点时，晚了10多分钟，一推教室的门，迎接曾雪的是几十双清澈而明亮的眼睛。

曾雪为自己的迟到感到非常抱歉，她走上讲台，向同学们鞠了一躬，然后说："不好意思，让同学们久等了。我是讲《公共关系学》的，但和老天爷的关系没处理好。瞧，老天爷一点也不给我面子……"曾雪幽默的道歉顿时激起了同学们的欢笑和阵阵掌声。初次上课便迟到的尴尬早已消失不见了。

当你遭遇一些不得已的情况的时候，幽默的话语能让你将自己的苦衷表达出来，还能给他人带来一笑，可谓是只有利处，没有弊处。此外，当女人遇到别人带有侮辱性言辞的时候，幽默的语言还能助自己一臂之力，让自己既不会失了风度，还能予以反击。会说话的女人也要学会用幽默的话语保护自己不受到伤害。

公共汽车上，一个中年妇女上车后忙着找座没来得及买票。等车开起来之后，才从座位上站了起来去买票。一个女孩正愁找不到座位，忽然面前空出一个座位，就赶紧过去坐了下来，舒服地向车窗外望着。

可是，很快有人拍她的肩膀，她转头一看，是刚才那个中年妇女，她一愣："她怎么又回来了？"刚要起身，只见中年妇女晃了晃手中的车票说："让开！下蛋不勤，孵蛋倒挺勤的！"

女孩马上站了起来，彬彬有礼地说："对不起，耽误您下蛋了！"中年妇女闹了个大红脸，一句话也说不出来。

生活中，谁都不想陷入尴尬之中，女人的幽默能够化解尴尬，让整个氛围恢复正常。有的时候，我们可以运用相反的思维，将幽默渗透到整个生活当中去，那么欢乐会越来越多，尴尬会越来越少，我们的生活也会越来越轻松。

第三章　聪明的女人说话时滴水不漏

♥ 说话说到位很重要

人与人之间沟通，懂得怎么说话，说什么话，怎么把话说到对方心坎里，这些都是很重要的。嘴上功夫看似雕虫小技，却有可能因此扭转你的一生。

西汉初年，汉高祖刘邦打败项羽，平定天下之后，开始论功行赏。这可是攸关后代子孙的大事，群臣们自然当仁不让，彼此争功，吵了一年多。

汉高祖认为萧何功劳最大，就封萧何为侯，封地也最多。但群臣心中不服，私底下议论纷纷。

封爵受禄的事情好不容易尘埃落定，但众臣对席位的高低先后又起争议，许多人都说："平阳侯曹参率兵攻城略地，屡战屡胜，功劳最多，应当他排第一。"

刘邦在封赏时已经偏袒萧何，委屈了一些功臣，所以在席位上难以再坚持己见，但在他心中，还是想将萧何排在首位。这时候，关内侯鄂君揣测出刘邦的心思，于是就顺水推舟，自告奋勇地上前说道："大家的评议都错了！曹参虽然有战功，但都只是一时之功。皇上与楚霸王对抗5年，时常四处逃避，萧何却常常从关中派员填补战线上的漏洞。楚、汉在荥阳对抗好几年，军中缺粮，也都是萧何辗转运送粮食到关中，粮饷才不至于匮乏。再说，皇上有好几次避走山东，都是靠萧何保全关中，才能顺利接济皇上的，这些才是万世之功。如今即使少了一百个曹参，对汉朝有什么影响？我们汉朝也不必靠他来保全啊！你们又凭什么认为一时之功高过万世之功呢？所以，我主张萧何第一，曹参居次。"

这番话正合刘邦的心思，于是下令萧何排在首位，可以带剑上殿，上朝时也不必急行。而鄂君因此也被加封为"安平侯"，得到的封地多了将近一倍。他凭着自己察言观色的本领，能言善道，舌灿莲花，享尽了一生荣华富贵。

说话，要懂得什么时候说什么话；说了，要为自己说过的话负责。一个人如果没有真材实料，如果没有真知灼见，从他嘴里吐出来的话也许能一时吸引他人，却不能一世蒙蔽他人。

♥ 看见不同的人，说不同的话

见什么人说什么话，意即当你在和对方交谈时，要尽量使用对方认同的语言，谈论对方熟悉和关心的话题，并且也要视当下的具体情况灵活应变，以便在迎合对方心理的同时，也赢得对方的好感。唯有赢得对方的好感，才有可能得到你想获得的东西，而这也是成就大事的一种语言技巧。

话总是说给别人听的，至于说得好不好，是否有口才，不仅要看话语是否适当地表达了自己的思想和情感，也要看别人能不能确实理解并且乐于接受。如果你所说的话让别人听不懂，或者让人没有专心聆听的意愿，那么这样的谈话还有什么意义呢？

见什么人说什么话，是不是曲意逢迎、逢场作戏呢？可以说是，也可以说不是。可以庸俗化，歪曲为虚情假意，也可以实事求是，把它理解为人际交流的科学态度。我们主张说话一定要看场合和对象是为了遵循交际规律，进行有效的交流，根本不同于虚伪和圆滑。逢场作戏虽然也有见什么人说什么话的灵活应变性，但它的出发点不是为了把表现自我与适应他人统一起来，不是为了直接交流，沟通心灵，而是为了依附讨好对方，或是蒙蔽诱骗对方。这种人性的扭曲和虚伪的丑态与谈话一定要看对象有本质的区别，我们应当也能够划清这两者的界限，在真诚待人、平等互利的基础上来看对象说话，以科学的态度来掌握人际交流的艺术。

社会上的人有民族、地域、年龄、性别、经历、文化程度、生活习惯、性格特征、职业职务、心理状态、所处环境和兴趣爱好等各种差异，而且每个人都有两种属性，一是群体的社会性，二是个体的独立性。人与人的各种差异和两种属性在交往中既有其和谐的一面，也有其排斥的一面。这样的两重性，再加上人际交流中语言环境的不同变化，这就要求我们说话不仅要看场台，而且还要看对象。语言学家吕叔湘说得好："此时此地对此人说此事，这样的说法最好；对另外的人，就应该用另一种说法。"

说话要看对象的道理，是众人皆知的。但许多人往往不够重视，往往看得不够深入细致。所以在这里强调：看对象要看对方的基本情况，不仅要看对方的心理态度及其变化，还要看与交际双方有关的人物关系。

冬天大西北的电影院里，常有年轻的女观众入场后不肯摘帽子，影响后面观众的视线。为此，放映员多次打出字幕："影片放映时请勿戴帽子！"但许多人不予理睬。后来电影院出了绝招，打出字幕通告："本影院为了照顾年老体衰的女观众，允许她们照常戴帽，不必摘下。"结果，所有戴帽子的年轻女观众全都摘下了帽子，因为她们谁都不愿成为衰老之人。

说话看对象，还要看对方的文化程度。人口普查员填写人口登记表，问一位没有文化的老太太："你有配偶吗？"老太太很可能听不懂，还会以为你是问她"买藕了没有？"容易闹笑话。

一位大学毕业生被分到一家工厂工作，起初不错。但没过一个月，他发现车间主任对他越来越冷淡了，他怎么也弄不清其中原委。后经一位好心师傅的点拨，他才恍然大悟：原来他在学校待惯了，讲话爱用些术语，什么"最优化方案""程序化""控制论""结构定向"等，而车间主任只上过中专，最烦别人在他面前咬文嚼字，卖弄学识。所以，这位大学生说的话，无形之中触到了领导的"自卑感"。

与智慧型的人说话，需要有广博的知识；与学识渊博的人说话，辨析能力一定要强；与善辩的人说话，就没有必要啰啰唆唆。与上司说话，就要把话说到他心坎里去；与下属说话，必须让他们感觉到你的慷慨，从你这里他们能得到好处。别人不愿意做的事情，不要勉强；而别人喜欢做的，应给予大力的支持。别人喜欢听的话，要多说；别人不喜欢的，要少说，甚至不说。做到这些就算是管好了自己的嘴。

♥ 说话时，说三分就好

俗话说：逢人只说三分话，留下七分自己赏。有些人也许以为大丈夫光明磊落，事无不可对人言，何必只说三分话呢？老于世故的人的确只说三分话，时刻都会为自己留条后路，你一定认为他们是狡猾，是不诚实，其实这是最机智的做法。

说话前需看对方是什么人，如果对方不是可以尽言的人，你说三分真话，已不为少。

孔子曰："不得其人而言，谓之失言。"对方倘不是深相知的人，你也畅所欲言，以快一时，对方的反应是如何呢？你说的话，是属于你自己的事，对方愿意听你唠叨吗？

彼此关系浅薄，你与之深谈，显出你没有修养；你说的话涉及对方的事，你不是他的诤友，不配与他深谈，忠言逆耳，显出你的冒昧；你说的话是属于国家大事，你没有搞清对方的立场就高谈阔论，这样更容易招灾惹祸。

所以，逢人只说三分话，不是不可说，而是不必说，不该说，与"事无不可对人言"并没有冲突。

"事无不可对人言"，并不是指你所做的事必须尽情向别人宣布。老于世故的人，是否事事可以对人言，是另一个问题，这里讲的只说三分话，是不必说不该说的话，并不是不诚实，也不是狡猾的表现。

说话本来有三种限制，一是人，二是时，三是地。非其人不必说。非其时，虽得其人，也不必说。得其人，得其时，而非其地，仍不必说。非其人，你说三分真话，已是太多；得其人，而非其时，你说三分话，正给他一个暗示，看看他的反应；得其人，得其时，而非其地，你说三分话，正可以引起他的注意，如有必要，不妨择地另作长谈，这才是通达世故的人。

由此可见，说话也是一门艺术，话说好了万事好，话说坏了毁前程。所以，在说话前必须考虑清楚，想好了再说，否则，别人会认为你是个有口无脑、缺心少肺之人。

有时你的三分话，正体现了你的职业道德。做医生的人，普通病人的病状，或许可以对人提起；如果是患花柳病的人，你就只字不能对别人提及。这是医生的职业道德。

经办银行业务的人，其业务的大概情形，或许可以对人提及，对于存款人的姓名与存款额，你是绝对不可对别人提起的。这是银行职员的职业道德。

这些例子还有很多。有时你因为不能遵守只说三分话的戒条，酿成大祸，往往使你的精神痛苦，甚至于蒙受更大的损失呢！

如果你从事的是机密工作，或者特殊的行业，对人只说三分话，还要局限在重要话题之外。重要话题是一字都说不得的，你说的三分话，应该是风花雪月，应该是柴米油盐，应该是上天入地，应该是稗官野史……总而言之，应该是无关紧要的材料。无关紧要的材料，虽是说得头头是道，兴味淋漓，说得皆大欢喜，其实是言之无物，不会引来什么苦恼。

言有尽而意无穷，有情尽在不言中，告诉别人你话中有话，这就是话说三分、点到为止的艺术，这不失为一种大的智慧，既指出对方的错误，又保全了对方的面子，打动了对方的心。

❤ 摸准对方性格，说话时投其所好

人各有其情，各有其性。有的人喜欢听奉承话，给他戴上几顶高帽，他就会使出浑身力气帮你办事；有的人则不然，你一给他戴高帽，反而引起了他敏感性的警惕，以为你是不怀好意；有的人刚愎自用，你用激将法，才能使他把事办好；有的人脾气暴躁，讨厌喋喋不休的长篇说理，求他办事，说话就不宜拐弯抹角。

外交史上有一则逸事：一位日本议员去见埃及总统纳赛尔，由于两人的性格、经历、生活情趣、政治抱负相去甚远，总统对这位日本议员不太感兴趣。日本议员为了不辱使命，搞好与埃及当局的关系，会见前进行了多方面的分析，最后决定以套近乎的方式打动纳赛尔，以达到会谈的目的。

下面是双方的谈话。

议员：阁下，尼罗河与纳赛尔，在我们日本是妇孺皆知的。我与其称阁下为总统，不如称您为上校吧，因为我也曾是军人，也和您一样，跟英国人打过仗。

纳赛尔：嗯……

议员：英国人骂您是"尼罗河的希特勒"，他们也骂我是"马来西亚之虎"。我读过阁下的《革命哲学》，曾把它同希特勒的《我的奋斗》作比较，发现希特勒是实力至上的，而阁下还充满幽默感。

纳赛尔：（十分兴奋）呵，我所写的那本书，是革命之后，花3个月时间匆匆写成的。你说得对，我除了实力之外，还注重人情味。

议员：对呀！我们军人也需要人情。我在马来西亚作战时，一把短刀从不离身，目的不在杀人，而是保卫自己。阿拉伯人现在为独立而战，也正是为了防卫，如同我那时的短刀一样。

纳赛尔：（大喜）阁下说得真好，以后欢迎你每年来一次。

此时，日本议员顺势转入正题，开始谈两国的关系与贸易，并愉快地合影留念。日本人的套近乎策略产生了奇效。

在这段会谈的一开始，日本人就把总统称作上校，使对方降了不少级别；挨过英国人的骂，按说也不是什么光彩的事，但对于军人出身，崇尚武力，并获得自由独立战争胜利的纳赛尔听来，却颇有荣耀感。没有希特勒的实力与手腕，没有幽默感与人情味，自己又何以能从上校到总统呢？接下来，日本人又以读过他的《革命哲学》，称赞他的实力与人情味，并进一步称赞了阿拉伯战争的正义性。这不但准确地刺激了纳赛尔的兴奋点，而且百分之百地迎合了他的口味，使日本人的话收到了预想的奇效。

但是，对待那种十分傲气的人，如果他将面子看得很重而讲究分寸，你不妨从正面恭维入手，让他飘飘然，因为虚荣而顺从你的意图。这种类型的人只要你说他长得高，他便会踮起脚给你看。

在三国时期，诸葛亮对关羽便采取此法。马超归顺刘备之后，关羽提出要与马超比武。为了避免二虎相斗，诸葛亮给关羽写了一封信：我听说关将军想与马超比武。依我看来，马超虽然英勇过人，但只能与翼德并驱争先，怎么能与你美髯公相提并论呢？再说将军担当镇守荆州的重任，如果因你离开造成损失，罪过该有多大啊！关羽看了信后，笑着说："还是孔明知道我的心啊！"他将书信给宾客们传看，打消了入川与马超比武的念头。

此外，激将法在语言上也非常有讲究：既不能没有锋芒，不疼不痒；又不能太刻薄，使对方反感，产生对抗心理。总之，激将之言要辩证地把褒与贬、抑与扬有机地结合起来，这样才能达到激将的效果。

例如，某橡胶厂（甲方）进口了一整套价值为200万元的现代化胶鞋生产设备，由于原料与技术力量达不到要求，搁置了4年也无法使用。

后来，新任厂长决定将这套生产设备转卖给另一家橡胶厂（乙方）。

正式谈判前，甲方了解到乙方的两个重要情况：

一是该厂经济实力雄厚，但基本上都投入了再生产，要马上腾挪200万元添置设备，非常困难；

二是这位厂长年轻好胜，几乎在任何情况下都不甘示弱，甚至经常以拿破仑自诩。

甲方对乙方有所了解后，甲方厂长决定亲自与其进行谈判。

甲方厂长："昨天在贵厂转了一整天，详细了解了贵厂的生产情况。你们的管理水平确实令人信服。你年轻有为，能力非凡，真让我钦佩。"

乙方厂长："哪里哪里，老兄过奖了！我年轻无知，恳切希望得到老兄的指教！"

甲方厂长："我向来不会奉承人，实事求是嘛。贵厂今天办得好，我就说好；明天办得不好，我就会说不好。"

乙方厂长："老兄对我厂的设备印象如何？不是说打算把你们进口的那套现代化胶鞋生产设备卖给我们吗？"

甲方厂长："贵厂现有生产设备，在国内看是可以的，至少3~5年不会有什么大的问题。关于转卖设备之事，只有两个疑问：第一，不知贵厂是否有经济实力购买这样的设备；第二，即使有能力购买，贵厂也未必有能力招聘到管理、操作这套设备的技术力量。"

乙方厂长听到这些话后，从心理上感觉到甲方厂长在轻视自己，十分不悦。于是，他用炫耀的口气向甲方厂长介绍了己厂的经济实力和技术力量，表明己厂有能力购进并操作管理这套价值200万元的设备。经过一番周旋，甲方巧妙地将闲置了4年的设备转卖给了乙方。

运用激将法一定要因人而异，对什么样的人要用什么激将法，千万不要不辨对象而通用一个单子吃药。一般说来，它对那些争强好胜的胆小型人，效果比较明显；而对敏感多疑、办事谨小慎微的抑郁质的人，很容易产生适得其反的效果，他会把劝说者所给予的激将视为讽刺，导致心死。所以激将法的运用，必须是建立在了解对方的基础上，如果对对方一点都不了解，就盲目地去激将，往往不会取得理想的效果。

交谈好比一把钥匙，可以轻易地打开办事之门。人们的兴趣爱好往往牵连着头脑中的兴奋点。我们如果在交谈中根据不同人的性格、兴趣爱好，从不同的话题入手，常常可以比较容易地开启对方的心扉，步入对方的心灵深处，有效地与对方产生情感共鸣，顺利办成所求之事。

♥ 给别人戴高帽，也是一种说话艺术

戴高帽的现象在我国古代就有了。在当今这个物欲横流的社会，高帽的花样不断翻新，其种类、款式及妙用日益"进化"，已成为颇为时尚的一道"人文景观"。

我们暂且不说为什么世界上那么多人都乐于奉送和领受高帽，有时就连鸟兽也未能免俗。那一则耳熟能详的西方寓言中，狐狸看到乌鸦嘴里叼着肉，垂涎欲滴，怎奈飞腾无术，于是利用戴高帽法加以智取：再三赞扬乌鸦的嗓音美妙悦耳。叫声聒噪的乌鸦偏偏缺乏自知之明，一戴高帽便飘飘然，当它准备一展歌喉时，嘴里的肉

便成了狐狸的美味佳肴，真是只愚蠢的乌鸦！

俗话说得好，"世界上从没有免费的午餐"，当然，别人也不会无缘无故地馈赠你高帽。狐狸对乌鸦的叫声是否悦耳本无兴趣，眼里盯着的只是那块肥肉而已。一顶高帽换来一顿美餐，何乐而不为！当然，人类乃万物之灵长，人类高度发达的智商绝非鸟兽类可比，因而制作和奉送的高帽更为精巧，而且"知识含量"也有了不少增加。

世人总是喜欢被别人奉承，即使明知对方讲的是奉承话，心中还是免不了会沾沾自喜，这是人性的弱点。换句话说，一个人受到别人的夸赞，绝不会觉得厌恶，除非对方的奉承之语说得太离谱，让人一听就知道是假的。因此，在求人办事的过程中，学会巧妙地送高帽，就一定会达到预期的效果。

首先，高帽就是美丽的谎言，既取悦了别人，又帮助了自己。要让人乐于相信和接受，就不能把傻孩子说成天才那样离谱；其次，高帽也要美丽高雅，不能俗不可耐，糟蹋自己也让别人倒胃口；最后便是不可过白过滥，毫无特点，不动脑子。

求人办事，如果对所求者不是那么熟悉，先不要急着下结论。察其言，观其行，掌握了真实情况再决定送一项什么样的帽子。正所谓"穿衣戴帽以合身为准则"，过犹不及啊！

很多人都知道，英国著名作家柯南道尔一般都不会给别人签名留念。有一次，他收到一封从巴西寄来的信，信中说："我很希望得到一张您亲笔签名的照片，然后，我将把它放在我的房间里。这样的话，我不仅天天可以看见您，而且我坚信，若有贼进来，一看到您的照片，肯定会吓得屁滚尿流，逃之夭夭！"柯南道尔收到信的当天，就很爽快地为那人寄去了一张他自己亲笔签名的照片。

其实，戴高帽一定要戴得合适，有句话说，"看什么鱼，放什么饵；见什么人，说什么话"，给人戴高帽是万万不可乱戴的。其最佳途径不是从他的事业、才学、品德方面下手，而是从他的相貌下手。因为一个人不论长相如何，都可以给他戴高帽：瘦子身体健康，能吃、能喝、能跑、能跳；看到胖子，你可以对他说，心宽体胖，一生衣食不缺；对鼻子大的，你可以说悬胆鼻，主富贵；鼻子扁的，你可以说他好脾气、性情温和；眼睛大的，你就说他明亮有神，闪耀智慧；脸有麻子的，你可以说他麻子三分贵；秃头的，你可以说是智者的象征……

有个人叫艾鲁塞尔，他从事推销这个行业已经有很多年了。他想：如果多费点心思，也许能跟那位生意做得很大、信用也极佳的铅管匠技师伯洛克林成为业务伙伴。不过，这个铅管匠技师是个粗枝大叶、蛮横、粗犷的人。因此，艾鲁塞尔刚开始见到他时就受到了打击。

这个铅管匠技师常常坐在办公桌后的椅子上，嘴里叼根雪茄，每次一看到艾鲁塞尔就这样说："你走吧！我今天什么也不要，别在这儿浪费我的时间！"

艾鲁塞尔公司的领导想在长岛皇后村买一栋房子，开设分公司。而那房子正巧在那位铅管匠技师家附近，那么，他对房子周围环境的概况一定很熟悉。所以，艾鲁塞尔就尝试着运用另外一种新的办法——请人帮忙的心理学技术。他决定找个时间去见一下那位技师，并且准备这么说："先生，我今天不是来跟你谈生意的，是想请你帮个小忙。如果你方便的话，只需要花一分钟时间就足够了！"准备好以后，艾鲁塞尔就去见那个技师。

那技师嘴叼雪茄，看上去一副财大气粗的样子，毫不在乎地说："好吧。你肚子里有什么主意，快说出来！"

艾鲁塞尔说："我们打算在这皇后村开一家分店，您对这儿的情形，相信比谁都清楚，所以特地来向您请教。您认为这个计划怎么样？"

技师不紧不慢地说："这是一个前所未有的情况！"一般情况下，这个技师对那位大公司的推销员都是咆哮怒斥，但是今天却一反常态，到底是怎么回事呢？原来，是那位大公司的推销员来请教他，征求他的意见，使他有一种高贵感。他拉过一张椅子，指了指说："你坐下。"

这次，对待艾鲁塞尔的来访，技师花了一个钟头，详细地把皇后村铅业方面的情形告诉了艾鲁塞尔。他不但赞成艾鲁塞尔在皇后村开设分店，并且替他规划出购置地产的程序，以及购物、开业方面的事情。同时又提供了一家具有规模的铅业公司的营业方案让他参考。

学会给别人戴高帽，但这个高帽一定要真诚。因为别人会觉得你是一个容易接近的人，是一个谦虚的人。谁喜欢狂妄的人呢？没有。但我们必须牢牢记住：虽然每一个人都希望被人欣赏，被人重视，甚至会不顾一切地去达到这个目的，但没有人会喜欢接受虚伪的奉承。所以，要用巧妙、真诚的语言去送这顶关乎你大事的高帽。

♥ 开玩笑可以，别说别人的隐私

玩笑是生活的调味品，适当地开个玩笑，不仅可以调节气氛，减轻疲劳，而且能缩短与朋友、同事之间的距离。一句玩笑话可以化干戈为玉帛，消除积怨，一句玩笑话也可以批评或拒绝某人的要求。但是，开玩笑时必须注意尺度和分寸，尤其不要拿别人的隐私开玩笑。某人结婚2个月，就生了一个小孩，邻居们赶来祝贺。这人的好朋友约翰也来了，他拿来了自己的礼物——纸和铅笔。这人谢过了约翰，并且问："尊敬的约翰先生，给这么小的孩子送纸和笔是不是太早了？"

"不，"约翰说，"您的小孩儿太性急。本该8个月后才出生，可他偏偏2个月就出世了。再过5个月，他肯定会去上学，所以我才给准备了纸和笔。"

约翰刚说完，全场轰然大笑，令这对夫妇无地自容。

调侃他人的隐私是不对的，上例中约翰道出了友人妻子未婚先孕的隐私，这样令大家都处于尴尬的局面。

调侃时说他人的隐私，虽然言者无意，但听者有心。因此他会认为你是有意跟他过不去，从此对你恨之入骨。假如他做的是别有用心的事，就会极力掩饰不让人知道，如果被你知道了，必然对他不利。如果你是对方非常熟悉的人，绝对不能向他保证你绝不泄密，否则你将会自找麻烦。最好的办法是假装不知道，装作若无其事的样子。

心理学家研究表明谁都不愿把自己的错误和隐私在公众面前曝光，一旦被人曝光，就会因为感到难堪而愤怒。因此，在与人交往谈话时，如果不是为了特殊需要，尽量避开敏感的话题，免得使对方当众出丑。如果实在避不开可采用委婉的话语暗示你已知道他的错处或隐私，让他感到有压力而不得不改正。知趣的、会权衡的人会"点到即止"，一般会顾全双方的脸面而悄悄收场。假如当面揭短，让对方出了丑，会使他恼羞成怒，结果会出现很难堪的局面。至于一些纯属隐私、非原则性的错处，还是那种方法——装聋作哑，千万别去追究。

第四章　与陌生人搭讪，你不妨这样做

♥ 悬疑式开场白助你巧搭讪

当你在和好朋友交谈的时候，就算是聊他不感兴趣的内容，他也会耐心地听你讲完；而在和陌生人交谈的时候，倘若你不能引起他的兴趣，他是不会给你讲话的机会的。

在搭讪时，要想吸引对方的注意力和引起对方的兴趣，并让对方能主动地参与到你的谈话中来，你就要学会设计一个悬疑式的开场白。

好的开始是成功的一半。一个好的开场白，能够在最短的时间内和对方建立起一种良好的谈话关系。

先看一个搭讪的小故事。

李瑶坐火车去外地出差，邻座是一位长得很漂亮的女孩。他想和女孩搭讪，要女孩的电话号码。

因此，李瑶看着女孩说："你是哪里人？"

女孩上下打量着李瑶："湖南人。"

"你是做什么的？"李瑶问。

"学生。"女孩回答得很简短。

"你平常喜欢什么？"李瑶再问。

"看书，看电影。"女孩声音里显得有些不耐烦。

"你是自己一个人坐火车吗？"李瑶又问。

"是。"女孩闭上了眼睛。

"你的电话号码是多少？"李瑶接着问。

女孩发火了："你问这个做什么？我为什么要告诉你？有必要吗？你真是个无聊的人。"说完，女孩和前一排的人换了位置。

李瑶很纳闷："她为什么要生气呢？我只是想和她认识一下而已。"

李瑶和女孩的对话，从表面上看是一问一答，没什么可挑剔的。其实，选择这样的搭讪开场白是很不妥的。

倘若用面试来解释搭讪，不停发问的只能是面试官而不是应聘者，因为是面试官来选择应聘者能否胜任这个职位，而不是应聘者去选择面试官。

同理，是李瑶想要和女孩搭讪，他的一系列发问会让女孩觉得很无聊，也因此被女孩拉入无聊男人的名单。

你在设计开场白时，就要遵循这样一条原则：要让对方觉得有趣、新奇，有想要一探究竟的强烈欲望。

再给大家讲个故事。

张澜是一位卖洗发水的推销员，他看到迎面走过来三个女孩，就上前推销说："美女，现在的洗发水价格便宜得几乎要白给了。"

"有多便宜？"一个女孩问。

"原先一瓶的价格，现在能给你三瓶。"张澜笑着说。

"现在多少钱，说来听听。"另一个女孩问。

张澜用手指比画了一个数："超级便宜啦，如果你买我的洗发水，将会给你节约不少钱呢。"

最后，张澜成功地推销出去6瓶洗发水，每位女孩都买了两瓶。

一个精彩的悬疑式开场白，会吊足对方的胃口，会让对方有一种一直想要和你聊下去的意愿。

有一天，李婷去公园玩，看到一个长相俊俏的男孩在练习投篮。她很想去认识那位男孩，于是她在旁边观察了10多分钟。

等男孩停下来，坐在地上休息的时候，李婷说："刚才，我看你打篮球，让我看到了你的未来。"

男孩问："你会看相？"

李婷说："不会。但是我的确看到了你的未来。"

男孩饶有兴致地问："可以给我说说，我的未来是什么吗？"

李婷说："你以后会成为一位出色的灌篮高手。因为你给我的感觉太像一位篮球明星了，你现在的气场太像年轻时候的他了。" 男孩迫不及待地说："他叫什么名字？我很想了解这位篮球明星。"

李婷略作沉思状，"让我想想呀，好像叫什么？怎么现在想不起来了呢？"

男孩安慰道："没事。你慢慢想。"

李婷说："哎呀，我还有他的详细资料和历次比赛的视频呢。要不你把你的QQ号给我，我上网给你传过去。"

"好的。"男孩写下号码，递给李婷说："那就拜托你了。谢谢。"

李婷心里暗自发笑："没问题。小事一桩啦。"

如果你能做到像李婷那样，你搭讪的成功率就会大大提高，同时也会要到更多有效的号码。

　　学会设计一个悬疑式的开场白吧，让自己成为一名搭讪达人。

❤ 你的微笑，没人能够拒绝

　　想要认识更多的朋友，与陌生人打交道是必不可少的。那么，当你学会微笑，彻底甩掉苦瓜脸，你会发现很多人都愿意与你成为朋友，你也会变得越来越受欢迎。

　　微笑是最好的名片，是交际的钥匙。学会微笑，会让你的工作、学习、生活都顺心顺意。即使有挫折，也能微笑着乐观地面对。

　　张萌笑着说："我最大的心愿就是能够和一帮姐妹逛街购物，然后我们一起狠狠地向老板砍价。"

　　"你以前购物不砍价吗？"王乐乐感到很奇怪。

　　张萌说："我独自一个人去，根本不敢向店家砍价。但是，只要有做伴的，我就敢了。"

　　王乐乐说："那还不简单啊。多交几个朋友，以后一块出去。"

　　张萌叹了口气说："可惜，没人愿意和我做朋友。我参加过好几次交友活动，都没交上一个。"

　　王乐乐说："这不可能啊。下次，我陪你去参加活动，看看你是怎么表现的。"

　　过了几天，王乐乐跟张萌一块去了。她找准目标，上前和对方交谈。

　　而王乐乐呢？则潜伏在不远处，像个侦探一样仔细观察着张萌是如何表现的。

两小时过去了，张萌找到王乐乐说："看到了吧？我再次遭受失败了，我就知道我不行的，跟陌生人打交道，我真的不擅长。"

"你怎么这么快就否定自己了？"王乐乐说。

张萌一副愁眉苦脸的样子："我跟对方要电话，对方都不给，气死人了。"

王乐乐说："你发现自己一个致命的缺陷了吗？"

"什么缺陷？"张萌疑惑地问。

"从你开始和对方交谈，到交谈结束，你都是板着一个苦瓜脸，像对方欠了你几百万似的。"王乐乐说。

"是吗？"张萌说。

"你是来交朋友的，不是来讨债的。你老让对方看你的脸色，对方还怎么敢跟你做朋友啊。！"王乐乐说。

张萌说："我一直都是这个表情。"

"所以说，这就是你总交不到朋友的原因。"王乐乐说，"你改掉这个坏习惯吧。甩掉苦瓜脸，学会微笑，就没有人会拒绝你了。"

张萌说："好的。我听取你给我提的建议，以后我都会微笑面对别人。"

又过了一个月，张萌给王乐乐打电话说："我已经交到两个好朋友了，我们决定一起去逛街呢。"

王乐乐认识一个女孩叫晓彬，她是一名推销员，专门出售清洁用品的。

晓彬虽然是公司里年龄最小的，但是推销出去的清洁用品却是最多的。

而且，她跟老板和同事的关系都处理得特别好，同事们都喜欢她，亲昵地称晓彬为"开心果"。

究其原因，晓彬笑眯眯地回答说："推销商品时，你微笑，对方会不忍心拒绝你的商品。即使拒绝了你，对你的态度也不会恶劣到哪里去。"

"与人结交，你一脸微笑，对方会觉得你特别可亲，就会与你成为无所不谈的好朋友。"晓彬接着说。

俗话说：巴掌不打笑脸人。一脸阳光笑容的你，没有人会拒绝。没有人会不想和你认识，没有人会不想和你成为朋友。倘若你时常忘了微笑，那么你就去买一个笔记本。这个本子，就将它命名为"微笑日记本"。每天，你都规定自己笑的次数。然后，再在本子上记下，微笑给你带来的心得体会。认认真真地去感受生活，认认真真地去给对方一个微笑。这个微笑，是真实的，发自内心的。

♥ 寻找共同点，迅速拉近彼此关系

当你和陌生人交谈时，你要留心分析和揣摩，也可以在对方和自己交谈时揣摩对方的话语，从而发现共同点。

两个人初次见面，千万不要只甩出钓鱼竿，却忘了放上诱饵。我们对于交谈的内容必须有所了解。当你和对方谈到某一件事时，你必须对此有一个认识，否则你说的话会引不起对方的兴趣。

因此，在与别人交谈时，要全神贯注，找到共同点，会拉近彼此的距离，让对方也回报给我们一种好的印象。

何娜是云南人，现在在北京工作。

前些日子，她去逛超市，对店家说："我要瓶辣酱。"一不注意还把"辣酱"说成了地道的云南土语。

这时，正好走进来了一个男孩，也操着浓重的云南口音要了一瓶烧酒。

渗透着云南乡土气息的两句话，让他们彼此相视一笑。等他们提着东西出了店门，就攀谈了起来。

"你是云南哪里的？"何娜问。

男孩笑着说："大理的，你是哪里的？"

"玉溪的。我去过大理，觉得那里景色很美，那里的姑娘长得也秀气。"何娜说。

男孩说："大理好玩儿的地方可多了，下次回云南，记得来大理，我免费当你的导游。"

"好啊，我回云南就去找你。"何娜说。

接着，两人互换了电话号码。这之后，何娜和男孩还约出来吃过几次饭，还聊了聊家乡的那些事。

何娜常笑说："我和男孩聊天的亲热劲，不知情的人还以为是一家人呢。其实，只是因对方的一句家乡话而彼此认识的。"

想要和陌生人熟识起来，就要去找出双方的共同点，拉近你和他的关系。

那么，你会问，要怎样去发现陌生人和自己的共同点呢？

其实，答案很简单。当你和陌生人交谈时，你要留心分析和揣摩，也可以在对方和自己交谈时揣摩对方的话语，从而发现共同点。

有一次，王梅应一位朋友的邀请，去参加他的生日聚会。

在聚会上，王梅看到了一个女孩，穿着粉色的衣服、裤子和鞋子，甚至连手上的挎包都是粉色的。

王梅也比较喜欢粉色，那天也穿了粉色的纱裙。于是，王梅走到她身边向她问好，并说："你是不是喜欢粉色？"

"是的。"女孩说。"我也是，"王梅说，"看来咱俩有共同的喜好了。"

女孩笑了："大家都叫我'粉红妹妹'呢，我用的所有东西都是粉红色的，不是粉红色的，我一般不会要。"

王梅附和："粉色的东西，看起来多可爱啊，用起来也开心。"

"对啊。"女孩说，"我卧室的墙壁就刷成粉红色的，感觉真的很好。"

一个人的生活爱好、追求或是心理状态，都会或多或少地在他们的衣着、谈吐、行为等方面有所表现。

而你要做的，就是观察和分析，找出你和对方的相同点来切入话题。

两个互不相识的人在一起，要打破沉默，就要开口讲话，而方式一般有以下几种。

方式一：和对方打招呼，询问对方的出生地、职业、年龄，从中获取信息。

方式二：通过听对方说话的口音、用的言辞，从而了解对方情况。

方式三：给予对方帮助，然后用话来试探对方的情况。

方式四：向对方借东西或请求对方的帮助，来发现对方的性格特点。

以上四种是最常用的，寻找双方共同点的方法还有很多。比如，你们要去同样的目的地或是有过共同的生活环境，等等。

你更要学会结交人，让自己的社交圈变大。想要和对方拉近关系，迅速变成朋友，就要学会寻找双方的共同点。

♥ 第一句话就显示你的关心

想要与陌生人营造一种"一见如故"的感觉，你需要说好第一句话，第一句话就要表达出你对对方的关心和爱心。

这样，你留给对方的第一印象是最好的，是最能打开对方心扉、最能让对方对你产生好感的。

王芳是一名刚入行的杂志社记者。

她接到一项任务，主编要她去政治学院，采访几位学生，并写一篇报道。

进到学校，王芳就对遇见的学生说："我是某某报社的，你可以接受我的采访吗？这个采访是针对……"

王芳话还没说完，就被对方打断了："对不起，我忙着去上课呢。"

接着，王芳又询问了几个学生。

可是，对方都以"我在忙，没时间回答"或是"我对这些问题不感兴趣，你去找别人吧"等借口推托了。

王芳有些失落，心里想：难道我今天完不成主编交给的任务了吗？要不，我先不想采访的事情，休息一下再说。

于是，王芳去学校的超市买了一瓶矿泉水，坐在长廊上。

王芳无意间抬起头，看到对面走来一个女孩，拖着行李箱，还提着两个大包。

女孩额上布满了汗水，小脸红嘟嘟的，因为东西太重，女孩走三步，又停下来歇一会儿。

看到女孩这么累，王芳坐不住了。她从长廊上起来，走到女孩身边说："让我来帮你提个大包吧，小女孩哪能提这么多重物呢？"

女孩把一个大包递给王芳，笑着说："谢谢你，你真是个乐于助人的好人。"

"这不是应该的嘛。"王芳说，"你拿这么多东西，是要去哪里呀？"

"去女生宿舍楼。"女孩回答。

王芳问："你是这个学校的学生吗？"

"是的。"女孩笑着说，"认识你真开心。"

"我也开心。"王芳说。

"你来我们学校做什么？"女孩问。

王芳叹了口气说："我是一名记者，来你们学校想找几个学生做一下采访。可惜，你们学校的学生不是忙，就是不感兴趣，通通都拒绝我了。"

"你肯定很失落吧？"女孩问。

"是啊，"王芳说，"没有采访，就写不了报告，那怎么向主编交代呢？"

"你采访的对象，只要是这个学校的就可以了吗？"女孩问。

"是啊。"王芳说，"没有什么严格的规定。"

"你怎么没有考虑我呢，我也是这个学校的学生啊。"女孩笑笑。

"哦。"王芳说，"刚才，我都没想这么多。那么，你愿意接受我的采访吗？"

"你那么关心我，而且还和我聊了这么久，我肯定会接受你的采访的。"女孩说。

王芳笑着说："太好了，真的谢谢你。"

女孩也笑笑："而且，我还可以带你去宿舍，让我的舍友都来接受你的采访。如果舍友不够，我可以把班上的同学都联系过来。"

"你真是太好了。"王芳说，"我的运气真好，遇到你这么一位善良的女孩。"

结果，王芳在女孩的介绍下，迅速地高质量地完成了采访。

当王芳要离开时，女孩还跟她说："如果你以后还要采访我们学校的学生，你就直接找我，我帮你联系同学。"

听了女孩的话，王芳心里觉得很温暖。

回报社的路上，王芳一直在想：我和女孩明明是陌生人，为什么后来的关系变得那么好呢？

想了几分钟后，王芳明白了：原来，是她第一句话就表达出了对女孩的关心，给女孩留下了一个好的印象，因此两人聊天就像多年没见的老朋友一样，根本没有什么隔阂和距离感。你要学会在和陌生人说话的时候选个好开端，只要有一个好的开头，即使你和对方萍水相逢，也会一见倾心，相见恨晚。

❤ 选择话题时，请以对方为中心

谁都希望别人在乎自己，如果你对准对方去选择话题，对方就会兴趣盎然。而且，对方也会敞开心扉，打开话匣子，和你闲聊起来。

人们总是对有关自己的工作、家庭、理想等话题表现出浓厚的兴趣。当你围绕着对方的兴趣展开话题，对方就会敞开心扉，打开话匣子，兴致勃勃地与你神侃起来。双方兴趣重叠度越高，你的交谈就越能打动对方的心灵，为对方所欢迎。

张莹逛了2小时的百货商场后，坐在过道的椅子上休息。

她抬头四处看看，发现坐在自己旁边的是一位长相很英俊的男孩。对于"帅哥控"的张莹来说，赶紧和帅哥认识是目前最需要做的事情。

于是，她开始搭讪："你好，我是张莹，你长得真帅呀。"

"你好。"男孩面带微笑。

张莹开始展示和推销自己，想用自己的长处，让男孩为她折服。

"我会做很多种菜，而且不管是西式还是中式的，我都会做得很好吃。其次，还会做些比较有名的小吃。"

"真不错。"男孩竖起大拇指。

"我的文采还很好，在报纸上曾发表过作品，还得到了很多读者的好评。"

"是个才女。"男孩说。

"我不仅会跳舞还会唱歌，上中学时，在文艺晚会上，曾多次登台表演。"

"嗯。"男孩打了个呵欠。

"我还喜欢做家务，家里的卫生都被我一个人包揽了。"

男孩低下头，没有说什么。

"我很会饲养小动物，在我的照顾下，它们总是长得肥肥壮壮的。"

男孩起身离开了位置。

"唉，你别走啊，我还没有说完我的优点呢。"张莹大声说。

"说给自己听吧。"男孩没好气地回答，头也不回地走了。

张莹觉得很郁闷，她找到闺蜜肖肖说了情况，问："为什么他没有兴趣听下去呢？我可是很想跟他认识的，所以想把自己的优点说给他听。"

肖肖说："原因在于你过分地以'我'为中心，总是在绕着自己说。而你却没有去考虑他是否愿意听你说自己。"

"那我以后要怎么做呢？"张莹说。

"试着让对方做谈话的主角，切忌不要每一件事都扯到自己身上，来发表看法。"肖肖说。

搭讪时，你若过分地以"我"为中心，只会让对方厌烦。态度好点的，会礼貌地应付几句；态度不好的，会直接甩手走人。

有的人，说话从来只说自己的事情，哪怕问别人"吃饭了没"，也会转移到自己的身上。殊不知，这种做法很容易引起对方的反感和排斥。

和张莹不同的是，林雪却是一个很会让对方成为谈话中心的人。

在一次会议上，林雪看到了作家芮依也在场，就上前搭话："你本人比电视上漂亮多了，真是个大美人。"

芮依笑着说："谢谢你。"

"不用客气啦。"林雪摆摆手，"你写的书，我基本上都读过了。我觉得本本都写得超好，太让人佩服了。"

芮依亲切地拍了拍林雪的肩膀："谢谢你的支持。"

"你真是有才有貌呀，我已经把你当成我心目中的女神了。"

芮依被夸得脸都红了，她也很喜欢林雪。会议结束后，芮依还和林雪去喝咖啡。虽然两人才刚认识，但一下子就成为无所不谈的好朋友。

此后，芮依出席会议或是活动时，在她身后，都可以看到林雪的身影。

可见，与陌生人搭讪时，不要总以自己为话题，而是要以对方为话题，让对方成为谈话的中心，对方一定会有一肚子话被你勾起。

❤ 攀亲认友，缩短彼此间的心理距离

每个人的潜意识中都有一种"排他性"，对与自己有关的事物会表现出极大的兴趣，对跟自己无关的事物则会表现得很冷淡。

想要跟陌生人一见如故，这不是一件容易的事情。如果你能，那么你的朋友会遍布各地，不管做什么事，都会很顺畅。倘若你不善于跟陌生人打交道，那么你在交际中就会处处碰壁。

通常，只要你肯下功夫，对一个素不相识的陌生人进行一番认真的调查，都能找到或远或近的亲友关系。倘若你能够拉上这层关系，就能使对方产生亲切感。

林凯是文化圈里人脉最好的人。每当朋友问及他原因时，他总是笑着说："我有能跟大多数初交者一见如故的能耐，自然我交到的朋友就很多喽。"

他的朋友王芳追问道："怎样才能跟初交者一见如故呢？"

林凯说："和对方攀亲认友，制造出一种亲切感，就能缩短和对方的心理距离。"

有一次，王芳和林凯出去谈合作。

面对初次见面的编辑李可，王芳只会笑着说："见到你很荣幸，希望咱们能够谈成合作。"

李可笑着说："见到你我也很荣幸，我也希望能够有项目与你们合作。"而林凯的开场白却截然不同："我是你表妹的好朋友，我和她几乎每周都见一次面。"李可瞪大了眼睛，"是吗？我都不知道，是我当导购的那位表妹吗？"

"是的。我明天还和她约了喝咖啡，要不你明天也过来，咱们三个人好好聚聚，聊聊天。"林凯说。

李可热情地上前握了握林凯的手："好的，就这么说定了。我也好久没和我那表妹见面了，正想和她聚聚。而且，还交了你这个好朋友，心里特开心。"

林凯笑了："我也是，能够和你做朋友真是我的荣幸。我给你说说咱们公司的情况。"说完，林凯拿出了一沓资料，开始介绍。

林凯才说了个头，李可就打断了他的话："我还不相信你吗？咱们都是好朋友了。我要和你合作，条件就你定的这个，我会回去和上司说的。"

"谢谢，哥们你太好了。我和别人合作都是遵循一个'互利'的原则，双方都不会吃亏。"林凯说。

"我知道，也很信任你。"李可说。

接着，林凯和李可又杂七杂八地聊了一些，那热乎劲看着就像几十年未见的好朋友。后来，李可离开了，王芳和林凯也开车返回。一开始，王芳就听得很纳闷，现在终于有机会问了："我以前怎么不知道你和李可他表妹认识呀，你们还一下子就成为朋友了呢。"

李可一脸自得的样子："我知道要来见李可，所以我事先已经对他做了一番调查，好让我和他攀亲认友。"

还有一次，王芳和林凯去某所高中里演讲，面对几千位初次见面的学生，他的开场白就很特别："我和在座的各位同学都是好朋友呢。"

台下一片哗然，有胆子大点的同学说："我们为什么是朋友呢？我们从来没有见过你。"林凯说："念大学时，我和你们校长是同一个系的，我们还是无所不谈的好朋友。以此看来，我和各位自然也是朋友了。"

这时，台下传来了一阵雷鸣般的掌声。

同学们的情绪也被带动了起来，接下来林凯不管是向同学们提出问题，还是走下台去互动，同学们都很热情，积极地配合着他。

等林凯演讲完后，还有很多同学来找林凯要签名，有的还要了电话号码，说要和他联系，以后班上有活动要请他来讲话。

我们不得不对林凯竖起大拇指，他的确是一位攀亲认友的高手。

林凯总结说："其实，对于任何一个素不相识的人，只要你事先花足工夫去研究，都可以找到或近或远的亲友关系。"

因此，在交谈中你要学会点出这些关系，使对方意识到你们两人的关系很近。

"天涯何处无朋友，交谈何必曾相识。"要想用三言两语便得到对方的喜爱，做到一见如故，关键是要在见面交谈之前花点工夫。

如果你能做到与陌生人一见如故，你的朋友会遍布各地，办事会很顺利，如同鱼儿得到水一样。

第五章　睿智的女人，懂得拒绝的艺术

❤ 面对"盛情"，巧妙推却很简单

女人天性是温柔的，对于别人的一些无理要求倒还可以应付，但是对于别人的好意，女人往往就不知该如何是好了。生活中女人经常会收到来自别人的好意，有些好意女人会很开心地接受，但有些好意却不是女人可以坦然接受的。这个时候，即便是好意我们也要拒绝。

比如，在日常生活中，朋友好意邀请你去参加一些聚会或者活动，虽然心里不愿意去，觉得浪费时间，但又怕拒绝后让他心里不好受，只好硬着头皮前往。然而，如果你能掌握一些说话技巧，把拒绝的话说得八面玲珑，便可以让自己从两难的境地中解脱出来。

毕业几年后，同学们大多有了稳定的工作。几个活跃分子组织了一次同学聚会，季晓白也应邀参加。再次相聚，大家都十分愉快，聊天调侃，推杯换盏，不亦乐乎。季晓白不胜酒力，但又不好意思推脱好友的热情，便和大家一起喝了起来。最后季晓白喝得酩酊大醉，回家的时候连路都认不清了，幸亏一个同学回来拿外套发现了她，打通家里的电话才将她送回家。

聚会中还有一个同学叫丁若然，她是个聪明人，知道自己不胜酒力，在喝了几杯之后，就趁着去洗手间的工夫发短信告诉男友过半个小时打电话来就说"找我有急事"。最后大家看着丁若然着急的样子，也就让她先回去了。

丁若然因懂得如何友好地拒绝他人，自己不那么为难，而不像季哓白一样不懂拒绝而喝得大醉，让自己陷入危险，让家人担心。有些应酬是免不了的，但过多的应酬会让人们头痛不已。对于那些不必要的应酬，你要敢于说"不"，以便节约更多的时间和精力，去做其他更重要、更有意义的事情。如果女人因盛情难却，而不忍拒绝对方，他会误以为你乐于参加，以后再有类似的邀约还会找你参加。

拒绝对方时，要给对方留退路、留面子，要给对方一个台阶下。聪明的女人最好先认真耐心地听对方把话说完，当你完全听完对方的话后，心里有了主意时，再来说服对方，就不会使对方难堪了。

婉拒他人好意的时候，你可以把你的拒绝"夹杂"在对他的感谢中间。在表示拒绝的时候，态度一定要坚决、肯定并表示歉意。例如，"我很高兴你邀请我去参加派对，但是这个星期我答应我姑姑要去看望她。然而，我非常感激你的邀请，下次有机会，我会邀请你喝茶。"

有时，拒绝也不能把话完全说死，你可用拖延法说"不"。你可以这样说："以后吧，有时间我会约你的。"特别是在商界交际中，要让对方明白，这次拒绝，还有下次机会。

只有用妥当的拒绝方式诚恳应对，才能使对方欣然接受自己的拒绝。拒绝对方时，态度一定要和蔼，不要流露出不高兴的表情，或者去藐视对方。还有一个最关键的，就是要明确说出事实。要据实言明，不要采取模棱两可的说法，这样会使对方摸不清你的真正意思，而产生许多误会和隔膜，导致关系越来越淡。当女人能把拒绝的话说得八面玲珑，自己就不必陷入两难的境地了。

♥ 身处职场，这样拒绝不合理的要求

女人在职场中，如果遇到同事请求帮忙，自然不好意思推托。帮同事的忙自然能促进和同事之间的良好关系，又可以高效地工作，但是有时候，面对同事提出的一些不合理的要求，女人该如何应对呢？想要既不耽误自己的工作和生活，又不影响同事之间的关系，怎样把握好这根平衡木，女人一定要学几招拒绝的技巧，委婉地打消同事的要求。

不管什么时候，拒绝别人的要求，对人们来说都是一件颇为难的事。办公室里，几乎所有的女人都害怕或者不愿意拒绝同事的请求，因为她们担心拒绝会破坏良好的人际关系。因此，我们在面对同事的不合理要求的时候，常常感到为难，以致每次都心软地接受。

陈乐枫与公司其他部门的一位部门主管陆婉十分要好。有一天，陆婉突然过来找陈乐枫。陈乐枫很奇怪，问："现在可是工作时间啊，你找我有什么重要的事情吗？"陆婉说道："乐枫，我们部门现在有个产品需要推广，希望与某广告公司合作。但我在那家公司没有熟人，就想请你帮个忙。"陈乐枫一愣，陆婉继续说："你上次跟我说过，你和那家公司的一位经理很熟，你就做个中间人吧，帮我说几句话。事成之后，我不会亏待你的。"

陈乐枫一听，感到很为难，想直接回绝，又怕陆婉不高兴。答应吧，她又不想把公事和私交混在一起。于是，她对陆婉说："这件事也不是很难，不过我之前听说你们对这项产品推广很着急，我是认识这家公司的一名经理，不过，她这段时间在休假，我怕等她回来，你们的产品推广就被耽误了。"

陆婉一听陈乐枫的话，心里就基本上明白了。陈乐枫又对陆婉说："我听说这家公司的客户部经理人很不错，你大可以直接去找他。"其实，陈乐枫的朋友并没有去休假，她只是不想插手太多。陈乐枫认为，自己与陆婉不是一个部门的，把自己搅进其他部门的工作，怕自己的上司对自己有意见。再说，如果办不成的话，反倒影响了自己和陆婉的友谊。

在拒绝对方之前，女人最好先让对方将自己的话说清楚。如果对方的话还没说完，女人就着急拒绝，只会让对方觉得不受尊重。当同事向你提出要求时，他们心中通常也会有一定程度的不好意思，担心你拒绝，担心给你带来麻烦。认真倾听可以让对方将自己的处境与需要，讲得更清楚一些，你也可以知道该如何帮助对方。了解对方的难处之后，女人要对同事的处境表示理解和同情。

在了解情况之后，如果你认为自己做不到，或者因为一些别的原因不愿意帮助对方，就要委婉地向对方表达拒绝之意。说"不"的态度必须是温和而坚定的。即使是炮弹，也应当裹上糖衣。例如，当对方的要求不合公司规定时，你就要委婉地向他解释："如果我有这样的权限的话当然愿意帮助你，但是受工作职权所限，没办法帮你做这件事，这违反了公司规定。"或者，当对方的请求影响了你的工作节奏，你也可以说："你看，我现在这份策划案，老板急着要，这几天已经催了很多次了，我加班加点都不知道赶不赶得完。要是你不着急的话，我过几天再帮你，行吗？"

在表示拒绝的时候，要从对方利益出发来说明自己爱莫能助的理由。在拒绝同事的要求之时，对他说你之所以拒绝，是为了对方的利益着想。这样的话，同事不仅不会怀疑你的意图，还会对你产生感激。

如果你帮不了对方，可以对对方的处境提出一些好的建议。这样就算你没有帮助同事，同事也会感激你，而不会对你产生怀疑。女人在平时应该对同事多加关心，变被动关心为主动关心，同时让对方能够了解自己的立场和苦衷，才能让同事感受到你的真诚和善意，从而取得理解和共识。

❤ 拒绝求爱，你需要掌握技巧

很多女人漂亮、优秀、聪明，得到异性的好感和爱慕是非常正常的事情。如果你们两情相悦，可以发展成令人羡慕的爱侣。但是，在很多情况下，女人遇到的告白者并不是自己心仪的对象或者不能将对方当作恋人，就会产生莫大的苦恼。拒绝吧，担心伤害对方的心，尤其是对方是自己的朋友的时候；不拒绝，却又实在不能接受。因此，女人一定要学几招拒绝求爱的技巧，用杀伤力较低的话语让对方知难而退。

君凝是个漂亮的女孩，追求她的男人能排成排。有人评价这景象不亚于众星拱月，君凝因为这一点而格外骄傲。一天，同单位的一个其貌不扬、表现平平的男同事找到君凝，捧了一束玫瑰花，还用深情的目光看着君凝，表白道："君凝，我喜欢你两年了，从你第一天来到咱们公司开始。你能不能给我一个机会？"

君凝看都没看那个同事一眼："想让我给你机会，也不回去看看自己够不够资格，真是癞蛤蟆想吃天鹅肉，哼！"那位男同事被羞得无地自容，非常伤心地走了。君凝身边的同事都觉得君凝的高傲态度实在是很过分，纷纷疏远了她。

拒绝男人的求爱时，女人的态度一定要坚决，不管用什么方式，一定要让对方明白你的意思。拒绝的话说得不要太含糊，否则会让对方误以为你喜欢对方或者他还有机会。就算你是出于礼貌或者是顾全他的面子，不够坚决的态度也只会让他觉得还有希望，最后往往带来比拒绝更大的伤害。

女人要特别注意，拒绝的言辞一定要委婉。不管多么困难，不能接受的爱情总是要加以拒绝的。但是说话的时候不能太过直接，否则不但会对求爱的男人带来严重的打击，伤害了他的面子，还会让双方的关系变得紧张，甚至酿成因爱生恨的悲剧。

女人可以采取委婉而直接的拒绝方式，比如"我觉得我们不合适，更适合做朋友，我喜欢的不是你这种类型的"；或者说"你很好，但在我心中已经没有位置了，我已经有喜欢的人了"；也可以用假设的方法，如"其实我也希望能对你说出这句话，但无论如何我不能骗人"。用这样一些委婉的话语，就会让对方明确地知道你的想法，既不会产生误解，也不会太伤面子。

任小菲今年22岁，青春靓丽，性格活泼开朗，很受朋友们的喜爱。任小菲有一个斯文腼腆的朋友叫林彬，对任小菲爱慕已久。任小菲也隐隐约约感觉到了林彬的情意。

这天下班，林彬打电话给任小菲说："小菲，晚上有空一起去吃饭好吗？我有一件很重要的事想跟你说。"任小菲立刻就明白了"重要"的含义。于是她笑着说："好哇！我也正好有事情要你帮忙呢！"

林彬一听高兴极了，放松了心情说："行，只要是帮你的忙，我一定全力以赴、两肋插刀。"任小菲又笑了："没有那么严重，就是最近朋友给我介绍了一个男朋友，他电脑出了问题。我知道你是个出色的电脑专家，你可一定要帮忙啊。"

女人在拒绝对方的时候一定要顾及对方的自尊，你可以先对对方的优点加以肯定，再用委婉的话语表示不能接受，这样能够避免一些内向、脆弱的男人受到严重的打击，从而消沉下去。一句"我在乎你，但我并不爱你"足以委婉得体而又直接明了地拒绝对方。这样做既能恰到好处地照顾对方感受，使双方不至于太过尴尬，又明确地表达了自己的立场。

对于有着深厚友谊的异性朋友，女人更是会左右为难。"和你在一起时自然开心，但我们之间就是不来电。"相信聪明的他一定明白你的想法，不会迈过那道友谊的界限，维持做朋友时开心的感觉。

爱情来不得半点将就，拒绝别人的求爱总会伤到别人的心，但是如果能够选择恰当的方式拒绝对方，就不会让这种伤害持续下去。除了选择恰当的方式，合适的时机也很关键。聪明的女人一定要根据平素双方之间的关系以及对方的性格特点，用最合适的方式表达自己的拒绝之意，而不会造成不好的后果。

💜 这样的 "逐客令" 才有 "人情味"

宋朝著名词人张孝祥在跟友人夜谈后，忍不住发出了"谁知对床语，胜读十年书"的感叹。朋友来访，畅聊一番固然是好事，但是时间过长的"对床语"或者无意义的聊天只会让你如坐针毡。心软又好面子的女人，如果不阻止对方，只会浪费掉自己的时间。不妨学几个下"逐客令"的巧妙方法。

有一回，岳玫的一位朋友来家做客，那位朋友待了很久也没有要走的意思。无奈之中岳玫心生一计，对朋友说："我新买了一个衣柜，我觉得还不错，你帮我看看怎么样，走，我们到卧室里看看。"朋友听到后欣然而起，于是岳玫陪她到卧室里去观看她的衣柜。看完后，岳玫趁机说："我们再回客厅坐坐吧，好吗？"这时，对方看了看窗外的天色，说："不了，天太晚了，我该回家了，要不就耽误买菜做饭了。"

生硬的拒绝会让客人丢面子，但委婉的拒绝则是一个愉快的过程，但是对对方的素质和反应能力也有一定的要求。例如上文中岳玫的客人，倘若不能明白和弄懂岳玫隐藏在话里的意图，那么主人的隐晦"逐客令"必然会失败。那么这时，即使隐晦的语言，说得也要让对方明了。

聪明的女人在下逐客令的时候，不会太直接，她会巧妙地暗示对方，比如，她会说："我多想和你多说说话啊。不过，我们教研组最近要出考试题，我从明天开始就要赶工了，争取年底能评上优秀教师。有时间，咱们聊他个通宵。"

再比如，女人也可以说："最近我丈夫为了不耽误我晚上休息，一直早起赶去公司加班，吃过晚饭后就想睡觉。咱们是不是说话时轻一点？"这句话用商量的口气，却传递着十分明确的信息："你的拜访妨碍到了我丈夫的休息，我们还是下次再聊吧。"

隐晦曲折地表达出自己意图的方法有许多种。这样既维护了彼此的情感，又不至于让自己的事情拖延，实在是两全其美。

把"逐客令"说得美妙动听，不是一件容易的事。聪明的女人却能运用高超的语言技巧做到两全其美，既不伤害好聊者的自尊心，又能让对方知情识趣，给对方留下退路。如此一来，你就可以节省出大把的时间，做更重要的事了。

♥ 宴会多多，要学些拒酒的话

女人在酒桌上遇到不胜酒力，却频频遭人劝酒的情况时，一定要巧用说话的技巧，让自己避过饮酒过量的结果。在酒桌上，拒酒也是有很多学问的，如何能够既不伤和气，又能够逃过"酒精（久经）考验"，女人一定要多学几句拒酒词。

朋友生日、参加婚礼、同事聚餐……现如今的应酬饭局越来越多，为了自己的健康、安全和形象，女人最好不要动辄酩酊大醉。既然酒量长不上去，我们就磨炼一下拒酒的技巧吧！

在拒酒的时候，一定要照顾到双方的交情，可以说"只要感情有，喝什么都是酒"。如果你实在不胜酒力，或者担心一开始喝酒就没完没了，可以以饮料或茶水代替酒，并对对方说："只要咱们感情基础深厚，喝什么都能代表。感情是什么？感情就是理解嘛！理解万岁！"这样对方也不容易再劝你饮酒。

拒酒的时候，女人可以善用自己的性别优势，对男士的劝酒可以说："我不是英雄好汉，实在不胜酒力，你就放过我这个弱女子吧。"实在拒绝不了，就说："你是男士，我是女士，我喝一杯，你喝三杯，怎么样？"只要对方稍微有些绅士风度，都不会再继续灌女士喝酒。

李敏参加一个朋友的婚礼，一个朋友称好久未曾和她相逢，提出要和她痛饮几杯。李敏说："你的厚意我心领了，咱们这么长时间没见确实应该痛饮一番。遗憾的是我最近一段时间身体不适，正在吃药，遵医嘱已经很久都滴酒不沾了，只好请你多关照。好在来日方长，后会有期，日后我一定与你一醉方休。我现在就以茶代酒，可以吗？"此言一出，这个朋友也只好自己喝酒，让李敏以茶代酒了。

　　有的时候，女人也可以采取李敏这样的说法，创造一些不以人的意志为转移的"不喝酒条件"，这样对方也会体谅你的难处，不再对你敬酒。

　　对一些"喝得少了就是说明咱们感情不够深"的托词，女人可以说："只要感情深，能喝多少，喝多少。你也不希望我们的交情里掺着那么多水分吧？我虽然喝少了一点，但是这一点是一滴浓浓的情。点点滴滴都是情嘛！"

　　有的时候，对方会说"你不喝我敬的酒，就是看不起我，不给我面子"，面对这样让人为难的"软威胁"，很多女人觉得很难拒绝。在这种情况下，女人可以说："感谢你对我的一片盛情，我哪会这样驳您的面子。只不过，我原本只有三两酒量，今天因喝得格外称心，我贪了几杯，再喝就'不对劲'了，说不上会出什么事，还望你能体谅。"如此开脱以后，你就再也不要喝了。这种实实在在地说明后果和隐患的拒酒术，善解人意者就会见好就收。

　　如果对方强让自己喝酒，女人不妨采取折中的方法，稍微喝一点，并对对方说："为了不伤感情，我喝；为了不伤身体，我喝一点。"这样对方也很难说你不给面子、不看交情了。

　　参加应酬，如果女人一开始就不想多饮酒，就一定要态度坚决，不能这杯酒婉拒，下一杯酒却推辞不过喝了下去，这样会让人觉得你不能饮酒的理由是借口，还会向你敬酒的。

拒酒是应酬的一个方面，对于不胜酒力、不能饮酒的女人，要想在应酬中既不伤大家的和气，又能避免大量饮酒，只有学会一些有效的方法，才可以得体而又不卑不亢地达到拒绝的目的。

下篇

卡耐基写给女人的处世智慧

生活不仅是一门学问，更是一门艺术。全球著名的成功学家卡耐基认为，精致的生活不仅需要宏伟的目标、不畏艰险的勇气以及永不放弃的坚持，更需要一些为人处世的智慧。

作为女人的你，是否注意到你的身边有这样一些成功女性：与你相比，她们的学历并不高，技术并不好，甚至也没有你勤奋，但是她们却取得骄人的成功。这是为什么呢？

其实，成功女人的身上都有一个共同的特点，即她们都具有十分圆通的处世智慧。不管做什么，都能够做到尽善尽美。认真想一下，一个不懂得处世智慧的女性，又怎么会获得成功女神的青睐呢？

随着社会阅历的增长，越来越多女人感觉到处世智慧的重要性，觉得它是左右与影响人生的大事，并且开始认真地研读大师卡耐基的金玉良言，学习卡耐基的处世智慧，并且因此改变了自己的命运。

是啊，在现在这个竞争已经趋于白热化的社会中，不管是在生活中，还是在职场上，只要是与人打交道的地方，处事方式都起着至关重要的作用。会办事，不仅可以轻易地博得他人的好感，而且还能够引起他人的高看。懂得圆滑处世的女人，往往可以争取到更多的机会，可以左右逢源，充分展现自己的才华。唯有这样女人，才能够更好地成就幸福的人生，成为人人羡慕的大赢家。

在教导女人处世智慧上，卡耐基主要从五个方面阐述了他的观点：首先，卡耐基认为，女人应当魅力无限，做个有味道的女人。为此，他为女人讲述了追求时尚、升华女人的魅力、拥有品位、拥有长久的魅力、温柔、女人的魅力本色等方面的智慧；其次，卡耐基觉得，女人应当自信优雅，做个有涵养的女人。为此，他为女人讲述了优雅而有涵养的提升女人涵养的法宝、你的微笑比黄金还贵等方面的智慧；再次，在卡耐基看来，女人应当学会淡定，做个有思想的女人。为此，他为女人讲述了淡定的根源在于内心、人淡如菊、心淡如水、无论得失均保持淡然等方面的智慧；第四，卡耐基教导女人如何玩转职场，做个成熟的女人。为此，他为女人讲述了如鱼得水地混职场、请让你的领导感到被尊重、做个善于协调的女白领等方面的智慧；最后，卡耐基教导女人精通交际，做个受欢迎的女性。为此，他为女人讲述了友善帮助你跨越对方心灵的防线、揭开收获友谊的秘密以及与其指责、不如建议与鼓励等方面的智慧。

卡耐基先生通过精炼睿智的语言、贴近生活的哲理以及启迪智慧的故事，为女性展示了处世的智慧，帮助女性发掘个人潜能，潇洒地玩转职场，赢得他人的赞赏与欢迎，开创智慧的人生，享受令人羡慕的成功与幸福快乐的人生。

细细品读卡耐基写给女人的处世智慧，你会在日常生活、职场工作、人际关系等各个方面找到自己所欠缺的处世技巧。只要稍加修炼，在为人处世方面，你就能成为众人关注的焦点人物。周围的人会非常高兴地与你进行交往，你再也不会有想办事而找不到办事的人的烦恼，再也不会眼巴巴地羡慕别人的成功，因为你也即将踏入成功的殿堂。

想要成为受欢迎的女性，想要收获理想的人生，就让我们慢慢揭开成功女性的神秘面纱，认真学习大师卡耐基写给女人的处世法则吧！积极地研读这些处世智慧，从容地面对生活中的各种际遇，我们的梦想就一定能够成真！

第六章　魅力无限，做个有味道的女人

❤ 追求时尚，升华女人的魅力

生活在时尚之中的现代女性，既不能对时尚无动于衷，也不能做时尚的奴隶，而是根据自己的内在精神需求与性格气质，从时尚中升华而出。

女人应适当追求时尚，让自己的魅力与时俱进。对时尚的追逐、对自然的崇尚，是女性的永恒话题，而漂亮、随意、充满青春活力也应是年轻女性的专利。作为女人，只要你懂得适度，就大胆享受年轻岁月所依附的浪漫情怀，尽情体验充满活力的娇媚吧。

时尚是一种很玄的东西。时尚随时在你身边，你又无力抓住。时尚让你会心会意，却无法追逐，无法制造。但是，时尚告诉你，它并非遥不可及。

也许这种自由多变正是时尚的魅力所在——不无神秘，无法阐释，又有一点离经叛道，成千上万的人心甘情愿被卷入它魅力的旋涡，深深地沉醉。

时尚的本质是善变与标新立异。这阵子吊带裙，下阵子中性衫；一会儿黑发飘飘，一会儿棕发盘顶，抑或是红发炫目。时尚成了一波一波的潮流，没有完全一样的波峰，它永远不会成为一潭死水。一种时尚被大众追逐时，下一种时尚必定早已在酝酿之中。时尚是个让人说不清、道不明的东西，你不知道它的出处，但你可以自然地说它、叫它、使用它。

不管怎样，时尚也有它的精神风骨，有一种价值观的体现，有智慧、文化、气质、修养。这并不是追求高贵，而是脱离低级趣味，毕竟"历经三代才能真正培育一个贵族"。

时尚生活正在唤起一代人的流行理念，多一些精神理念，时尚就会成为一道通俗味美的精神大餐。

聪明的女性应当学会驾驭时尚，做时尚的主人。为了在纷繁复杂的时尚潮流中升华而出，女性必须把握以下几条重要的原则。

1. 注重时尚的和谐

时尚应当与自己的年龄和谐。时尚具有很强的年龄特征，不同的年龄追求不同的时尚。女性要根据自己的年龄选择适当的时尚服装。青春少女可以用活泼明丽、宽松利落的时尚服装点染自己的朝气，成熟女性应选择风格柔和、稳重的时尚服饰。时尚也应与自己的性格和谐。只有当内在性格与时尚追求和谐一致时，女人的美才能得到充分的体现。所以，女性追求时尚要注意服装款式、色泽、质地都应与个性吻合，不可一味模仿。此外，还要注意在选择时尚服饰时，应与一定场合的气氛相和谐。在办公室，职业女性头顶耀眼的红发就很不庄重；在教室里，女教师漂亮的手链将使她在学生心中的分量减轻。

2. 抓住时尚的精髓

时尚有其特定的内涵，非经提纯不能窥见其全貌，为此你首先需要做的就是对时尚提纯。要从它的核心入手，将它的实质构成寻找出来，挖掘出来，为己所用。时尚一旦被成功提纯，展现在你面前的是一个超乎寻常的结果，那种清晰与明朗足可使你的思想和行为有一个新的飞跃，让你可以牢牢抓住时尚的精髓，而不必拘泥于太多外在的形式。

时尚的女性应当善于抓住流行色。选用一两种流行色与基本色一起搭配，就能够做到既保持了自我又跟上了时尚。

时尚的女性应当善于用细节点缀自己。选购裘皮大衣，添置羊绒套裙不必考虑流行色，但可以配上流行色的套衫或围巾。甚至一枚别针、一对耳环、一副项链，那上面的一点点流行色彩，都可以使女性整体具有流行特质。

时尚的女性应当善于自己创造流行。比如，在披肩的长直发上用许多夹子夹成另类发式；着一条效仿巴基斯坦风俗的长裤，偏偏配上圆方平底带绊的娃娃鞋，不定期走上街头，身后将会出现不少跟风者……

3. 不做时尚的奴隶

俗话说："有人创造流行，有人跟从流行。"因为有众多的人迷信流行，才有了大众时尚。

时尚，把不安分的心倾泄成引人注目的新潮，把压抑的情绪化为光怪陆离的冲动。时尚没有对错之分，但是盲目跟从时尚就会陷入误区。

有的女人为了追求时尚，往往不考虑自己的年龄、体形、肤色，甚至盲从一些标新立异的行为，如吸烟、染发和穿另类时装。

为了追赶时尚，她们甚至不惜重金，弄得自己看起来光彩照人，但口袋里的钱越来越少，感觉捉襟见肘，却又欲罢不能，常陷入进退维谷的尴尬境地。

纵观今日的时尚，大多为商业行为所主导。为了使产品受到大众的青睐，商家们将经营策略放到了提升产品价格上。于是，"高附加值"的概念被堂而皇之地推出来，一系列时尚制造行动也频频出现在世人面前。在电视屏幕和报纸杂志的引导下，人们不可避免地会将这些商业运作的结果和时尚画等号。

生活中不乏这样的现象：商家赚到了钱，而女人们则花空了钱袋，弄坏了身体。做时尚的奴隶是可悲的。现代女性要学会观察自己，相信自己具有与众不同之处。如果生活在他人的时尚观念中，你所拥有的只能是茫然和盲从。

避开时髦的陷阱吧！为什么不张扬自己的个性，创造自己的风格呢？只有当你的内涵和外表协调统一时，你才是最美的！

今天的女性生活在时尚之中，当然不可能对时尚无动于衷，时尚与女性并不是对立的，它可以令女性更加富有魅力。聪明的女性不会成为时尚风潮的奴隶，而是根据自己的内在精神需求与性格气质，从纷繁复杂的时尚风潮中升华而出。时尚女性，魅力永恒！

♥ 女人的魅力源于女人的气质

美丽出于天然，而气质却是后天培养的。有许多不美丽的女人因为有独特的气质，总能在人群中卓然挺立。气质是女人一件永恒的化妆品！

气质是指人相对稳定的个性特征、风格及气度。性格开朗、潇洒大方的人，往往表现出一种聪慧的气质；性格内向、温文尔雅的人，多显露出高洁的气质；性格爽直、风格豪放的人，气质多表现为粗犷；性格温和、秀丽端庄，气质则表现为恬静。无论聪慧、高洁，还是粗犷、恬静，都是一种气质美。

一个女人的魅力主要在于其特有的气质，这种气质对同性和异性都有吸引力，这是一种内在的人格魅力。

气质美看似无形，实则有形。它是通过一个人对待生活的态度、个性特征、言谈举止等表现出来的。走路的步态、待人接物的风度，皆属气质。

女人可以凭借自己漂亮的容貌赢得极高的回头率，但真正能让人们为之倾倒的，却是女人那蕴含如诗的美丽气质！

天赋的容颜是一道最容易消逝的风景，无情的岁月也会在那张漂亮的脸上烙下岁月的痕迹，而存留下来的正是生命中最本质的东西——气质！

气质是女人魅力的源泉，就如同山上有了水才会显现出灵气一样，一个女人只要插上了气质的翅膀，就会变得神采飞扬、明眸顾盼、楚楚动人。

一位著名的女士说过："气质与修养不是名人的专利，它是属于每一个人的。无论你从事何种职业、任何年龄，哪怕你是社会中最普通的一员，你也可以有你独特的气质与修养。"

所以，每一个女人都能够得到气质精灵的宠爱，每一个女人都有机会展现自己独特的魅力。

女人的气质犹如花之魂、水之韵、松之魄，无影无形，很难用语言形容。

气质是一种智慧，它雕琢着一个女人，塑造着一个女人，一个不经意的动作，都会吸引所有人的目光。

气质是一种个性，这种不同的个性经过不断创新，就会拥有与众不同的韵味，成为一个让人一见难忘的人。

气质是一种修养，在城市的喧嚣中，洗练一种超凡脱俗的"宁"与"静"。

气质是上天恩赐的财富，有气质的女人是最幸福的。

有气质的女人就像一本书一样，每次品读都给人不一样的感悟。也许没有引人注目的封面，却依然能令人爱不释手。

有气质的女人如一幅画，令驻足欣赏者深深沉醉于她的万千气韵中。

有气质的女人是一段香，"零落成泥碾作尘，只有香如故"。枯萎老去的是容颜，气质女人的一缕香魂却将永不凋零。

其实，气质的获得并不困难，在日常生活中，读最灵秀的诗，听最美好的音乐，选最精美的杂志，看最优秀的著作；关注一些关于时尚、服饰、配饰方面的信息；平时言谈举止避免粗俗化；走路时做到抬头挺胸收腹，而穿高跟鞋有助于这一点；主动与那些气质好的人交谈，以她们为镜，向她们学习。

在工作中，保持一种开阔的胸怀，这是生存的需要，更是人生快乐的源泉；女性不仅要让"女人是弱者"的说法改变，还要将女性气质中的恬静、温和、性感等充分发挥出来，处处闪现出女人的迷人气质；女性要拥有一颗宽容和接纳的心，而不是同其他女性打嘴战；个性张扬、自主性强，这是现代女性成功所必备的心理素质，也是现代的另一番风韵，是一个气质女性所应追求和塑造的形象。

女性的内在气质，透出一种由内到外的魅力。对于女性来说，一种传统熏陶出的文化美会更有特点，使气质更加温柔、内敛一点。美女的标准是从内在美开始，具有美好的心灵、高尚的道德、健康的身体、亲切的爱心等，热爱自己的事业、家庭、朋友等，这样才会有美丽的内心世界。

如果你天生丽质，请让高雅的气质升华你的美丽；如果你长得不漂亮，你可以从内而外修炼你独特的气质。只要心底灿烂，就会由内而外散发出恒久迷人的魅力。

♥ 拥有品位，才能拥有长久的魅力

女人的品位是一个女人内涵的外在表现。

一个人的品位，是与其环境、经历、修养、知识分不开的。只有有意识地培养良好的修养，积累丰富的知识，才能有充实的内心世界，才能表现出高尚的思想和高雅的品位。

有品位的女人是善良、机智的，又是成熟、自尊的；而且她知识广博丰富，思想深刻充实，谈吐文雅大方，衣着雅致得体。

有品位的女人乐观向上，而不颓废放纵，待人真诚而不虚伪；举止从容而不轻薄；性情平和而不浮躁；自尊自信，但不狂妄自大；温柔体贴，但不软弱屈从。

有品位的女人会营造一个平静的生活环境，她拥有高雅的爱好和情趣，会用自己的眼睛发现身边的美，并用心去感受。她有丰富多彩的内心世界，不会让无聊、平庸的事情来破坏自己平静的生活，在繁华浮躁的现实中，能让自己的心归于平淡。当然她也有喜怒哀乐、七情六欲，但是她的表达是自然的、适度的。

有品位的女人有独立的思想和人格，绝不会人云亦云、随波逐流。在喧嚣的人群中，她可能会用沉默来表示她不俗的内心。

有品位的女人，就是有内涵、有魅力的女人，就是有女人味的女人。

"品位女人"是绵绵流畅的散文诗。她不低下，不媚雅，只求独自芳香的格调。Decencice（体面、适当）是她们的哲学信条。她们不会在脚趾上涂抹猩红色；不会穿着T恤衫去大剧院听歌剧，不会戴着粗劣的镀金项链招摇过市；不会去大排档充完饥，打着饱嗝用牙签剔牙；不会在迷情的葡萄酒杯前失态；不会在眼花缭乱、令人眩晕的激光灯下放浪形骸……

她们痛恨粗俗，而把气质奉为精神风骨。她们在形神之中给人制造第六感觉，这种感觉如一瓶名贵香水，无形中发散出芳香……

她们时时都有适合风情的浓度。当她成为恋人时，她多情妩媚；当她成为妻子时，她温柔细腻；当她成为母亲时，她宽宏博大，能成为一把伞、一棵树；当她容颜渐老时，虽然风韵犹存，但毕竟经历了太多的人生沧桑，风情变得醇厚、浓重。

她们不求性感，但求格调；不追逐高档服饰，永远不会成为物质的奴隶；她们在拥有与失去之间平衡自己，懂得享受人生，也会创造自己的财富。

她们不尖刻，内心柔软但又自信。她们没有怨恨，没有悲哀，更没有寂寞。爱，让她们充盈而有力量，让她们双眸含情更含笑。她们明白自己的力量所在、魅力所在和快乐所在。她们优雅的情怀与宽容的气度浑然一体，互相辉映……

每个女人都渴望成为一个有品位的人，因为真正的品位，会使终日蒙尘的生活闪闪发亮。执着于品位的女人是热爱生活的人，追寻有品位生活的女人，绝对是优雅与别致的女人。

品位的培养其实并不复杂，每一个注重细节打造的女人，都有机会成为有品位女人。

一瓶花、一杯茶、一首歌……都可以在无形中烘托出一个品位女人。

插花是品位女人的必修课。把大自然的绿色和鲜花带回家，通过自己动手和布置，可以调剂生活、陶冶情操。在安静的房间里，让自己平静，看着摊开一桌的香艳花草，赏心悦目，为平凡的都市生活增加典雅的意味。

音乐是品位女人应具备的艺术素养。在假日悠闲的午后，沏一壶绿茶，闭上眼睛，走入音乐的世界。想象自己正漫步在斜阳下的山坡上，沐浴着清香的微风；或是静坐在斜阳西照的花园里，回想往事……经典音乐，使女人如醍醐灌顶，一切烦躁都变得云淡风轻。

茶道让品位女人心灵更安静。好茶一壶，能让女人的心更加宁静，散发柔美内涵和女人独有的味道。在纯净之余，还会领悟到其他的一些东西。闲暇之余，泡一壶好茶，约二三知己，一盏香茗，促膝清谈，只谈风月，无关名利，享受这滚滚红尘里片刻的柔软时光。

读书让品位女人更充实。腹有诗书的女人，香气扑面而来，令人迷醉。经典的书籍能让你洞察世事的通透。你的文字使你与众不同，在你的身上呈现出一种高雅，一种"可远观而不可亵玩"的清冽。腹有诗书的女人，历久弥新，回味悠长。

厨艺让品位女人更幸福。系上漂亮围裙，挽起缕缕长发，走进清淡雅致的厨房，切丝削片，快炒慢炖之间打点出曼妙美味，或是煲一个好汤，与心爱的人一起分享，又何尝不是女人的另一种韵味呢？为了爱，倾尽手艺，烧一桌好菜，更能使女人赢尽爱人的心。

装扮让品位女人更美丽。可可·夏奈尔说："永远要以最得体的打扮出门，因为，也许就在你转弯的墙角，你会遇到今生至爱的人。"这可以理解为女人装扮的最高境界：不能放过每个细节，一秒钟都不能懈怠。装扮是女人的第二语言，哪怕不交谈，它也一目了然地告诉别人，你的职业、品位、个人气质和文化层次。所以，即使是周末的午后，在阳台的躺椅上小憩，也要穿上最雅致的便服。

旅行让品位女人更悠闲。对于女人来说，旅行是漫无目的地的行走，直到遇到好风景、好人情，再也迈不开步伐。女人的旅行没有计划，没有日程，走到哪里都是欣喜。在日复一日的工作里，心情快要发霉，放下手头不管多重要的文件，走出去，享受艳阳天，晾晒自己发霉的、潮湿的心情。在山野的风里自在地呼吸，你会发现世界的美丽。

蒂娜是一家知名房产集团的副总裁，同时，她也是一个拥有绝佳品位的女人，这不仅体现在她的穿着打扮和言谈举止上。

几年前，她到一个破产拍卖的机械厂考察。开车进了厂区，她大为震惊，到处都是高大的树木，月光下，风吹着树叶沙沙作响，宛如一片城市中的森林。蒂娜在那一瞬间找到了感觉。

这个美妙的地方迎合了太多她一直以来追求的东西。尽管她大学学的是"电气自动化"专业，却对艺术和文化情有独钟；然后这种爱好转移到建筑上，她便爱上了建筑的美学元素，包括它对自然和环境和谐的要求。

多年来，蒂娜喜欢到世界各地旅游，尤其喜欢当地富有特色的建筑艺术。她跑了很多国家，如欧洲各国、日本、新加坡等，每次都带回几千张照片资料。一次在西班牙巴塞罗那，一座非常漂亮的建筑让她如虔诚的教徒一般，步行了三个小时才走到跟前，她待了很久，拍下了很多照片。在她眼中，每一座建筑、每一个楼盘都有自己的优势，都有值得学习的地方。不过，她不是生搬硬套，而是取其精华，吸收消化，然后再融入本地的居住文化和建筑特点加以创新。

因此，当她第一眼看到那个绿树葱茏的妙处时，内心更多涌动的是一种渴望创造的冲动和激情。蒂娜决定把这个破旧的花园式工厂彻底改造成一个低密度、高品质、50％原生态绿化覆盖率的大型艺术生态居住小区。

这个小区的点睛之笔，将是那些看起来毫无用途的破旧厂房和废旧机器。她请12名国内外知名艺术家以工厂原有的机器设备、生产的产品零部件为原料开始创作，尽力使之成为园林的一部分。

她又吸收了先进的楼盘设计理念，在新建的森林都市社区中，每四层都辟出一个公共平台，面积有200平方米左右，放一点绿化和桌椅，可供住户们下棋或聊天，很是惬意。她还别出心裁地将阳台的一半做成伸展出去的菱形，视野更开阔，也拉进了与自然的距离。

为了保护散在性生长的树木，她邀来美国某知名大学景观设计系主任做技术指导，再请来园林工人，将这些大树进行全冠移植。大树保住了，森林都市也名副其实。

造房挖出的土，也被她像宝贝一样保存起来，而且还专门安排了两个人每天浇水。土里有很多珍贵的树种和草籽，要让新建小区充满自然的野趣，就必须保护好它。在破旧的篮球场南侧，小山一样的土堆已经长满了不知名的野花和狗尾巴草。

这就是蒂娜的品位。她不会跟风去做什么楼市概念，而是在复杂细节中融合历史文化和现代技术，使自己的房子既有极高的品质，也凸显出大气的现代风格。

人们常说，做人要有气质，做事要有风格。作为一个女人，也要有自己的特色。纯真的气质洋溢着女性深邃的内涵，高雅的风采闪烁着女性赏心悦目的亮光，这就是"女人的品位"。就像蒂娜以独到的品位创造了自己事业的辉煌。

女人的品位是真挚的博爱和慈善的宽容。女人的品位是浓郁的书香和美的诗韵。有品位的女人大都有广泛的兴趣爱好、深厚的人文素养、渊博的知识积淀。她们像一部百科全书，有探索不尽的无穷宝藏，却无丝毫酸腐的陋习俗气。她们举手投足之间都挥洒出艺术的才能、淑女的风范。女人的品位是恬静的心灵和清淡的情怀。有品位的女人不在乎人生的功利，更注重幸福的内涵。她们是贤妻良母，她们让自己时时保持一份平和的心情，随遇而安，不强求身外之物，不愤世嫉俗，面对物质的诱惑、世俗的刺激，待之安然。她们在人生崎岖的旅途中，学会自我安慰，自我松绑，自我释放，自我陶冶。她们时而徐然缓行，时而静立池边，时而低头漫想，时而凝神远望，让内心回归自我，让心灵更趋完美。

女人的品位是画，女人的品位是诗，女人的品位是乐曲。一个女人有了高尚的人格，她的品位必然高雅清新，焕发青春活力，生活必定多姿多彩，充满阳光。

女人的品位，是时间打不败的美丽。

❤ 有内涵的女人，才更具魅力

女人可以不美丽，但不能没有内涵。内涵能赋予美丽以灵魂，内涵能使美丽长驻，内涵能使美丽得到质的升华。

历史告诉我们：女人和男人一样，是个大写的"人"。为了做大写的人，女人在实现自我、展示自我。女人是一道美丽的风景，如花、如诗，装点着所栖身的每一个角落。女人如迎春花，天真烂漫，情窦初开；女人如玫瑰花，艳丽照人，光芒四射；女人如牡丹花，雍容华贵，国色天香；女人如芙蓉花，美丽端庄，妩媚可人；女人如腊梅花，一生奉献，铸造温馨；女人如雪莲花，慈祥可亲，德高望重……

正是因为有了如花的女人，才有了缤纷多姿的色彩；正是有了如诗的女人，才有了丰富多彩的幻想。

女人如花，花如女人。如花的女人需要的是内涵，上天赐予女人美丽的容貌，妖娆的体态，但决定女人是善良、平和、公道、浪漫、温柔，还是丑恶、自私、毒辣、无知的，应该是文化思想和内涵品质。美丽的女人是一道风景，令人赏心悦目、流连忘返。但美貌毕竟是外在的东西，花容月貌的女子倘若出口成"脏"，倘若举止粗俗，倘若尖酸刻薄，倘若狭隘无知，便只会令其光鲜的外表顿时黯然失色，再美的外表没有深厚的内涵作依托，也只是"金玉其外，败絮其中"，令人遗憾。

与之相反，一个拥有无穷内在魅力的女人，善良、温柔、优雅、大方……纵使外表平凡如常人，却总会令人刮目相看。这样的女人也会因此变得可爱、生动。在他人的眼中，有内涵的女人美得更脱俗、更恒久。

有一部电影，片中女主角是个相貌普通的女人，但她爱上了英俊潇洒、富有才干的顶头上司。虽然她的勤奋工作和善良的为人让上司很有好感，但她心中明白无法赢得如此优秀男人的爱情。

在一次大型酒会前夕，她对着镜中那个一身灰色装扮的女子叹了口气，决定不去参加。在那种场合，有太多美艳如花的佳丽，她这个丑小鸭怎能忍受心上人被别人吸引的痛苦。于是她垂下头，在心中许下一个愿望，只要能变美，哪怕一个晚上，也心甘情愿。

正在这时奇怪的事情发生了，化妆间的灯光突然熄灭，几秒钟后灯光再亮起时，她发现面前多了一双水晶鞋。她小心地换上那双鞋，望着镜中的自己，立刻惊呆了。那绝对是个美艳的女人，长发垂肩、明眸皓齿、纤腰一握……她欣赏了许久，等她再脱下水晶鞋，又变回了卷发凌乱、戴副黑框眼镜的自己。她明白过来，感到莫名的欣喜。

她穿着这双水晶鞋，在第一时间吸引到上司的注意，他惊艳的目光让她又高兴又心虚。然而往后的日子让她变得越来越不安，白天她是那个朴实、可爱的"丑小鸭"，晚上却要变成高贵的"白雪公主"与心中的王子约会。她觉得这种人格分裂的生活是一种折磨，何况，对他也并不公平。如果被他知道这一切是个骗局，会有多恼火。

随着时间的推移，她了解到他并不像她想象中那么浅薄，他为人正直、诚恳，胸襟宽广。他甚至常在"公主"面前盛赞"丑小鸭"的善良温柔，他固然与所有男人一样，在美色面前容易动心，但他同样在乎爱人是否有一颗真诚善良的心。他对办公室里的"丑小鸭"越来越温柔、呵护，真真假假，令她意乱情迷，实在无法继续扮演两个不同的角色。

终于有一天，她以本来面目来到约会地点，将真相和盘托出，她相信一切美丽的幻想将烟消云散，她将永远地失去眼前的这个男人。然而他却露出恍然大悟的表情，说难怪和"公主"在一起时，总有似曾相识的感觉，甚至产生过错觉，把她们当成一个人。

他握住她的手，深情地说：其实她变成什么样都无所谓，一直以来他喜欢的正是她给自己的那种宁静、温馨的感觉。

她完全不敢相信听到的一切，她觉得自己是那么幸运，从此，她不用再依赖那双神奇的水晶鞋，就能够留住爱人的心了。于是，她将水晶鞋从包里取出来，将它们抛进了深深的湖水中……

当然，神奇的水晶鞋并不存在，温馨浪漫的电影故事告诉我们，与外表美相比，内在美更深刻、更真实。内涵是女人魅力之本，保有真诚善良的心，比孜孜不倦地追求外表艳丽动人更有价值。

外表美的女人除了容貌光彩照人，就什么都没有了。当她们的秀色黯淡憔悴下去之后，就会让人感到单调和厌倦。

而有内涵的女人，就像一本有着朴素而高贵文字的书，和表面的那种视觉之美有着本质的区别。只要细细地阅读，就会感到她的优秀和可爱。不管岁月怎样流逝，纸张怎样古旧，都不会削弱她内在的魅力，它们源自于她生命的内部，源源不断、绵绵不绝。

她聪明博学。才女的冰雪聪明、玲珑剔透令人折服，她知识广博，天文地理、科技人文，信手拈来，绝不会令你感到琐碎无聊。

她修饰得当，有独到的品位。她没有绝佳的姿色，可看上去赏心悦目。她不追求潮流，却能独具匠心穿出个人品位。她能传达出内心的成熟与丰富，像一杯醇厚的葡萄酒，令人微醺。

她言语风趣，收放自如。她很懂得语言的艺术，从不会在观点不一时将自己的意见强加于人。她会轻松地化解无聊的玩笑，她还会以委婉的方式暗示对方"此种话题不受欢迎"。

她热爱生活。她应有极强的"保鲜"能力，岁月与生活的琐碎无法在她的心灵烙下痕迹，她善于发现生活中的美与辉煌，借以冲破无边无际的黑暗，重获新生。

她善待自己。在任何时候都不会伤害自己，情场失意、事业受阻只会带给她短暂的失意低落，她不会因此而堕落或放纵。她爱惜自己，知道良好的健康状况对现代人的重要。她积极地参与运动以保持自己良好的身材，她不会吝惜花在保养自己容貌及身体上的金钱与时间。

　　她很有思想。拥有丰富知识和敏锐洞察力的她常有与众不同的想法与观点，她不会随声附和、人云亦云，即使是面对顶头上司，她也能礼貌地陈述自己的不同意见。

　　她健康、亮丽、神采飞扬；她成熟、自信、秀外慧中；她款款而来，举手投足之间，散发出一种只可意会不可言喻的韵味。

　　她就像一杯清香的茉莉花茶，令人意味深远，回味无穷。

　　她是春天的柳枝，外表温柔，内心坚强。她是海天中的沙鸥，一飞冲天。她执着于自我风格的体现，无论是工作、生活都自信、自尊，追求完美。她爱自己，更爱他人。她是春天的雨水，润物细无声；她是秋天的和风，轻拂你的脸庞。她以女性的特有情怀，放开胸襟去拥抱整个世界。有内涵的女子是天上的彩霞，一抹微笑、一个眼神、一句睿智的话，都值得你回味、心醉。《简·爱》为我们塑造了一个拥有丰富内涵的知性女子，她的自尊和对光明、圣洁、美好的追求，打动了成千上万的读者。

　　简·爱从小父母双亡、在寄人篱下的环境下承受着与同龄人不一样的待遇，姨妈的嫌弃，表姐的蔑视，表哥的侮辱和毒打……正是因为这一切，造就了简·爱无限的信心和坚强不屈的性格，这是一种不可战胜的内在人格力量。在罗切斯特的面前，她从不因为地位低贱而感到自卑，反而认为他们是平等的，不应该因为她是仆人，而不能受到别人的尊重。正因为她的正直、高尚、纯洁，使罗切斯特深深地爱上了她。他的真心，让她感动，她接受了他。而当他们结婚的那一天，简·爱知道了罗切斯特已有妻子时，她觉得自己必须离开，她这样讲："我要遵从上帝颁发世人认可的法律，我要坚守住我在清醒时而不是像现在这样疯狂时所接受的原则，我要牢牢守住这个立场。"

这是简·爱告诉罗切斯特她必须离开的理由，但是简·爱意识到自己受到了欺骗，自尊心受到了戏弄，但她承受住了，而且作出了一个非常理性的决定。在这样一种强大的爱情力量的包围之下，在美好、富裕的生活的诱惑之下，她依然要坚持自己的尊严，这是简·爱最具有精神魅力的地方。

简·爱的形象影响了一代又一代人，她那纤弱的身躯里竟然蕴藏着如此巨大的能量，内心如此高贵，内涵如此丰富，表现出强大的生命力和人格魅力，时光流转，魅力不减。

充实你的内涵，似乎是一句华而不实的话。因为内涵本身就没有固定的标准，它只是个人的某种素质，属于个人身上的一种很内在的东西。

但内涵有时又很具体，小到面试时的镇定自若、不卑不亢，大到外交谈判上的谈笑风生、据理力争，内涵又似乎在我们生活中的每一件小事上都能体现出来。

那么，怎样才能提高你的内涵呢？

要想充实内涵，有一些比较简单的方法，比如运动、读书等。一般而言，运动比较能够锻炼一个人坚忍的品质与专一的意志。经常运动使人心胸开阔、性情开朗，如果是团体性的运动，则更加容易培养人的团队合作精神。而读书是充实内涵的最普遍、最简单的方式。在工作繁忙之余，让自己进入知识的世界，与前贤交谈，你学的不仅是知识，更重要的是学到了一些做人的基本道理与准则。

其实，只要培养起一门业余爱好，无论是跳芭蕾，还是唱卡拉OK，或是其他的什么，只要是有益身心的事，都可能在潜移默化中对你内涵的养成产生影响。

但内涵的养成并非一朝一夕的事，而是一种潜移默化的作用。行动起来吧，让你的业余生活更丰富，让自己更多地感悟人生、感受生活，做一个内外双修的女人。

♥ 温柔，女人的魅力本色

温柔的女人，是微笑的天使。温柔的女人，是美丽的永恒！

阴柔之美是女性美的最基本特征，其核心是温柔，温柔像春风细雨，像娇莺啼柳，像舒卷的云，像皎洁的月，更像荡漾的水。女性之美，美就美在"似水柔情"。

抛开容貌体肤不说，单就可爱女人的气质情致而论，那千种娇媚、万般风情，谁又能说得尽呢？

作为女人，你尽可以潇洒、聪慧、干练、足智多谋、文韬武略，但有一点不能少——温柔。

"温柔"这两个字很自然地和关心、同情、体贴、宽容、细语柔声联系着。温柔有一种无形的力量，能把一切愤怒、误解、仇恨、冤屈、报复融化掉。在温柔面前，那些吵闹吼叫、斤斤计较、强词夺理、得理不饶人，都显得那么可笑可怜。

女人，最能打动人的就是这温柔。温柔像一只纤纤细手，知冷知热，知轻知重。只这么一抚摸，受伤的灵魂就愈合了，昏睡的青春就醒来了，痛苦的呻吟就变成甜蜜幸福的鼾声了。

温柔是女人特有的武器，哪个男人不愿意被这样的武器击倒？温柔缓缓地、轻轻地放射出来，飘到你的身旁，扩展、弥漫，将你围拢、包裹、熏醉。

温柔的女人是一座园林。假山怪石，枯树古藤，小桥流水，九曲十八弯，小径通幽，让人心境平和，心明气闲，流连忘返，怡然自得。

温柔的女人是一首诗。绵绵的诗意缓缓地轻轻地弥散，令人心醉，让人感到一阵轻松，让人产生很深的归属感。

温柔的女人是一块磁铁。只要走近她的磁场，就会不知不觉被吸引，想躲也躲不开。

温柔的女人是深刻的，是生命本体的自然散发，而不是生硬的表演，是生命内在的爱与善，历久不衰，相伴永远。

春风是温柔的，但是它能在厚厚的冰面上划出一道道裂痕；流水是温柔的，但是石头最尖锐的棱角也会被它悄无声息地慢慢磨平。不管女人为了证明自己的坚强、独立而怎样去否认温柔这柔弱的字眼，它依然流淌在女性的血液里。

温柔是一种智慧。平平常常的日子，温柔的女人总能过得有滋有味。

温柔是一种境界。它能折射出一个人的兴趣情调、品质修养。女性的温柔是民族遗风、文化修养、性格培养三者共同凝练所致。一个女人，善于在纷繁琐事、忙忙碌碌中温柔，善于在轻松自由、欢乐幸福中温柔，善于在柳暗花明时温柔，善于在关切和疼爱中温柔，善于在负担和创造中温柔，更善于填补温柔，置换温柔，这是走向成功的不可轻视的艺术。

温柔如风，可拂去心绪上的烦恼与忧愁；温柔似雨，可滋润心田上的干涸与浮尘；温柔像虹，能映照自暴自弃者重新扬帆的锦绣前程；温柔也似利剑，剽悍粗犷的人会在这利剑前垂下高傲的头颅。

温柔是女性独有的特点，也是女性的宝贵财富。如果你希望自己更完美、更妩媚、更有魅力，你就应当保持或挖掘自己身上作为女性所具有的温柔禀赋。

你应该努力变得通情达理，这是女性温柔的最好体现。待人以宽，为人谦让，凡事多为人着想，别让人难堪。

你应该努力变得更加细致周到。那份适时的细心关怀和体贴比什么衣着打扮都更能让人心动。

你应该努力达到"以柔克刚"的境界。不要遇到不顺心的事就火冒三丈，风度全失，或者失声痛哭，无力把持。温柔女人应笑对人生，永远安详美丽。

你应该努力变得更有见识。知识能够充盈你的头脑，丰富你的内涵，更能使温柔的你散发由内而外的光彩。

你应该努力变得更大方。不小气，不嫉妒，不讲闲话，不闹脾气，不耍小性子，那些不成熟的小女孩做派不应属于一个温柔的你。

最后，请记住：温柔绝不等于软弱。娇滴滴、嗲声嗲气、小女孩腔、乱撒娇这些刻意的东西与温柔无关，除了能吸引一些肤浅的男子，只会被大多数人看成惺惺作态。这样的女人一遇到问题，就希图耍一把"假"温柔，博取别人的同情，而自己却欠缺处理问题的能力，软弱得可怜。

真正温柔如水的女子不喜欢张扬，她有更多的时间、更大的自我空间装下这一腔柔情；她心细如发，心思缜密，本能保护自己的意识很强；她不是太过火热激情的人，开始也许不易相处，但她善良的心和优雅的言行举止足以为她带来更多的知己；她爱读书、懂艺术，志趣高雅，内心丰富而饱满；她一旦动了真情便不会随风摇摆，总会用真心和细心去体贴自己的爱人。

世上绝少会有哪个男人喜欢女人的蛮、野、悍、泼、粗、俗。女性的似水柔情，对男性来说，既是一种迷人的美，也是一种可以被其征服的力量。一位诗人说："女性向男性进攻，'温柔'常常是最有效的常规武器。"女人的温柔包含了很多很多，善解人意，宽容忍让，谦和恭敬，温文尔雅。不仅有纤细、温顺、含蓄等方面的表现，也有缠绵、深沉、纯情、热烈等方面的流露。有的女人无限温存，像牝鹿一般；有的女人像一道淙淙的流泉，通体内外都充满着柔情……总之，女人的柔情各式各样，都像绚烂的鲜花，沁人心脾、醉人心肺。

真正的好女人，应该是爱的使者，温柔的化身，暗香长留，幽美温馨。

温柔的女人，是微笑的天使；温柔的女人，是美丽的永恒！

自尊自爱的女人才美丽

"人一生可以说共诞生过两次：第一次是为生命而诞生，第二次则是为生活而诞生。第一次的自尊自爱是相对于自然生命的，而第二次的自尊自爱则是相对于人的社会生命。只有第一次自尊自爱的人是不可能放出人性的光辉的。人诞生两次才能算是一个完整意义上的人，而自尊自爱也只有发生两次才能发展成为一个真正统一的、完美的人生。"

这段话深刻地揭示了人生的真谛。女士们，我想你们都想得到别人的尊重和爱，这是每一个有思维的人都渴望的。然而，很多女士在追求这种尊重和爱的时候往往忽略了一个非常重要的前提，那就是自尊自爱。

以前，卡耐基在密苏里州居住的时候，他们镇上有个非常有名的女孩，大家都叫她"疯丫头"卡拉。听人说，卡拉是个非常漂亮的女孩子，只可惜卡耐基从来没见过。卡耐基从别人那里听说卡拉是个性格豪爽、不拘小节的姑娘。虽然那时的卡耐基心智还不算成熟，但他听得出来那句话里含有讽刺的意思。

曾经有人这么说过："这个小镇人杰地灵，出过很多优秀的男孩。可是，如果你没有做过卡拉的男朋友，你就永远算不上真正优秀的男孩。"据说，卡拉交的男朋友可以组建一个小的公司，而且这些人个个都很出色。卡拉对待感情从来没有认真过，因为在她看来，恋爱不过是场游戏罢了。她和每一个男朋友相处都不会超过3个月。当感到厌烦的时候，她就会马上寻找一个新的目标。就这样，卡拉浑浑噩噩地度过了自己的青春时期。

当卡拉到了谈婚论嫁的年龄，居然没有人愿意娶她。他们告诉卡拉，她只适合当情人，而不适合当妻子。因为没有人会愿意娶一个不自爱的、没有尊严的女人。他们之所以疯狂地追求卡拉，不过是想寻找一下新鲜感和刺激罢了。至于结婚，他们和卡拉一样，根本就没有考虑过。

后来，卡耐基回到了老家密苏里。他从他儿时的朋友那了解到卡拉因为自己的原因，没有人愿意娶她。没办法，她只好嫁了个又穷又丑的男人。那个男人是个十足的恶棍，吸毒、赌博而且还酗酒。后来，男人为了满足自己的需要，居然逼卡拉去做妓女。当卡拉反抗时，那个男人居然说："少在这里装清高，谁不知道你的老底？其实，你早就已经成为大家公认的妓女了。"卡拉虽然很伤心，但是她别无选择，因为她也要生存。这一切能怪谁呢？只能怪卡拉自己。

是的，这一切能怪谁呢？在现实生活里，女士们必须养成自尊自爱的习惯。道理很简单，因为只有懂得自尊自爱的女人，在生活中才能树立起自信，才能自强不息。同时，只有懂得自尊自爱的女人，才能得到别人的尊重和爱。有一次，卡耐基的一位女学员来找他，希望他能够帮助她教育孩子。卡耐基对她说："对不起，女士，我并不是这方面的专家。如果你有需要，我可以给你介绍一位专门研究儿童教育的朋友。"那位女士并没有听他的劝告，还是希望卡耐基能帮她。没办法，他只好答应了。

那位女士对卡耐基说："我真不知道我的小杰克是怎么了？他居然会做出那种事，他今年才不过12岁。你知道，卡耐基先生，小孩子总是会犯错误的，因此挨批评也是难免的。可当我批评杰克时，他居然顶嘴说：'你没有资格批评我，你是个无耻的、没有尊严的人。我没有你这样的母亲，我为你而感到羞耻。'天啊，这是一个孩子应该说的吗？我一定是做错了什么，要不上帝为什么会这样惩罚我？"

当时卡耐基也很好奇，因为他不知道为什么孩子会这样对待他的妈妈。于是，卡耐基让这位女士把她的孩子带到了自己家。经过卡耐基的一番努力，那位名叫杰克的孩子终于开口了。他对卡耐基说："我恨我的妈妈，因为她没有尊严。我妈妈很势利，见到有钱有权的人就想去巴结。有一次，我亲眼看见她把一个男人领回家，并向他大献殷勤。那个男人很正直，没有答应我妈妈，还说我妈妈不知自爱。后来我才知道，那个男人是爸爸公司的经理，妈妈那么做是想让他升爸爸的职。虽然我在心里很清楚，妈妈这么做是为了整个家，但我还是不能原谅她。后来，我爸爸被他们的经理解雇了，因为经理认为这一切都是我爸爸一手策划的。还有很多很多事，我妈妈的做法太令我失望了，我无法容忍一个不知自尊自爱的女人做我的母亲。"

女士们，也许你们的心灵已经被杰克的话震撼了。是的，就连一个小孩子也对不知自尊自爱的人抱有鄙视的态度，更不要说一个成年人了。女士们，希望你们能做到自尊自爱，只有这样才会拥有快乐的人生。

自爱代表着自己爱自己，对自己好一点，从而将自己的生活变得美好、精彩，而且还很有品质和品位。对于一个女人来说，只有懂得了自爱，才能真正懂得如何去爱别人。

此外，女士们在社会中生活一定要有一种"平等"的心态。这种平等意味着两者之间在地位上、感情上没有高低贵贱之分，而创造平等的来源就是自尊。如果为了得到某些东西，哪怕是爱，而放弃自己最起码的做人尊严的话，那么你的人格也就荡然无存了。更加可怕的是，这种人格的尊严一旦失去了，就再也不可能找回来。

琳达在一次舞会上认识了罗杰。她对罗杰一见钟情，两人的感情发展很快，在认识的第一天晚上就同居了。在开始的那段时间，琳达和罗杰过了一段甜蜜的生活。

然而，好景不长，琳达发现罗杰有事情瞒着她。最后她才得知，原来罗杰已经是个有家室的人了。很多人劝琳达离开罗杰，可琳达根本听不进去。她认为自己和罗杰是真心相爱的。后来，罗杰找到琳达，提出分手。但此时的琳达陷得太深，根本无法自拔。不管罗杰怎么打骂她，琳达就是不同意。最后，罗杰告诉她，只要她能够拿出10万美元，他就愿意和妻子离婚。为了"幸福"，琳达四处借钱，终于凑够了10万美元。然而，罗杰在拿到钱以后就远走高飞了。

临走前，罗杰留下了一张字条，上面写道："这一切的结果都是你自己造成的。我认识你的时候，我和太太的感情很不好，而且已经决定离婚。本来，我还以为你是我的第二次真爱，可是当时我们才认识一天，你就和我同居，这让我感到你是一个轻薄放荡的女人。还有不管我怎么辱骂你，你从来都没有反抗过，甚至还愿意筹集那10万元钱。这一切让我觉得你是一个没有自尊的女人。一个没有自尊且不自爱的女人有什么资格得到一个男人的爱？你不过是一个玩偶而已。"

琳达为自己的行为付出了代价，而且是非常惨痛的代价。在最后，还有一点要提醒女士们，那就是自尊自爱并不等于傲慢无理、目空一切。所谓的自尊和自爱是指既尊重和爱自己，也尊重和爱别人。自尊自爱的目的是不让自己受太大的委屈，也不让自己放弃做人的尊严。

第七章　自信优雅，做个有涵养的女人

♥ 优雅而有涵养的女人最受欢迎

谁都不喜欢粗俗的女孩，不管你长得多么漂亮，你的能力多么强，也不管对方是男人还是女人。我们要想受人青睐，讨人喜欢，就一定要远离粗俗，做一个优雅、有涵养的女人。

有一天，当卡耐基上完课之后，一位年轻的女学员对他说："卡耐基先生，你说男人最喜欢什么样的女孩呢？"可以看出，她正在谈恋爱，所以希望给个答案。但是卡耐基没法给她一个准确的答案，因为不同的男士，审美观是不一样的。

于是卡耐基对她说："真抱歉，我实在没办法回答你这个问题，因为不同的男士会喜欢不同类型的女孩。不过，我却知道哪类女孩最让男人讨厌，那就是粗俗、言谈举止不文雅的女孩。所以，你们一定要远离粗俗，因为粗俗很可能毁掉你的一生。"

各位女士，这不是危言耸听。你们想一想，谁会喜欢一个邋邋遢遢的女孩呢？虽然时代在变，但在人们心中最为美好的，还是那些文雅、有涵养的女孩。

维拉是一个乡村女孩。她没有上过大学，很早就跟着父亲做生意。在她22岁的时候，她在镇子里开了一家杂货店，生意非常好。但没有一个男孩喜欢她，这让维拉很伤心。

后来，她的一位朋友给她介绍了一个叫沃里的男孩。但是沃里只和她交往了一段时间就不愿意和她交往了。沃里对别人说："维拉虽然很能干，长相也不错。但是我受不了她大大咧咧地和别人说话，头发、衣服也总是乱糟糟的样子。这样的女孩做我的女朋友，会让我感觉很没面子。"

各位女士，维拉找不到心爱的人就是因为她的言谈举止不得体，少了女性应有的气质。的确，每个男人都希望自己的女朋友举止优雅，是一个淑女。如果你的女朋友是一个举止粗俗的女孩，你也会觉得很没面子。

当然，各位女士，我们远离粗俗不只是为了找到一个优秀的男朋友，而是为了我们自己。毕竟，我们的言行都会影响到自己在别人心中的形象。此外，粗俗还会对你的事业产生消极的影响。下面这个例子就说明了这些。

在数年前，卡耐基在费城开了一个专门讲授如何与他人相处的培训班。一天，卡耐基正在办公室备课，一个年轻女子急匆匆地走了进来。她还没等卡耐基问话，就坐在他面前，大声说："你是卡耐基先生吗？希望你能帮帮我。"

卡耐基点了点头说："我是卡耐基，请问您有什么事？"

那个女孩非常苦恼地说："卡耐基先生，我刚刚大学毕业，但是没有一家公司肯雇用我，我现在简直烦恼死了。"在女孩说话的时候，卡耐基发现她在举止方面有很多不妥之处。她坐着的时候把椅子翘了起来，还把左腿放在了右腿上，并且抖个不停。尤其让人难以接受的是，她还用左手挖了一下耳朵。

等这位女孩说完后，卡耐基问她："你认为自己为什么找不到工作呢？"

她大大咧咧地说："我也不知道啊，无论是长相方面还是学习方面，我比别的女孩都不差，但是这些公司为什么不肯要我呢？……卡耐基先生，您这是在做什么，您不觉得这有些不得体吗？"

原来卡耐基在她说话的时候也有意挖了一下耳朵，并且把脚放到了办公桌上。等她说完了，卡耐基说："您说的没错，这样做确实有些不得体，甚至让人觉得非常讨厌。不过，我刚才这些可都是学你的啊！"听卡耐基这么说，她有些惭愧，低着头说："卡耐基先生，谢谢你指点我，我知道该怎么做了。"

后来，她在礼仪培训班上了两个月的课。等她学完后，她轻松地在一家大公司找到了一份体面的工作。

各位女士，上面的例子告诉我们没有人喜欢粗俗的女孩，不管你长得多么漂亮，能力多么强，也不管对方是男人还是女人。所以，我们要想受人青睐、讨人喜欢，就要远离粗俗，做一个优雅、有涵养的女人。

❤ 自信，提升女人涵养的法宝

在几年前，卡耐基采访了女模卡罗琳。当时卡罗琳只有18岁，但她是当时最炙手可热的女模特，很多服装公司都想让她做代言人。当然，她的薪酬也是非常高的，出席一场活动要500美元，这在当时可不是一个小数目。

像卡罗琳这样优秀的女模特，给人的印象应该是非常漂亮才对。但是当卡耐基和她近距离接触的时候，发现她的相貌很平常，至少有很多女模特比她要出众。这让卡耐基非常奇怪，这样一个长相很平常的女孩怎会成为如此炙手的模特呢？为什么那些比她更漂亮的女孩没有她出名呢？于是在采访的时候，卡耐基向她提出了这个疑问。

卡罗琳笑了笑，对我说："卡耐基先生，这个问题很多人都问过我。的确，如果单论相貌以及身体条件，很多女模特都比我优秀。不过我却有一个她们都比不上的优点，那就是我对自己充满了自信。卡耐基先生，你不觉得有自信的女孩才最有魅力吗？如果一个女孩连自己都不相信，她即使再漂亮，人们也不会欣赏她。"

卡罗琳说得没错，具有自信的女孩才最有魅力。当她走在舞台上的时候，是那样的精神饱满，完全把女性的魅力展现出来了。但是，反观其他一些模特，却缺乏自信心，所以走在舞台上的时候，她们完全少了一份精神气。

其实人生也是一个舞台，而且是一个大舞台，有自信的女士才最能展现自己的魅力，获得他人的青睐。所以，各位女士，你们一定要培养自己的自信心，让自己的女性魅力完全展现出来。

在卡耐基开设的培训班里，有一名叫凯莉的女士。她刚刚大学毕业，想在一家大公司谋得一份秘书的工作。大家都知道，很多大公司的女秘书都要做一些公关性的工作，这需要一个有魅力的女性才能胜任。凯莉女士的长相不错，工作能力也非常强，但是她去了很多大公司面试都没有被录取，最后她找到卡耐基，希望他能帮帮她。

和凯莉女士交流之后，卡耐基发现，她是一个没有自信的人。当和陌生人交流的时候，她会变得非常紧张，连说话都慌乱起来。

作为一名公关人员这样肯定是不行的。于是，卡耐基告诉她："凯莉女士，你要对自己充满信心，不要再怀疑自己的能力，其实你是非常优秀的。"在接下来的日子，他让她在课堂上演讲，并且给她很多鼓励。

慢慢地，凯莉女士建立起了自己的自信心，当她和陌生人交谈的时候，她不再神情慌乱了，而是非常从容，充满了女性的温柔，非常打动人心。很快，她就在一家大公司找到了一份合适的工作。

也许有的女性朋友会说："卡耐基先生，我怎样才能建立起自己的自信心呢？我也希望做一个有自信的女人，但是一直都做不到。"其实做一个有自信的女人并不是很难，秘诀就是接受自己，无论是优点还是缺点。

在现实生活中，很多女士总是太注意自己的缺点并盯着自己的缺点不放，最后这些缺点被无限放大，就慢慢失掉了自信心。所以，各位女士，你们应该完整地接受自己，无论是优点还是缺点。当你能够客观地对待自己的优点和缺点的时候，你就不会自卑了，也不会怀疑自己了。

♥ 你的微笑比黄金还贵

微笑不仅能够增添你的魅力，还能赢得他人的青睐。因为微笑能够传达一种善意，能够让人感到愉悦。所以，我们愿意接近喜欢微笑的人。

卡耐基在纽约参加了一位贵妇人的宴会。因为这位贵妇人刚刚继承了一大笔遗产。她为这次宴会花了很多心思，她不仅花费了很多钱为大家准备了丰盛的晚餐，还为自己买了貂皮大衣、钻石和珠宝。但遗憾的是她并没有给大家留下好的印象。这是为什么呢？因为她的脸上没有一丝微笑，一直是冷冰冰的。她可能永远都不会明白，女人的微笑，要比穿着打扮重要得多。

各位女士们应该看过达·芬奇的名画《蒙娜丽莎的微笑》吧！我们都被画中女子矜持的微笑所打动。她的微笑太迷人了，能够给人一种愉悦、舒心的感觉。

微笑的力量是非常神奇的，它能够增添你的魅力，从而赢得他人的青睐。斯瓦伯曾经对卡耐基说过，他的微笑可以抵得上100万美元。他说的没错，他最大的人格魅力就是常常以微笑示人，让人感到一种愉悦的心情。正因为如此，他的人际关系非常好，这也是他取得事业成功的主要原因。

为什么常常微笑的人受欢迎呢？因为微笑能够传达一种善意，能够使人感到快乐。所以，我们喜欢微笑的人。

在卡耐基的培训课上，他让大家每天对别人微笑一小时。一个月后，一位女学员给他写了一封信，认为自己发生了很大的变化。她的情况只不过是数百人中的代表。

下面，就是她写给卡耐基的那封信。

卡耐基先生：

自从我接受了您的培训，感觉自己发生了很大的变化。我真的感谢您，因为您让我明白了微笑的力量。

我已经结婚15年了，在这期间，我很少对我的丈夫微笑。您知道，我是一个不喜欢微笑的人，脾气又不好，可以说，我是百老汇街上脾气最坏的人。

一个月前，您告诉我们，要对每个人时刻保持微笑。于是，我就试了一个星期。第二天早晨，我照着镜子努力挤出一个微笑，并尽量让这个微笑挂在脸上。没想到我丈夫看到我的微笑后竟非常愉快地说："亲爱的，你今天早上看起来很高兴啊。"那一天，我们度过了一个愉快的早晨。他还说我微笑的时候最可爱。

从那以后，我对每个人都微笑：在办公室的时候，我对同事微笑；在电梯里，我对开电梯的人微笑并问声"早"；在顾客面前，我也时刻把微笑挂在脸上。

卡耐基先生，您知道我获得了怎样的回报吗？后来我发现，所有的人开始喜欢我，并且也对我微笑。这让我感觉到微笑会给我带来很多财富，让我每天都过得很开心。前些天，经理还给我加了薪，让我做了她的助理。她对我说："让你做我的助手是因为你喜欢微笑。"卡耐基先生，您看，这就是微笑带给我的好处。

从上面的例子我们可以看出，微笑带给我们的好处。它可以让一个人过得快乐舒心，还可以让一个人更受欢迎。所以，各位女士，在生活中你们要时刻保持微笑，用不了多久，你就会发现自己发生了很多变化。

另外，当别人生你气的时候，你同样可以用微笑来化解对方的怒气。你若不信，可以看看下面这个例子。

卡耐基坐飞机去华盛顿，在飞机上遇到了这样一件事：飞机起飞前，一位先生叫空姐给他倒杯水。空姐很礼貌地说："抱歉先生，为了安全起见，我必须等飞机飞行平稳后才能倒给你。"

可是这位空姐却将这件事给忘记了，飞机起飞后半个小时，她也没给这位先生倒水。这位先生脾气也很不好，于是他把那位空姐叫过来，怒不可遏地说："你们就这样对待顾客吗？我要投诉你！"这个空姐赶紧微笑着说："先生，真的抱歉，这都是因为我的疏忽造成的。"

这位先生还是不停地数落着这位空姐。但是这位空姐始终保持着微笑，最终这位先生被她的微笑打动了，心中也没有了怒气。最后，他不仅没有投诉这位空姐，还在留言簿上写下了表扬她的话呢！

各位女士，微笑的力量是不是很神奇？著名广告人弗莱契曾写过一篇叫作《圣诞一笑》的文章，文中向我们展示了微笑的益处。他是这样写的：微笑不花费什么，但是它却能产出很多；微笑可以让受者获益，给者不损；微笑发生在一瞬间，却可以永远留在记忆中；微笑可以产生快乐，让疲倦者休息，让失望者获得阳光，让忧虑者消除痛苦……弗莱契说得没错，微笑给人带来非常多的好处。所以，各位女士，你们一定要把微笑常常挂在脸上，这无论是对自己，还是对他人，都是一件好事情。

♥ 与脸蛋相比，气质更重要

气质是一种人格魅力，是一种内在的东西，它比外表更重要。外表的美是短暂的，它会随着时间的变化而消逝，但气质的美是不受年龄以及服饰限制的。一个人的气质是可以培养的，我们完全可以通过自己的后天努力而成为一个有气质、有涵养的优雅女人。

我们都知道，每一位女士都希望自己能够得到异性的称赞以及同性的羡慕。但是怎样才能做到这些呢？答案非常简单，那就是锻炼自己的气质，让自己成为一个有气质、有涵养的女人。

在很多女士的心目中，都认为那些拥有漂亮脸蛋的女孩才是最可爱、最吸引人的，其实这样想是不对的。我们见过很多的女孩，她们看起来长得非常漂亮，但是却并不是那么吸引人。这是为什么呢？原因很简单，就是她们缺少了一种气质，给人一种肤浅的感觉。

气质是一种人格魅力，是一种内在的东西，所以，它比外表更重要。更何况外表的美是短暂的，它会随着时间的变化而消逝，但是气质给人的美是不受年纪以及服饰限制的。下面，让我们来看看考斯夫人的例子就会明白这个道理了。

考斯夫人今年30岁，是一家保险公司的高级讲师。她没有上过大学，只有高中学历。至于她的长相，也实在难以让人恭维。她矮矮的个子，皮肤有些黑，而且脸上还长了一些雀斑。从她的相貌看起来，她实在不像一位高级讲师。

在开始的时候，就连人际关系学大师卡耐基也持有一种怀疑的态度，但是自从听过她的一堂课后，卡耐基不仅消除了疑虑，而且对她非常佩服。在讲课的时候，她的举手投足都展现出了一种吸引人的魅力，让人产生一种美感。卡耐基发现，大家在听课的时候都非常认真，完全被她的气质所打动。

后来，那家保险公司的经理对卡耐基说："戴尔，考斯夫人是我们公司最好的讲师，虽然她长得不漂亮，但是她有一种吸引人的气质。无论在哪里，她都能给人一种亲和力，从而引起他人的注意。也正是因为具有了这种气质，她总能打动来听课的人。"

再后来，卡耐基和考斯夫人成为好朋友，在聊天的时候他们也聊到了这个话题。考斯夫人说："戴尔，在开始的时候我也很在乎自己的相貌，认为自己是一个丑女人，并且变得非常自卑。但是一个人的相貌是天生的，是我们不能掌握的，我即使多么在意，也无法改变它。后来，我不再关注自己的长相，而是着重培养自己的气质。慢慢地，我发现自己受人欢迎了，朋友也更多了。戴尔，我现在想明白了——美丽的外表对于一个女人来说犹如一只漂亮的花瓶，如果瓶子里面装的都是污水烂泥的话，马上就会让人大倒胃口。相反，即使这个瓶子很普通，但是如果里面装的是美酒的话，也一定能够让人陶醉。"

各位女士，听过考斯夫人的话，你们是不是很有感触呢？的确，一个人的长相是天生的，不管我们多么在意，也不能改变它。但是一个人的气质是可以培养的，我们完全可以通过自己的后天努力而成为一个有气质、有涵养的优雅女人。

也许有的女性朋友会说，只有那些贵夫人才能培养自己的气质，我只是一位家庭妇女，哪能成为一位有气质、有格调的女人呢？其实这种想法是不对的，只要你愿意，完全可以通过自己的努力，成为有格调、有气质的女人。

那么，怎样才能培养自己的气质呢？

首先，我们要改变自己的心态以及对待生活的态度。各位女士，不知道你们是否注意到了，那些有气质、有格调的女人都是有理想和追求的，并且非常热爱生活；而那些意志消沉、内心空虚的女人是谈不上气质美的。所以，你们要想改变自己的气质，首先就要改变自己的心态以及对待生活的态度。

其次，我们要改变自己的言谈举止，让自己更有涵养。各位女士，气质之美看似无形，其实是有形的，它可以通过一个人的言谈举止表现出来。你走路的姿态、说话的语气、待人接物的风格……这些都属于气质。所以在和别人交往的时候，我们一定要注意自己的一言一行，从而让自己显得更有风度和格调。

最后，我们要完善自己的性格。气质美还体现在一个人的性格上。一个心地善良、待人诚恳的女人，自然会产生一种亲和力，让人愿意亲近她，和她做朋友；而一个脾气暴躁、行事虚伪的女人，会令人厌恶，从而使人对她避而远之。所以，各位女士，你们一定要完善自己的性格，从而为自己的气质平添风采。

♥ 学会着装，学会打扮

合适的衣着打扮可以让你容光焕发，更加漂亮迷人。不过，有一点就是要保持仪表得体的原则。不要只在意它们是不是名牌，而要考虑是不是适合自己。有些衣服和化妆品如果不适合我们，会起到相反的作用。

各位女士，在前面的章节，我们一直在强调气质及内涵的重要性，并且认为它们比外表更重要。不过，各位女士要注意，气质和内涵固然重要，但仪表也同样重要。从某种程度上说，一个人的气质和内涵就是通过仪表反映出来的，穿什么样的衣服，戴什么样的手表，化什么样的妆，都直接反映出你的情趣和品位。

赫伯特·沃里兰是美国铁路董事局的局长，在一次演讲中，他说过这样一句话："恰当的衣着对于一个人的成功是非常重要的。当然，如果你没有真才实学，是不可能通过一件漂亮的衣服而找到一份好工作的；但是如果你不注意自己的衣着，无论你有多么高的工作能力，公司的人事经理很可能一下子就否定你。所以，如果我身上有50美元，我会用40美元给自己买一身合适的衣服，再用剩下的钱买剃须刀、领带之类的东西。你们一定要记住，千万不要把50美元装在口袋里，穿着一身破破烂烂的衣服去面试。"

赫伯特·沃里兰说得非常有道理。一个人的穿着和她的工作能力虽然没有什么关系，但是人事经理在招聘员工的时候，首先要看他的衣着打扮。各位女士，如果你是一个公司的人事经理，你也不会聘用一个不修边幅、邋邋遢遢的员工的。

对于女性来说，个人仪表更加重要。一个会打扮会着衣的女士更容易获得大家的好感。相反，如果一个女士穿着打扮不合理，大家都会厌恶她，对她敬而远之。因此在人们的心目中，女性就应该是穿戴得漂漂亮亮的。

心理学家史密斯曾经说过："女人常常把自己的幸福和美丽寄托在一件漂亮的裙子上。"的确，合适的衣着打扮可以让你容光焕发，更加漂亮迷人。有一点就是保持仪表得体的原则。有些女士在选择衣服以及化妆品的时候，只在意它们是不是名牌，而不考虑它们是不是适合自己。这样是不对的，有些衣服和化妆品虽然很有名，但是如果不适合我们，还会起到相反的作用。

各位女士，你们都知道英国著名的"花花公子"布鲁麦斯吧，他在买衣服的时候只看价钱，从来不考虑是不是适合自己。他的每件衣服都在3000美元以上，但是当他穿着这些衣服去参加宴会的时候，不仅没有吸引大家的目光，反而成了笑柄。所以，各位女士，你们在购买衣服以及化妆品的时候一定要以"合适"为原则，否则，多花了钱，也起不到好的效果。

另外，我建议女士们多穿朴素的衣服，化一些淡妆。其实朴素的衣着打扮也是很吸引人的。在市面上，有很多物美价廉的衣服可供大家选择，它们不仅便宜，而且穿起来非常合身。各位女士，你们不要认为这样会很"寒酸"，因为适合自己的衣着打扮才是最好的。

很多女士都问过卡耐基："卡耐基先生，你说过适合自己的衣着打扮才是最好的，那么，我们怎样做才能达到要求呢？"真的抱歉，这个问题很难给出一个准确的答案，因为不同的人适合不同的服饰。不过，以下倒是给各位女士提出的一些建议，供大家参考：

第一，不要盲目追随别人，买衣服前先试穿，并悉心听取别人的意见；

第二，学会服饰的搭配，并且懂一些色彩的知识；

第三，买衣服或化妆品的时候，一定要考虑到自己的年龄，因为不同的年龄有不同的需求；

第四，不一定要化浓妆，要根据自己的需要来选择眉笔和口红；

第五，注意护理自己的手指甲和脚指甲；

第六，在穿衣或化妆的时候，一定要突出自己的优点。

各位女士，卡耐基的这些建议不一定有用，但是，只要你们留心自己的衣着打扮，就一定可以让自己魅力四射，成为大家瞩目的女人。

❤ 做个知礼晓仪的女人

亲爱的女性朋友们，要想做一个有魅力的女人，除了重视衣着打扮外，还要做到知礼晓仪。所以，一个懂礼仪的女性，会得到大家的尊敬和青睐；而一个常常失礼的女性，会让大家望而却步。

卡耐基曾参加了一个好朋友举办的一个隆重的宴会。他是政界的要员，所以，参加宴会的人大多是一些有身份有地位的人。

在这次宴会中，一位年轻漂亮的女士上身穿了一件吊带衬衫，下身穿了一件超短裙，这样的打扮吸引了所有人的目光。之所以这么说，是因为在参加这种比较隆重的宴会的时候，我们应该穿戴得比较正式才对。但是那位女士却显得"与众不同",结果大家都用一种异样的眼神来看她。

不仅如此,她在宴会上喝得酩酊大醉,拿着食物四处乱走,凡是遇到年轻的男士,都要和对方喝上一杯。而且她非常开放,有好几次,她在喝酒的时候倒在了男士的怀里,让那个男士面露难色,非常尴尬。后来,她竟然在宴会上呕吐起来。一些好心人劝她到后面休息,可她就是不肯,在宴会上呕吐了半个小时,使大家都皱起了眉头。到了最后,在场的所有人都被她搅扰得没了兴致。

各位女士,上面提到的这位女士能赢得大家的青睐吗?当然不会了,因为她完全不懂得宴会的礼仪,让自己在宴会上颜面尽失。

所以,各位女士,要想做有魅力的女人,除了重视自己的衣着打扮外,还要做到知晓礼仪。所以懂礼仪的女性,会得到大家的尊敬和青睐;而常常失礼的女性,会让大家望而却步。

礼仪是一套隐性的华服,它不着痕迹地折射出女性的素质,并展现出女性的内在修养。知礼晓仪的女士不仅让人尊敬,还会提升自身的气韵、潜能以及精神状态,从而让自己魅力四射,轻易获得他人的青睐。

那么,如何做到知礼晓仪呢?

要想做到知礼晓仪,就要在日常礼仪中注意细节,力求尽善尽美。比如,在和他人说话的时候,要和蔼亲切;再比如,参加宴会的时候,不论是衣着还是言谈举止,都要符合宴会的礼节。可以说,这些礼节是琐碎的,方方面面都要涉及,大家在平时应多看与礼仪相关的书籍。

此外,要成为知礼晓仪的女人,还要约束自己的行为,时时刻刻都严格要求自己。例如,在和朋友看歌剧的时候,即使你很想和朋友说几句话，也要约束自己，不做出失礼的事情。这样，虽然给自己带来了一些不便，但是却可以赢得别人的尊敬。

各位女士，礼仪是完美人际关系的基础，它会让女人变得更成熟、更精致、更优雅。所以，我们一定要做知礼晓仪的女人，让自己时时刻刻都充满魅力，从而赢得别人的尊敬。

第七章 自信优雅，做个有涵养的女人

第八章　学会淡定，做个有思想的女人

❤ 淡定的根源在于内心

生活中，很多女人认为淡定就是本身要有耀眼的光辉，站在人群中就能引起瞩目的光彩，因而，她们总是在刻意追逐着外在的与众不同，甚至是另类的举止行为。其实，真正淡定是一种内化的优雅，一种内心的强大，处处散发着由内而外的自信。

淡定的女人，不一定很漂亮，不一定很懂打扮，也不一定是随时随地都能与人侃侃而谈。但她们却可以让你静下来，这就是淡定的女人独特的魅力。淡定的女人必定是令人舒服的，就像一道光，明亮但不刺眼，照亮了你，温暖了你。

著名学者于丹曾说：一个人的自信来自哪里？它来自一个人内心的淡定和坦然，要做到内心强大，一个前提是看轻身外之物的得与失。患得患失的人，不会有开阔的心胸，不会有坦然的心境，也不会有真正的勇敢。淡定的女人必定是自信的、勇敢的、坚强的。淡定的心态像是指路的灯塔，明亮而不刺眼，指引前进的脚步。

胡茵梦20岁以《云深不知处》而惊艳天下，名动优伶。这样集美貌与才气于一身的女子本来可以同饰演《窗外》的林青霞一样在影坛上大放奇彩，可惜的是，她与李敖短暂的婚姻闹剧后离奇转变，从繁华走向落寞，从追求外在的虚荣华贵而进入探索内在的真实自性。

胡茵梦，从演员跨越成为作家、学者，她的文字、自身曾经都是争议的焦点。她似乎永远无法摆脱美女和戏子的噩梦。可多少年过来，她并没有被争议和失败的婚姻打垮。

集美丽气质与才华于一身的胡茵梦，近20年致力于引进世界心理学丛书，并洞悉事物真相，不断地努力追寻。她自称拥有灵媒般的特殊体质，敏感度颇高，视成长、灵修与自疗为人生中最重要的事。

她翻译的印度著名哲学家克里希那穆提的著作《爱的觉醒》，正在成为知性女人的热宠。胡茵梦的唯一座右铭就是：平常心。即便过尽千帆也始终可以感受幸福。如此淡定大气的女人怎么不令人动容？

如今，胡茵梦身上有着一种"热情的投入与冷静的觉知"的特质。多彩的经历带来的是广阔的视角，她除了翻译与写作之外，还热心于环保公益活动、心灵成长的团体建设、教育的省思等。这种内在探索过程已经将她的美丽、才华、智性融为一体。由于身心完美的交融，使她成为当代为数不多的奇女子之一。

淡定，是一种明亮而不刺眼的光辉，一种圆润而不腻耳的声音，一种不再需要对别人察言观色的从容，一种停止向四周诉苦的大气，一种不理会哄闹的微笑。淡定从容的女人会给人一种从容不迫的气质和强大的气场。我们应该学会淡定，不要有一点委屈就抱怨，不要看不惯一些人的行为就表现出自己内心的反感。个性激烈的女人们，请收拢起你那张扬的表情和嘹亮尖脆的笑声，淡定地看周围的一切吧。

让我们做一个像冬天的太阳般的女人，温暖而不炙热，宽容而淡然，无论风霜雨雪，都用自己暖暖的笑容包容一切。现今的社会，对女人的要求很高，女人要生活、感情、事业各方面全能，但又不能风头盖过男人，要做一束光，要明亮但还不能刺眼，真能做到的女人着实不易。这就要求我们要保持一种轻松平和的心态，正确地看待自己，宽容待人，努力与周围的环境保持和谐。

有一个贸易公司，不仅事务繁杂而且节奏快。很多人越忙越乱，打电话也急吼吼的，常常忙中出错。李姐是公司的老员工，为人温和，人缘极好，工作业绩也做得最好。再急的事到她手里也是不紧不慢的，每次打电话都是有条不紊，难得的是极少出错。

有新员工向李姐请教经验，李姐说："其实很简单，我的秘诀是要业绩但不伤和气！要知道，我的业绩是建立在良好的人际关系之上的，如果我过于张扬和高调，势必引起他人的妒忌或者伤害了对方。所以，我在追求自己精彩人生的同时，也不能让这种光辉刺伤了他人的眼睛。"

一个女人如果能够保持轻松平和的心态，不被物欲束缚住心灵，不被狭隘遮挡住视野，妥善处理人际关系，就能实现自己的人生价值。女人需要一颗淡定的心，坦然地去面对繁重的工作。当看到人生悲喜、幽怨时，都可以化作一份淡淡的心情。然后，和风细雨、心平气和地面对一切。做一道明亮而不刺眼的光辉，照亮身边的人，又不会灼伤别人，做温暖的光，做温暖、淡定的女人。

❤ 人淡如菊，心淡如水

女人的一生注定要经历许多阶段，每个人生阶段都有独特的风景，每段岁月都会给人不同的感受。可进入中年的女性，会感觉自己一下从躁动中宁静下来了，不经意间就有了种坐看云卷云舒、心境如水的超然。

淡定的女人不仅是在遇到大事时表现出的临危不惧和镇定自若，更表现在生活中的时时豁达、事事淡然，只有这样才是真正的平和淡定。真正的淡定，表现在荣辱之外、名利之外、诱惑之外。淡然的心态，能够在物欲横流的滚滚红尘中，看清纷扰，洞察世事，谢绝繁华，回归简朴，达到"人淡如菊，心淡如水"的境界。

有两个不如意的年轻人，一起去拜望一位禅师："师父，我们在办公室被欺负，太痛苦了，求您开示，我们是不是该辞掉工作？"禅师闭着眼睛，隔半天，吐出五个字："不过一碗饭。"就挥手示意年轻人退下。回到公司，一个人递上辞呈，回家种田，另一个却没动。

10年后，回家种田的，成了农业专家；留在公司里的，后来成为了经理。

有一天两个人相遇了。农业专家问另一个人："奇怪！师父给我们同样'不过一碗饭'这五个字，我一听就懂了，不过一碗饭嘛！日子有什么难过？何必硬扒着公司？所以辞职。那么，你当时为什么没听师父的话呢？"

"我听了啊！"那经理笑道："师父说'不过一碗饭'，多受气、多受累，我只要想'不过为了混碗饭吃'，老板说什么是什么，少赌气、少计较，就成了！师父不是这个意思吗？"

两个人又去拜望禅师，禅师已经很老了，仍然闭着眼睛，隔半天，答了五个字："不过一念间。"然后，挥挥手……

没有一样东西是可以完完全全、真真正正抓住的，无论是物，还是人。因此我们只有放下过高的期望和过多的执念，顺其自然地享受生命，"不以物喜，不以己悲"，平平实实地处世，这样才能做到心淡如水。

女人，性格好更重要。人们常说性格决定一切，当一个女人做到淡定大气，她一定是优雅的、充满魅力的。

从容淡定的女人总是微笑着面对困难。她们不为日常琐事而忧心，不为生活的压力而焦虑，不为一时的荣辱得失而坐立不安。得意时，她们告诉自己胜不骄，继续走好未来的路；失意时，她们暗暗鼓励自己，不要太在意过去的，一起向前看；挫折时，她们告诫自己重新振作，适应新的变化。人生的事，不必事事在意，时时忧心。以一颗平常心对待，心淡如水，这是最好的处世态度。

现代社会女人要工作、要生活、要照顾家，对于女人的要求高了很多，于是很多人迷茫了，面对如此浮躁的世界，女人该如何生存下去？

有个女人觉得生活不易，烦躁时遇到一位礼佛者。

礼佛者告诉她说："看淡世事，船到桥头自然直。"

女人问道："前路难测，世事多变，我该如何自处？"

礼佛者回答说："一切随遇而安。"

女人又问："女人压力何其大，工作要不输给男人，生活上还要照顾家庭。当世事、情感、工作压力一并压在我的头上时，我该怎么办呢？我不是出家人，做不到看淡一切。"

礼佛者说："你觉得做不到，是因为你不够淡定。看透了，也就淡定了；淡定了，也许就看透了。"

的确，当我们遇到困难或挫折的时候，如果让自己平静淡定下来，给自己一个冷静思考的空间，也许我们能够换个角度看待问题，并从中找出突破点。其实，生活和工作是苦是乐，往往在一念间。你若淡定，也许就会想到好的解决办法。

淡定意味着冷静地看待事情。淡定意味着在大多数时候应该保持好心态，谦虚谨慎，戒骄戒躁。人生是不断修炼的过程，我们要学会摒弃无谓的烦恼和杂念，在不断的思索中体悟淡定的真谛。

淡定的女人不苛求，也不盲从，从容地享受着内心的宁静。从容的女人在生活中会处之泰然，不会太过兴奋而忘乎所以，也不会太过悲伤而痛不欲生。

"淡极始知花更艳，愁多焉得玉无痕"。正因为淡雅至极，所以才更显娇艳！女人的一生，淡到极致的美丽，是淡定而从容！

都市中浮躁的女性朋友们要学会让自己沉淀下来，做一个淡定的女人，如秋叶般静美，像丁香那样淡雅。携一份宁静，带一种从容，淡然地来，淡然地去，活得简单而有滋味，只要留下的是一缕馨香。

♥ 无论得失，均保持淡然

女人，平心静气、静静的时候最美。平和的心态带来高雅的气质，生气只会破坏女人的形象，与其声嘶力竭，不如莞尔一笑，明天还未到来，急什么。人生得意淡然，失忆也淡然。

心态淡定、睿智的女人会时时倾听自己的内心，诚实地面对自己真实的感受和欲念，明确地知道自己想要的，不曲意承欢，不委曲求全。她们知道只有这样爱自己，才能体会到爱的真实意义，才有能力去爱别人。

生命给了你什么磨难，也必然会回馈你什么，不要着急，在等待的过程中学会爱自己。当女人开始爱自己，就开始体会到生命的真谛了，这时的女人便不再苛求，更不轻易妥协。告诉自己：自信些，勇敢些，让思想和血液流动得更快一些。有计划、有步骤地去做自己，活出自己的本色，做个淡定、勇敢的女人。淡定、勇敢的女人是美丽的，空谷幽兰，暗香浮动。这个社会变化太多，我们不要让自己的心也变得慌乱，懂得保持内心平和的女人，就像闹市中的一间静谧的茶馆，让人忍不住想歇足休息。

提起赵雅芝，大家都不陌生。她在银幕上塑造的一个个经典角色令人印象深刻。她是几个时代人们心中的女神，引领多个时代的标杆。赵雅芝华贵端庄、优雅脱俗，美貌影响了几代人的审美观。她被誉为"古典第一美女、最能代表中国美的美女"。

很多人上学时候就喜欢收集她的海报贴画，喜欢她塑造的白娘子，喜欢她演绎的冯程程，喜欢她诠释的姚木兰。无论是着古典，还是穿现代，赵雅芝都漂亮得近乎完美。她的演技，她的芳华，她的美貌已成为不老传奇。

她的一颦一笑令人着迷，她是高贵优雅的代名词，她是华人女明星中的奇葩。古装第一美，古今皆相宜。白娘子深入人心，冯程程风靡一时。到如今，贤妻良母、相夫教子，风韵犹存。

一个女人，能在事业上取得如此高的成绩，应该是前呼后拥、艳光四射的。但在赵雅芝身上，永远看不到大牌明星的架子，她永远是那么谦和淡然，她那种独有的气质，与其他的明星比起来，少了一份俗气，多了一份雅气，几十年过后，她依然还是那样温婉动人，也许，心态是最好的美容秘方。

对于自己的事业，她说从来都只当作一份工作，当作自己的兴趣，把它做好。在她心里，家庭才最重要，亲人永远是第一位的。

好妈妈、好太太和好演员，她在角色转换间游刃有余。在演艺圈里，像她这样家庭事业两不误，双丰收的，堪称是稀有了。

无论何时看到赵雅芝，她都是那么淡然平和。赵雅芝就像是一幅水墨画，淡淡的，独有的韵味令人着迷。女人，就应该像赵雅芝这样吧，平和温婉，淡定大气，家庭事业两不误。赵雅芝堪称女性的典范。

女人一生，应该追求淡雅之美，淡名，淡利，无争，无夺。一切自然，一切淡定，任它风吹雨打，坚守自己心中的净土，像一盏无味而至味的茶。淡雅，女人之所求。淡雅，女人之所愿！

女人要学会爱自己，只有一直妥善地保护自己内心的纯净，才能抵抗过多的诱惑和堕落。这样女人才能做到将真诚、纯洁、干净的爱赋予自己所爱的人，同时也才能保证自己的家庭和事业都向着好的方向发展，这才是真正的幸福。女人用三分之一的心思去爱一个男人，用另外三分之一的心思去爱世界和生活本身，再用那剩下的三分之一的心思来爱自己。只有这样做的女人，才不会辜负自己的一生，才能用平静淡定的心情去享受生活。

平和的女人，要求的不是那么多，不会动辄嫉妒别人的富贵和幸运，不会因为追求物质就给自己不断施压，虽然同样感慨社会多变、人生无常，平和的女人却懂得守住内心的一点淡泊。林语堂说："人生譬如一出滑稽剧。有时还是做一个旁观者，静观而微笑，胜如自身参与一分子。"这种平和淡然的心态值得女人去学习。平和静远，也就人生淡雅；尘世闲情，总寄花开云动。

人生的乐园里有的不应是金钱、权力、身份、地位，而应是自由、欢愉、悠然和乐观。最美的人生应有最美的思想，最美的思想里有一种就叫闲适与豁然。平静，淡定，不骄不躁，不争不抢，安安静静地享受生命。当我们学会宽容、隐忍、不争，内心自然平静祥和。没有纷争的内心才是最强大的内心，蕴含淡定、低调的生活才是最真实的生活。得意不忘形，失意仍淡然，天下大智莫若不争，放淡悲苦从容应对，静心体味生之芳华。

三毛说人生如茶，第一道苦似生命，第二道甜如爱情，第三道淡如清风。一杯清茶，三味一生，人生犹如茶一样，或浓烈或清淡，都要去细细地品味。人生在世，成败得失，高低荣辱，都是人生的滋味。

女人如品味过这诸般滋味，即能体会人生乐趣，然后心态沉稳了，淡定了，明白了云水随缘且自在。女人容易对爱情深陷其中，来来往往，浮浮沉沉，失了淡定平和的心，殊不知爱可以不纠结，执子之手，在平淡的流年里守候幸福，一份淡泊，一份宁静，深入细致地品味漫漫人生，从容生活，享受那平实朴实的幸福，让灵魂在大地上诗意地栖居，浮生若茶香，繁华落尽也笑对。

♥ 有思想的女人最具魅力

女人若只有美丽的外表，不过是个空壳，没有思想的女人，眼神是呆滞的，语言是空洞的，美丽也只是苍白的。有思想的女人，才是最美丽的女人，在她们的身上，到处闪现着睿智的光芒。

有人曾说，智慧是女人一种永恒的哲学，一个女人因拥有智慧而让自己轻盈的气质变得厚重起来，一个女人也因智慧的存在而让自己变得更加引人注目。她们谈吐不俗，气质超人，即使是在人头攒动的旧街陋巷也会显出一种智者的魅力。

智慧使女人拥有简单、纯净的心态审视万物，智慧使女人的情感丰盈与独立，智慧让聪明女人更懂得在得与失之间平衡，智慧的女人以极强的领悟力对面临的任何事态都能做出从容、明智的抉择。中国台湾地区领导人马英九的夫人周美青就是一个睿智的女人。

马英九能一路走来打拼到今天，岛内大部分民众都知道周美青功不可没。从政后，马英九一直很忙，时常加班到深夜才下班，不仅顾不上家务事，连两个女儿的教育重任，也落到周美青肩上。

1974年8月，马英九去美国纽约大学求学时，在机场遇见了同样要去该校念书的周美青。念书期间，两个老乡互相照顾，逐渐擦出爱的火花，并于1976年订婚。

当时马英九有意继续攻读哈佛大学法学博士学位，但手头很紧张，为了让马英九完成心愿，周美青放弃了自己的深造计划，到餐厅打工挣钱。

1977年结婚后，周美青搬进了马英九的宿舍照顾他，没有家具，两人就捡别人扔掉的，经过周美青的布置，简陋的小屋充满温馨。

周美青不仅个性独立，还是典型的贤妻良母。马英九天生一张"明星脸"，因此经常受到女性倾慕者的"骚扰"。

但周美青表现得非常大度，还幽默地说："马英九太有名，全台湾的人都在帮我监视他呢！根本没作案机会。"

翻阅台湾媒体的报道，从年头到年尾几乎很少有周美青的新闻，对于记者的围堵，周美青也只会低调地回应一句："辛苦了，谢谢！"尤其惹人注意的是，周美青从不讲排场，也不干涉马英九的公务。

马英九的父亲马鹤凌最为赞赏这个儿媳妇，他曾说："我儿子将来要从政，这个媳妇绝对不会干政，不会去指指点点公事。"

周美青从美国留学回台后，就投身银行业，在金融财务方面做出不错的成绩。在马英九胜选后岛内传媒疯狂歌颂他的那段时日，周美青继续搭公车、捷运上下班，然而，在传媒记者天天大阵仗跟拍的情况下，她不得不认真思索是否离开职场的问题。经过权衡，她选择了急流勇退，从兆丰银行办理了退休。

离开职场后不到一个月，周美青出发了，朝她的人生新目标前进！一路上，她去偏僻的学校慰问孩子，为偏远学校提供协助，造访原住民部落等。她在过去一年间一趟又一趟地往返于台北及台湾地区南部、东部，她的行动较诸她丈夫的大选，更具备了深植民心的意义。

对于台北市的情况她也经常提醒马英九，如哪里积水多、哪里景观被破坏等。5年前"非典"期间，马英九曾42天睡在办公室，有一天他告诉妻子要回家了，没想到周美青说："你回来干吗，'非典'未灭，何以家归？"

自马英九从政以来，周美青几乎不介入他的任何公务，不进他的办公室，直到1998年他参选台北市长才第一次公开露面。她以职业女强人的形象过自己的正常生活，塑造了"低调"的公众形象。两次市长选举，她都只在最后一周以亲民、爽利的作风辅选，选后继续退避，与政治划清界限。

过去半个多世纪以来，台北历任市长和市长太太，有人甚至把警察当成自家佣人一样使唤，但周美青和马英九从不做这种事。郭建成说，她连停车位都是自掏腰包租来的，从不使用一丁点特权。

郭建成说："派出所距离马英九家不过咫尺之遥。记忆中，马太太向来独来独往，没有安全随护，也不曾差遣过管区什么事。"

前段时间，马英九在中国台湾地区领导人选举中获胜并赢得连任，他的夫人周美青劳苦功高。作为中国台湾地区的第一夫人，周美青穿着朴素利索，态度诚恳认真，正是这个连一副耳环都不带的低调女人，赢得了台湾民众的尊重和赞赏，为丈夫的形象加了分。

周美青这位"最不像夫人"的夫人，为何最服人？因为她以自己的智慧赢得了民众的心，树立了当代新女性的典范和标杆。她当然以先生的成就为荣，但从不因此向外炫耀；她虽然具备知识分子的学识和眼界，但从不吝于向弱势付出和捐助。

智慧的女人总是拥有豁达博大的襟怀、积极的心态，从而坦然行走在大千世界，并运筹帷幄。女人的智慧是生命中的梦想，有灵魂的翅膀，并用情趣和快乐赋予它生命。女人就是要将睿智埋于心、置于行，才能演绎自己更加美丽动人的人生。

♥ 关于得失，无须太过在意

人的一生，得意与失意相生相随、相辅相成，没有得意就没有失意，没有失意何来得意？身为一个现代女性，更要以"成之欣然、失之淡然"的心态面对人生，从而在生活中怡情养性，在工作中从容恬雅。

人的一生不可能平坦如意，成则欣然、失之淡然的女人，不管遇到什么困难、挫折、意外，从不悲观，从不灰心，从不失志，总是坦然、快快乐乐地历经人生的里程。只有这样才能顽强地在逆境中迈进，另辟途径。

人生的境遇并没有好坏之别，而常人眼里之所以有顺逆、褒贬等种种色彩，是源于内心的主观感受。境由心生，一切唯心造。我们应当不逃避，不强求，任由世事变迁，宠辱不惊，以一颗恬然、淡定的心，泰然处之。

很久以前，山上有一座破旧的庙，庙里住着师徒四人。三个弟子跟着师父修行。这天，师父为考验弟子们的修行功夫，对三个弟子说："你们随我来。"三个弟子相继来到庙门口，并按师父的要求依次站在两棵树前。

这两棵树不知道长了多少年了，其中一棵还不到秋天枝干就枯瘪了，叶子也所剩无几，似乎快要死了。另一棵则郁郁葱葱，深绿的叶子像涂了层蜡似的，在阳光下泛着耀眼的光泽，一副欣欣向荣的样子。

接着，师父提出问题："你们三个发表一下自己的看法，在这两棵树之中是枯的好还是荣的好？"

大弟子抢先回答："荣的好，因为它有着旺盛的生命力！"

师父听完没有说话。

二弟子接着说："枯的好，因为它的身体可以用来制作各种家具！"

师父摇了摇头。

谁知那最小的弟子沉思片刻，却不急不缓地说："枯也随它，荣也随它……"

老师父这才露出了赞许的笑容。

树是这样，人生也是如此。人生的旅途，总是蜿蜒曲折坎坷不平的，当噩运向你袭来的时候，最要紧的是要有宽广的胸怀，用笑脸去面对现实，用微笑去对待生活。成功时做到不轻狂。

回归田园的陶渊明是恬淡的，他采菊东篱下，悠然见南山，躬耕田野，戴月荷锄，抛却了公牍之劳，不为五斗米折腰，在自由自在中度过自己的恬静人生。一代名相诸葛亮，虽然满腹才华，但他淡泊明志，宁静致远；不居傲，不贪功，不专权，被后人尊敬有加，千百年来一直被人们视为智慧的化身和效仿的榜样。

人生就像一场盛宴。平淡是本色，泰然是历程，淡然是视角，信念是旗帜，能坚持淡然的人，不因岁月的流逝而变得焦躁，不受世俗的污染而丧失本真。能够淡然处之的女人，不因物欲得失而变得焦虑，不受世风的侵袭而背离轨道；历尽人生的磨难，仍对未来寄予厚望；饱经世事的风霜，仍对生活投以热忱。

得意时，女人需要提醒自己，不忘形，不得志骄横；失意时，不变形，宜泰然，不要悲观失望。得意和自负时，需要的是淡然，给自己留一条退路；失意和没落时，需要的是泰然，给自己觅一条出路。

一个圆环身上丢失了一个零件，因为缺少这个零件，它的滚动非常缓慢。为了能够像以前一样快速地旋转，它决定去寻找这个部件。在寻找的途中，由于它行走得非常缓慢，一路上它才有机会欣赏沿途的鲜花，它不仅与阳光对话，和蝴蝶伴唱，遇到一起行走在地上的小虫还可以聊聊天……

而这一切是它在完整无缺、快速滚动时所不能注意到、享受到的。但当它找到那个部件后，因为滚得太快，它失去了所有的朋友，不能从容欣赏花，也没有机会聊天，一切都变得稍纵即逝。圆环这才明白，得到这个部件虽然旋转的速度加快了，但再也找不回失去这个部件时的乐趣了。

"花开花落总有时"，尘世间的一切都有得失。想做一个"成则泰然，失则淡然"的女人，就必须做到在成功时不狂妄浮躁；绝望时，不失魂落魄，不意气用事。只有用平常心淡然处世，方能举重若轻。

生活对人是平等的，在你得到美貌的同时，你将失去与之成正比的智慧；在你得到快乐的同时，痛苦也许正在虎视眈眈地盯着你。淡然处世，是对人生的宽容。绚烂至极归于平淡，不是平庸之平，而是素净质朴、宁静深沉，是深邃的执着，是内心的祥和，是深入的淡定，是人生境界的极致。

"智者乐山山如画，仁者乐水水无涯。"从容、淡定的女人可以把自己的生活安排得如此诗意：在细雨朦胧中漫步在小石桥上；在春风荡漾中划动小竹筏；她们不为世俗所诱惑，而独守着明月翩翩起舞。这才是真正的历练，一种经过生活漂染、岁月过滤后的释然而洒脱的至尊。

心若淡然如水，人生便如行云流水。现实中过于执着、忙碌的女人们，不妨在心里留一个自我调整的空间，从而在顺境时能淡然，在逆境时泰然，使人生的步履迈得更从容更稳健。

❤ 贪图物质比不上升华心灵

现代社会，在各种激烈的竞争压力下，生活的节奏越来越快，很多女人在承受着艰辛的同时，也获得了较高的待遇。于是，她们开始不断地追逐奢华生活，从中得到心理上的满足。她们误以为有了金钱就有了一切，甚至把物质争取当作通往幸福的唯一途径。

殊不知，在追逐物质的同时，往往会迷失自我。物质欲望强烈的女性更是施展各种手段来满足自己对名牌时尚的虚荣。都市剧《北京爱情故事》里就有一个典型的拜金女角色。

以拜金著称的杨紫曦在情场上是个十足的索取派。杨紫曦和吴狄这对情侣从学生时代相处到走入社会，杨紫曦虽然真心爱吴狄，但她还是因为吴狄只开得起熊猫车买不起三环以内的房子就抛弃了他。杨紫曦曾经对朋友说过："你知道最终我和吴狄分手的导火索是什么吗——我看上一双鞋，3500元，吴狄买不起，Andy买给我了。"

于是，杨紫曦选择了与那个能够满足她欲望的男人Andy在一起了。结果，那个男人满足她一切物质上的欲望但是却满足不了她最想要的安定生活。

试问：在都市里的各种女人们，尤其是剩下的白领骨干精英们，你们有想过自己到底适合什么样的生活吗？生活中房子车子是婚姻的首选吗？真正的爱情是否真的可以用金钱做衡量的标准？

综观飞速发达的当今社会，虽然物质财富极其丰富，但人们在劳碌奔波的人生旅途中，或为追名逐利，热衷于觥筹交错的喧哗中；沉湎于歌舞升平、麻将扑克的寻欢作乐中；心灵的空间常被挤得满满当当，很难再有宁静的空隙。因此，"好累，好烦"已成为人们时常挂在嘴边的口头禅！

现代的生活节奏快了。人们往往在追逐自己的利益，不会管自己内心真正想要的。真正的宁静是在外界的喧嚣中依然可以坚持自己的初心。这是一种睿智，只有这样，才能真正做到淡泊，做到人生的真正宁静。

作为女性，我们应该最大限度地发挥自己所掌握的知识，用知识改变我们的生活境况，用知识给社会创造财富，用知识改变自己的命运。正如我们所熟知的著名主持人杨澜就是因为勤奋读书、努力实践，从而改变了她一生的命运。

提起杨澜，很多人都说她太幸运了。从著名节目主持人到制片人，从传媒界到商界，她成功实现了她人生的转型。杨澜是幸运的，但这种幸运也不是人人都能驾驭的。它需要睿智的眼光、独到的操控能力，是职业经历累积到一定程度厚积薄发而来。

1990年2月，中央电视台《正大综艺》节目在全国范围内招聘主持人。杨澜以其自然清新的风格、镇定大方的台风及出众的才气脱颖而出。但是，由于她长得不是太漂亮，在第六次试镜时还只是在"被考虑范围之列"。杨澜得知后反问导演："为什么非得只找一个女主持人，是不是一出场就是给男主持人做陪衬的？其实女性也可以很有头脑，所以如果能够有这个机会的话，自己就希望做一个聪明的主持人。"

就是因为杨澜这些话，彻底打动了导演。毕业后，杨澜正式成为《正大综艺》的节目主持人，并一举夺得金话筒奖。之后，她放弃主持红极一时的《正大综艺》，赴哥伦比亚大学国际和公共事务学院主修国际传媒，并取得硕士学位。

杨澜常说："是知识改变了我一生的命运。"回忆起留学这件事，她说："其实那时候我是没钱去美国读书的。但是我不能等挣足了钱再去读书。物质这东西永远没有满足，对于我来说，内心提升才是最重要的。"

杨澜做访谈节目至今，已经采访了200多个政界、经济界和文化界的名人。杨澜认为自己向来的重点不在风格，而在内涵。她说："风格是你在具备一定内涵后才体现出来的东西。"

杨澜追求内涵的丰富和内心的成长，也因此成为人们心中的知性女人形象。但在现实生活中，许多女人都在追求一种"永恒"的东西，如为了永远年轻美丽不惜花高价美容整形。世上有没有"永恒"。如果有，变化就是永恒。为了让我们不至于被时代的车轮碾碎，必须把自己当作"蓄电池"，要不断地给自己充电。

要知道，现在的社会瞬息万变，尤其是科学技术日新月异，不断给社会生活注入新的内容和活力，要求女性必须不断地学习和更新知识体系。不进则退，如果吃老本的话，我们就会落伍，赶不上时代的要求。女人只有不断地学习，不断地自我充实，提升自己的知识和技能，才能获得成功。

第八章　学会淡定，做个有思想的女人

第九章　玩转职场，做个成熟的女人

♥ 如鱼得水地混职场

作为一个职业女性，要想在人际交往中游刃有余，必须懂得一些人际交往的手段。

1. 充分利用你的外在形象

不管是公共场合还是私人聚会，只要你与外人接触，你的衣着打扮、言谈举止就会出现在他人的眼里，别人也会依此对你作出初步的评价。可以说，女人外在形象的好坏，直接关系到社交活动的成败。

（1）发挥"二号微笑"的魅力。所谓"二号微笑"，就是笑不露齿，不出声，让人感到脸上挂着笑意即可。保持"二号微笑"，会让人感觉心情轻松愉快。

（2）充分展示你的性别美。女性美应是娴静的、温柔的、甜美的。交际时，女性如能巧妙地利用自己的性别优势，表现得谦恭仁爱、热情温柔，定能激起男性的爱怜感和保护欲。女性自然的温柔所产生的社交力量，有时比刚强的力量要大得多。

（3）解决好形象的首要问题。仪容、仪表是首先进入人们眼帘的，特别是与人初次见面时，因为双方不了解，所以仪容、仪表在人们心目中占有很大的分量。

（4）良好的言谈举止可以放大你的外在形象。言谈举止是一个人精神面貌和修养的体现，开朗、热情，就会让人感觉随和亲切、平易近人，显得容易接触。

2.学会漂亮的现身术

在日常工作中，职业女性也经常会有现身在他人的办公室、会客室或会议厅的机会。每当她们现身时，总会有人在一旁打量、评价她们的外表、自信甚至智慧，而这些只发生在短短的几秒钟之内。

如果你的现身带着羞愧、不安，那么你极有可能在未开口前就已失掉顾客、生意和业绩。

（1）正确的现身方式

①充满活力。自身充满活力的人总是步履坚定、笑容亲切、姿态端正且流露出一股真正的生命活力。

②姿态端正。面带微笑，抬头挺胸，别让身体前倾或弯腰驼背，左手提公文包，右手留着握手用，绝不可让公文包遮在你的前面，这会让你显得怯弱可欺。

③失态时刻的补救方案。现身时如突然摔倒或跌跌撞撞地走不成步，此时最佳的补救方法是尽可能迅速起身，并且恢复常态，神态自若地自我幽默一番，这样能让自己和现场的人重获从容和轻松。甚至，如果你给人留下幽默印象的话，或许还可获桑榆之利呢。

（2）错误的现身方式

①焦躁惊慌。适度的紧张是正常的，不过，千万别让这种紧张

情绪表现在你的肢体语言中。

②边整理衣服边进入。如果你边进门边整理衣服，不只你自己，连会议室内的人都会跟着分神，也会让你显得不够端庄稳重。

③怒气冲冲地进入。这种现身方式只能破坏别人对你的印象，谁都不喜欢火爆性子的人，不管你的职位有多高。

④机械呆板的步姿。这种举止动作应当收敛，机械呆板的步伐加上面无表情，会给人冷峻无情的感觉，甚至更糟的是让人看起来滑稽可笑。

⑤举止粗鲁。如果你天生就举止粗鲁冒失，那么就需要练习你的自制力，粗鲁冒失的言行会让人觉得浑身不自在，而急着端茶送客。

（3）白领女性柔性交际术

日常生活中，常会有这样一种现象：有的女孩漂亮活泼、热情大方，常与男士们说说笑笑、下舞厅、外出游玩，并总能宽以待人，又乐于助人，受到大家的称赞。可是没过多久，突然有几位男士向她求爱。女孩百思不得其解，自己根本没有找男朋友的打算，也没向他们表示爱意呀！那事情为什么会成这样呢？应该怎么办呢？这就是交际艺术问题，女孩不妨动用自己的柔性交际术来解决这个难题。

①柔中带刚。对那几位男士，敢于面对，不要躲避。从心理角度说，多数人有很强的逆反心理——越是得不到的东西，越想得到——特别是男人，好胜心更强，追求一个女孩时，大有穷追不舍、水滴石穿的劲头。对此，女孩可以找个机会，开诚布公地向他们表明自己拒绝的理由或苦衷，希望他们谅解，并渴望能友好相处。但表明态度时，要注意以下几点：

a. 态度坚定，不可说一些模棱两可的话，如"让我再考虑考虑，我暂时不想谈……"这样会给男人留下一线希望，他们还会不死心的，继续穷追不舍。

b. 对这几个男人要一视同仁，不可厚此薄彼，否则会引起纠纷。

c. 语言要真诚温和，尽可能面带微笑。这样用你柔的言行，表达你刚的决心，会达到最佳效果。

②适可而止。与朋友交往时言谈举止要有分寸。在人际交往中，温柔大方是女人善良温柔的体现，但切忌有过分亲昵的举动（不论有意或无意）。另外，对男士们的亲昵举止要明确表态，及时制止，不要拖泥带水。这样有柔有刚、刚柔相济，防患于未然。

③让同伴"插足"。在人际交往中，最好与一两个女孩结为同伴，相互谈心，相互照应。这样不给"疯狂"的男士们可乘的机会，有别人在场，会让他们望而却步。

♥ 请让你的领导感到被尊重

尊重是最基本的礼仪，对身处高位的领导那就更不用说了。与上司说话的时候，女人作为下属一定要注意维护其身为管理阶层的权威，言谈之间让上司感觉到你的尊重。

很多职场女性只把尊重放在心里不说出来，或者说话的时候体现不出自己的尊重，会让领导觉得你傲慢无礼，对你产生不好的印象。说话的时候不懂得尊重上司，想赢得上司的信任和提拔也就更不容易了。

赵子琪正在忙着核对客户资料，这时，上司过来问她："高凌呢？"赵子琪随口答了一句："不知道。"上司被她的态度惹恼了："不知道？他就坐在你对面，你都不知道他在干什么？你还知道什么？"赵子琪也生了气："我两只眼睛都在材料上，哪有多余的眼睛关注别人在做什么啊？你要是想找他，直接打他的电话不就好了！"上司被气得满脸通红，一句话没说就走了。

在这之后，赵子琪和上司之间的气氛就一直不自然。后来，赵子琪被调到了下属分公司，她这才意识到对上司不尊重的严重后果。

当领导询问你一些问题或者安排一些额外的任务时，就算你的工作很忙，心情也很烦躁，也不要脱口而出"我不知道""没看见我在忙着呢"这样大不敬的话语。领导毕竟是领导，要时刻注意这一点。聪明的女人会这样说："对不起领导，我一直忙着查找资料，这件事不清楚，要不我帮您问问别人吧？"或者这样说："经理，我手头上这份工作客户急着要，今天就要赶出来。如果您不着急的话，我明天再把报告送过去，可以吗？"这样的回答，既让领导知道你忙于工作、时间紧张，又不让领导觉得没有面子。

女人要想使上司觉得被尊重，在谈话的时候首先要注意礼貌，一定要多用"您""请"和"谢谢"等礼貌用语，遇到领导要主动向其打招呼，说句"张厂长您早"或者"周经理您好"礼多人不怪。对于年龄相仿的领导，说话的时候可以稍微放松一点，但对于年龄偏大的上司，要格外注意礼貌和举止。

如果对上司说话太过随意，会让上司觉得你是一个缺乏修养的下属，所以一定要多用"您""请"和"谢谢"等。平日在交谈过程中也要时刻注意，就算领导比较随和，偶尔可以开开玩笑，也不要没大没小，忽略了敬语的使用。

罗子霞在公司工作了4年多，也算是老员工了。每当公司有新进员工，她都会格外照顾他们。最近，公司里新来了一个年轻女孩，罗子霞待她特别亲厚，经常教授她一些专业知识不说，还经常和她聊天。一次，罗子霞在那个女孩面前无意地评价了自己的上司几句，言外之意是觉得上司没有多大的能力，却还总是颐指气使。

第二天的晨会上，罗子霞之前已经通过的一个工作计划却突然被上司取消了。罗子霞心里非常生气："怎么说取消就取消呢？这可是之前当着所有员工的面通过的事情啊！"她想顶撞上司几句，但还是忍住了。

晨会结束后，罗子霞趁着上司单独待在办公室的时候，敲开了上司的门，耐着性子平静地问道："您刚刚在晨会上宣布取消之前我做的那个工作计划，我有一点不解。我认为这个方案还是不错的，您能不能告诉我问题出在哪里吗？"

上司看了看罗子霞："你是不是觉得工作了几年，你的能力已经超过我了？"罗子霞心中一惊，联想起自己前几天对新来的女员工说的话，马上就明白是有人在她背后告密了。她随即稳住心神："每个人都有自己的特长，在策划上我可能点子多一些，但是在组织管理上，我却没有您有能力！这就是为什么您是领导，我是下属。"

上司听了这话，表情缓和了许多，思考了一会儿，叮嘱罗子霞说："你也不要天天只顾着工作，也要注意自己身边的同事。"罗子霞心中松了一口气，知道上司已经不生气了，赶紧说："谢谢领导对我的指导。那，这份工作计划……"上司说："还是按照你的办法去做吧，明天我会宣布你的策划案经过修改，通过了。"

一些女人因为一时冲动，当众对领导说出一些过激的言辞，这是对上司极大的不尊重，会给上司留下极为恶劣的印象，使上司很难再信任她。在相处过程中，切忌对上司大喊大叫，说话偏激，这样不但是对上司的不尊重，更是将你和上司摆在了对立的角度上，非常不利于你的形象和今后的工作发展。

一样的话，两样的说法。同样的意思，换成不同的表达方式能让领导有不同的心理感受。随意地回答只会让领导觉得你在敷衍他，不把他放在眼里；恭敬有礼地谈话才会让领导觉得你在尊重他，把他当作领导。聪明的女人要牢牢记住，自己身为下属，言谈之间一定要体现出对领导的尊敬，否则，在职场中就只能处处碰壁了。

♥ 学会赞美，助你致胜职场

有一种说法一直颇为流行，那就是"赞扬能使羸弱的躯体变得强壮，能使恐惧的内心恢复平静，能让受伤的神经得到休息，能给身处逆境的人以成功的决心"。

美国《幸福》杂志研究表明：人际关系的顺畅是成功的关键因素，而赞美别人是交际的最关键课程，因此如果你懂得如何去赞美别人，加上你聪明的脑袋，还有脚踏实地的精神，就等于事业成功了一半。有一位女领导，快50岁了，但是保养得不错，看起来比实际年龄要小一些。某天一个下属在跟她聊天的时候说："我刚见您的时候，您看起来也就30岁左右的样子。我还想既然当了这么高职位的领导，怎么也得有35岁吧。后来才……"女领导听了非常高兴，不久就给这位下属升了职。

在特定场合，女性本身认为自己打扮得很漂亮。这时你的夸赞就可以大胆一些，以表达自己的赞赏之意。比如在舞场上，这是找到舞伴的重要技巧。

一天，小何去参加舞会时没有带舞伴。当他看见旁边坐着一位身穿长裙的女士时，他走上前去夸赞道："女士，您今晚的一袭长裙配上舞场的灯光，简直就是仙女下凡，真是太迷人了！我静静地欣赏了您好久，终于忍不住过来邀请您跳一支舞，您不会拒绝一个崇拜者吧！"这位女士笑了，答应了小何的要求。

真诚的、发自内心的赞美可以优化你的人际关系。赞美从一定意义上讲，是一种有效的感情投资。对于领导的赞美，能使领导心情愉悦，对你越发重视；对于同事的赞美，能够联络感情，增强团队精神，在合作中更加愉快；对于下属的赞美，能使你赢得下属的尊重，激发下属的工作热情和创造精神，从而更好地协助自己在事业上的发展；对自己生意伙伴的赞美则会赢得更多的合作机会，从而获取更多的利润。如果你是一个商人，学会赞美你的顾客，则会拥有更多的回头客。

一位精明的裁缝往往会说："太太真是好眼光，这是我们这里最新潮的款式，穿在太太身上，一定会更加漂亮。"几句话，这位太太肯定眉开眼笑，马上开包拿钱。

美国的商界奇才鲍罗齐就曾说过："赞美你的顾客比赞美你的商品更重要，因为让你的顾客高兴你就成功了一半。"

赞美他人，是女人在处理人际关系中的一种技巧，学会赞美他人的女人用口才去推广自己的影响力，在无形中增添自己的魅力，使别人更乐于接纳自己，所以赞美他人的女人会使自己变得越来越美丽。

赞美可以让女人获得更和谐、更亲密、更甜蜜的亲情、友情和爱情。一个懂得在适当的场合赞美他人的女人，一定是充满魅力的女人，并处处受欢迎。真诚的赞美是衡量女人影响力的一个标准，也是衡量交际水平的标准，有助于女人影响力的提高。如果一个女人学会了赞美他人，就拥有了开启和谐人际关系之门的钥匙。

♥ 礼貌待同事，保持友好关系

不要因对方是自己不喜欢的人，就厌恶她，不妨寻找与这种人适当交往的办法。这样。自己也渐渐地成长为有度量的人，也会在上班族的生涯中崭露头角。

办公室就是一个小社会，同事就是这个小社会的成员。如同社会上的人际交往一样，同事之间的相处也讲究一些原则。与同事保持真诚友好又不互相干涉的关系是女性朋友与同事的最佳距离，忽视这些，你的同事关系就容易出现问题。

作为一名女性职员，社交活动不免与公司有关。下班之后，与同事一起用餐、聊天，不但有助于日常工作，还可能更多地了解到与公司有关的消息。因此，公司所办的各种聚会当然要参加，与同事及上司应酬来往也有必要，但有一点要记住：不可随便交心。同事之间，只有大家放弃了相互竞争，或明知竞争无用的情况下，才会有友谊的存在。如果交出真心，动了真感情，只会自寻烦恼。

同事关系是由于工作的原因而形成的一种广泛而特殊的关系，处理好这种关系，必然会对你事业的发展有一定的帮助，处理不好这种关系，就会对你事业的发展形成障碍，有时甚至使你寸步难行。

1. 对同事真诚相待

要让大家把你当作一个好人，你就要对同事真诚相待，做到开朗大方，宽以待人。当公司为职员发放一些过节礼品时，你大可以抛弃眼前的这些小利益，把属于自己的那一份礼品，比如烟、酒等分别送给同事。分送给比你更需要的人，相信他们会欣然接受，并认为你是一个很不错的人。这样一来，你用小小的损失就换来了良好的同事关系，何乐而不为呢?

2. 不要在同事面前炫耀自己

在同事面前炫耀你的知识有多深厚，学历多高，这样做常常会使你陷入被动和孤立之中。如果过分卖弄自己的才能，只会让大家疏远你，你会感到很难在公司里待下去。

当你工作有成绩时，同事们会看在眼里的。你不要工作还没有取得成果便开始张扬显示自己，那样，大家会认为你是一个骄傲自大的人。强迫别人去认可你的才能往往是办不到的。

况且，不管你有多大的本事，干起工作多么得心应手、与众不同，也要谦虚谨慎，多向老职工学习，千万不要一进公司就立刻显露出来。因为过分表现你的才干，会使公司里的其他同事产生一种危机感。如果因为你的到来打乱了他们本来非常平静的生活，就会引起他们的仇视。于是，一些别有用心的人，就会利用你的冒失，发动大家一起攻击你，使你在公司里待不下去。这种情况下，你就会被迫逃走。

3. 格外尊重资格老的同事

对资格比较老的同事，你要表现出对他们格外的尊敬，要像对待长辈一样对待他们。因为他们在公司里待的时间比较长，不仅业务上很熟悉，而且也比较有威信。所以，不妨将他们当作老师，在业务技术上虚心向他们请教，让他们信任你，看重你。你尊重老同事，给他们留下好印象，不但可以学到许多专业知识，也可以学习到许多人际交往的经验和技巧，从而你就可以平步青云，获得顺利的发展。

当然，也有一些别有用心的老职员，会利用你年纪轻、经验不足而在你身上占便宜，或者通过你获取一些不正当的利益。对此，你要小心警惕。你应在了解他们的品质以后再与他们共事。他们若是利欲熏心的人，你最好别和他们主动接触。

4. 同事关系要服从于工作大局

同事关系和一般朋友关系、同学关系不一样，它要服从于工作顺利进行的大局，单位的利益目标才是最重要的。你如果及时提醒同事存在的偏差，他不仅不会责怪你，反而会感激你，因为你使他逃脱了一次批评。反之，他肯定会暗自埋怨你，认为你是故意要看他的笑话。当然，领导也会认为你没有及时发现并提醒同事存在的偏差，而看作是你的失职行为。所以说，为了工作，为了同事，为了你自己，当发现同事的工作出现失误偏差时，一定要婉转而及时地给他提出来。当然，也有的人会认为你是在炫耀自己，但他们也会很快明白过来的。

5. 不要对同事工作的是非妄加评说

作为职员，最好不要对同事工作的是非妄加评说。出于对公司的负责和多年的工作经验，领导会对同事犯的错误比你看得更清楚，他自会做出适当处理，而不需要你指指点点。如果你经常当着一位同事的面说另一位同事的坏话，那么，这位同事就会对你产生戒备心理。他在想，说不定什么时候你会当着别人的面说自己的坏话，久而久之，他就会渐渐地疏远你。

如果某位同事当着别人的面说你的坏话，你听到后怎么办呢？

万不可对这位同事耿耿于怀，总想寻找机会报复他，这种做法是不明智的，也不利于你的工作。这时你需要宽宏大度的气量，宰相肚里能撑船，对一些流言蜚语，要学会坦然视之，必要时找那位同事私下里谈谈，以消除他对你的成见。

同事之间的关系，你不能希望它像姐妹之间那样亲密。同事关系是一种变化着的关系。你要冷静积极地看待同事关系，学会适应这些，以不变应万变，不要整天为好友对自己的背叛、同事对自己的欺骗而怨嗟感叹。

6. 对待同事，不要有高低贵贱之分

对同事不要区别对待。有时候，一个你认为很不起眼的人，说不定会对你的事业起到举足轻重的作用；一个本来默默无闻的小人物，很可能一夜之间成为你所在公司的主管。所以说，与公司里的同事相处，你要为人正直、热情大方、平等相处，尽量在同事中赢得一个好人缘。

当然，你不必求全责备，对谁都不敢得罪半点。为人做事也要有起码的原则，在同事向你提出过分的要求时，你要坚决地加以拒绝，而不要感到不好意思。如果你的拒绝是正当的，你大可不必瞻前顾后，为此而担心。对同事的帮助要尽心尽力，如果你根本帮不了同事，还不如婉言拒绝。这样既拒绝了同事的要求，又不会使对方难堪。

7. 下班时，要跟未离开的同事打招呼

下班后要离开办公室时，一定要和还在办公室的同事打个招呼。若是一声不响地自行离去，不仅会给人留下不好的印象，而且表明自己对工作不负责任。

离开办公室时，对还在工作的同事说声再见，原本是最基本的礼貌。但是，这只适用于关系比较密切的同事，对于上司，还要有礼貌地表示自己的敬意。

♥ 与上司相处的学问，你懂了吗

身为职业女性，与上司和睦相处，对你的身心健康、工作发展有着积极的影响。与上司相处应以维护上司形象、积极工作、关系适度为原则。

在职场中，很重要的就是和上司相处融洽，这样不仅有利于工作的完成，更是为了获得上司的理解和支持，为自己今后开展工作以及职务提升打下良好的基础，这是每一个职业女性都梦寐以求的事情。身为女性，如何在众多的员工中被上司慧眼识中，得到重用，这就要看你怎样发挥自己的优势，如何做出相当出色的表现了。

上司的信任重用与否，不仅是对你能力的肯定，更是对你的一种栽培。你也将因此而再上一层楼，对你的前途命运起着至关重要的影响。身为女性，如何与上司搞好关系，获得上司的欣赏、提升，而又能与异性上司保持适当的距离，让两人都感到轻松惬意，这其中有很多学问。

有的时候，上司需要提拔那些忠诚可靠但表现可能并不是那么出众的员工、下级，他认为这更有利于公司的利益和他的事业。所以，所有的上司都害怕下属欺骗自己，尤其是有关公司的资产、纪律、形象，更不容许有人侵犯。这就要求员工注意自己的一切言行。

绝大多数上司都是经过自己的努力奋斗，才取得了今天的成就。他们作为一个群体的领头人，都有着自己的原则，这些原则支持着他们开展工作。也许领导们各有不同的原则，但有一些行为肯定令他们不快。例如，深圳某公司的总经理说："如果我发现我的员工有兼职行为，我绝不会重用他，甚至会辞退他。因为我认为这是对公司和他本人的尊重。一心不能二用这是常识，公司需要一心一意的人。"

公司员工的行为是上司们评价下属的主要依据。如果员工在上班时处理私人事务，上司自然会感觉这样的人不够忠诚。在公司里更是这样，因为公司是讲求效益的地方，任何投入都是紧紧围绕着产出来进行的。上班时处理私人事务，无疑是在浪费公司的资源和时间。

自负是每个人与生俱来的，尤其是我们的上司，更容易在下意识中产生一种优越感。这是完全可以理解的。我们难道不也总是希望自己的构想一定比别人好吗？而让你接受他人的构想，就好像是放弃了自己的独立性，或默认对方比自己聪明一样。既然如此，如果你还是贸然地把你的构想推销给上司，那么，无论你的构想多优秀，都会被扔进废纸箱，这只能使你枉费精力。

因此，你必须懂得一些技巧。

既然大部分人只愿意坚持自己的构想，那不妨间接一些，在上司一旁做些提示，或把构想的一些重点，"无意地"灌输到上司的思维中，让他以为这是他自己的构想，那自然好办得多。

不过，有些人曾有这样的疑问：这些方法虽然可以令上司接受自己的构想，但这对自己又有何益？其实这种想法是错误的，因为即使上司无意采用你的构想，但至少他会认为你是第一个具有这种优秀构想的人，你的智慧虽不如他，但差不到太远。日后若有提升的机会，自然你会作为首选人物。

你出力为上司完成重要的计划，取得出色的业绩，按理应获得称赞及奖励；你也许会认为自己有机会展现才华，自然会感到兴奋。不过，在这里提醒你不要太得意洋洋——你的上司当然未必会因你有功而打击报复你，但因你锋芒过于毕露、功高震主，不免容易将自己陷于危险的境地。

有人会因为自己为公司辛苦卖力，但成果被部门主管所占有而感到愤愤不平，其实你大可不必为此苦恼。退一步想想，你在公司的位置主要是协助你的主管工作，由他管理你，在公司高层领导的眼中，你部门做出的成绩，自然也是在部门主管领导下取得的成果。下属尽力完成上司指派的工作是分内之事，假如你硬要出风头，只会令人觉得你不自量力，不识大体而已。另一方面，领导与同事也会对你产生骄傲自满的印象，反而不利于自己的进步。

这种功成身退之道，其实是真正的以退为进。

张静和李悦是大学同学，毕业后又同在一个部门工作。每当张静向领导请示汇报工作时，总是面面俱到，生怕叫领导看出问题，挑出毛病。而李悦呢？有的时候丢三落四，因此领导经常对其进行一番具体批评指导。同一项工作，张静总是靠自己独立完成，而部门的其他人总是非常愿意帮助李悦，甚至领导也不时地对李悦的工作予以指点。张静与李悦大学相处4年，对她非常了解。

在张静的印象中，李悦非常细心，而且具有很强的独立工作能力，真没想到会是现在这个样子。同事们非常喜欢和李悦交往，领导似乎并不因为李悦的粗心大意而不满，而且有什么问题还特别愿意找李悦商量，而对待张静则总是不冷不热。一来二去，李悦在办公室的地位不知不觉地有了提升，大有未来主管的趋势。而张静呢？尽管工作依旧十分努力，却总是无法得到领导的青睐，张静对此颇为不满，因此陷入了苦恼之中。

在现实生活中，你遇到的每个人，都会认为他在某些方面很优秀，而一个绝对可以赢得他欢心的方法，就是以不露声色的方法让他明白，他是个重要人物。因此你要想方设法地让他表现出他引以为荣的方面。在一般领导的意识中，自然认为自己要比下属高明，所以通过对下属的工作指导等来表明这一点。下属某些方面的不足，在上司看来是再正常不过的事了，因此他也十分愿意对下属指点一二，这样既展示了他的能力，又树立了他的权威。如果没有机会表现，对于他来讲，无疑是一件苦恼的事。这一切其实是很平常的。在生活中，这样的事情也太多了。

张静想把每一件工作做得尽善尽美，不让领导挑出一点毛病，主观上的动机是好的，但客观上却没有给领导留下发挥的余地。此举给领导的暗示可能是，拒绝承认领导比自己高明。要知道，领导总是会有办法证明自己比下属高明的。虽然未必会给张静穿小鞋，但不可否认的是，领导的心中是不会欣赏和接纳张静的。这揭示出人性的一个弱点，却是现实生活中常见的现象。

而李悦则深知其中奥秘，在领导面前总是有意识地显得有些不成熟，从而引得领导对其工作评头论足。而领导也由此充分展示了自己的才干，显示了比下属的高明之处。领导从中找到了感觉，自然也就愿意对李悦的工作加以关照。因此，李悦受到领导重视是自然而然的事情。

领导对其下属，既掌握权力，又需要树立一定的威信。为了完成上级下达的计划和任务，搞好本部门的工作是他的责任。他有组织、协调、分配指导的权利，因而需要不断地树立威信，而作为下属要在完成自己本职工作的同时，对部门领导的工作积极主动地加以配合。这样既满足了领导的愿望，又能从中学习到领导的长处，一举两得，何乐而不为。

做一个
有才情的女子

史 襄—著

北京时代华文书局

图书在版编目（CIP）数据

做一个有才情的女子 / 史襄著. -- 北京：北京时代华文书局，2020.6
（幸福女人枕边书）

ISBN 978-7-5699-3658-2

Ⅰ．①做… Ⅱ．①史… Ⅲ．①女性－修养－通俗读物 Ⅳ．①B825-49

中国版本图书馆 CIP 数据核字（2020）第 061903 号

幸 福 女 人 枕 边 书　　做 一 个 有 才 情 的 女 子
XINGFU NVREN ZHENBIAN SHU　ZUO YIGE YOU CAIQING DE NVZI

编　　者｜史　襄

出 版 人｜陈　涛
选题策划｜王　生
责任编辑｜周连杰
封面设计｜景　香
责任印制｜刘　银

出版发行｜北京时代华文书局 http://www.bjsdsj.com.cn
　　　　　北京市东城区安定门外大街136号皇城国际大厦A座8楼
　　　　　邮编：100011　电话：010-64267955　64267677

印　　刷｜三河市京兰印务有限公司　　电话：0316-3653362
　　　　　（如发现印装质量问题，请与印刷厂联系调换）

开　　本｜889mm×1194mm　1/32　印　张｜5　字　数｜116千字
版　　次｜2020 年 6 月第 1 版　　印　次｜2020 年 6 月第 1 次印刷
书　　号｜ISBN 978-7-5699-3658-2
定　　价｜168.00元（全 5 册）

版权所有，侵权必究

有才有情才是女人藏不住的光芒

人们大都欣赏外貌清秀的女人，并盛赞其外表，沉鱼落雁、闭月羞花、冰肌玉骨……然而，样貌并不能作为评判一个女人的最高标准，有才有情才是女人藏不住的光芒。

很多人被言情小说和影视剧所误导，认为女人只有长得漂亮才能赢得一切，殊不知早已被不正确的价值观所洗脑，对女性产生了片面的认知。

在一场某电视台招考记者与播音员的现场考试中，几十名考生排着长龙，紧张而期待地等着面试主考官传叫自己的名字。小雅便是长龙般队伍之中的一个，刚刚迈出校门的她对未来满怀憧憬，尽管她在大学读的不是播音专业，但凭着爱好还是报考了播音员，来到了面试现场。

当小雅坐到考试桌前，几位评委心中已对她有了模糊的评价，他们不约而同地认为小雅缺少外貌形象上的加分项。简而言之，就是小雅长得还不够漂亮。

当小雅张开嘴念出第一句早已准备好的台词时，评委们也只觉得发挥平平，并没有惊艳的感觉。虽然她在播音时语言表达准确、语句流畅且富有感情，但她平平无奇的面孔和稍显僵硬的表情实在难以给人甜美亲切且容易接近的感受。

播完简短的台词，评委们正要在她的名字后打分时，突然听到她谦虚而诚恳的声音："各位评委老师，很抱歉再占用大家几分钟时间，请允许我用英文再播报一遍台词。"没等评委们点头示意，她就开始了自己"真正的表演"。

当第一个单词从她的口中流出时，她整个人的气质就完全变了。尽管评委们觉得有些突然，但还是被她声情并茂的演讲吸引住了，不禁跟着她的示意与引导看了一个气质出众的女主播。从她自然而发的肢体动作和说话过程中时而扬起时而低垂的眉眼，以及流畅而抑扬顿挫的声音中，每个评委都感受到了她的实力。

此时，评委中突然有一位老师问道："你在大学读的是英语专业吗？"

小雅微笑回答道："是的。"

评委又接着问："你的英语是否考了级？"在得到了肯定的回答后，评委向小雅递出了橄榄枝："你愿意来外贸公司工作吗？"

对小雅来说，这样的机会自然是不可多得的，于是她坚定地向这位评委点了点头："我愿意！"

原来，这位评委是一位领导，受一家外贸公司的委托在面试者中寻找外语专业的优秀人才，正巧在这场考试中遇到了小雅。对于外贸公司来讲，颇有着踏破铁鞋、无心插柳的意思。对于小雅来说，这也是一个能发挥自己真正价值的好岗位，这份工作与播音员相比，更适合小雅，也更符合小雅的职业规划。

曾经不敢想象的事情就这样实现了，这对小雅来讲并不是奇迹，因为这是她凭借自己的才华争取到的"奖励"。

三毛在文章《关于读书》中提到："读书多了，容颜自然改变。许多时候，自己可能以为许多看过的书籍都成过眼烟云，不复记忆，其实它们仍是潜在的。在气质里，在谈吐上，在胸襟的无涯。当然，也能显露在生活和文字中。"

苏轼也在诗中这样写道：

> 粗缯大布裹生涯，腹有诗书气自华。
> 厌伴老儒烹瓠叶，强随举子踏槐花。
> 囊空不办寻春马，眼乱行看择婿车。
> 得意犹堪夸世俗，诏黄新湿字如鸦。

读书确实可以在很大程度上提升一个女人的气质，让一个女人展现出与众不同的才与情，这是文字与文化特有的一种能够引导精神文明的特质。

汉代著名才女卓文君是临邛冶铁巨商卓王孙的女儿，她从小便学习各方面的知识。她精通音律，擅长弹琴，还写得一手好文章，外貌也称得上娇美绝伦。司马相如来卓府饮酒时以一曲《凤求凰》打动了卓文君，宴会结束后司马相如派人传达自己对卓文君的倾慕之情。卓文君得知后夜出家门，与司马相如私奔到了成都。

可二人婚后，随着时间的不断推移，特别是司马相如飞黄腾达以后，他日渐沉迷玩乐，甚至想纳茂陵一女子为妾。卓文君得知后，作了一首《诀别诗》赠予司马相如：

> 春华竞芳，五色凌素，琴尚在御，而新声代故！

锦水有鸳，汉官有木，彼物而新，嗟世之人兮，瞀于淫而不悟！

朱弦断，明镜缺，朝露晞，芳时歇，白头吟，伤离别，努力加餐勿念妾，锦水汤汤，与君长诀！

司马相如看着这封书信，在惊叹妻子才华横溢的同时，回忆起了与卓文君的恩爱之情，顿觉无比羞愧，再不提纳妾之事，与卓文君白首偕老。

从这个故事里，我们不难看出才华之于一个女人的重要性。

王尔德在他的诗中提到："好看的皮囊千篇一律，有趣的灵魂万里挑一。"不难看出，这里的"灵魂"即可作为一个女人的学识与才华，只有当一个女人的学识和才华得到了提升，方能成为一个有趣的"灵魂"。

试想，千篇一律和万里挑一哪个更吸引人一些呢？答案显而易见。可见，有才有情才是女人藏不住的光芒。

目 录
CONTENTS

第三章

越高级越独立，为自己而活

第四章

努力向前，只为遇见更好的自己

第五章

宠辱不惊，有实力才更有魅力

第六章

你若勇敢，爱情自来

第七章

端庄大方，诠释无言的脱俗

第八章

谈吐如歌，自带气场和芬芳

第一章

气质如兰，塑最高级性感

气质如兰，塑最高级性感

女人的一举一动和一言一行都体现着其自身的涵养，而通过行动展现出的这种涵养，我们将其统称为气质。气质是给人留下第一印象的重要参考物，无关颜值，气质上乘的女人往往能给人留下不错的印象。

试想，倘若一个女人行为猥琐、语言粗俗，便也成就不了一番绝美的"风景"了。

有的女人拥有与生俱来的绝佳气质，因此从小到大总是受别人喜欢，一直能够成为大人口中"别人家的孩子"。

《红楼梦》里的十二金钗——黛玉风流，宝钗端庄，可卿娇媚，熙凤明艳……个个都有着出众的特点。但"气质"这个词，曹雪芹只给了妙玉一人。这并不代表黛玉、宝钗等人的气质不足，而是因为只有妙玉身上能够体现出气质一词究竟为何物。

妙玉美丽聪明、才华横溢，虽是佛门弟子，却信守庄子的文学思想，能够在贾母与王夫人面前从容自若，这样的形象无论是在当时还是现代都是不可多得的。

妙玉十八岁入住大观园，与岫烟等人结下了深厚的情谊。这里值得一提的有两件能够体现妙玉气质的小事：一是妙玉谈品茶，二便是妙玉中秋联诗。在妙玉看来，品茶一杯足矣，两杯便是解渴的蠢物，三杯则是饮牛饮骡。并且，冲泡茶水一定要用从梅花上收取的雪水。中秋夜里，黛玉和湘云到凹晶馆联诗，妙玉三言两语就将二人所作的残诗收出了漂亮的结尾。

从饮茶与联诗中不难看出，妙玉自身带有一种高雅的气质，这与周遭世界产生了"格格不入"的感觉。连宝玉也这样评价她："她为人孤僻，不合时宜，万人不入她的目……她原不在这些人中算，她原是世人意外之人。"

正是由于妙玉自身所带有的气质，方成就了这样一个清灵通透的女子，正如其名所表达的思想，妙玉——精妙绝伦，如同美玉。

一个人的美丑与其相貌无关，与自身的气质有着至深的联系。相貌是表面的、外在的，是他人对自己的"乍见之欢"；而气质则是发自内心深处的、内在的，是自己本身所具有的文化与素质涵养，是经久积累下的宝贵品格。

相比之下，气质是超越相貌的存在。

小雯是一个年轻漂亮的女生，身形修长，五官端正，衣品也很讲究，见到小雯的人一定会在心里默默地夸一句"美"。

有一天，公司新转来一位实习生小黄。小黄作为一个刚毕业的大学生，社会阅历比较少，见到小雯的第一眼就被她折服了。他从心里觉得小雯太美了，立即就对小雯展开了轰轰烈烈的追求。面对小黄这样阳光帅气小青年的百般讨好，小雯的芳心没多久就"沦陷"了。尽管二人刚在一起时，单位其他人表现过诧异的神色，不过持祝福意见的同事比较多，两个人很快就成了单位里的"最佳CP"。

可是好景不长，小黄渐渐发现小雯的性格气质与优秀的外表并不相匹配。小雯不仅私下里脏话连篇，动作还经常很不雅，对待他人时也很难做到基本的礼貌。

有一次，两人一起去吃饭，仅仅因为服务员来迟了两分钟，小雯就对其破口大骂，不断用语言羞辱对方，小黄劝了半天她才消气。不仅如此，看电影时，她总是在影院里大声说话，影响其他观众观影……小雯经常干出类似这种有损气质的事情。

随着时间的推移，小雯姣好的外表所留下的好感渐渐地被消磨殆尽，小黄越来越不能忍受小雯的行为举止。在交谈几次无果后，小黄最终选择了与小雯分手。

在这个故事里，小雯用亲身行为告诉了我们，漂亮与气质并无太大关系，两者之间并不能画上等号。许多外表美丽的女子并不如其表面，只有高雅的气质才能成就一个女人真正的"美丽"。

林语堂曾说过，女人的美不是在脸孔上，而是在姿态上。这里的姿态所指的并不是单纯的仪态，而是一种深藏于内心的内涵与文化底蕴，是一种超脱的气质。

女人的姿态是富有灵性的，是与气质互为依存的。女人的气质能够伴随着姿态一一展现出来，姿态则能够体现出一个女人骨子里所拥有的气质。一个女人拥有了高雅的气质，她的一举一动便无不透露着富有内涵的美丽。

不过，气质是可以通过后天训练来拥有的。有时经过训练的女人往往更能把握住气质的本韵，更能体现出气质的灵魂。

Lisa是一个成功的事业女性，平时在公司下属们都对其恭敬有加。她不仅外表美丽，业务能力也很强，而且言语干净利落，气质非凡。可大家想不到的是，Lisa小时候在山村长大，从小像一只"野猴子"一样成天玩泥打架，看不出半分女孩子的样子。可上学后她整个人就变了，非常爱看书的她从书里学到了作为一个优雅女人应有的文化底蕴。她改变了自己的言行举止，用自己的力量走出了大山，成为一个真正有气质的事业女性。

气质对于一个女人来说是至关重要的，甚至可以作为一个女人的"名片"，在任何社交场合都能积极且有效地发挥它的作用，能够真正地使女人散发出迷人的气息。

厨房不是所有女人的终极阵地

信息社会，人们对人或事物的认识越来越全面。但其中仍不乏一些思维落后的现象，比如受我国古代封建社会父系氏族思想的影响，有些人认为"男主外，女主内"才是一个家庭应有的合理分工。然而在实际生活中并没有这样一把衡量分工是否合理的标尺，因此，这种"男主外，女主内"的现象并不能与和谐的家庭画等号。

著名节目主持人杨澜曾在《一问一世界》中提到过这样一个观点——现代女性不应只有事业或家庭，而应该兼顾事业和家庭。这个观点指出了女性在现代社会中应有的立场与定位，不是只有在家中当全职太太才能够发挥出女性的伟大，在职场依旧可以散发自己的光芒，不能让厨房成为女性的最终阵地。

在事业上，杨澜作为一个资深的媒体人，主持过多档节目，具有很强的社会影响力；在家庭上，她拥有一个幸福的四口之家，老公帅气，孩子可爱。她自己就是一个事业型女性的强有力的代表，证明女性可以兼顾职场与家庭，不一定非要全职在家才能发挥女性那种温柔而巨大的力量。

其实，做全职太太需要勇气，不仅要在家精心照顾全家人的生活起居，而且要承受巨大的社会压力。由于没有工作，在家中也缺少底气，与人谈论时总会不自觉地产生一种"直不起腰"的想法。而且，久居家中也会与社会脱节，身上原本有的幽默与风趣也就随之消失殆尽了。

阿莉就是这样一个活生生的例子。她和同单位的小张因工作认识，两个人三观相近，有着说不完的话题，工作起来也很有默契。两人自然而然地由告白进入了恋爱状态，很快，他们的恋爱关系就升了级，成了一对甜蜜的夫妇。

婚后不久，阿莉就怀孕了。孕期后半阶段，阿莉无法完成对于孕妇而言高负荷的工作，休了产假。生完孩子后，为了能更好地休养与照顾孩子，两人商量一番，阿莉干脆辞了职，从此开启了全职太太的生活。

阿莉每天买菜做饭，打扫卫生，丈夫回家后还可以吃上一顿热腾腾的家常菜，两人都认为这样的小日子幸福又美满。

孩子上学之后家庭的开支明显增多，生活压力也越来越大。阿莉也开始和小区里的几个全职太太凑到一起打麻将，在麻将桌上交换着街坊四邻的家长里短。丈夫下班后，耳边始终萦绕着阿莉的抱怨，面对饭菜早已没有了当初的胃口。渐渐地，丈夫对这样的家庭生活产生了逃避的念头，开始沉浸于工作。再后来，丈夫待在公司的时间越来越长，每日早出晚归。

阿莉和丈夫的婚姻就这样走到了破裂的边缘。

鸡毛蒜皮的小事最能磨灭一个人的耐性，整日局限于家中，周遭全都是家长里短，思维也因此被禁锢，使人久而久之就变成了一具麻木而没有灵魂的肉体。走出家门，在职场发光发热，与思维活跃的同事们多交流工作上的事情，时间长了自然而然就会变得朝气蓬勃。

阿莉的故事并没有结束。随着在家中久居，阿莉的思维也与之前大不相同，苦恼的阿莉开始意识到事情的严重性。她找到了结婚多年且家庭一直很和睦的表姐，希望表姐可以给她一些建议。表姐听了阿莉的故事之后，略一沉吟就找到了解决的方法，阿莉听完之后大吃一惊，决定按表姐的建议来试一试。

阿莉先找了个时间和丈夫谈了谈，认为现在的家庭矛盾是可以得到解决的，她可以重新找一份工作，把自己的眼界提高一下。于是二人合计一番之后，将阿莉的母亲接到了家中，让母亲代替阿莉照料孩子一段时间。

在表姐的帮助下，阿莉很快找到了新工作。虽然阿莉刚工作起来有些吃力，不过她依旧沉浸于其中，下班回到家里之后还会和丈夫交流日间工作遇到的趣事，丈夫也会回应她一些自己工作上的趣事，家庭气氛就在这样的模式下重新变得活跃起来，两个人也渐渐地回到了新婚时美满的状态。

假如阿莉没有寻求表姐的帮助，而是在痛苦与内疚的心境下选择与丈夫争吵，那这段婚姻也许只能结束。

女性的眼界需要拓宽，仅局限于厨房的方寸之间无法发挥出女性最大的潜力。

在职场中冲锋陷阵可以给女性带来丰富的经验与广阔的眼界，只有这样才能确保女性跟得上社会潮流，甚至引领潮流。这种热衷于事业，并把主要精力投放在事业之上，精明能干，甚至在领域内能够做到出色的女性，我们将其称为事业型女性。这种女性所拥有的智慧与眼界是整日居于家中的全职太太无可比拟的；这种女性作为现代女性拥有多个闪光点，走到哪里都神采奕奕，光彩照人。

现在是一个于女性而言好坏皆有的时代，尽管一些人对女性的认识与评价有失偏颇，可随着社会的发展，社会需要的不再只是体力劳动者，力气不足无法成为限制女性发展的因素，在很多地方也需要女性柔和的思维与管理方式。

这是时代赋予新女性的重任，所以，不妨走出家门，别让厨房成为自己的终极阵地。

自信，是你脱胎换骨的良药

　　拥有自信的人具备一种魔力，能够将人们的视线自然而然地吸引住，从而能够拥有在人群中脱颖而出的机会。

　　在心理学中，自信又被称为自我效能感，指的是一个人对自身是否能够成功应对特定情况能力的一种评估。

　　自信是一种心理状态，通常被用来描述人在适应社会时所出现的心境。当人们试着用自己已有的经验去认识与实践世界时，会产生类似情绪。

　　自信是一种积极的心态，能够将个人对待事情的心理状况变得正面且向上，甚至可以改变一个人看待问题的角度。

　　自信能让一个女人为人处世发生质的变化，从胆小怯懦变得勇敢，而这只需对自己的心态进行调整。

　　在一个偏远的小镇上只有一所学校，这个学校里有各种各样的学生在一起学习，玛莉就是其中之一。与同学们相比，玛莉的性格似乎与大家格格不入——看到熟悉的人时，玛丽从来不敢主动打招呼；当大家在下课后拿起准备好的沙包一起蹦蹦跳跳时，只有玛莉在旁边低头站着，或是干脆在教室里坐着不出门；即使一起外出时玛莉也是最沉默寡言的那一个。

　　玛莉一直认为是自己长得不够漂亮，才导致别人不愿意和她一起玩。当同学们凑在一起叽叽喳喳聊一些话题时，玛莉总认为他们在讲她的坏话，嘲笑她长得不好看。

玛莉越来越自卑，越来越不合群。

有一天，玛莉经过一个商场，商场里有各种好看的衣服和饰品，玛莉心动了，走了进去。经过一家店时，玛莉看到橱窗里挂满了各种各样的蝴蝶结，在玻璃窗外站了许久的玛莉终于鼓足勇气走了进去。

玛莉认为这家店的蝴蝶结非常漂亮，所以自己带上这些蝴蝶结后，一定也会在蝴蝶结的装饰下变得漂亮一点。在店员的推荐下，玛莉选择了一个红色的蝴蝶结，对着镜子戴上蝴蝶结后，店员也夸赞玛莉长得漂亮，玛莉也觉得自己真的和以前不一样了。

结完账后，玛莉直接戴着蝴蝶结就跑出了商场，想让大家看一看自己的新蝴蝶结。结果，她跑出商场门时不小心滑了一跤，迎面撞上了正要进来的一位阿姨。平时的玛莉不敢与陌生人说话，今天戴了蝴蝶结的她非常兴奋，昂着头微笑着连连道歉，阿姨很快原谅了她。玛莉认为这些都是蝴蝶结的功劳，内心更加愉悦了，迈出的步子也越来越轻快。

到了学校，玛莉微笑着和每一个碰见的人打招呼，遇见熟人时，玛莉还会举起手臂向他们挥手问好。当同学们向她致意时，她也昂着头微笑着接下了所有友好的声音。开心的玛莉晃了晃头，更喜欢这个蝴蝶结了。

上课时，原本总是低头坐在自己位置上的玛莉改变了自己的习惯，她挺直了脊背，抬头看向黑板，还和老师进行眼神交流。临下课前，老师表扬了玛莉，夸她不仅认真听讲，而且整个人的气质都跟往常不同了。玛莉非常开心，一整天都和朋友们一起愉快地玩耍，傍晚放学前还约好了和同学们第二天一起上学。

回家的路上，玛莉边哼着歌边想，回到家后一定要把蝴蝶结摘下来好好地整理一下，它可是今天的"大功臣"。可当她走到镜子面前时一下子就愣住了，自己的头上空空如也，玩儿了一天之后别说蝴蝶结了，连原本扎的马尾都变得松松垮垮的。

玛莉坐在床前，仔细回想了一下白天的经过，原来在自己跑出商场时，蝴蝶结就被自己撞掉了，而自己一直都没有发现。可大家为什么都愿意和自己说话，和自己玩儿了呢？玛莉想了半天终于想通了。原来改变自己的并不是蝴蝶结，而是自己乐观自信的心境。

玛莉的年纪虽然还很小，但是领悟到自信重要性的她很快就将大家对她的看法改变了，变成了一个活泼可爱，人人都喜欢的孩子。

著名的皮格马利翁效应也从另一方面印证了这一点。

罗森塔尔在一所学校中做了一个实验，随机挑选了一个班级后，他对班里的18个学生做了一个"发展预测"，并将名单交给了校长和老师，还向他们撒了一个谎，告诉他们这些人在未来能够获得各方面的成功，但是要求他们对这件事保密。

在8个月后，罗森塔尔回到了这所学校，并对名单上的人进行了测试，结果奇迹发生了——这些人的成绩均有了提高，且性格活泼开朗，更擅长和别人打交道。

罗森塔尔认为，这些学生发生变化是有原因的，当教师们得到这些人会获得成功的消息时，内心中对他们产生了一种期望，并将这种期望通过眼神与态度传递给了学生们，学生们收到暗示后，不约而同地产生了自信心，由此成绩与性格才做出了正向的改变。

自信能够增强人们的进取心，更是让人走向成功的重要途径。

生活中总会遇到各种挑战，而自信就是应对这些挑战最佳的心理支持。当人拥有了自信的态度，就可以在不同场景发挥出最大的能量，在不同的"战场"上所向披靡。

内心坚定，所有经历都是一笔财富

对于坚定，加里宁曾这样描述过："坚硬优质的钢条，是经过千锤百炼而成的；瑰丽美观的贝壳是经过水冲日曝而得的。我们的意志和毅力也必须在火热的斗争中接受严峻的考验，去接受长期的锻炼。只有这样才能使自己在困难面前，永远热情奋发，斗志昂扬。"

的确如此，坚定作为一种信念，能够在工作和生活等多方面给人以正面的、向上的影响。

坚定一词通常被用来形容一个人的意志，意志坚强的人遇到困难不会轻易动摇。拥有这种品格的人具有与众不同的气质，能够在众多人中脱颖而出。

女性本身受制于生理条件，力量较小、体格稍弱，很多人难以把女性同坚定一词联系起来。但这并不能代表外表柔弱的女性不能具有内心坚定的品质。相反，越是不受重视，越能爆发出常人难以预估的力量。

在一个公司里，琳达与丽莎的办公室离得很近，两人又是同一所学校毕业的校友，因此她们的关系要比寻常同事之间的感情略深厚些。两人经常在休息时间一起吃饭，或者在劳累时一起到咖啡馆坐一会儿。相处的时间长了，两人不免会对各种事情加以谈论。

　　近来市场波动情况严重，公司现在在行业里实在有些不景气，面对逐渐下滑的公司业绩，员工们纷纷有了另谋出路的想法。

　　这天，闲暇之余，两人又凑到了一起，自然不可避免地谈到了这个话题。琳达不想冒险，决定接受另一家不太出名的小公司的邀请，跳槽到一个工作前景堪忧的岗位。丽莎则恰恰相反，她认为这既是一个机遇又是一个挑战，她不准备逃避，打算接下公司给她的这封"挑战书"。

　　果然没过多久，公司倒闭了，琳达早就准备好了自己所有的工作总结，到那家小公司报到了。丽莎则在深思熟虑后收拾好了自己所有的东西，带上与工作有关的证件与资格证去了外地。

　　工作之余，两人一直保持着联系，时常交流一下自己工作期间发生的事情。不过，没过几年时间，两人的处境有了天壤之别。琳达在小公司的工作很不顺心，日子依旧过得有些拮据，甚至多次有过辞职的念头。反观丽莎，早已摆脱了在原公司时略显窘迫的处境，在新公司做得风生水起，最近还要晋升为高管。丽莎正准备着全款买房的事情，整日忙得不可开交。

　　琳达十分羡慕，和丽莎聊天时经常不自觉地带上向往的口吻："现在你可算是熬出头啦，回想以前有什么感想呀？"

　　丽莎只是微微一笑，对琳达说："其实我刚到外地的时候很多次想过要放弃，想着干脆回老家找父母好了，可我一想起父母时，就会不由地想起小时候妈妈经常给我讲的一个故事，一想到这里我就坚定了自己的内心，把要动摇的念头抛诸脑后了。"

　　电话里，丽莎把故事的大概内容告诉了琳达——沙漠中见得最多的物种要数骆驼了，甚至很多骆驼会在沙漠中度过它们的一生，可它们是如何忍受甚至克服干旱炎热的环境的呢？答案很简单，首先，骆驼会吃一些其他动物不敢尝试的荆棘灌木，从这些植物中汲取水分。不过，最重要的还是它们巨大的忍耐力以及能穿越沙漠的坚定态度。为了寻找水分和食物，它们不得不忍受干旱炎热，在沙漠中进行长达数日的跋涉。骆驼可以在一个月内不喝水，可一旦见到水源，它就会迅速饮水，甚至于能在10分钟内喝下135升水，给身体来一次完整的"充电"。

讲完故事后，丽莎对琳达说："我就是那只骆驼，不仅没有因前一个公司的倒闭而气馁，反而让这件事变成了我的一段经历，我因此变得更加充实了。刚接触新岗位时，我就像那只跋涉的骆驼，坚定地认为自己可以摆脱目前的困境，并且不放弃自己的寻找，用坚定的内心来提醒自己可以做到，能够胜任这份工作。"

琳达听完这个故事后若有所思，开始为公司倒闭时盲目且动摇的自己感到羞愧，假使自己也能拥有丽莎这样坚定的内心，那么现在自己的处境会不会有一点不一样呢？

坚定的内心使一个女人变得有主见，不放弃自己奋斗的方向，能够一直朝着正确的目标行走。

臧健和从一个带着两个孩子的单亲妈妈变成"水饺皇后"，靠的不也是这份坚定的信念吗？她在最艰难的时候没有放弃生活，靠着自己辛勤的劳动和坚定的信念闯出了一片天。

当人们问起她时，她总是坚定地说："我要用水饺交全天下的朋友，告诉每一位生活在艰难中的中国母亲，自强是我们的唯一出路。"

胡爱娣从一个柔弱的车间女工变成了一个著名针织服装企业的老板，靠的也是这份坚定的信念。刚毕业的她在针织厂工作几年后，学到了一些知识，毅然辞了职，开始了销售之旅。创业前期，各种困难接踵而来，但她没有放弃，内心的坚定信念提醒着她：
"我能行！我能坚持住！"果然，是金子早晚都会发光的，她创造
出了一个神话。

一个又一个经典的成功案例向世人们昭示着：外表柔弱的女孩
子只要有着坚定的内心，也能够创造出属于自己的辉煌！

生活处处存在着困难，当我们面对这些困难时，不能轻易退
缩，要做到内心坚定。内心坚定便是一个女人拥有的巨大财富，这
些财富能够使女人拥有更顺遂的生活。

你的工作态度，代表了你的气质

一个人对工作的态度能够展现出自身的格局，工作态度能将自身内外的气质展现得一览无余。工作态度认真的女人往往拥有较高的品质，而且这种积极认真的工作态度能给别人留下一个好的印象，展现一种内在美。

工作态度不仅能影响到一个女人工作时的气质，还能够对工作以外与人交流合作的行为语言带来影响。一个拥有认真负责的工作态度的女人，在处理其他事情时往往也会受到认真负责的态度的影响，无论这些事情与工作是否有联系，均能处理得妥妥帖帖。

在一所高校周年校庆的宣讲会上，一位优秀毕业生即将上台发表演讲。当她从容而坚定地走到话筒前方时，观众席上同学们的目光纷纷被她吸引了。

受到全场瞩目的她不卑不亢地站在那里，微微一笑，先向大家做了一个简短的自我介绍。从她不疾不徐的语句中，大家了解到，她叫张曼，毕业七年，已是一家公司的副总。

听完介绍后，同学们大吃一惊，无不露出欣赏或怀疑的表情。

张曼看到大家的反应，似乎并不意外。她点了点头，对大家说："其实刚刚毕业时，我在一家不太起眼的公司打杂，但是我一直热衷于自己手中的工作，并认真负责地将它们一一完成，正是由于这种负责的工作态度，才能使我拥有今天的成就。"

在同学们的追问下，她给大家讲述了自己的工作经历。刚刚毕业来到一个新城市的张曼，带着青年人不顾一切的冲劲和野心，决定拼出一番事业。可刚到新公司时，因为资历浅，根本接触不到有价值的工作。张曼经常被上司指挥着做一些端茶倒水、整理文件、收取快递之类的零散工作。

但张曼并没有因此而气馁，反而被这些琐事激起了斗志。在她看来，任何一件工作都需要认真完成，每项任务都需要有人来督促并执行，端正的工作态度对工作的完成很重要。

因此，张曼可以说是十分开心地接下了这些活儿，还在公司前台旁空余位置放置了一个可以作为快递柜使用的简易分层小柜。不仅如此，她还在每层柜子上仔细地贴了标签，使大家可以根据工号来寻找快递的放置位置。有了这个柜子之后，同事们拿取快递省了不少时间，以往都要蹲在墙角翻找半天，现在只需要根据对应的编号查找，不到半分钟就能准确无误地拿到自己的快递，所有来拿快递的同事都对张曼连连称赞。

上司得知后，对张曼这个新人才算有了不错的印象，认为她做事细致耐心，因此带着张曼出席了第二天的会议。

这次的会议是一个知名的大公司联合了张曼目前所在公司和其他两家小公司共同举行的招标会议。张曼第一次参加这种重要的正式会议，尽管是旁听，但她依旧认认真真地在一旁做着记录，对比着三家公司投标方案各自突出的地方。会议结束后，一行人回到了各自的公司，打算对白天会议上的内容进行总结。

这时公司突然接到了甲方公司的电话，对方语气委婉地询问是否有白天会议上的录音文件。经询问后才了解到，原来是甲方公司内部对方案的内容有些争执，恰巧助理携带的录音笔坏了，想向投标的几家公司借一下录音好做分析。

张曼不仅将录音文件传了过去，邮件中还附了几张表格，在里面详细列出了项目中的每项工作所对应的负责人以及项目介绍分析，速度比其他几家投标公司都快了不少。

甲方收到文件后不久，就在私下联系了张曼，对张曼说公司高层很欣赏她这种工作态度，并邀请张曼来本公司任职。面对这样一个大企业的邀请，张曼怎能不心动？于是没过多久，张曼就跳槽了。

来到这家公司后，张曼才真正发挥出了自己的人生价值。六年多时间，她不断高升，一直走到了今天副总的位置。

同学们这才露出了恍然大悟的神色。张曼用自己的故事激励了大家，向大家展现了端正的工作态度所带来的光明前途。

就在同学们回味之时，张曼又讲述了她一个下属的故事。

这个下属是比张曼小了几届的学妹，因此张曼在工作上对她的关注也稍微多了一点，希望能在困难的事情上给她一些帮助。可谁知，这个下属根本不思进取，每天只会对着小镜子补妆，办事经常拖拖拉拉，本来上班时间能完成的工作非要拖到下班，不情不愿地加班时也是磨磨蹭蹭，经常把当天的工作拖到第二天才能完成。

张曼对这种工作态度不端正的员工没有过多好感，在约谈几次无果后，这个下属没能"安全"度过实习期，没能成为公司的正式员工。

张曼顿了顿，冲着观众席微微一笑，对同学们说道："给大家分享这两段故事是为了让大家能够明白工作态度的重要性，一个合格的员工不仅要有出色的业务能力，更重要的是要有端正积极的工作态度。"

　　的确，许多女性初入社会时看不上那些基础的工作，认为这些工作不能发挥出自己的能力，但怀着认真负责态度工作的女性往往能在职场上走得更远。

第二章

美丽有"质"，方能永葆青春

美丽有"质"，方能永葆青春

人们评价女性时，通常将外表作为评价的主要标准之一，认为外表条件优秀的年轻女性才称得上"成功女性"，甚至在整个社会中形成了这样一种风气。因而，越来越多的人信奉女性外表美更容易受到追捧。

其实真相并非如此，有些年长的女性尽管脸上已经有了岁月带来的磨砺与时光留下的痕迹，但她们在举手投足间散发出了一种优雅的品质，这种品质恰恰是那些仅外表光鲜、内里乏味的"花瓶"所模仿不来的。

成为真正内外兼美的女性并不难，在拥有外表条件后，需要历练的便是气质。气质并不是与生俱来的，它可以通过后天培养出来，而这种培养正是岁月所带来的层层磨炼。

想拥有绝佳的气质，就要在与人交往时有足够的底气，因为足够的底气可以让一名女性的一举一动都带有迷人的气息。

雅恩毕业后就和男朋友结了婚，本想着婚后就到大学期间实习的公司就职，谁知家里发生了一系列事情，忙完家里的事情后她又怀孕了。丈夫念及她身体原因，让她先专心在家休养，工作推后到生完孩子再说。不曾想，这一推，就推到了孩子上小学。

雅恩在家学习了与设计相关的知识，打算告别家庭主妇的身份，回归职场。这时的雅恩已经三十多岁了，还要与一群刚毕业的大学生一起排队等待面试。周围的人都对她投以不解的眼神，雅恩没有在意这些人或是好奇或是恶意的眼光，专心地为自己的面试做着准备。

面试时，雅恩遭到了主考官的拒绝，给出的原因很简单——这家设计公司想招一些年轻有活力的应届毕业生，雅恩的年龄不符合招聘条件。

雅恩并没有气馁，不卑不亢地对主考官说："请再给我一次机会，让我参加笔试。年龄并不能代表我的能力，希望我们可以给彼此一个合作的机会。"

主考官拗不过她，一方面认为她说得确实有道理，另一方面也想看一看她的真实水平，于是就答应了她。

不出意料，雅恩果然通过了笔试。参加复试时，人事部经理在问了她几个问题之后仍旧显得有些犹豫。他对笔试成绩第一的雅恩明显有好感，但是思虑再三还是说出了自己的顾虑："雅恩，你也知道，我们公司的市场定位原本就是偏年轻化的群体，因此，在招聘时公司方面会优先考虑刚刚毕业的大学生。"

雅恩解释道："相信我笔试的答卷已经证明了我的设计能力，我也可以从年轻化群体的思维角度出发，设计出他们喜欢的产品。"

人事经理点了点头："不错，但公司方面的顾虑依旧存在，尤其是你毕业之后一直待在家中，我们担心这些年你的思维方式已经和职场人士有些出入了。这样吧，今天先到这里，之后有了消息我们再通知你。"

雅恩深知这句话已是拒绝的潜台词，但她依旧带着灿烂的笑容走上前去，从口袋里拿出一张崭新的一元纸币，双手递了过去："谢谢您，不论今天的复试成功与否，不管我是否被录取，请您务必要给我打一个电话，非常感谢。"

人事经理倒是第一次遇到这种情况，霎时间有些发愣，回过神之后微微笑了一下，问道："你怎么知道我不会给没有录用的人打电话呢？"

雅恩笑了笑："您之前说有了消息就打电话通知，那言下之意自然就是没有消息就不会通知了。"

人事经理此时对雅恩愈发感兴趣了，问道："那这一元钱呢？"

雅恩微笑着对经理解释："给没有被录用的人打电话不属于公司的开支，所以我先把电话费预支给您，希望可以接到您的电话。"

人事经理看了看手里的纸币，将它递还给了雅恩："这电话费还是你收着吧，我不会再打电话了，今天我就正式通知你，你被录用了。"

雅恩用自己的底气递出了一元钱，从而敲开了职场的大门。底气让雅恩可以在面对重重困难时内心依旧无所畏惧，勇敢地表达自我。这正是一种气质，一种无惧外界压力的独特气质。这样的气质消除了雅恩与应届大学生之间的年龄差别，让她有了青春的活力。

气质可以通过影响人的一举一动，从而影响一个人的习惯，进而对其外表带来正向的促进作用。

美丽并不是年轻女性的特质，即使年龄增长，其本身所具有的气质依旧能为其带来真正意义上的魅力。

细数著名的女性人物，无不具有出众的气质。外表的美是天生的，而气质却不是人人生而皆有的，气质是人们通过后天的"修炼"所形成的。

　　出生时，所有人都只是一个个号啕大哭的小婴儿，彼此之间相差无几，但通过后天环境的不断熏陶，造就了一个个独立而特殊的个体。有的人矫揉造作，有的人行事猥琐，有的人气质超然……只有真正意义上拥有了超群的气质，才能造就和之前迥然不同的人生。

　　作为一个女子，不必因时光流逝而过于介怀，因为回首过往时，所有的经历都是自己的一笔财富，所有的脚步都是生命中自己留下的痕迹，这些痕迹渐渐组成了自己的前半生。

　　岁月的磨砺带来的不仅仅是皱纹与沧桑，更多的是一种阅历，是一种阅览岁月带来的饱满气质。有了这种气质，青春就会在身上永远地留下影子，使人即使年过半百，依旧风韵犹存。因此，只有美丽中带有着超然的气质，才能做到"永葆青春"。

美貌终究敌不过岁月，智慧却历久弥新

仅凭外表很难断定一名女性的内在是否有着优厚的文化内涵。很多时候经历了岁月磨炼的女人往往比年轻漂亮的女人更有内涵、更有智慧，因为美貌终究敌不过岁月，可智慧往往能历久弥新。

智慧与肉体糅合后升华成了一种精神，这种精神能够变成人本身具有的一种能力，使人在与人交流交往时不自觉间便能散发出韵味与吸引力。智慧给女性带来的影响既包括理性方面，也包括感性方面。

那么，如何能拥有这种超然的智慧呢？从基础上来讲，可以借助书本的力量。读的书多了，气质自然会得到提升。曾国藩说过这样一句话："人之气质，本难改变，唯读书则可以变其气质。"不仅仅是气质，智慧有着同样的道理，书读得多了，接触到的知识自然会增多，那么智慧也就随之而来了。

张梅是一个普通的打工族，没有读过大学，高中毕业后就在家附近的商场里上班。她上下班时与同事交谈的话题十分有限，日复一日地过着寡淡的生活。

本来，张梅可能要像现在这样平平淡淡地过完人生中大部分的日子，可一件小事改变了她的想法。

有一次回老家，张梅遇到了正在读研究生的两个表妹。在和两个表妹交流时，张梅很明显地与她们没有共同话题，她感觉自己的生活和她们谈到的景象根本搭不上边。在自卑之余，她意识到自己非常向往这种生活，十分想在面对他人时能拥有这种侃侃而谈的底气。

于是，张梅私下里联系了两个表妹，委婉地表达了自己的想法，两个表妹不约而同地给了她一个建议——多看书，多学习。

在两位表妹的指导下，张梅阅读了大量书籍，从入门级书目渐渐地到那些几乎晦涩难懂的书籍，张梅都看得津津有味。没过多久，张梅再次约两个表妹出来，在见到张梅的第一眼时，两个表妹就露出了刮目相看的神色。

张梅深知自己变化的主要原因，她觉得自己与以前相比称得上是脱胎换骨了，在处理一些事情时也比以前多了几分智慧。

张梅沉淀了一段时间后，打算换个工作，好好地提升一下自己。

寻找新工作面试时，面试官们纷纷对张梅简历上的职业经历感到好奇，他们无论如何都没办法将一个普通的商场营业员和面前的人拼合到一起，他们觉得这样优秀的女性再怎么说也不应该屈居在一个平凡的岗位上。面试官根据自己的经验能大致能判断出商场营业员的工作内容，可面前的张梅在言行举止之间无不透露着一种饱含智慧的气质。

张梅淡淡地解释道，自己以前只是一个见识短浅的女人，在学习了一段时间后才成就了现在能在人前大方展现的自己。

面试官对张梅自然很满意，很快就通知她到公司报到了。不过人事部经理倒是第一次见到这种情况，对张梅本身也不太了解，于是暂时给她安排了一个不太重要的职位。

换作以前的张梅，肯定无法接受这个甚至带有贬低意味的职位，不过如今的她想得很开，因为如果是以前的自己，恐怕连这样的职位都谋不到。张梅十分看重这份工作，每天兢兢业业地完成自己手中的每一项工作任务。

身边的人在听说张梅跳槽的结果并不怎么理想时，纷纷劝她放弃现在的工作，回到之前那个清闲得有些无所事事的岗位，她笑着拒绝了。如今的张梅觉得，只要有智慧，自己在任何一个职位都能发光发热。

某天晚上，张梅像往常一样检查完电源和门窗后正准备离开公司时，突然听到所在办公室的电话铃响了。接起电话后，张梅才知道原来是最近正和自己公司合作的王经理打来的。王经理今天过来开会时不小心将一份重要文件落在了部门经理的办公桌上，由于第二天早晨大会上的决策需要用到这份文件，而他一时间联系不到部门经理，才出此下策打了办公室的电话。

张梅安慰了王经理一番，表示自己可以在公司等王经理过来取文件之后再离开。王经理在电话另一端表示很为难，因为飞机马上就要起飞了，去公司取文件就意味着错过航班。张梅安慰王经理，表示自己可以乘高铁连夜把文件送过去，王经理在电话那头连连道谢。两人会面后他更是不断道谢，并表示要给张梅一个惊喜。

为了不耽误第二天的工作，张梅送完文件就急忙搭高铁回公司了。进公司后，张梅本想像之前一样开始自己的工作，结果却被办公室的景象吓了一跳——公司的高层全来到了她所在的工作区。张梅的部门经理连忙解释，原来，张梅送文件的公司是自己公司的大客户，客户拿到重要文件后，直接在以往的订单量上又翻了一番，并且表示能在公司员工身上看到这样的闪光点，使他们认为和这样的公司合作很放心。高层结合了张梅之前的业绩，更是连连表扬她，自此后，张梅的职场生涯更加顺遂了。

张梅用智慧打通了自己的职场道路，由此可见，真正的智慧女性靠的并不是一点点小聪明，而是自身智慧所带来的风度。

拥有智慧的女人浑身上下都闪烁着耀眼的光芒，这种柔和而具有力量的光芒给女性周身环绕上一层迷人的魅力，这种魅力给人带来的吸引力远超那些青春的脸庞。

因此，尽管美貌终究敌不过岁月，可内在的智慧却历久弥新。

你可以不化妆，但不能不会化妆

活得精致的女性不仅会把生活和工作上的事情处理得井井有条，还能将自己收拾得利利索索。她们出门前不仅要换上一身合体且美观的衣服，还要画上精致的妆容。

妆容可以给人的外表起到画龙点睛的作用，所以作为一名女性，可以不化妆，但不能不会化妆。

与其说是为了通过化妆把自己变得更美更漂亮，不如将其称作一种仪式感，一种提升自己精致程度的仪式感，一种尊重自己，更是尊重他人的仪式感。

化妆这项仪式自古以来就有，而且这种仪式与经济无关，只是和人对于美的感知与对美好事物的创造能力有关。常言道："爱美之心人皆有之。"可以说，爱美是人的天性，为了提升自己外表的美观程度，女性们会找到很多方法来装扮自己。早在原始时期，女性就开始用贝壳和好看的小石头来装饰自己。从出土的文物来看，各朝各代的女性都有着不同的妆容。

女性学会化妆，不仅仅是对于自己容颜的尊重，还是对遇见的每一个人的尊重，更是对生活的尊重。

刘微是一家小饭店的老板，每天早上都要早早起床准备饭店上午营业需要用到的材料，清洗配菜、准备调料，每一件事她都亲力亲为。即使生活十分忙碌也十分劳累，可人到中年的刘微依旧神采奕奕，面容姣好的她似乎拥有让时间静止的魔力，将岁月杀得片甲不留。

每天早上，刘微都会早早起床，仔细地梳理一遍头发，修理一下眉毛，给自己画一个淡妆。有型的眉毛和平滑的眼线能给她带来更丰富的神采，遮瑕和粉底则能掩盖住疲惫的面容，腮红和口红能增添几分红润的气色。

天气十分炎热时，刘微依旧淡妆不改，衣服也一直整整齐齐。反观隔壁店铺的老板娘，头发随意地盘在脑后，脸上全是汗水，身上穿的则是为了凉爽而没有什么造型的宽大汗衫。相比之下，刘微整个人显得出彩不少，人们也更爱来刘微的饭店吃饭，觉得店如其人，她经营的饭店一定也是干净整洁的。

有一天，隔壁老板娘前来串门，刘微当时正坐在柜台边，一边等着最后一桌客人吃完饭，一边比较着手中两根口红色号的差别。隔壁老板娘看到这个场景，不解地问道："饭店工作这么辛苦，你怎么还有心思化妆呢？下班后还要卸妆不会觉得很累吗？"

刘微笑着摇了摇头："不会觉得累啊，每天早晚花二十分钟就能解决了呀。再说，你也知道我们这一行工作十分辛苦，那更要化点淡妆遮盖一下脸上的疲劳了。我不化妆的话，脸上的黑眼圈遮不住，显得一点精神都没有，如果碰上身体不太舒服时，那气色就更糟糕了，不化妆看起来能老十多岁呢。化完妆就不一样啦，不仅能把皮肤的缺点掩盖住，而且不光让我自己有自信，别人看见了心里也更舒服一点。"

化妆并不只是尊重自己的行为，还可以照顾到别人的感受，从而起到尊重他人的作用。每个女性的生活态度都能通过她的面容展现出来，热爱生活的女性绝不会允许自己不修边幅，而是以最饱满的精神面貌来迎接生活，迎接自己所遇见的每一个人。

化妆并不仅仅包括通过化妆品来装扮自己，还包含着通过良好习惯来将自己变漂亮。那些受人敬仰的"女神"，不仅可以少睡两个小时来护肤和化妆，还能为了拥有白皙光洁的皮肤，拒绝原本喜欢的甜食和辛辣的食物；为了保持身材，戒掉夜宵和暴饮暴食的习惯，坚持健身。在这样的女性眼中，这种生活习惯可以留住美，更会给生活带来许多积极的影响。

小优结婚已经十多年了，尽管年龄已超过了四十岁，但她依旧有着像刚结完婚时那种饱满的精神面貌和姣好的面容。仅从外表判断的话，绝对看不出她是一个孩子已经上了小学的妈妈。

小优每次出门都会将自己打扮得容光焕发。朋友们都觉得她出门前会刻意收拾很久，可有一天朋友临时到她家时却发现，小优不仅仅是出门的时候精致，在家的时候也一样精致。

朋友们到她家里时，一时间竟以为她要出门，询问之下才得知，她习惯了将家中打理得井井有条，也习惯了随时将自己装扮得漂漂亮亮。她觉得这样不仅能带给自己好心情，见到自己的人也能保持心情愉悦，更是对客人的尊重。

除此之外，她还会在出门时根据自己的心情来设计妆容并且搭配不同的衣服，孩子放学和丈夫下班后看见这样的她也会有着同样愉悦的心情。

小优将自己的生活过出了仪式感，对生活而言，无疑是莫大的尊重。当一个女人对生活付出这样的尊重时，生活也会把同等的尊重送还给她。

生活需要仪式感。当我们画完美美的妆容，搭配着好看的衣服时，走起路来都能散发出自信，言行举止也能散发出充满底气的优雅气质。

爱读古诗的女人，优雅到骨子里

在这个信息化高速发展的年代，人们越来越关注荧光屏上不断上涨的经济指数，却渐渐忽略了对文化情操的陶冶。许多人认识到了这种情况，开始注重精神文化的建设，于是一档档文化综艺节目竞相开播，比如《中国诗词大会》，从中国诗词文化入手，呼吁人们关注文化。节目中不乏许多女性形象，她们的年龄有长有少，为观众呈现出了一场场精妙绝伦的诗词盛会。

的确，诗词拥有着陶冶情操的魔力，爱读古诗的女人也优雅到了骨子里。她们的一举一动无不带着别样的韵味。这种美与人的外表无关，只与内在的文化底蕴息息相关。

诚如17世纪英国哲学家培根在《论读书》中所提到的："读史使人明智，读诗使人灵秀，数学使人周密，科学使人深刻，伦理学使人庄重，逻辑修辞之学使人善辩；凡有所学，皆成性格。"的确，读诗可以使人脱离低级趣味，更加文明高雅。

被胡适誉为中国一代才女的林徽因，在建筑与文化方面均有着很大的贡献，她在一生中创作了不计其数的诗歌。

提起林徽因，很多人心中便浮起"不食人间烟火""优雅"等词语，她的形象始终是高雅而柔和的，像玉石一样温润，又像钻石一样闪烁。金岳霖也形容她："一身诗意千寻瀑，万古人间四月天。"

　　林徽因生于书香门第之家，出国留学之前，一直接受着中式的教育，非常有才气，浑身上下充斥着一种诗人的气质。她在各个方面都有着领先于人的长处，所写的文章更是充满了诗一般的语言。这种从骨子里透露着优雅的女性形象无疑是受人欢迎的，许多文学家都对林徽因赞叹不已。

　　她拥有的内涵足以向所有人表达古诗对人的引导性——古诗可以让一个女人变得灵秀，可以改变一个女人的性格，陶冶女人的情操。因此，我们不得不说，爱读古诗的女人，气质已经浸入到了骨髓，优雅到了骨子里。

　　千百年来，能够流传至今的诗篇自然是出类拔萃的。这些古诗可以成为一个女人的良师益友，让她的灵魂得到升华。古诗可以使女人的心避开浮躁的世俗，对人生有着新的感悟，从而开启一种宁静致远的淡泊生活。

　　杨文是一所中学的教师，但她和许多人认知范围内的老师有着很大的出入。从外表上来看，她并不像其他同事一样穿着板板正正的职业装，而是时常在职业装里搭配一件自己手工做的衣服，领边精致的绣花给她带来了一种雅致的点缀。

　　然而，如果判断她与常人的区别仅仅是这样的话那就大错特错了。杨文在工作之余经常读一些古诗，在透彻理解古诗后，会在上课的时候结合课堂内容给同学们展现出来，同学们也特别喜欢这位爱念古诗的杨老师。

　　杨文经常把和古诗有关的书带在身边，一有闲暇就拿出书本津津有味地看，同事们一开始不太理解，但感受到她像古人一样淡雅的处事方式时，就对其表示了赞同。杨文古诗看得多了，不免沾染了一些书卷之气，平时说起话来也不急不躁，在处理一些班级事务时也不会发脾气，通常只用几句话就能点出处理事情的关键，从而快速地将事情解决。

同学们在提起杨文时，经常会有一种尊重中带着向往的神情，生活中遇到问题时也更爱去寻求她的帮助。杨文也经常代表学校参加一些活动，接触到杨文的人都会对她不由自主地生出赞赏。

杨文经常用古诗里的角色和形象来教育学生，学生们有时候会调侃她抢了语文老师的饭碗，杨文听到之后也不生气，笑呵呵地说多读些书总归是有好处的。

在杨文的影响下，她身边的同事和学生们也渐渐地读起了古诗，课余时间经常一起交流分享。久而久之，学校的文化氛围越来越浓厚了，不仅如此，在多所学校联合举办的诗歌竞赛上，杨文所在的学校获得了一等奖。年度评优时，杨文也从众多"竞争对手"中脱颖而出，获得了"最优雅教师"的称号。杨文并未对这个称号有过多的热情，对大家的追捧也一直报以淡泊的看法，大家纷纷称赞杨文老师人如其名，"高雅"二字已经刻在了她的骨子里。

社会中并不乏这样爱好古诗的人。在这个群体中，也许他们的出身与生活背景并不相同，可从某种意义上来讲，他们又是相同的，他们都有着古诗所带来的优雅与从容，心中都有一片宁静淡泊的诗意天堂。

爱读古诗的女性更是如此，从古诗中可以汲取很多提升气质的养分。古诗不仅仅是一句句简单的话语，它勾勒的是千百年前的生活场景，浓缩了古人的生活智慧，表达了古人对美好事物的不懈追求。当你真正读懂古诗时，就能明白千百年前古人的心意，就能拥有诗中所描述的那种超然淡泊的心境。

音乐如清泉，滋养干涸心田

对于生活和工作所带来的压力，不同的人群有着不同的疏解方式，其中，音乐是一种应用范围比较广的解压方式。除此之外，音乐还具有与众不同的陶冶情操的能力，可以给人带来潜移默化的影响。

在所有的艺术表达形式里，音乐是最能抒发情感、最容易引起人们感情上共鸣的艺术。音乐可以使原本性格不同的人聚在一起，架起一道沟通的桥梁。

我们经常在新闻中看到公路上出现的驾驶问题，许多司机开车时容易情绪激动，急躁状态下很容易与人发生冲突，我们通常将这种现象称为"路怒症"。但路怒症并不是没有办法解决的，国外研究人员就曾针对这种现象做过一个实验，即采取虚拟的景象对一些测试者进行模拟驾车练习。练习期间，测试者不仅需要根据路况来调整车速，还需要注意闪避路上的行人和车辆。

研究者们在测试者的皮肤上连接了电极，测试他们的心理状态。实验结果证明，轻柔舒缓的抒情音乐可以达到放松身心的效果，并且能大幅度地减少事故发生的频率。

引经据典，也不难找到许多由音乐引发的动人故事——"琴瑟友之，钟鼓乐之"，寥寥数语便勾勒出用音乐追求女子的生动画面；《高山流水》使俞伯牙和钟子期成为知音；一曲《凤求凰》促成了司马相如和卓文君的美好姻缘……

由此可见，音乐可以由人的听觉系统传入脑神经中，影响至人内心深处。

小余是一个跨国公司的高级白领，越来越多的工作量迫使她不得不天天加班，朝九晚五几乎成了一种奢望。这种高强度的工作给她带来了很大的心理压力，小余也因此丧失了自己闲暇之余的乐趣，焦虑和压力即将把她压垮。

小余意识到自己这样下去不行，应该找一些缓解压力的方式来适当地放松一下。忙完手头的工作，小余立即向公司请了一个小长假。公司批准之后，许久没有休过周末的小余终于盼来了一个假期。

面对着难得的假期，小余一时有些手足无措，乍一放松的状态和原先的生活出入太大了，心里不免有些空落落的。可是如果只是漫无目的地放空，重回工作岗位之后这种情绪又会产生，因此要寻找一个合适的解压方法。

小余上网了解了一下其他人的解压方式，心里快速地做出了一个简易方案——靠运动流汗缓解焦虑对自己来说并没有太大作用，以前在健身房办的卡快过期了也没去过几次；暴饮暴食确实解压，但对身体又不太好……再三权衡之下，小余决定按照多数人的选择——来一场说走就走的旅行。

小余订完机票后只大致规划了一下路线，就怀着期待的心情踏上了旅途。

可谁知天不遂人愿，旅途中遇到的种种麻烦使小余原本的美好期待化为了泡影，随之而来的是多了一倍的焦虑与烦恼。

　　情绪即将爆发的小余找到了一间酒吧，自暴自弃地想用酒精来麻痹自己。可进到酒吧之后小余才发现，这间酒吧与自己想象中的样子有着很大的不同。酒吧的氛围很好，并不像她想象中乱糟糟的样子。天色还不算晚，酒吧里也只有零零散散的几个人。小余随便点了一杯鸡尾酒就在吧台边坐下了，然后随意地将眼神放在了小舞台上。

　　舞台上有一个穿着一身亚麻材质衣服的年轻男子在调吉他弦。这时小余还很纳闷，她一直以为酒吧的歌手只有摇滚型的，想不到在这个陌生的城市居然见到了一个"异类"。想到这里，小余对这个男子的关注不禁多了几分，她坐到靠近舞台的位置，打算听一听他将要唱的歌。

　　吉他很快调试完毕，舞台上的男子轻轻拨动琴弦，弹出了一首柔缓的曲子。随着吉他发出的声音，歌手也开始缓缓地唱出了歌词。小余听出来那是自己曾听过的一首《平凡之路》。她轻轻地笑了一下，以前很少听音乐，当时不觉得有什么感触，现在在这样的场景和心境下，竟然奇迹般地生出了一丝共鸣。

　　台上的音乐也渐渐地由主歌转到了副歌，旋律也由一开始的平缓变得有些高昂。副歌开始时，歌手投入地闭上了眼睛：

　　　　我曾经跨过山河大海，也穿过人山人海。
　　　　我曾经拥有着的一切，转眼都飘散如烟。
　　　　我曾经失落失望失掉所有方向
　　　　直到看见平凡才是唯一的答案

　　歌手再次睁开眼睛时，竟然发现台下的小余已泪流满面。他不由得愣了一下，但他很快又将注意力放回了歌中，只留了一小部分的注意力来观察小余。小余情绪平静下来之后，正在为自己的失态感到有些羞愧时，听见舞台上传来了声音："这位美丽的女士，我能帮你什么吗？"

小余擦了擦眼角的眼泪，大方地对他说："我想再听你唱一首，可以吗？"

男子点了点头，调好吉他，再次张口时，唱了一首许巍的《完美生活》。小余目不转睛地看着歌手，觉得自己茫然的心好像有了归属，那些负面情绪竟奇迹般地一扫而光了。

音乐力量的强大很可能超越了我们的预知。尼采说过："如果没有音乐，生活就是一个错误。"音乐穿过了语言的限制，穿过了地域，将世界上原本陌生的人连接在一起。无论何时，只要有音乐声响起，人们那原本干涸的心田便会得到滋养。

第三章

越高级越独立，为自己而活

越高级越独立，为自己而活

小时候，在家中和学校里听家长和老师们说过最多的一个词语就是"独立"。在家要独立，要照顾好自己的衣食起居；出门在外也要独立，自己能办到的事情不要依靠别人。这些自小就进行的独立训练让人们可以在长大后省却很多烦恼，真正过上自己想要的生活。

社会中不乏这样的独立女性，她们每日都努力奋斗着，用自己的双手创造出自己想要的生活。

小湘是一位年轻的女性，虽然毕业没多久，但凭借着自己惊人的业绩和出色的工作能力，很快就坐到了主管的位置。

这天，小湘像往常一样结束了一天辛勤的工作，回到家中洗漱完毕后正准备睡下，忽然接到了朋友小曲的电话。小曲跟小湘是同届的同学，毕业后在另一个公司做部门助理，每天为公司的事情忙里忙外。

小湘接起电话，刚打完招呼就听见了电话另一端传来小曲的啜泣声，她还没来得及安慰，又听见小曲抱怨生活的话语。小曲略带委屈地说起了同单位办公室中另外一位女孩子，她每天都有男朋友开着豪车接送，风雨无阻，而自己只能计划着公交地铁怎样乘坐比较合适，夏天在骄阳下一边抹掉额头的汗珠一边在人群中奔走，冬天只能在寒风里颤抖着挤上沙丁鱼罐头一样的地铁。

小曲接着又抱怨起了自己的男友。大学时两人幻想着未来的美好生活，如今却被现实压迫得再也没有回顾从前的勇气。本以为工作后的日子会和和美美，男朋友会像自己想象中的那样时不时地带自己出门吃一顿大餐，却猜不到现实却是只能和男友一起到拥挤的市场买一些降价的水果蔬菜，上学期间曾许诺过一起看演唱会的事也成了镜中花、水中月。

小曲从男朋友又说到了自己的将来。她明年可能就要和男朋友结婚了，并没有她想象中的新房子和豪车，有的只是在老居民楼里几乎看不到未来的拮据日子。小曲沮丧的声音快要顺着电话线将小湘淹没，小湘的安慰刚刚说出半句就被小曲打断了。

小曲开始指责人生。为什么她的男朋友不像别人那样优秀？说着说着便后悔起当初的决定。如果她毕业后没有来这家公司上班，而是考了研究生接着念书，那她就可以接着在校园里靠着父母给的生活费再过几年无忧无虑的日子……

小湘再也忍不住了，开口反驳了昔日好友："人的起点确实不一样，或许你同事的男友比你男友有钱，可你在抱怨时想过你的男友吗？对，他的工资微薄，现在还不足以维持你们即将组成的家庭的日常开销，可他在工作的时候一定满心想着的都是要给你更好的生活。尽管他没有足够让你挥霍的家境，可当他在工作上拼尽全力的时候，你有想过为他做些什么吗？

"你明明可以用自己的能力来换取自己想要的生活，为什么一定要依靠男友和父母呢？生活中各种美好的可能性都可以依靠自己的双手来实现，真正独立的人会期待用自己的双手给自己创造美好生活，而不是依靠别人！"

　　小曲被小湘的话镇住了！是啊，小湘现在能比自己过得好，恐怕也是因为这样吧？小湘身上一直有一种自己所没有的精神，这种独立的精神让小湘能在生活的道路上走得更加坚定。

　　做一名经济独立的女性，不用在消费时伸手向别人要钱，当自己有了经济大权，说话与做事才会有底气。不过真正的独立不仅仅是经济独立，还要做到情感上的独立。

　　要做到情感独立必须要拥有主见，有主见的女人才能事事不依靠别人，用自己的能力来处理遇到的一切问题，把生活都变成属于自己的时光。

　　被白先勇评价为"不世出的天才"的张爱玲，遇见胡兰成之后，从一个工作、事业和经济独立的女性，变成了可以将一切都放下的人。她对胡兰成表现出了十足的爱，将自己放得很低很低。

　　胡兰成自己也曾提到过，张爱玲曾将杂志上自己的照片送给他，并在照片后面写下了一行文字："见了他，她变得很低很低，低到尘埃里，但心是欢喜的，从尘埃里开出花来。"可能就是因为她将自己的姿态放得过于低，将自己变得过于卑微，才导致自己的一腔真心更容易被胡兰成践踏。

　　胡兰成其人风流，身边从未缺过女人。胡兰成与张爱玲结婚仅仅两年后，在去武汉出差时就移情别恋到了一位护士身上，此后有过的女人更是不计其数。即便是这样一个人，张爱玲在很久以后写信给他表示诀别时，依旧在信件中附了三十万稿费。然而，这样的深情最终也没能感动胡兰成。张爱玲在这段爱情中付出很多，到头来也不过是落得胡兰成口中的那一句："只觉得她都是好的。"

　　不仅仅是爱情，亲情上也不可过于依赖他人，要始终保持一颗清醒的头脑和一种独立的精神。不依赖他人是一味良药，使人随时能够理智地思考，而不是盲目地依靠他人。

在这个现实的社会中，只有信奉广为流传的那句"求人不如求己"，才能在事业与生活中过得更加顺遂。独立可以给事业和生活带来一份保障，独力的女性在世间活得更有底气，更加潇洒。

越高级的女人往往越独立，越懂得如何为自己而活。

既然不是天生丽质，就要后天励志

通往成功的方式有千百种，每个人努力的方向不同，取得的成就也大不相同。也许有很多外表条件优秀的女性，可以依靠外观上的优越条件轻易获得自己想要的东西，但这样的女人只是少数，生活中大多数女人都缺乏这样的优越条件。

在没有可利用的外表条件的情况下就要靠自己的努力奋斗来换取自己想要的一切。后天励志的方式有很多种，有的女人在心里一直给自己打气，遇到困难时不轻言放弃，相信自己可以；有的女人努力学习了很多课程，用知识武装自己；有的女人通过参加各种活动，开拓眼界……这些不同种类的励志方式均可以使自身得到提升。

张鸥是一家公司的部门主管，每天除了上班时间努力工作之外，在家的时候她也不闲着。她经常会买一些与工作相关的书籍，晚上吃完饭后翻翻书，查查资料，认真地进行研究。正是因为保持着这样的良好习惯，每次开会的时候她总会有许多新奇的主意，工作的时候也总会运用很多巧妙的方法。面对大家的赞赏，她总会谦虚地说自己只是看了点资料，学了一些皮毛。

张鸥的朋友阿妍是一个教育机构的老师，最近有学生毕业，她收到了学生送的一些水果，想着自己一个人在保质期内吃不完，便想给张鸥送一些，恰好听说张鸥这几天休假，索性开着车直接给她送了过来。

张鸥开门接过朋友带来的一大箱水果，往冰箱里放水果时突然问起阿妍学日语的情况。阿妍愣了愣，问道："你最近要学日语吗？"

张鸥点了点头，说："我前阵子报了个网课，打算好好练一下口语，过几天就要上课了，我这两天得把上课需要的东西准备一下。"

阿妍吃惊地问道："你都已经坐上主管的职位了，为什么不干脆招一个翻译，而要自己这么卖力地学日语呢？"

张鸥听到这个问题笑了笑，回答她："我想多充实自己一下，活到老学到老嘛，再说现在行业竞争的压力这么大，我止步不前的话很快就会被别人反超啊！那时候再想学就晚啦，多学一点东西总是没错的。"

阿妍突然就想明白了。张鸥一直都是这样一个人，她在上大学的时候就经常自主学习很多东西，有时候深夜还在开着小台灯看书。想到这里，阿妍不禁问出了心中早有的疑问："小鸥啊，其实我一直不太明白，你为什么能一直对学习充满兴趣呢？工作了还能一直像以前一样努力，你是怎么做到的啊？"

张鸥把手里最后一个水果放进了冰箱，关上冰箱门之后边往客厅走边说："我小时候家境不好，很多我想要的东西，父母因为经济原因很难给我，我又不忍心看他们为难的表情，那时我就暗自下了决心，以后一定要成为一个很厉害的人。但是这种念头真正萌芽是在读了中学以后，我渐渐地发现自己并不像那些漂亮的女生一样受欢迎，那时我就想，也许每个人的先天条件不同，出发点不一样，但这并不能代表什么。我确实不如那些人长得漂亮，但我坚信我可以通过后天的努力来换取自己想要的。"

阿妍若有所思地点了点头："其实我特别佩服你这种励志的精神，每当我遇到困难想要放弃时，总会先在心里想一想，如果换作是你的话，你会怎么办，一想到这里我就有了把事情做完的决心。"

张鸥笑了笑，点了点头。后来，阿妍给她提了很多关于学习日语的小建议，张鸥拿备忘录记得认认真真。

我们没有凭借外貌占尽优势的资本，但我们可以选择做一个励志的女人。励志可以让一个女人凭借后天的努力，得到自己想要的生活。

小舒大学期间一直是播音社团的得力干将，毕业找工作时她将这个写进了履历里，希望能够为自己加分。

小舒进入了一家传媒公司，主要负责后期制作。工作了一段时间后，公司要举办一场隆重的活动，整个公司都为这场活动忙碌。在活动举办的前一天，女主持突然生了一场急病，没办法负责这场活动的主持工作了。一时间，活动的负责人急得团团转，这么短的时间去哪里找一个业务过关的主持人呢？小舒的主管突然想到小舒有播音的特长，而且长得也很漂亮，就直接将小舒推荐了过去。

可是小舒最近迷上了一款网游，每天下班之后都沉浸在游戏世界中，无暇复习播音的知识和注意事项。接过这个主持任务之后，她心想反正就是简短的几段稿子，明天直接读一下再临场发挥一下就行了，应该不会有什么问题。

第二天，小舒抱着侥幸心理上了台，结果不仅好几次将字读错，还有几次轮到她发言的时候没接上词，这才慌了起来。可是事已至此，后悔已经没用了，她只能硬着头皮把下半场主持完。下台的时候，小舒甚至不敢抬头看主管的眼神。

活动结束之后小舒虽然有些懊恼，但依旧抱着侥幸心理，心想公司应该不会过多责备自己。结果，活动后的总结会上，小舒受到了上司的严厉指责。

小舒并没有把握住自己的外表条件和播音基础带来的机会，浪费了优越的先天条件。如果小舒在排练时再认真一些，再多看几遍稿子，就绝对不会出现这样低级的失误。

也许有时候我们的外表条件比不过那些漂亮的女性，但是后天励志依旧可以为我们带来工作与生活上的成功。

豁得出去，人生总得奋不顾身一次

生活中，有些人看到别人的成功就会抱怨："为什么好事从来轮不到我呢？"殊不知，别人的成功不是由于幸运，而是通过努力奋斗换来的。换言之，就是机遇从来不是上天赐予的，而是自己动手创造的。

人生在世，总要奋不顾身地拼一把，才有机会赢得自己想要的。

女性在大多数人刻板的印象中被打上了柔弱的标签，这种片面的看法并不能对女性进行精准的描述和概括。事实上，很多时候女性也可以豁出去，为自己的生活奋不顾身地拼一次。

文菲是一个刚刚大学毕业的医学生，最近刚接到市里最好的一家医院的通知，为实习工作忙碌地做着准备。文菲深知这家医院的实力，如果能留在医院工作的话，不仅未来的事业很有前景，自己也可以学到很多知识、积累很多经验。于是，文菲决定在实习期一定好好表现，无论如何都要留下来。

医院的工作十分忙碌，许多琐碎的工作都需要文菲来完成，但她没有怨言。她知道，与她一同前来实习的毕业生还有很多，决定去留的权力在医院手中，她只有在实习期间好好工作，发挥出自己在学校学到的所有知识，才有可能留下来。况且，进入这家医院实习的机会很可能一生就这一次，因此文菲分外珍惜这个来之不易的机会，一直保持着谦卑的态度学习各种新知识。

文菲的优异表现全都看在了主任眼里，可仅凭主任一人无法决定文菲的去留，况且还有许多同样优秀的实习生，主任只能告诉文菲，再努力一点，只要表现得足够好，业务能力比其他人优秀，就能得到这个工作岗位。文菲也一直暗自给自己打气，不要放弃，再拼一把就能做得更好。

文菲在医院的各个科室都轮转工作了一遍，最后到达的科室是妇产科。这时同批的实习生有的因为工作强度太大主动放弃了，有的因为浑水摸鱼被医院私下劝退了，只有文菲和其他四位小姑娘来到了这个科室。五个人一直暗地里较着劲，说什么都不肯落于人后，生怕自己出了什么纰漏与医院的转正通知擦肩而过。

有一天，五个人同时接到了通知，要求她们一起去接一名孕妇。上了救护车她们才发现车里已经有一位副院长、一位主任医师和两位业务熟练的助产护士，包括文菲在内的五位实习医生一上车就显得有些拥挤了。这样的阵仗倒是第一次见，副院长解释过后大家才明白，原来要接的这名孕妇的身份比较特殊，因此让五位实习生一起来参加，也希望她们能通过这次机会学习一些知识。听到这里，五个人内心已经有了答案，这不仅是一次学习机会，恐怕也是一次考核，因此都做好了充足的心理准备，希望可以在这次的手术中好好表现。

救护车速度很快，一路呼啸着开到了孕妇的家门口。待产的孕妇和丈夫早已等在了门口，五个实习医生纷纷下车将孕妇扶上了车，本以为可以像来时那样一路顺遂地开回医院，此时却发生了一个意外。

最后一个上车的文菲发现车上已经有些拥挤了，孕妇的丈夫这时挤不上来了。文菲看到这种情况，内心有一分犹豫，随即咬了咬牙，从车上跳了下来，把孕妇的丈夫扶上了车。接着，她示意他们先走，抬手将自己关在了门外。

看着救护车越来越远，文菲内心有些荒凉，身处郊区不好打车，她只能掏出手机叫了一辆专车。在等司机来接的时候，文菲思索着自己的行为，发现并没有产生后悔的情绪，因为她觉得自己的举动确保了孕妇可以快速到达医院，而且自己即使不能留在医院，在实习期内忙碌的工作和付出也使自己学到了很多在学校学不到的知识。

到达医院后，她果然错过了这场手术。手术结束时，文菲连忙迎上去询问手术结果，主任医师摘下口罩露出了疲倦的神色。原来，这次的生产过程并不是十分顺利，中途产妇一度坚持不下去，好在有丈夫一直在一旁安慰和鼓励，孩子才算顺利出生。文菲舒了一口气，在为母子平安感到高兴的同时也暗自庆幸当时的决定，好在自己豁出去咬牙没上车，否则现在的结果恐怕难以预料……

产妇的丈夫看到文菲时，不住地向她表示感谢，连副院长此时也过来拍了拍文菲的肩膀。文菲笑了笑，就去处理自己的工作了。

没过多久，医院的转正通知下来了，文菲本以为自己错过了考核手术，已经和这个工作岗位无缘了，没想到的是，她竟被留了下来。副院长此时说明了缘由："虽然你错过了几天前的学习机会，但你的行为大家都能理解。车上虽然有很多医生，但产妇不能没有家属，你做得很对。况且你之前的工作态度和成绩大家都看在眼里，医院也为能拥有这样有职业道德的医生感到荣幸。"

文菲点了点头，在庆幸自己的选择时也为自己感到骄傲。

· 人生中总要有几次奋不顾身，这种拼搏不仅可以扭转现下的局势，也能给自己在绝境中创造机会。从来没有"天上掉馅饼"的好事，所有的机会都是靠自己抓住的。

我们要敢于豁得出去，因为人生总要奋不顾身一次才算完整。

你要温柔善良且有锋芒

从小父母就教育我们做人要善良。在学校的时候要对同学友善，在工作中要对同事和善，将来成家对爱人及家人更要孝善，甚至对待萍水相逢的陌生人，当他们需要帮助时，也应该要时刻保持一颗热情善良的心。在纷繁复杂的社会生活中，与人为善没错，但是善良也得带点锋芒，否则只会被自己的善良所灼伤。

小美是一个毕业后初入职场的小白，尽管不太懂职场规则，但是她觉得自己乐于助人，又比较踏实好学，肯定能够得到老板和同事的赏识与喜爱。由于小美租住的房子距离公司比较近，又由于她是单身，平时时间比较充足，所以每当公司处理一些琐碎的事情时，总会叫醒周末在家睡觉的小美，小美也十分愿意为公司付出自己的一份力。

有一次下班时下起了大雨，同事忘记带伞，小美便把自己的伞借给了她，自己淋雨跑回了家，为此还生了一场病。但是，事后同事既没有把伞还给小美，也没有对她表示感谢，小美心想可能是她工作比较忙忘记了。

后来，又有一位同事因为要去和男朋友约会，让小美顶岗，小美也欣然答应了。

在小美看来，自己对同事都十分友好，可以算是有求必应了，没道理大家不喜欢自己。

然而，这种有求必应未必会得到每个人的感激，时间长了别人反而会觉得你帮他是应该的，一旦拒绝，别人很可能会恼羞成怒地指责你。

有一次，同事又想和小美换班，但是换班的那天正好是小美父母过来看她的日子，小美便拒绝了同事换班的要求。同事听后勃然大怒，冲着小美吼了起来："你这人怎么这么自私？你能帮其他人就不能帮我，肯定是故意不想帮我的，不想帮忙就直说，还找借口！"小美虽然很委屈，但是没有和同事计较，因为她觉得事后同事会明白自己是真的有事才不能帮忙的。但是事实并不是这样，在不久后的公司转正申请中小美没有通过。原因很简单，因为公司的转正规定中有一项是老员工对实习生的评分，在这项评分中，那个之前和她吵架的同事果断地为小美打了零分。这让小美十分伤心和难过，有苦也没地方说。

假如小美在同事与她争吵的时候，鼓足勇气去和同事争论，向同事坚定地说明自己是真的有事，并且严肃地告诉同事，帮他是自己好心，但是并不是义务，让同事们都看到自己并不是软弱，而是善良，或许她就可以得到更多人的喜爱和尊重。

当我们的善良带点锋芒时，善良才会变得有意义。美国著名思想家爱默生说过："你的善良必须有点锋芒——不然就等于零。"

一位在校大学生在马路上好心扶起一个摔倒的老人，却被老人反咬一口。大家也都为大学生的善良感到不值。大学生本来不想去和老人计较那么多，但后来这位老人却变本加厉要求大学生给他一大笔钱作为撞人的赔偿。大学生终于按捺不住，把事情的全部过程和真相展现了出来。原来大学生扶起老人的前后过程已经被他的同伴用手机视频完整地记录了下来，因为是监控盲区，他们记录的目的就是为了避免此类争吵误会的发生，但是他们没想到这个视频居然真的派上用场了。后来老人也意识到了自己的错误，向大学生真诚地道歉，请求原谅，并且邀请他到自己的家中做客，还向家人夸奖了大学生。

这个事情并不是告诉我们不要去帮助身边类似于老人这种弱势群体，而是告诉我们，当遇到这种情况的时候帮忙的同时要学会保护自己。现在的社会需要更多像这位大学生一样的见义勇为的好人，需要更多的正能量。当然，我们也希望看到更多见义智为的人。

所以，从现在开始，告诉自己，我们要善良，更要在温柔中带有锋芒！

女人，有时候还是需要一点韧性

人们一直对女性有着片面的认识，认为女性就应该是柔弱的存在，依附于强壮的事物才能存活。然而事实并不是这样，很多女性通过发挥自身的韧性，将自己变成了强大的存在。

"君当作磐石，妾当作蒲苇"，古人将女性比作蒲苇不是没有道理的。蒲苇看起来细细弱弱的样子，好像稍大的风就能将其摧毁，但却有着坚韧的特质，即使用力拉扯也不易断裂。而女性也是如此，外表看似柔弱，实则具有坚韧而强大的能量。

韧性可以使得人能够在奋斗的途中不易被困难所击倒，坚定地一路向前，最终到达成功的彼岸。因此，有时候女人还是需要一点韧性才更容易拼出自己想要的生活。

葛颖就是一个具有韧性的女孩子。她从小家庭生活比较困难，很少像其他孩子一样能够随心所欲地花钱买东西。别人喜欢玩的玩具她很少能玩到，别人经常吃的零食她也从来不知道是什么味道。但她很少对家人流露出羡慕的神色，不想让被经济负担压垮的妈妈再因为她露出为难的神色。

葛颖的家庭情况一直比较特殊，父亲因为重病一直瘫痪在床，家里的劳动力就只有母亲一个人。母亲每个月除了负担家庭的正常开支，还要支付她的学费以及父亲的医药费。懂事的葛颖从来不会向母亲伸手要额外的钱，而母亲偶尔给的零花钱她恨不得掰成两半儿花。

高二这年，葛颖的父亲因为没能战胜病魔，过早地离开了人世，葛颖请了两周的假来帮妈妈处理家中的事情。等葛颖回到学校之后，发现班干部们得知她的家庭情况后发动大家给她捐了款，葛颖深受感动，走上讲台给大家深深地鞠了一个躬，良久才站直身体，眼中含着泪向同学们表达了谢意。婉言谢绝大家的同时，她向大家讲述了家里的情况，当同学们深受触动纷纷落下眼泪时，她再次向大家表明，即使不用大家的捐款她也可以通过自己的努力让家人过上好日子，她并不希望因为自己的弱小而接受大家的施舍。更何况，大家捐出的钱也是父母们努力赚来的，她希望这些钱可以变成促进他们努力生活与学习的工具。

自那天起，葛颖再没向母亲要过一分钱，她靠着自己的努力拿到了奖学金。除此之外，她经常利用双休日到附近的超市打工，逢年过节还用这些钱给母亲买一些小礼物。

上了大学之后，葛颖办了助学贷款，在没课的时候就去做各种兼职，还给自己开了一个银行账户专门存钱。某次和室友聊天的时候，大家谈到了理想，葛颖听完大家的理想后淡淡地笑了笑，说："我的理想没那么远大，我只想在毕业的五年内给我的妈妈买一套房子。"

葛颖不仅在生活上有着非同寻常的韧性，学习和工作上也能做到坚韧不拔，众多的兼职没能影响她的成绩，反而在她的履历上增添了许多亮点。除此之外，葛颖在学校的学生会里也担任着重要的职务，而且每样工作都完成得相当出色。

葛颖大四那年在退出学生会的典礼上，礼堂前的屏幕上缓缓播放了一个记录了学生会日常的视频，这个视频是葛颖以动画形式做出来的，每一帧都经过了她精心的调整。当视频播完，字幕上放出她的名字时，全场的学弟学妹们都起立为她鼓掌。

离开校园踏入社会的葛颖依旧过得风生水起。谈起她时，同事们都会不由自主地带上赞叹的语气。葛颖凭借良好的业务能力和优秀的业绩使职位不断晋升，没几年就进入了领导阶层。

试想，假如葛颖在一开始就因惧怕贫困的生活而自暴自弃，那就绝不会有后来在艰苦条件下秉承着韧性奋斗的她；假如葛颖在高中接受了同学们的救助之后开始享受这种不劳而获的感觉，那就绝对不会有发奋学习赢取奖学金的她；假如在大学葛颖开始沉浸于漫无目的的闲散生活，那她就绝对不会成为学弟学妹们心中品学兼优的榜样；假如在工作时，葛颖因为惧怕困难而退缩，那她就绝对不会拥有如今的成就。

葛颖生活的每一个环节都由她的韧性串联起来，正因她的韧性，才使得她在面对生活中的种种困难时不肯轻易放弃，成就了一个如今工作生活皆有收获的成功女性。

有了韧性就能具有临危不惧的勇气，就能拥有在刻苦条件下坚持拼搏的信心。因此，韧性作为一种宝贵的品质，值得每一个女性拥有。

拥有韧性的女人往往具有强大的能量，在生活与工作面前可以正视一切困难，并向困难发出"挑战书"，用自己的力量去克服困难，最终赢得各种意义上的成功。

女性并不是社会上的弱势群体，当她们发挥出自身的韧性时，体内巨大的能量也会随之爆发，展现出令人震惊的能力。所以说，女人，有时候还是需要一点韧性。

第四章

努力向前，只为遇见更好的自己

努力向前，只为遇见更好的自己

有人说人生就像是一场旅途，路上常常遇到各种各样的人或事。有些事情人们可以轻松地解决，但也有一些困难让人绞尽脑汁却始终解决不了。对待这些事情应该怎么办呢？我们要明白这样一个道理，停滞不前只能导致半途而废，努力向前才有可能遇见更美的风景，成为更好的自己。

然而，总有人问："女生为什么要那么努力呢？认认真真地读书，兢兢业业地工作，之后不也要嫁为人妇在家里带孩子吗？"这种单一而片面的思维方式间接地影响了一部分女性，致使她们认为自己的使命就应该是整日在家洗衣做饭、相夫教子，因此放弃了努力，静静等待命运的安排。但大多数的女性还在坚持着自己的初衷，努力为生活打拼着、"折腾"着。就算没有出色的条件和强大的背景，她们依旧没有放弃生活，为自己的目标不懈努力着。

小柔就是这样一个人，她在很多人眼里一直是"传奇"一般的存在。

小柔出生在一个闭塞的小山村，父母在连续生了三个女儿之后才生了一个儿子，于是一直把儿子当宝一样"供"着。小柔作为三个女儿中的老二，总觉得自己不受爹妈喜欢，久而久之就养成了不爱说话的习惯。她每天在家中要做很多家务之后才有时间做自己的作业，但就算这样她也毫无怨言，一直默不作声地努力着。

　　小柔回忆起自己的学生时代，坦言和现在的学生相比，简直就是一部"受难史"。她从小在山村长大，直到初中毕业才走出大山，来到距离市区比较近的一个镇子上念高中。小柔一直觉得父母肯花钱供她上学是一件很不容易的事情，生怕父母顾及家庭情况让她辍学，因此她一直努力地学习，每次考试都拿满分以换取家人的笑容。

　　在高中紧张的学习气氛下，她依旧不停地穿梭于教室和学校的超市——当然，她去超市不是买东西，而是利用课余时间兼职打工。这样，加上她省吃俭用的习惯，每个月几乎不用向家里要钱。每天下课时她会利用课间的时间反复做练习题，回到寝室后也永远是学习到最晚的那一个。每年期末她都会靠自己的努力冲到年级第一，赢得对她而言十分重要的奖学金。

　　终于，小柔没有被艰苦的生活打倒，在学习的道路上一往无前，考上了心仪的大学，成了那个小山村中唯一走出去的孩子。大学期间，小柔成了整个班级乃至整个专业里最努力的学生，不仅能按时且高质量地完成老师布置的作业，还常常利用周末出去做兼职赚取生活费，在每学期期末的时候还能考出好成绩，拿上一笔高额的奖学金。大学四年，她不仅出色地完成了自己的学业，还攒到了一笔数目可观的积蓄。

　　毕业后，小柔在公司常常为了项目忙到很晚，中午休息的时间也经常匆匆吃完午饭，便继续埋头工作。就连上下班路上的时间她也不放过，常常在人潮拥挤的地铁上翻看着各种各样的书籍。不过，她节假日时也会抽时间参加社交活动，一点一点地提升了自己的交际能力。除此之外，她在网上报了许多与工作相关的网课，对着电脑不断地汲取着新的知识，提升自己的工作能力。

有人不解地问她为什么这么拼，她总是笑着回答对方："人的一生不长不短，每个人选择度过人生的方式也大不相同，我只是想着努力一点、再努力一点，就算我的希望会受到生活的打击我也毫不畏惧，我一定要保持住这样努力的状态，然后充满正能量地活着。"

小柔提起了曾经和大学同学聚会的场景，当年有着相同目标的人早已各奔西东，有的人行走的轨迹偏离了当初制定的目标，也有人正朝着目标一点一点努力地前进着。说到这里，她顿了一下，微笑着说，还好自己能够靠着坚持努力走到现在，不断地超越自己以前的目标，成为现在的自己。

面对生活中的困难，有的女人选择了忽视与逃避，有的女人却选择用尽全力去面对，不肯向这些困难低头。

努力确实可以成为一种激人向上的力量。在面对生活给出的"刁难"时，心中倘若能保持着努力的念头，那么即使困难再大，也无须担惊受怕。

努力向前，一切困难自会迎刃而解；努力向前，会遇见人生路上更美的风景；努力向前，会成为更好的自己，绽放出更绚烂的光彩。

心中有方向，就不会一路跌跌撞撞

某所大学的课堂上曾经有过这样一个实验，研究人员询问了参加实验的学生们一个问题："你们确立未来的方向了吗？对自己的人生有目标吗？"参加实验的90%的学生都点头肯定，但当研究人员问起是否有人将方向与目标写下来时，却只有大概4%的人做到了。

多年以后，研究人员追踪到了当年参与实验的学生，了解他们现在的生活状况，结果惊讶地发现，当年那些曾在纸上写下目标的人，如今的生活与事业均远远超过了其他人，这4%的人在社会上创造出的价值甚至远远超过了其余人的总和。

目标与方向在人生当中的导向作用，可以对人直接或间接地产生各种各样的正面影响。换句话说，只要心中存有方向，我们人生路上的奔跑就不至于跌跌撞撞。

在社会竞争这场激烈的角逐中，女性由于千百年来形成的各种压力，起跑线往往落后于男性，但只要以终点为方向，朝之努力奔跑，就一定能抵达。

方向和目标之于每个人而言都是不同的，有的人天生想当演员，于是朝着追求演技的方向奔去；有的人想成为科研人员，于是刻苦地钻研学术，朝着科学的方向奔去；有人想成为运动员，因此艰苦训练，朝着奥运会的方向不懈努力……

小惠是一个胖胖的女生，她近期的目标是成功减肥。青春期时小惠总因为胖胖的身材感到自卑，一直认为同学们喜欢在背地里笑话她，因此她不太喜欢和别的女生一起玩耍。碍于高强度的学业，小惠一直无法实现自己的减肥目标，上了大学之后总算有了自己的时间，可以努力进行自己的减肥计划了。

定下目标之后，小惠每天都在朝着自己心中的目标不懈地努力着。早上起床之后先到外面跑几圈，每天的饮食结构也进行了调整，她戒掉了零食，在食谱中增添了蔬菜，晚上睡觉之前还要再跑几圈，回到屋子里之后还会拿出瑜伽垫在上面做运动。

此外，小惠慢慢地改掉了以前懒惰的坏习惯，一有空闲时间就在房间里走动，每周还会挑选几个下午去体育馆打羽毛球。在实施计划的过程中，小惠还学会了许多新的体育运动方式，一有时间就到外面打篮球或是游泳。

在减肥计划实行了半个月后，有人惊讶地告诉小惠，觉得她的脸小了一圈。小惠因为受到了夸奖更加坚定了心中的目标，一点点朝着自己心中的方向前行着。

有了方向的引导，小惠的身材也越来越接近她的目标了。五斤，十斤，十五斤……越来越多的脂肪被她减了下去，她终于完成了蜕变，拥有了让别人羡慕的好身材。

因为心中有了方向，小惠才可以在减肥的道路上一往无前。为了心中的方向她可以不怕苦不怕累，一点点地走在前进的道路上。

日本著名的马拉松运动员山田本一，曾多次参加国际赛事并得到漂亮的成绩，甚至获得过两次世界马拉松冠军。因此，许多人都不约而同地认为他获胜的原因是他那超乎寻常的忍耐力。

　　然而，在山田本一看来，成功的因素不仅仅是这样，最主要的因素并不是忍耐，而是目标与方向。

　　山田本一曾在自传中坦言，每次自己参加比赛之前，都会亲自到马拉松比赛的路线上"巡查"一番，坐在车上拿着地图边走边看边标记。他标记的是沿途比较有标志性的东西，这些标志有时候是一栋高楼，有时候是颜色比较鲜艳的建筑，有时候是形状奇特的树木……就这样，整个赛道上都被他在心里暗自留下了许多"标记"，从开始到结束，整个马拉松赛道被他划分成许多段小路程。

　　比赛开始后，他会顺着赛道全力奔跑，到达第一个目标后，就在心里的地图上默默打一个勾，接着往前跑。第二个、第三个、第四个……每段路程的小目标都会成为他冲向终点的必经之路，这样的话，冗长的赛道跑起来就有趣多了，也轻松多了。

　　于山田本一而言，有了赛道上的一个个小目标，才有了朝着心之所向的地方努力奔跑的动力，才不会被路途上的艰辛打倒，才能义无反顾地向终点奔去。

　　生活也像是一场马拉松，在明确了方向之后才有了不顾一切向前冲的动力，才有可能到达心中给自己定下的"远方"。

　　就算很多时候女性的起跑线落于男性后方又怎样？就算女性的力量不如男性又怎样？每个女人都可以在心中为自己立下目标，并以之为方向，然后向着它一路前行。

　　在人生的赛场上，我们需要为自己设定一个又一个的目标。有了这些方向，才不会在前往下一场比赛的时候茫然四顾；有了这些方向，就不会在人生的路上行走得跌跌撞撞。

梦想的阶梯，没有捷径

常常听到有人说"美貌是女性的捷径"，这些人认为女性仅仅靠着自己的美貌就能轻松地获得别人辛苦打拼而来的东西。然而事实上，靠近梦想的路上从来没有捷径，梦想只能靠自己的拼搏和努力来实现。

就像《西游记》所传达的精神一样，取得真经是唐僧的梦想，但他并没有让几位徒弟运用高超的本领直接将他送到要去的地方，而是自己一步一个脚印，历经九九八十一难，翻山过海，经历了千辛万苦才完成了自己的梦想。

梦想的路只能由自己一步一步走出来，用自己的力量去战胜一路上所遇见的魑魅魍魉，无捷径可言。

小杨是一家公司里的一个职员，入职半年多仍然做着端茶送水、取外卖、复印文件之类的琐事。她整日对自己的前途与未来担忧，认为自己在这家公司做下去根本实现不了当初的梦想。

一天，小杨和好闺蜜一起约着出门逛街时又想起了这件事，不由得连连唉声叹气。吃饭的时候小杨忍不住对闺蜜抱怨："愁死我了，我在公司做了这么久，还是一直在底层做着最不起眼的工作。再看看从英国回来的桑妮，明明跟我同期进入公司却一路往上直接成了总经理特助。她哪里比我强？不就是长得比我好看吗，靠着自己的外表走捷径，才走到今天的位置，凭什么啊？太不公平了。"

　　小杨的闺蜜阿莎倒是没有因为小杨单方面的抱怨就立即下结论，而是结合了小杨以前对自己说过的话后说出了自己的看法："在我看来可能事情并没有这么简单，我记得你刚入职的时候怀着一腔热血想拼搏，可是随着时间的推移，你的热情也越来越少了。如果你保持以前的状态做下去的话，那你如今肯定会比现在的位置要更高一些。"

　　小杨听了阿莎的话语，没有立即张口反驳，因为在她看来自己确实没有做到这一点。但只要一想起那个特助桑妮，她还是生气，于是忍不住对阿莎说道："可是那个桑妮呢？凭什么她可以借着自己的美貌走捷径，我偷一下懒就不行了呢？"

　　阿莎接着安慰道："你还是没有想通这个问题，关于实现自己的梦想这回事从来就没有什么捷径可走。桑妮靠外表走捷径换来职位在你看来就是实现梦想了吗？不，还差得远呢，你想啊，总经理今天可以看上桑妮的外表从而提携她，那明天可能总经理又会遇到另一个漂亮的女孩子，那时桑妮就该给她让位了。"

　　小杨听了阿莎这些话，陷入了沉思，显然她自己没有意识到这些问题。小杨正在思索的时候，阿莎又开口了："小杨，在我印象中你一直都是一个聪明伶俐的女生，我一直觉得所有事情都不会成为你的阻碍，为什么你偏偏在这件事上钻了牛角尖呢？你的内在美可以成为你与这个世界抗衡的武器啊，只要你肯踏实下来把心态放平，对工作多上心一点，多学习一点单位里前辈们的技能，相信你一定会一点一点地接近目标的。"

　　小杨恍然大悟，原来自己一直在找的捷径是不存在的，只有靠自己的辛勤工作和付出才能最终实现梦想。而那些利用捷径短时间内达成自己希冀的人，根本就是徒有其表，在面对现实压力时，一点点困难就会将其打回原形。

现实生活中也经常能看到这样的例子。许多人认为做演员可以成为赚取钱财的捷径，那些高片酬和极大的影响力无不给人带来极大的虚荣感，因此许多人趋之若鹜。但这个"命题"实际上根本不成立，成为演员根本不能作为实现赚钱梦想的捷径，并不是所有人都有资格成为演员，因为这需要一系列的先决条件，比如学习专业知识、磨砺演技、接受训练等，这些都需要付出大量的精力。

曾有一部关于摔跤的大获好评的电影就很好地印证了这一点。出演女主角的演员为了能够在影片中增加拍摄的真实度，接受了长时间的专业训练，所有的竞技镜头都由演员亲自上，每个动作她都接受了专业的指导。

不难想象，如果这个女演员没有艰苦训练与付出，而是想着走捷径，拿到角色后不钻研，也不进行专业训练，而是在拍摄的时候让替身代替自己完成大量高难度镜头的话，又怎么会在电影上映后迎来犹如潮水般的好评声呢？

因此，与其想着寻找简便的方法来使自己少走弯路，不如从一开始就脚踏实地，踏踏实实地做自己力所能及的事情。

Just do it！生活的美就在于一切未知

很多女性喜欢享受将生活尽数掌握在自己手中的感觉。但事实上，对于生活并不需要完完全全地把握，生活的美有时候恰恰在于其未知性。

然而，很多嫁为人妇的女性不得不每天重复地做着与前一天同样的事情，生活中的一切都似尘埃落定一样被打上了已知的标签，平淡的生活机械地重复着，新的一天和过去的每一天都没什么不同，找不到任何未知的新鲜感。就像一首多年前的民谣里唱的那样："如此生活三十年，直到大厦崩塌。"

循规蹈矩地追求生活的意义并没有任何新鲜感，而一些未知因素的出现才能打破无趣的生活。

舒敏是一个平时爱给自己的生活做规划的严谨女生，大学毕业后在念书的城市里定居了，并在一家公立学校里做了初中老师。工作几年后，生活早已稳定了下来，她每天在自己的计划下近乎机械地重复着每一天，决不允许有任何出于自己意料之外的情况发生。

舒敏每天早上伴随着闹钟声从床上睁开疲惫的双眼，不情愿地进卫生间洗漱，快速地化好妆，搭配好今天要穿的衣服，然后拿上教学材料风风火火地出门。

下楼之后在小区门口的店铺里吃上一顿早餐，店主和工人的工作服也和舒敏刚来到这里定居时一模一样，就连冲她微笑的嘴角弧度似乎都没什么变化。

舒敏一直在这所学校教书，在学校的职位也没发生过大的变动，长久以来教授的科目也一直是数学，连每天行走的路线都没有发生过任何改变——她每天下班后都要在同一家店铺里买一些饭菜。

学校里来过一些实习的老师，她身边也不断有年长的教师退休离职，学生走了一波又一波，只有舒敏一直还在岗位上日复一日地拿着课本和资料，对着讲台下的学生一遍又一遍地讲解着几乎重复的内容。

舒敏每个月都会领到一笔固定的工资，不多不少恰好满足生活所需，但购置一些大件还需要慎重考虑。固定的朋友，固定的聚会，每天下班后的生活几乎也是重复着前一天的节奏，单调而乏味。

偶然的一次机会，舒敏听了一位社会知名人士的讲座，讲座的主题是"突破"。这两个字眼与舒敏的生活状态几乎没有任何交集，但在听完讲座后，舒敏却对生活产生了一种新的认知，也促使她产生了一种想要尽快摆脱刻板生活的念头。

舒敏终于从机械刻板的已知生活里探出了双手，她想：自己这样下去不会有什么发展空间，重复固定的已知生活一眼就可以望到头，一点意义都没有，是时候做出一些改变了。

要想改变固定的生活状态，增加一些未知元素，归根结底还是要改变自己对生活的看法，因为如果思维受到限制，那么再新奇的生活也不会引起自己的注意。

舒敏开始适当放松对生活的计划，过于周密的计划只会减少生活当中的惊喜。生活中出现的许多情况是人们无法预知的，因此不必将每件小事都列入人生的计划表格。

周末时，她不再局限于家中，而是走出家门和街上每个认识的人打招呼。在漫无边际的闲逛中，她发现小区附近新开了一家健身房，她当即走了进去，并在一位教练的介绍下办了一张健身卡。这对舒敏来说几乎是前所未有的，计划外的事情竟然如此令人惊喜，舒敏终于体验到了未知生活所带来的乐趣。

但这些还远远不够，舒敏想要的是每天都可以感受到未知生活的乐趣，于是她减少了对自己下班后时间的控制，想通过自由的行动来寻找未知的快乐。有了这样的想法之后，她当即放慢了回家的速度，就连坐地铁的时候都开始东张西望，注意周围的一切。

地铁在某站停靠时，舒敏无意间看到了外面张贴的巨大海报——那是一个画展的广告，舒敏在看清海报上画展举行的时间后，立即下了地铁走向了那张海报，循着上面的地址一路走去。

舒敏到达时，画展恰好还在开放，她买了票就走进了展馆。墙壁上悬挂着的一幅幅风景画无不吸引着她的目光。走到一幅写实的风景画面前时，舒敏突然对这幅画的取材地产生了浓厚的兴趣。

回家以后，舒敏查阅了那幅风景画取材地的城市信息，发现刚好自己的下一个假期没有安排，于是当即定下了去往那个城市的机票。

旅行时，舒敏又发现自己听说过的一个乐队要在这个陌生的城市举办演唱会，她又延长了自己的出行时间，留在这个城市听了一场演唱会。

在舒敏放宽自己对生活的掌控之后，她身边的所有事物都发生了改变。舒敏对这种全新体验特别满意，她的心情豁然开朗，心境也变得异常洒脱。

我们许多时候没有必要对生活进行全面地掌控，适当的放松会带来出其不意的效果，因为生活的美有时恰恰在于未知性。未知的事物会给生活带来一种别样的魅力，激起人们对生活的期待。

即使飞得再高，也可以放声哭泣

有人曾经将女性和男性的寿命长短做对比，对比后发现男性的平均寿命普遍低于女性。女性长寿的"秘诀"是什么？"秘诀"便是懂得用哭泣宣泄情感。

哭泣对于女性来说，跟年龄大小和地位高低并没有直接的关系，哭泣更不是小孩子特有的手段，即使年龄再大、飞得再高，也可以放声哭泣。

哭泣并不能和柔弱一词画上等号，更多时候，哭泣是一种宣泄情感的方式，引导着女性将自己内心中的压力与烦闷通过这个突破口发泄出来。哭完后，积攒已久的压力烦闷也就一扫而空了。

哭泣可以宣泄压力是有一定的科学依据的。有研究者曾对此做过相关的实验，从正面印证了哭泣对人生理和心理的益处。

研究人员找来了一批人，首先让他们在切洋葱时受到刺激流下眼泪，过几天后再让这些人流下眼泪，但这次不是切洋葱那么简单了，而是让他们看一些情感类的影片，以此来刺激他们流出眼泪。研究人员将实验对象两次流出的眼泪用不同的试管收集起来，并对其中的成分进行了研究。

化验结果显示，被影片感动而流出的泪水有着被洋葱刺激出的泪水中不曾包含的成分——儿茶酚胺，这种化学物质是人体在压力之下分泌出的。过多的儿茶酚胺对人的心脑血管有消极的影响，严重的情况下，甚至可能导致心梗。因此，当人在感到压力从而哭泣的同时，会将体内产生的过多的儿茶酚胺排出体外，从而将情绪调节到正常状态以缓解内心的压抑。

学会用哭泣来调节抑郁是女性应该掌握的一个技能。拥有这项技能后，会减少很多负面状态出现的概率，反之，不仅容易出现情绪低落，还会产生一系列的身体问题。

张琴是一家公司的一把手，久居高位后养成了越来越好强的性格。众所周知，好强本不是什么坏现象，但过分好强就很容易变成逞能，给生活和工作带来不必要的麻烦。

张琴在下属和周围人的口中是一位不折不扣的女强人，做起事来雷厉风行，在工作的早期就完成了不少看似根本不可能完成的任务。因此，大家对于张琴一直抱着类似敬仰的态度，认为几乎没有她做不到的事情。张琴也一直以自己这样的性格为荣，可久而久之，她渐渐地发现自己没有刚进入职场时那样随心所欲了。

在以前，工作遇到不顺心的地方时，她会找自己的朋友抱怨一下，之后自己的不顺心也就消了一大半；遇上十分棘手的问题或是压力过大时，她会在和朋友聊天时大哭一场，哭完后，心情平复，就能接着处理自己的工作了。

可现在不行，张琴将自己工作上的责任范围扩大了，认为自己再哭就不符合现在的"形象"了。这么多下属看着自己，自己不能先乱了阵脚，要做好领导的示范作用。

久而久之，张琴开始把所有的情绪都憋在心里，可她自己毕竟不是专业的心理医生，有时候很难将负面情绪化解掉，只能积攒着越来越大的压力缓慢前行，顶着越来越多的压力和烦恼来处理工作与生活上的种种问题。这种状态形成了一种恶性循环，烦恼与压力也像滚雪球一样越来越大。

人们的身体与情绪有着很密切的联系，张琴在不良情绪的积攒下，身体也越来越差了，首先是胃部出现了问题。在与日俱增的压力下，张琴的情绪一直处于低落状态，肠胃对人情绪的变化非常敏感，忧郁的时间过长会使胃部蠕动速度变慢、胃液分泌降低，出现消化不良和食欲不振的问题。

张琴由于没能在负面情绪产生时找到一个合适的突破口宣泄出来，而是碍于自己现在的地位和身份，将所有的压力都积攒在了一起，这就像是沙漠中行走的骆驼被不断施加稻草，最终在烈日炎炎之下寸步难行。

《黄帝内经》有个重要的理论，叫"郁则发之，结则散之"。当我们出现不良情绪而内心忧郁时，不妨痛痛快快地大哭一场，这样一来，负面情绪也就一扫而空了。

开心就笑，难过就哭，如此才能够收放自如、灵动而柔韧。真正聪慧的女性既会在开心时表达出自己的欢乐，也能在难过烦闷之时大哭一场宣泄自己的情绪。

哭泣并不代表柔弱，哭泣更不是一件丢脸的事情，哭泣可以将郁积在心中已久的压力与烦闷抒发出来，从而带来心情舒畅的良好状态。这跟年龄与地位无关，即使我们飞得再高，也可以放声哭泣。

第五章

宠辱不惊，有实力才更有魅力

宠辱不惊，有实力才更有魅力

常言道："打铁还需自身硬。"自身的实力往往是带来成功的直接因素，有了实力，做起事来才能有条不紊。

拥有实力的女性往往具有更加自信的迷人气质，但拥有了强大实力时有宠辱不惊的态度，才更加有魅力。

王扬从一所知名音乐学院毕业后，在一家琴行里做了很久的小提琴老师。她下班之后也经常学习一些与专业相关的知识，刻苦努力加上长期勤奋地练习，使她累积了很多经验。她认为长久在琴行工作并不能实现自己一直以来的梦想，她向往在更广阔的舞台上展现自己的实力。

王扬为登上舞台的这一天做了非常充分的准备，她不断地复习和巩固曾学过的乐理知识，还将每天练琴的时间延长了很久。当来到电视台的乐队招募现场时，她并没有产生太多紧张的情绪，心想只要将自己平时练习的状态发挥出来就好。

当王扬拉动琴弦的那一刻，她整个人都陷入了悦耳的音乐声中，身体也随着旋律轻轻晃动，她将自己所有的感情都倾注到了曲子里。王扬一直投入地演奏着，她闭上了自己的眼睛，因此也就没能看到音乐响起的那一刻，在座的评委老师眼中迸出的火花。

毫无疑问，王扬的实力是所有乐手中最强的，于是她毫无悬念地进入了电视台。从此以后的演播厅中将有她的一个位置，时不时地为主持人或快或慢的语言添上一曲伴奏。

　　不过，即使被电视台直接录取，王扬也没有表现出过分的惊喜神色。在以后的日子里，王扬更是不断地提升自己的实力，甚至还在空闲时静下心来编曲子，这时的她已经不单单是乐手了，更像是一名专业的音乐家。

　　随着王扬的不断努力，她的实力也受到了越来越多人的认可。最近，王扬受到了一个小型剧院的邀请。上台之前，她惊异地发现自己的小提琴被人调包了，原本趁手的琴不见了，取而代之的是一把缺了一根弦的破琴。

　　眼看着主持人报完幕，马上就轮到自己上场了，王扬别无他法，只能拿着这把破旧的小提琴上了台。站在聚光灯下的王扬做了一个深呼吸之后，缓缓地将琴架在了左颈侧，右手举起了琴弓。

　　虽然这把琴的质量完全比不上她原来的那把琴，但随着王扬手部的动作，一串串音符自然而然地倾泻出来。

　　在场的专业人士很快听出了不对劲，不仅仅是音色上的问题，因为王扬以往经常选择旋律跨度很大的曲目，而这次她却选择了相对舒缓的曲子，这样巨大的差异让他们产生了很大的疑问。而台上的王扬却好像没有意识到这一切一样，继续专心地演奏着。从一开始的不适应到后来的越来越流畅，王扬专心致志地沉浸在了自己的音乐里，台下的观众们也被她的琴声引导，听得如痴如醉，徜徉在美妙的音乐海洋之中。

　　一曲终罢，王扬终于从音乐中回过神来，深深地朝台下的观众朋友们鞠了一个躬，待重新直起身时，她才缓缓地告诉大家，自己的小提琴不知被谁调换了，只好使用这样一把缺了弦的破旧小提琴演奏，还望大家海涵。台下的掌声突然停滞了几秒，紧接着响起了一阵更为热烈的掌声，而且这掌声还久久不绝。

几位专业人士终于意识到了不对劲的地方在哪里，并由此对王扬更为敬佩了。王扬的实力竟远远地超过了他们的期待，而且还具有常人难有的控场能力，她不仅没有因为一把破旧的琴产生惧意，反而迎难而上为大家带来了一场意想不到的演出。

王扬用实力折服了小剧院里的所有人，用自己内在的能力使众人对其产生了敬佩之意。实力可以让一个人拥有无穷的魅力，从而具有吸引人的特性。

这就像那个广为流传的小故事中描述的那样：一个年轻人第一次到集市上去卖西瓜的时候，别人无论如何都不相信他的瓜甜，而这个年轻人也不懂得如何向大家展示自己家西瓜的"实力"，因此一个瓜都没卖出去。年轻人归家后向有经验的父亲讲述了这件事，第二天，父亲带着他到集市上为他展示自己是如何卖瓜的。

有人来询问西瓜是否甜时，父亲不仅一口答应了，还直接从车上随意拿了几个瓜，然后切开给购买的人展示了一下，全是熟得恰到好处的沙瓤西瓜。结果这一举动当场就引发了一场抢瓜热潮，许多人竞相来买他家的瓜，没过一会儿就卖完了。

卖西瓜如此，做人亦是如此，在关键时刻要懂得展现出自己的实力。有了实力，说话时才能更有底气，腰板才能挺得更加笔直。在实力还未到达可以展示的地步时，要努力积攒经验，慢慢地提升，因为无论为人还是处世，都应当宠辱不惊，有了实力才能更有魅力。

所谓优雅，就是遇事不慌不忙

优雅或许与年龄有关，但与一个人自身的气质更有着密切关系。

人们往往将女性的优雅看作辨别其气质好坏的标准，事实上确实如此，优雅知性的女人遇事不会手忙脚乱，而会用从容的态度去感化周围的人和事物。

漂亮的女人不一定拥有魅力，因为给魅力增加分数的是气质，而不是外貌，所以拥有知性优雅气质的女人才真正具有吸引人的魅力。优雅的女性都具有一颗从容淡定的心，这就决定了其拥有着良好的心态——即使遇到棘手的问题，她们也能保持不慌不忙的从容态度。

李青大学毕业五个年头就顺利地从最初的副手位置升到了白领，又从白领一路晋升为金领，年纪轻轻的她拥有了令人羡慕的事业。

当别人还在为保住工作而在岗位上辛苦时，她却早已轻松挣得了人生的第一桶金。在同龄的老朋友们聚会时，大家都因为忙得不可开交的工作，无不带着一副化了妆也难以掩盖的倦容，甚至有的人还因为高强度的工作拖垮了身体，只有李青自始至终一直保持着从容淡定的神色。

老朋友们也大致了解到李青的现状，纷纷向她讨教能一直保持优雅状态的方法。李青笑了笑，向大家展示了她多年以来保持优雅的"秘诀"。

在李青看来，保持优雅状态其实并不像旁人看上去那样轻松。刚入职的时候，她也是每天忙着加班，自己手头的工作仿佛永远做不完一样，原本的业余爱好也被迫丢得一干二净。然而，这种高压状态也没能提升她的工作业绩。后来，她母亲的一番话启发了她。

母亲的建议很简单，只是提议她每天早上早起半个小时。李青一开始并不理解母亲的话，只是在母亲期盼的眼神下照做了。她原本只是抱着试一试的态度，却没想到，这样看似不起眼的半小时却能给一天的工作带来很大的帮助。

提前半小时出门可以使她能够赶在早高峰之前到达公司，可以让她在上班之前对自己一天的工作制定一个小计划，并确保接下来的工作能够在计划下有条不紊地进行。而且，这看似不起眼的半小时能够使她在人少的状态下清醒地思考，没有了以往的拥挤与混乱，心情也能随之变得好起来。提前进入办公室制作好小计划后，同事们还没有到，她可以听一段舒缓的音乐，为自己接下来的一天铺垫一个好的心情。

再后来，李青养成了提前整理材料的习惯。每当同事们踩着打卡前的一分钟到达公司，气喘吁吁地走进办公室时，她早已制定好了工作计划。所以，李青往往能在上午下班之前从容不迫地完成制定好的工作量，剩下的时间她会用来准备下午要处理的工作内容，从而确保一天的工作都能从容地处理好。李青往往在处理工作时也能保持从容的态度，即使临时遇上难题，她也会不动声色地接下，并经常眉头都不皱一下就将其轻松"摆平"。因此，无论是上级还是下级，同事们谈起李青总会找出类似优雅的词语来形容她。

李青的朋友们在听了李青的"半小时准备论"后，均露出了一知半解的神色，于是李青在大家期待的眼神中接着解释道："其实我认为要保持从容的态度并不止于这半个小时，而是这半小时的时间给了我启发，万事都要提前做准备，这样心里有了计划之后遇事就不容易变得慌乱了，也能保持住一种良好的心态，从而能从容应对所有事情。"

朋友们这才恍然大悟地点了点头，心想难怪自己每天下班之后还有一堆工作上的事情要处理，如果像李青一样早做准备就能减少工作上的压力了。

从容不仅是一种处理事情的方法，更是一种心态，一种对于生活的态度。这种态度所带来的优雅气质并不是外表的艳丽能比得上的。

我们经常看到街头有流浪的歌手或坐或站地占据在街角，在不同乐器的伴奏中，对着话筒展现自己的歌喉。这种情况本来很常见，但小荣某次遇上的歌手却给她留下了非常深的印象。

那是一个有些上了年纪的女士，眼角早已有了淡淡的纹路，她一边唱着歌一边随着音乐摆动着身体，行色匆匆的人们都沉浸在自己心中的小小世界，并未给这位女士多一分的关注，但她一直投入地演唱，每个词语的发音和音调的转折都处理得颇为巧妙。一首歌结束之后，她向着四面都深深地鞠了一个躬，随即将腰板挺得笔直，微笑着演唱下一首歌。

这位女士并未觉得没有观众很难堪，反而在面对这种颇为尴尬的场面时，能够一直保持着从容的态度。小荣一直注视着这位女士，看着她的背影，小荣的脑海里浮现出了"优雅"二字。

每个女人的境界均有不同，但只有遇事不慌不忙的女人，才真正配得上"优雅"二字。

安全感只能自己给，别人终究给不了

安全感的缺失缘由很多，但最主要的还是由于在情感上过分依赖他人——当所依赖的对象没有达成期待中的表现时，安全感也就随之丢失了。

安全感可以作为性格与情感独立的表现。当一个人在情感上可以做到独立时，安全感也就伴随而来了，因此归根结底安全感只能自己给，别人终究给不了。

赵欢在上大学期间交了一个男友，男友是本地人，生活的方方面面都有家里人照料。赵欢的家则在外地，生活上家里人都帮不了太多忙，万事只能靠自己努力。

从小在父母亲的庇护下快乐长大的赵欢，乍一离开家非常不习惯，她感觉自己就像刚飞出巢的雏鸟，心里总是空落落的，总觉得没有安全感。

好在这种没有安全感的日子没有过太久，她便认识了男友。男友在学习和生活上都对她很贴心，将她照顾得无微不至。所以，赵欢非常依赖男友，特别喜欢和他黏在一起。

四年时光很快就过去了，两个人从刚入学的大一新生转眼就变成了毕业生。男友在家里人的介绍下进了一家私企工作，赵欢则在学校的招聘会上选定了一家公司，两个人很快开启了紧张又忙碌的实习生活。

　　赵欢在上大学的这几年里，性格发生了很大的改变。从前她在家属于呼风唤雨型的，什么都是自己说了算，有了男友之后渐渐变得体贴起来。或许是因为男友的性格比较散漫，与男友在一起的时间越长，赵欢对男友的包容也越多。

　　赵欢最近在忙碌的工作之余，又多了一件烦心事——听说男友居然在家里人的介绍之下去相亲了！赵欢得知此事后陷入了自我怀疑，难道是自己太差劲了导致男友的家里人不认可自己？还是说男友根本就只是想玩玩而已，从来没想过和自己结婚？再联想到男友平时经常与异性交往，赵欢的心情顿时坠落到了谷底，好不容易找到的安全感又丢失了。

　　其实，赵欢非常珍惜和男友的这段缘分，她也试图做些什么挽留男友，比如买一些贴心的礼物，或者做一些男友喜欢吃的饭菜。但是，男友总是给她一种若即若离的感觉，似乎下一秒就要将她远远推开。

　　男友当然察觉出了赵欢的不对劲，但问赵欢时她也不说话，所以只当她最近工作压力太大，认为她自己可以处理好。

　　男友最近比较忙，除了忙工作之外，还策划了一场求婚。为了使这场求婚给赵欢带来惊喜，男友颇费心思地询问了好多异性朋友的看法，又特意托父母帮忙想主意。男友的父母又约了他们的至交好友一起想办法，恰逢好友的女儿最近回国，念在儿子和好友女儿多年未见，索性提议一起吃饭。

　　正是这顿饭，让原本就没什么安全感的赵欢直接陷入了焦虑。也正因为没有安全感，赵欢不敢开口跟男友坦白这些心事，生怕男友会因此离开她。赵欢的心事越来越重，但只能自己默默消化，甚至因此失眠，躺在床上独自流泪。

　　好在这场求婚没有策划太久。一个月后，男友突然约赵欢到一家西餐厅吃饭，并坦白有很重要的话要跟她讲。看着男友掏出戒指的那一刻，赵欢没能控制住自己的哭声，眼泪一颗颗砸在洁白的桌面上。

　　回家后，男友将赵欢安置在沙发上，语重心长地对她说："你完全可以把大部分的心思放在你的工作和生活上，不用总是唯唯诺诺地迁就我。很多时候，安全感都只能自己给，别人是给不了的，你能明白吗？"

　　此后，赵欢开始将自己的重心放在工作和生活上，不再事事先考虑男友的想法，开始客观地看待事情，渐渐摆脱了恐惧感。

　　无论是感情还是生活或者工作，安全感从来不是借由他人获得的。当自己完成了情感上的独立时，安全感会从自己心里升起。

专注的美，让世界为之让步

年轻的女性应当具备专注的精神，这样才能在学习时用尽心思，学习到更多的实用技能；年迈的女性也要具备专注的精神，这样才能使自己更快地完成一件事，而不是拖拖拉拉遭别人耻笑。

许多女生在恋爱之前都专注于自己的工作或学习，对所有的事都保持着集中的精神和谨慎的态度。然而，恋爱后却像变了一个人似的，和人聊天的时候几句话不离自己的男朋友，整个世界似乎都围绕着男朋友旋转，在工作学习的时候也完全丧失了原有的专注，开始三心二意。

其实，女性从来不是谁的附庸，专注于自己的生活才能过上自己真正想要的生活。

阿果是一名家庭主妇，结婚以来一直在家中打理日常家务，但阿果一直想创造一份属于自己的事业，尽管家中一直没有多余的资金供她投资，但她一直没有放弃自己的梦想。她常常在闲暇之余专注地思考着自己的长处。

终于，阿果决定发挥自己烹饪方面的特长，打算开一家烤软饼干店。这个念头出现后，阿果就拿出纸笔写了一份详尽的规划。

阿果的一位朋友恰好学习过营销方面的知识，并且之前也吃过阿果做的软饼干，对她做的饼干赞不绝口，阿果希望可以从这位朋友那里获取一些好的建议。

没想到这位朋友听了阿果的计划后，并没有像阿果预料的那样啧啧称赞，而是沉思一番之后摇了摇头："我觉得这个计划行不通。"

阿果听完朋友的话后并没有气馁，而是又请教了不少在食品生意方面比较厉害的人，结果很多人还没听完她说的话就摆手否决了。

阿果想了想，找到了经常吃自己烤的饼干的家人，希望他们可以给自己一些中肯的建议。母亲在听了阿果的计划后，认为经常对着温度太高的烤箱不利于她的健康，况且她还不能够保证自己一定能赚到钱，也否决了她的计划。

阿果又找到了自己的丈夫。刚下班的丈夫带着一身疲惫，有些不耐烦地打断了她的话，认为阿果本来就没做过生意，如果把家中原本就不多的积蓄投进去的话，一旦亏损，日子就没法儿过了。

阿果想不到会在自己的亲人面前被否定，于是找来了与自己关系比较好的朋友，希望朋友们可以支持一下她的计划。没想到的是，朋友们也几乎全都否定了她的观点，认为她还是保持现在家庭主妇的状态比较稳妥。阿果又接着询问了街坊邻居，无一例外地遭到了大家的反对。

不过，阿果依旧没有放弃，一直专注地研究怎样将饼干烤得更松软可口，以及怎样招揽到更多的客人。每天在打理完家中的事务后，她都会拿出纸笔对着买来的书一页一页记着笔记，专注地研究着——怎样的饼干烘烤出来才能为自己的店铺加分、怎样的营销方式才能尽快地招揽更多的顾客、要怎么做才能将光临过的顾客变成回头客……

　　最终，阿果以最节约成本的方式开了一家小小的店铺。开业当天，小店铺里果真一个顾客都没有。但阿果没有灰心，面对着清冷的门店，她决定试试自己研究出来的方法。

　　阿果走到街口，端着一盘刚刚烤好的饼干邀请路人免费试吃。在试吃的同时，她亲切地和大家话家常，与大家交流烤饼干的心得。久而久之，越来越多的人成为她店里的回头客，阿果的事业也随之蒸蒸日上，之前否定阿果的人都看到了阿果努力之后的成果。

　　阿果的顾客越来越多，她开始不断地学习新的饼干烘烤技术，不断接受新知识的熏陶，每天在下班后都专注地研究着烤饼干的各种技巧。

　　面对生活的考验和大家的质疑，阿果从未想过放弃，反而在磨砺之下更加专注地学习，通过自己的实力来告诉大家她可以做到。在她专注的学习之下，一切困难都成为她成功的垫脚石。在她的专注经营之下，小店的生意越来越好。专注的精神力量促使她一步一步地接近目标。

　　专注的精神可以给女性增加更多的迷人之处，能够让全世界都为之让步。

人生十字路口别闲着，不断给自己镀金

社会经济不断发展，时代也随之产生了很大的变化，从拼体力的时代转变成了拼脑力的时代。而女性力量不足早已不是限制其发展的因素，力量小已经不能成为女性的缺陷。相反，在注重人性化管理方式的现在，女性往往可以发挥出其柔美的力量，拥有更多的就业机会，看到更广阔的世界。

不论是在工作还是生活中，女性都应当在发挥自己力量的同时注重自身的修养，要学会在工作和学习中不断地充实自己，即使身处人生的十字路口时也不要闲着，要不断地给自己镀金。

《雷雨》中有这样一位女性形象，她在行为上拥有许多的极端表现，是最具有"雷雨"特色性格的人物——具有顽强的生命力，有着充满魅力而又强悍的内心，她就是繁漪。

繁漪身为周朴园的妻子，却没有半分封建家庭成员的虚伪与惺惺作态，有的只是美丽和热情。尽管繁漪身处令人难以忍受甚至窒息的生存环境中，她却能够拥有如火的热情，能够对千篇一律的生活进行有力的反抗。这又何尝不是一种修行？

在整个戏剧中，所有人都拥有属于自己的爱恨情仇，但只有繁漪能够将自己的情感表达得淋漓尽致。在当时的生存背景下，她争取独立与自由，成为当时新女性的代表。

繁漪没有向麻木的生活低头，而是不断地给自己增加新的认识，试图冲破层层禁锢。她这种渴望生命的精彩、敢于冒险的可贵品质应当成为现代女性学习的榜样。

不断给自己镀金，用新知识武装自己，不断充实自己，才能不断地提升自己的内涵，就像互联网上经常流传着的那句话一样——你必须十分努力，才能看起来毫不费力。这句话里，"十分努力"成了"毫不费力"的前提。那么，"十分努力"要努力的是什么呢？要朝着哪个方向发展呢？这听起来很简单，但实施起来却要付出强大的力量，因为这种努力并不是一时的努力，而是持续性的努力。

小苏曾为了男朋友只身踏上了去国外的飞机，为了男友放弃了在国内的一切。如同所有热恋期的男女一样，他们经历了很长一段甜蜜的时期，但最后还是由于各种原因分手了。

小苏也因此成了独自漂泊在他国的异乡人。在和男友分手以后，她几乎一无所有，站在异国街头时，想起这段几乎荒唐的经历她却并未产生后悔的情绪。她觉得这也可以作为她人生中的一段经历，为自己未来变得更好做一个铺垫。

小苏开始不断学习，并拿下了硕士学位。即使自己攻读的专业并不太好就业，她还是靠着不断努力得到了一家公立学校的教师职位。找到工作以后，她便凭借自己的工作签证留在了国外，而不是像以前一样需要依靠男朋友才可以勉强在国外站得住脚。

她不断地为工作努力着，经常在业余时间学习一些与工作相关的新知识，利用知识来充实自己。她工作遇到问题时除了解决问题也很注重对经验的积攒，下次再有类似问题发生时，她便能够利用经验快速处理。

后来，小苏遇见了自己的真命天子，举办了一场盛大的婚礼。参加婚礼的许多宾客都对这对新人表达了真挚的祝福。国内的许多亲友也在千里之外送上了祝贺，并纷纷表达了自己的羡慕之情。

可是众人看到的只是她留在了国外、拿到了期待的学位、找到了一个好工作、嫁给了一个好男人，却看不到她曾经每个苦读的日日夜夜。假期她从没回过国，而是只身在国外找工作并拼命实习，通过工作积累实践经验。她在学校每门课都能够拿到高分并不是偶然，也不是奇迹，而是她努力之下的成果。从一开始的孤身一人到现在的好友成群，也是她拼命扩大社交圈子的成果。她生命中拥有的光彩都是她通过自己的修行得来的，是她通过充实自己，一层一层不断给自己镀金才赢得的。

来参加小苏婚礼的人曾羡慕地说，小苏得到了她曾经想要的一切，而只有经历过这些的人才明白，这一切有多么来之不易。

生活中没有人知道在迎来自己希望的"大团圆"结局之前会面对什么样的生活，但是我们可以在此之前通过努力与学习提升自己的素养，可以通过知识与行动来充实自己，使自己拥有更强大的能力，来推动"大团圆"早日到来。

在职场上，总有一些女性不满现在的工作，认为它不能真正实现自己的理想。可是真正有着高水准的女性，不管这份工作自己喜不喜欢，都会将其干得漂漂亮亮。

人生像是一场长途跋涉，我们在选定的"主干道"上一直向前。可是在处于人生不同阶段时往往会产生许多不同的选择——"主干道"开始分叉，分叉的每条路都通向了不一样的远方。当选择的机会变多时，这条"路"就由分叉变成了"三岔路口"，甚至是"十字路口"。

　　当面临十字路口时，不能任凭自己随意挑选或是"闲着"不作为，而是要通过不断汲取新知识、新思想来给自己镀金。

　　女性要学会化知识为力量，并将其化为"武器"武装自己，这样就可以在人生路上保持前进的同时，不受到其他因素的干扰，更加全心全意地朝着既定的目标飞速前进。

第六章

你若勇敢，爱情自来

你若勇敢，爱情自来

有人说，在爱情里，主动的一定要是男人；也有人说，在爱情里太过主动的女人不会被珍惜。事实真的是这样吗？不是的，在爱情里，独立又勇敢的女人往往是最有资格收获爱情的那个人。

这是一个自由平等的社会，人们崇尚勇敢追求爱，崇尚"如果爱，请深爱"，崇尚"只要你主动，我们总会有故事"。所以请相信：你若勇敢，爱情自来。

爱情，其实是等不来的。喜欢一个人一定会很想知道他有什么样的想法，如果你只是等待，一定会错失重要的人或事。所以，有时候勇敢一点可以更快地得到自己想要的爱情。

主动出击有时候更能占据主导地位，明白了对方的心意，才可以更准确地展开下一步。

阿娴和丈夫原本是两家不同公司的合作伙伴，但即便是生意上的伙伴，将来也有可能是竞争对手。可他们只是见过两次面之后，阿娴就认准了这个男人："我很喜欢他，我一定要嫁给这个男人。他对待工作果断又认真，在生活上一丝不苟，这就是我所期待的另一半的样子。"

于是，她把手头上的工作忙完便开始了自己的"追夫"计划。

在生活上，她嘘寒问暖充分表示关怀，在工作上更是展现了她女强人的一面。对于她的主动出击，身边人都保持怀疑态度："阿娴，你已经是一个很成功的女人了，喜欢你的男人排队都排到法国了，你干吗一定要追一个不一定喜欢你的人呢？"

阿娴却说："我既然喜欢他，就要让他知道我是一个怎样的女人；我既然喜欢他，当然要勇敢追求我的爱情。爱情不是等待就会乖乖到我身边来的。我总不能只等着别人来追我，那样的话，什么时候才会遇到令我动心的人呢？我好不容易遇到一个自己喜欢的人，当然要勇敢地迈出第一步，向他表明我的态度和心意。"

生活上的嘘寒问暖，工作上的互相帮助，让这个男人很快就拜倒在她的"石榴裙下"，两个人一度被人们称为一对璧人。

结婚三年，两个人默契到一个眼神就可以知道对方想要什么或者想说什么。对阿娴来讲，她勇敢追求来的这个男人，会是她一辈子的陪伴。

朋友们都很好奇她是如何勇敢地追求爱情的。

阿娴毫不避讳地说："我们都一样，年轻的时候无比期待爱情，可能是经历得多了，有时候会觉得失望，但我还是和从前一样对爱情满怀期待。不过，从前的我只知道等待，现在我才懂，每个勇敢追求的女人都值得拥有美好的爱情。如果有人问我遇见爱情的秘诀是什么，我会毫不犹豫地回答他，那就是要学会勇敢追求。一直唯唯诺诺，瞻前顾后，很容易错过一段美好的爱情故事，又怎么有机会赢得适合自己的爱人呢？"

女人在面对爱情的时候需要的不只是信任、爱和宽容，更需要的是勇敢，如果没有勇敢迈出最开始的一步，那怎么有机会开始一段动人心扉的故事呢？

祝英台虽是女子，但她勇敢追求自我，遇见真爱梁山伯后的奋不顾身，更是她勇敢的象征。她敢爱敢牺牲，面对困难和阻挠，不言放弃，而是勇敢对抗。

祝英台是越州上虞县人，虽然是个女孩子，却精通四书五经，喜欢吟诗作对，一心想去学校读书求学。但是在当时社会，不准许女孩子整日抛头露面，更别说与男孩子一起去读书写字了。虽然她不止一次向父母提及想去学堂学习，但每次都被父母以"女孩子老老实实在家学习刺绣就好"为由拒绝，并且教导她女孩子最重要的是相夫教子。

祝英台觉得不公平，凭什么只准许男孩子读书识字，女孩子却只能学习针织刺绣？她觉得是否读书是自己的自由，自己必须打破这种常规。于是，祝英台便和从小服侍她的丫头装扮成男子，前往越州读书。

在前往求学的途中，她遇见了同去越州求学的书生梁山伯。二人相谈甚欢，甚至有种一见如故的感觉，于是相伴而行。

在越州读书期间，祝英台和梁山伯两个人可谓是形影不离。他们白天一起上课读书，晚上同床共枕。三年时间下来，祝英台对梁山伯暗生情愫，但她并不知道梁山伯是否对自己有意，于是便找机会暗示梁山伯自己是个女孩子。无奈梁山伯生性憨直，不仅不懂她的心意，还取笑祝英台将自己比作女孩子。最后，祝英台实在没办法，只好直接说明自己的身份，梁山伯这才理解了祝英台一直以来的行为。

之后梁山伯和祝英台相处融洽，二人互表心意，决定结束学业之后便向家中父母说明情况。祝英台是女子的事情，被同学马文才偷听得知，他也一直爱慕着祝英台。

后来祝英台的家人将她接回家。临走前她要梁山伯在十天后去提亲，但梁山伯却误以为是三个十天加在一起——三十天后才去祝府提亲。等到梁山伯到达祝府才得知，马文才已经在二十天前提亲。得知此事，梁山伯竟然一病不起，不久之后便病逝。祝英台知道后，假意应允了婚事。在迎亲队路过梁山伯坟墓时，她执意下轿祭拜梁山伯，一时间雷电交加，风雨大作，梁山伯的坟墓竟然生生裂开，祝英台看到这样的状况，毅然跳了进去，紧接着坟墓又合上了。在人们还未反应过来时，坟墓里竟然飞出两只相依相伴的蝴蝶……于是便有了梁祝化蝶之说。

如果祝英台没有突破常规的勇气，勇敢追求自我的情感诉求，又怎能收获与梁山伯的美好邂逅呢？尽管两个人最终无法结为连理，但化成形影不离的蝴蝶又岂不是一桩美事？

勇敢地表露心迹，大胆地追求心中所爱，才不至于让自己心存遗憾。一味地等待，一味地惧怕，迟迟不肯迈出追爱的脚步，怎能收获美好的爱情呢？因此，如果遇到心仪的男子，便大胆地去追求吧！

微笑，是打动人心的法宝

有人说，微笑是这个世界上最动人的行为。的确，微笑不仅是打动人心的法宝，更是保持生活积极乐观的必需品。

镇上的人都很喜欢小雅，她积极乐观，脸上总是带着甜美的微笑。让身边人很难想象的是，这样一个喜欢用微笑去感染人的姑娘竟然是盲人。这一切都要感谢小雅的母亲，她一直对小雅说："你看不见东西不代表你没有欣赏美的权利，只要你愿意微笑着看待身边的人和事物，就一定可以感受到你眼睛本该看到的东西。"

这段话一直激励着小雅，即使她遇见无数的嘲讽和轻视也会微笑着面对。就连她和丈夫的爱情故事，也与她那动人的微笑有着莫大的关系。

小雅从盲人学校毕业后，帮母亲打理花店的生意。

有一天，从早上开始便一直下雨。小雅像往常一样，跟母亲一边侍弄花草，一边低声说笑。母亲发现店外有一个小伙子，已经在门口坐了很久，便对小雅说："门口有个小伙子，已经垂头丧气在那里坐了很久了，我去请他进来坐会儿吧。"小雅点了点头。

可只是一小会儿，母亲便回来了，嘴里还不停念叨着："小伙子还挺倔，我让他进来他竟然拒绝了，大概是失恋了吧！"

小雅向母亲询问了男生坐在门口的大致方位后，便走了过去，在她正准备开口劝导一番时，男生便望着她说："谢谢您的好意，我想我坐在这里冷静一会儿就好了！"

小雅对着男生露出甜甜的微笑，说："进去坐一会儿不也是一样的嘛！"

男孩看着小雅那温暖的微笑，竟不由自主地跟着她进了店里。后来他想，那就是一见钟情吧。

原来，男生叫张磊，是刚毕业的大学生，垂头丧气是因为求职面试却接连碰壁，感觉看不到一点希望。

听完张磊的话，小雅看向他的方向，又甜甜一笑："找工作固然是不容易的，但是也不能总是垂头丧气，这样的话，好运是不会来找你的哦！"说完还露出了俏皮的笑容。在张磊看来，小雅的微笑撩人心弦，她自信、俏皮又纯真。在小雅和小雅母亲的鼓励下，张磊重拾了找工作的激情。

事实上，张磊重拾自信是因为他给自己定下了一个新目标，那就是他决定追求这个被折断翅膀的微笑天使小雅。

张磊工作稳定之后就对这个喜欢用微笑来面对一切的女孩子展开了爱情攻势。很快，小雅在母亲的支持下，和张磊走进了婚姻的殿堂。

不管是内心深处受到了打击还是生活艰难，又或是本就存在着身体缺陷，这都不能成为一个女人忘记微笑的理由。对多数女性来讲，微笑有时候更可能会成为收获爱情的一个法宝。

"山鸡哥"陈小春和爱妻应采儿的爱情故事可谓是人人称羡。陈小春性格内向，不爱说话，可应采儿却是一直都有着"微笑天使"的称号。难怪就连陈小春自己也说："我不爱笑，跟她熟识之后就发现，哇，她很爱笑，笑起来好看又有魅力。我就知道，这个人就是我想要的。"

陈小春因为《古惑仔》大红大紫的时候，应采儿还在上大学。在两人结婚多年以后的一个采访里，应采儿还提到，怎么都不会想到，未来的某一天，这个因为一部家喻户晓的电影红透半边天的男艺人竟然会成为自己的老公！

应采儿和陈小春的情缘起于2002年，这一年两人一起合作了电影《黑道风云》。这次合作让陈小春对这个生活中大大咧咧，总是爱笑的姑娘留下了深刻的印象。但是应采儿当时对陈小春无感，用她的话来说，尽管两个人是同一个公司的艺人，她却觉得这个男人太酷了，并不是自己喜欢的类型，所以并不会考虑两个人要不要在一起，更不会思考彼此适不适合。

很显然，陈小春并没有这样想。

因为在两个人熟悉之后，应采儿的笑容彻底征服了陈小春。她不矫揉造作、大大方方，整个人透露出一种积极向上的活泼感，这正是陈小春所需要的情绪。对陈小春而言，应采儿的笑容是打动他的武器。

每个女孩子的爱情故事，都可以由真心流露的微笑开始，因为微笑拥有打动人心的力量。

最夺目的告白气球——我喜欢你

"我喜欢你"，有着诗意满满的意思，像是《诗经》里的"死生契阔，与子成说"；也犹如林夕在《守时》里说到的"若真的可以，能和你未一起便白头未算迟"；还仿佛梁实秋在《送行》里所说的"你走，我不送你。你来，无论多大的风雨，我要去接你"。

对女性而言，当大声说出"我喜欢你"时，一定是心动到极致的表现。因为"我喜欢你"虽然是简单的四个字，表达的却是最感人的念想和最真挚的情感。在爱情里，这四个字更像是最夺人耳目的告白利器。

小娜和小可是同事，而且她们喜欢上了同一个男孩。这个男孩子长相俊秀，脾气温和，工作上遇到困难时他也会及时帮助她们。

朋友问小可准备怎样让男生知道她的心意，小可说："直接说啊！既然我喜欢他，当然要赶快表明我的心意和感情。"

"就这样啊？没别的了？喜欢他的人可多着呢！"同事打趣道。

小可眨眨眼睛说："我觉得这一句'我喜欢你'是我所有的情感，里面包含了我的心情和我对他的感觉，所以我选择直接告白！"

小可的喜欢充满了热情，喜欢就大声说出来；小娜的喜欢却温和又怯懦，只是暗暗地喜欢，不敢告白。因此，小可喜欢这个男孩，所有的同事都知道，但是小娜的心意只有她自己了解。

情人节当天，小可把男孩约了出来，找了一个只有两个人的地方，温柔地笑着对男孩说："我喜欢你，而且我喜欢你有一段时间了！我这个人比较简单直接，如果你也喜欢我，希望你可以跟我在一起。"

男生温柔地看着她，满眼含着笑，最后点了点头。

在知道小可跟男孩在一起的时候，小娜哭了，她说："为什么啊？我也很喜欢他啊！"

小娜在此之前经常帮男孩带早饭，逢年过节一定会送小礼物，而且小娜比小可更温柔体贴，可是她不敢捅破那层窗户纸，就这样失去了可能拥有的美好恋情。

其实，当女孩子直接说出"我喜欢你"的时候，已经成功了一半。因为喜欢一个人，往往用更直接主动的表达方式会更容易收到效果。

小婧活得高傲又潇洒，不过最值得夸赞的是她面对感情时的通透和热烈。

一次，她和舍友们一起羞涩又激烈地讨论着"如果遇见喜欢的人，会怎么做"的话题。

"写情书吧，多文艺。"

"要不打电话？这么害羞的事情，可不敢当面说啊。"

舍友们七嘴八舌地议论着，只有小婧说："如果我喜欢一个人，我一定会当着他的面说出'我喜欢你'。"

"真的？这么直接吗？"舍友们几乎异口同声。

她平淡地回答："是啊，'我喜欢你'虽然只有四个字，但是在我看来是最简单直白，最有效率的告白方式。"

大四的时候，她和舍友们在路上边走边闹，她忽然顿住脚说："你看，那个男孩子笑起来的样子真温暖。"之后连续一个星期，小婧天天早起，舍友们都很好奇："你最近着魔了？起得很早睡得很晚，你不是一直秉承早睡晚起的原则吗？"

她神秘地笑笑："没什么，等有结果了再告诉你们。"

舍友们面面相觑，其中一个舍友猜测道："她大概是在准备什么考试，想通过了再给咱们一个惊喜。"

"她去年期末成绩还不错，估计是想要趁热打铁。"

"会不会是恋爱了？"不知是谁说了一句，惹得舍友们一起哈哈大笑。

直到两个星期后，小婧才在宿舍正经八百地对舍友们说："前段时间，我喜欢上了一个男孩儿。我去告白说'我喜欢你'，他却说自己现在正在参加比赛，不想分心，让我等他两周。那段时间我晚睡是在安慰他，让他比赛别太有压力；早起是要给他送早饭，因为他们总是有早课。"

"他说让你等，你就等？"

她害羞地笑笑："嗯，因为我对着他说'我喜欢你'的时候，他笑得很开心，就连眼睛里都充满了笑意，所以我知道他也是喜欢我的，不过是等他两个星期而已。"

停了一会儿，小婧又笑笑说："你们看，一句'我喜欢你'，最简单的告白，却铿锵有力，但这句话不只是告白，更像是在诉说心情。"

有时候，"我喜欢你"几个字就能表达最真挚的感情。遇到心仪的人，大声说出"我喜欢你"更具有感染力和说服力。而且，敢于直接又果断地说出"我喜欢你"的女人，可爱又性感。

体贴，用最细致入微的心温暖他

爱情就是要用细致入微的体贴去温暖另一半。

懂得体贴的女人，会由内而外散发出令人陶醉的魅力。而男人最中意的，便是女人这种为他人所想、感他人所感的特质。如果说女人是水做的，天生就具备如水的柔情和温顺，那么这恰好符合男人所期待的体贴的女人所带来的情感体验。

体贴的女人，能给予男人舒适和温暖的感觉，更能带给男人细致入微的关心和呵护，就像是给了他们一个能够随时停靠的港湾。

张澜和丈夫结婚一年有余，也算是新婚宴尔。张澜一直以来都是一个体贴温柔的女人，她平时操持家务很有一套，跟丈夫说起话来也是轻声细语。

张澜的丈夫特别喜欢煮咖啡用的器皿，每天下班之后都会兴致高昂地鼓捣自己那些宝贝似的器具。不仅如此，他还去大街小巷四处搜集，最钟爱的便是那套玻璃材质的咖啡器具。

然而，相比不锈钢或是塑胶器具，这套他最钟爱的玻璃器皿更易碎，所以一直以来他都小心翼翼地对待它们，就连观赏的时候也是蹑手蹑脚。尽管如此，不管丈夫如何小心翼翼，总会有"马失前蹄"的时候。

有一天，吃过晚饭，丈夫又像往常一样去捯饬他那套玻璃器皿，张澜正在收拾餐桌，突然听见一声"咣"！张澜心想，是不是丈夫那套钟爱的玻璃器皿碎了？他那么心急的性子，可别把自己弄伤了，于是急忙跑过去查看。

张澜跑过去就看到丈夫委屈巴巴地看着她。这是这个月打破的第四套玻璃器皿了，虽然一套器具的价钱不过几百块，但是四套下来已经两千多块了，这比喝掉的咖啡还要贵啊！

丈夫满心忧愁，担心妻子会嘲笑他的不稳重，或者会训斥他不小心。正准备先开口为自己辩解的时候，妻子看着满面愁容的他，说："是不是扎到手了？你这大咧咧的性子就别收拾这个了，我来收拾就好了。"查看过丈夫的手没有被划伤之后，她又心疼地说道："玻璃的器具本来就容易碎！这要是割到手了可怎么办？"

丈夫愣在原地，没有吱声，可妻子的温暖却充实了他整颗心脏。妻子一直都是这么体贴，对他更是照顾得细致入微，就连天冷了备好厚衣服这样的小事她都会想着。他看着妻子蹙着的眉头，霎时决定要用一辈子的深情来回报妻子的温柔体贴。

女人的关怀、体贴，不仅可以让丈夫和孩子感受到疼爱，更能给家庭生活带来幸福感。

女人的体贴，更能彰显女人的素质和涵养，让女人显得更加柔媚可人。女人的柔情体贴，往往藏着足够征服男人的巨大力量。

安静生下孩子后便在家过着相夫教子的日子，丈夫每天准时到家吃饭，两个人就算是有了孩子依旧过得幸福美满。

这天，安静和朋友可晴约好喝咖啡。可晴和她一样，都是在生下孩子后便全身心投入到了家庭。可晴一上来便抱怨："我老公最近总说我粘人，他下班之后去跟朋友打游戏、打牌，嫌我总跟着他。每天总是说在应酬、加班，回来得越来越晚。"

可晴说着说着竟然开始抽泣："我只是关心他，当然也害怕他在外面找一些不三不四的人。自从我整个人投入到家庭之后，变得越来越小心翼翼了。安静，你是怎么做到的啊？你老公每天准时下班回家，你们两个人过得还和刚结婚时一样。"

安静笑笑说："女人不管什么时候都不该丢下的就是体贴。男人在上班之余有些其他放松的方式，应该鼓励。在一件事情上，如果他已经认错了，就适当给他一个台阶下，不要变本加厉地责骂；要信任他，已经工作的男人怎么可能没有异性同事呢？在他打游戏的时候，不要直接拔掉电源，不要一味地指责，你可以温柔地趴在他的背上，说出自己真实的想法。"

"可是他下班之后，不该陪着我和孩子吗？"可晴柔柔地说。

"那你也不需要总跟着他，毕竟给他一个独立空间也是很重要的，也许他当天上班期间压力很大，才会想着出去放松一下。如果你看见他心情低落，不要去烦他，可以抱抱他，做一顿他爱吃的饭菜，逗他开心，多一些体贴和关心，一定可以让他更爱你。"

可晴被安静的一席话震惊到了，久久说不出话来。

安静过得幸福又平稳，大概就是因为她可以做到细致入微地体贴丈夫吧！在丈夫需要的时候，她可以说些体贴的话、做些体贴的事，这是每一个男人在疲惫的时候都想要的！

一个体贴的女人，不需要有多么强大的能力和气场，而是要用体贴的话语和细致入微的行动来温暖伴侣，就像是一缕暖阳，可以融化他的整颗心。

爱如流沙,抓得越紧流得越快

人们常说"因为爱,所以爱",可即便是爱,也不可以跟得太紧,追得太急,更不能以爱情的名义去禁锢对方,妄想控制对方的一切,试图把对方当作自己的所有物。

他爱你,并不代表他只属于你,他应该有自己的时间、空间,这才是真正的爱。没有爱的感情,就像是一盘散沙,风一吹就散了。那么抓得很紧的爱情就不会被风吹散吗?不是的,爱更像是流沙,越是抓得紧流得也就越快。

两个人在一起一定是因为爱情,但是之后的相处却不能只依据简单的"爱情"二字。

小玲和男朋友是高中同学,大二的时候两个人才开始交往。在此之前,他们是无话不谈的朋友。小玲感情细腻,没有安全感;她的男朋友则是大大咧咧的个性,很受异性欢迎。

在他们谈了半年恋爱之后,第一次吵架了。

男朋友气愤地说:"我们在一起半年,见面的时间本来就不多,只要一见面你就会查看我的手机,还翻看我的聊天记录,那是我的隐私你知道吗?"

小玲辩解:"我是你的女朋友,你也可以看我的啊!"

"我不看你的,希望你以后也不要看我的。"

小玲生气道："你不让我看你的手机，说明你跟别的女生有亲密的举动或者是聊天内容不敢让我知道。"

她的男朋友觉得无语："我跟你在一起半年，你要求我必须一分钟内回你的消息、你的电话必须接，之后又要求我不能交异性朋友，我为此几乎和我的异性朋友绝交，你还想我怎么样？"

小玲说："我也没有交男性朋友啊！只要是你的信息我一定是第一时间回复。"

她的男朋友呵呵笑道："我并没有那么要求你。"沉默了许久又说了一句，"你好好冷静一下，想清楚了再联系我。"

说完，他头也不回地走了。

小玲瘫坐在地上，嘴里一直念着："我真的错了吗？我只是想好好地让你陪着我，让你的生活里只有我一个女人，让你只爱我一个人。"

小玲和朋友诉苦，朋友劝她："你把他看得太紧了，有时候这种行为只会让人觉得难以忍受，会压得人喘不过气。"

小玲陷入了思考，回忆起之前种种，恍然大悟。

这一天，她把男朋友约到之前常去的咖啡馆，开口便说："这段时间我很抱歉，是我太没有安全感才把你看得那么紧。也很抱歉这段时间让你没了交际圈，我一直只想着我很爱你，却忽略了爱情不是占有和禁锢，你应该有你的私人空间和时间。"

小玲顿了顿又说："爱情有的时候就像流沙，握得越紧越容易流失。我想得很清楚，我很爱你，我不想因为我的不安全感让自己失去你，我不会再紧握着你不放，我愿意给彼此空间和时间。所以我想说如果你还爱我，我希望我们的感情会在以后相处的日子里越来越坚如磐石。"

男朋友笑着揉了揉她的头发。

其实，爱情从简单层面来说，不过就是一句"我喜欢你"。可是复杂些来讲，爱情更像是为了抓紧对方的衣袖而竭尽全力做出的努力，不巧的是，有的时候，歇斯底里毫无用处，因为爱情有的时候不是坚如磐石，而是散如流沙。

晴儿吵架了，在她和丈夫结婚一周年的时候。丈夫觉得自己快要无法呼吸了，妻子仿佛无处不在，不管是在家里还是在他工作的单位。

丈夫质问她："为什么你一定要用爱情把我们压得喘不过气呢？"

于是，晴儿一气之下跑到海边，母亲找过来的时候，吓了一跳。

晴儿说："妈妈，您放心，我没有想不开。"

母亲这才松了口气，对她说："妈妈陪你走一会儿吧。"晴儿点点头。

母女俩沿着海边走了一会儿，晴儿忽然问母亲："怎样才能把握好自己的爱情呢？"

母亲并没有立刻回答她，而是说："你抓一把沙子给我，尽可能地不要漏。"

晴儿虽然很疑惑，但并没有多问，只是俯身抓起一把沙子，可还不等她起身，沙子就一直在流失。她越是想要留住这些沙子，便越用力，可是越是用力沙子流失得越快。

母亲问她："握着这把沙，你有没有想到什么呢？"

女儿蹙着眉头，沉默了许久。

母亲这才说道："有时候，爱情更像是这把沙子，人们往往想要将它牢牢地握在自己手中。可是，有些时候，越是紧握，越是容易让对方想要离开禁锢。"

母亲摸摸晴儿的头，继续说："其实爱情很简单，你只需要在某些时候，给彼此一点空间和时间就好。爱需要的是宽容，需要的是彼此的互相信任，如果一份感情充满了束缚，你还会想要吗？"

晴儿恍然大悟，原来她之前对丈夫的不理解，源自于自己的不信任。她害怕丈夫与异性同事交往过多，要求丈夫的身边只可以有自己一个女人，所以她几乎占据了丈夫的所有业余时间，甚至连他上班也总是打电话查岗。这样的做法不仅引起丈夫的不满，更是养成了自己患得患失的毛病。

自此以后，晴儿不再过多干涉丈夫的工作，而是在鼓励丈夫工作之余找到了自己喜欢的事情；丈夫上班时她也不再总是打电话，两人原本岌岌可危的夫妻关系也得到了缓解。

爱情，说白了就像是左右脚，两个人要做的是互相支撑，而不是相互束缚。试想，如果把左脚和右脚绑住岂不是寸步难行？

爱情就像是流沙，学会好好把握住的同时更重要的是掌握技巧，切莫攥得太紧，因为有些时候，抓得越紧流得越快，越会引起对方厌烦。

第七章

端庄大方，诠释无言的脱俗

端庄大方，诠释无言的脱俗

　　端庄大方的女人，往往更能给人一种赏心悦目的感觉，相处起来更轻松，并且散发着独特的魅力。

　　所谓端庄大方的女人，是指言谈举止透着知性的女人。这类女人最爱的不是泡吧、沉浸于网络世界，而是读书、学习。端庄的女人待人处事落落大方，而且知书达理、气质脱俗。

　　董卿作为一名新时代女性，大概是端庄与"腹有诗书气自华"的典范了。

　　董卿的父亲一直用"马铃薯再打扮也是土豆，你每天花在照镜子上的时间还不如多看书"来教育董卿。在董卿刚认识字的时候，她的父亲就把教育重点放在提高她的文学素养上，抄成语，背古诗、古文等，是董卿的父亲经常让她做的事情。

　　不仅如此，在父亲的督促下，每天天还没亮，董卿就会起床锻炼身体。用"文明其精神，野蛮其体魄"来评价董父的教育模式再精准不过了。读书、运动是提升一个人气质和涵养的重要方式，这样的生活习惯会对一个人产生极大的影响。在父亲的教育下，董卿不但养成了阅读的好习惯，久而久之更是养成了专属"董卿式"的端庄大方的气质。

　　大概是受父亲一直"逼着"阅读的影响，董卿从小就爱好文艺，不仅作文成绩优异，就连参加演讲比赛也几乎次次获奖，唱歌跳舞更是样样在行。

从小就有着演员梦的董卿没有遵循家人的意愿，而是报考了艺术学院。一次偶然的机会，董卿接触到了主持人的工作并由此开始了主持生涯。

后来，小有名气的董卿并没有沉浸在小小的成绩当中，而是在寻找更好的机遇，她一边继续读唐诗宋词，一边寻找人生方向。

工作几年后，董卿经过不断努力成为华东师范大学中文系古典文学专业的硕士研究生。她主持的《中国诗词大会》和《朗读者》，使亿万观众被她的端庄大方所吸引。她身上那种温文尔雅、清新脱俗的气质，如果不是长时间坚持阅读是不可能形成的。

的确，要养成阅读、早起这些看似简单的习惯，绝非易事，但一旦有了这种难能可贵的行为习惯，就会使人由内而外散发出知性美。这种知性象征着端庄大方，象征着气质脱俗，是那种矫揉造作者学不来的优雅。

一年一度的同学聚会又要到了。今年的聚会话题一直围绕着当年班里的大才女夏楠。因为夏楠已经"沦落"为家庭主妇，并且还被丈夫抛弃了。结婚后的夏楠整个生活的核心就是守着5岁的儿子，全身心地照顾老公和家庭。可即便是这样，她还是离婚了。去年的聚会上，她不断哭诉自己如何被老公嫌弃、被儿子嫌弃、被整个家庭嫌弃。

同学们无疑都觉得唏嘘。夏楠上大学的时候是中文系的大才女，长得漂亮、举止大方、行为端庄，又颇有文采，不仅很得老师的欢心，追求她的人也是从没断过。

所有的同学都觉得今年的同学聚会夏楠不会来了。令人意外的是，夏楠不仅来了，而且精神状态还挺好，简直就像变了个人一样。

同学们都觉得惊奇："才一年，她怎么忽然就变回大学时那个优雅大方的夏楠了呢？"

在昔日同学的好奇询问下，夏楠徐徐地说出了自己这一年的经历。原来，在离婚后，她整个人颓废了很久，但是偶然中遇见了原来的大学导师。导师看着她恨铁不成钢地说："芳华容颜终会老，唯有气质藏人心。夏楠，你自己好好想想，自己有多久没有读书让自己好好提升了？"

夏楠这才恍然大悟，之前自己几乎已经习惯了柴米油盐酱醋茶的生活，几乎要忘记自我，差点把自己熬成一个丝毫不见当年气质的无知妇女。

夏楠顾不得沉浸在婚姻破碎的痛苦之中，重整旗鼓再次投入到"气质养成"的行列，决定重新找回当年那个端庄大方、举止优雅的自己，而不是再做一个"黄脸婆"。

大家不停地追问，夏楠悠悠地说："看书、健身、运动，可以说是提升气质的必修课程，'书中自有颜如玉'，书读得多了，自然会提高整个人的文化素养。健身是为了让自己有更好的举止仪态。有了恰当的行为举止，整个人就会显得端庄。在这之后，我学会了理财。因为经济独立是一个女人自信的资本，女人只有自信了才能有脱俗的姿态。"

一个落落大方、端庄娴雅的女性，往往有着一个"习惯性"的过去，她们在过去有着阅读的习惯、运动的习惯，甚至是早睡早起的习惯。不用羡慕她们仪态大方、举止端庄，如果你愿意抛弃浮躁和粗俗的生活，你也一定可以成为端庄大方、清新脱俗的女人！

高情商的女人，就是有分寸感

一个聪明女人的言谈举止，往往能够很好地说明她自身的情商和智慧。高情商的女人不仅可以将自身的优势展现得淋漓尽致，更能把握好待人接物的分寸。

分寸感是心理学的所属名词，是人的修养促使人在工作、生活中展现出的待人接物的合理认可度。很明显，一个有分寸的女人，不管是在生活还是工作中，都会展现出她高情商的一面，不仅可以合理地处理工作上的危机，更能有效地化解家庭矛盾。

小微上班已经七年了，虽然还很年轻，但是已经晋升为公司的部门副主管，也有了自己的家庭。她一直都是别人口中的成功女人。

这天，小微刚下班回到家，还没缓过劲儿，便接到了朋友小哲的电话。小哲和小微是大学时的舍友，更是好闺蜜。毕业后小哲在另一个城市做文员，过着日复一日的生活。

小微刚接起电话，还没来得及打声招呼，便听见电话另一头小哲的抱怨。小哲委屈地说："我今天太倒霉了，不仅跟同事大吵了一架，还被主管劈头盖脸地训斥了一番。我不过就是说了她几句，她竟然去主管那里哭诉，害得主管说我作为老同事说话没分寸，斥责了我一番。"

小微便问："你说什么不好听的话了吗？"

小哲委屈巴巴地说："她来公司虽然没多久，但也已经半个月了，却还没有对工作上手，我气不过，说她这么笨是怎么从学校毕业的，连这么简单的工作都不会，十来岁的孩子都比她学得快之类的。"

小微听着都有些刺耳，正打算张口规劝，却被小哲打断了："我每天上班已经够心烦的了，回到家还要跟婆婆'斗智斗勇'。他们一点都不体谅我，一定要我在现在这个阶段要孩子，我现在正是关键时期，请产假的话一定会被辞退的。"

说着说着小哲委屈地掉下了眼泪："我婆婆在外面说我不会说话办事，哪有这么说自己儿媳妇的？我不就是说了她儿子几句窝囊废嘛。"

听着小哲的话，小微再也忍不住了，她反驳道："没有这么说自己儿媳妇不会说话办事的，就有这么说自己老公窝囊废的？"

小哲止住了眼泪，静静听着小微说。

小微极尽委婉地说："同事不过就是吸收知识慢了一些，你就把人家说得像个笨蛋一样，还说人家连小孩儿都不如，也难怪你们主管训斥你。你老公应酬喝酒不都是为了工作，你说人家是窝囊废，还怪你婆婆说你不会说话。你说话真是一点分寸都没有，现在知道你们主管为什么说你情商低了吗？"

小哲一下就被小微说的话震住了。小微从大学时起便是一个知进退又懂礼数的女孩子，不管是为人处世，还是待人接物都很有分寸。正是这种带有分寸感的高情商，使得小微不管是在工作上还是家庭中都做得很成功。

做一个说话有分寸的高情商的女性，可以更好地在工作、生活上排除万难。当你有了说话的分寸和做事的智慧，便有了让自己变好的底气和资本，而这些也将是你家庭圆满、事业有成的基石。

高智商的女人不会让自己吃一丁点儿亏，而高情商的女人会觉得吃亏是福，并且可以把"亏"巧妙地转换成"得"。

低情商的女人展现出的不仅是言谈举止上的无礼，更是表现出了在面对家庭、工作等问题上的力不从心。

在外人看来，小娜待人善良平和、处事果断，有着幸福的家庭和不错的工作。事实上，小娜也确实如此。

在一次朋友聚会的时候，朋友夏莲向小娜请教怎样处理婆媳之间的关系，小娜温婉一笑，便讲出了近期她和婆婆之间发生的一件小事。

原来，婆婆退休在家已经有一段时间了，可能是闲来无事就一直挑剔小娜的厨艺或者生活上的毛病，小娜不想因为这个跟婆婆或者丈夫吵架。

在一次聊天中小娜发现婆婆一直想去旅游，但是没有合适的机会，也不舍得花钱，她就记下了婆婆的想法，并帮她报了旅行团。婆婆知道后连连推辞，觉得她浪费钱，可眼里的欢喜她看在眼里，便鼓动丈夫跟自己一起劝说，最后婆婆果然去旅游了。

婆婆回来后虽然觉得劳累，可满心欢喜，并专门给小娜买了一个吊坠，小娜十分欣喜。可是当婆婆拿出吊坠之后，小娜便发现那个吊坠是假的，她意识到婆婆可能被骗了，但她还是非常高兴地把那个吊坠整天戴在脖子上。

小娜说："婆婆自己舍不得去旅游，却花了大价钱给我买了礼物，如果她知道自己被骗了，肯定会很后悔花这么多冤枉钱，这会影响她对这次旅游的感受。"

有时候，有些事自己心里有分寸就好，并不一定要说出来，况且这件事即便是说了也于事无补，何必要较真呢？

小娜把握住了处事的分寸，不仅考虑到了婆婆的感受，也顾及到了家庭的和谐，显示了她在处理事情时的高情商。

聪明的女人会说话，高情商的女人懂分寸，这其实是相同的道理。想要兼顾家庭和工作，自然离不开高情商。家庭和工作不可能"一边倒"，一方面处理不好有可能影响另一方面，而高情商的女人不会让这种情况发生，她们不管处理哪一方面的事情，都会拿捏好分寸，把握好尺度。

坚持奋斗，是对梦想最大的忠诚

有人说：女人要活得漂亮，这样走起路来才更铿锵。那什么是活得漂亮呢？就是女人要有自己的圈子和事业，做到金钱独立和生活自立。

而要做到这样的独立和坚强，就要成为一个肯努力、肯奋斗的女人，因为坚持不懈的奋斗便是对梦想最大的尊重和忠诚。

程颖是镇上出了名的女强人，她不仅说起话来铿锵有力，做起事情也雷厉风行，身边的朋友都笑称她是"铁娘子"。

34岁的程颖有着自己的梦想和憧憬，知道"如果没有梦想，那和咸鱼没什么区别"的道理。可是程颖的丈夫和她是截然不同的两种人，程颖的丈夫好吃懒做，不思进取，程颖没有像其他女人那样选择隐忍，而是毅然决定离婚。就这样，程颖带着孩子离婚了。因为在结婚之前有过做销售的经验，她快速地捡起了老本行，在镇上做起了美食销售。

美食销售简单来讲就是通过"拦截"来往的人们，让他们试吃，并且购买该食品。虽然这工作听起来简单、乏味，但是程颖却做得异常用心。

她从基层做起，花费了四年时间成为美食编辑，又用了两年时间成为美食顾问，期间的艰难只有自己知道。在她刚刚接触这个行业的时候，一有时间就翻看相关书籍、搜集相关资料，就连原本不懂的网络也是那个时候熟悉起来的。

一次很偶然的机会，程颖接触到了"网络视频销售美食"，也就是现在所说的"吃播"。在推销美食的时候，她发现有人在用手机和朋友通过视频分享好看的衣服，于是程颖便想也许自己可以利用网络推荐美食。

程颖刚进入这个行业的时候每天只睡6个小时，成为美食顾问之后也一直保持着这个习惯。由于程颖本身就比同公司的员工年龄要大，所以她一刻也不敢松懈。闲暇时她都在学习如何做一名合格、有特色的编辑，或者是思考该采用怎样的方式可以更好地推销美食。

事实上，程颖成为美食编辑之后，依然会有人问她："颖姐，你都这么大岁数了，来干美食推销这一行，会不会太晚了？"

程颖总是淡淡一笑，回答道："销售美食，甚至是做美食编辑，都不是整天动动嘴皮子说一些无用的话就可以做好的，靠的是肯下功夫、肯坚持的毅力。"

作为大器晚成型的成功女人，程颖算是"吃得苦中苦，方为人上人"的典范了。一个女人要想成功往往比男人要经历更多艰辛，因为她们有着更多的顾虑和需求；但也可能比男人成功要简单，因为她们有着更坚韧的毅力，以及对梦想更大的忠诚。

离婚之后的程颖独自奋斗了六年，如今的她已经成为女人通过奋斗实现梦想的典范了。

摄影师夏冰患上乳腺癌的时候，不仅她的婆婆嫌弃她，就连她的丈夫也嫌弃她，只有她的女儿还是喜欢亲近她。终于，在丈夫熬不下去提出离婚的时候，她同意了。但她并没有难过很久，因为女儿还需要她，病也需要尽快治疗。

好在工作单位的领导并没有落井下石，而是继续给她机会："夏冰，公司领导知道摄影是你的梦想，也知道你最近的不容易，不准备因此开除你，希望你可以好好工作，对得起领导的这份用心。"

夏冰突然有些哽咽："嗯，领导请放心，我一定会好好工作，更加努力奋斗，不仅是为了梦想，也为了公司。"

夏冰心想，每个人的生命只有一次，要想不浪费就只能为了梦想奋斗了！

这一年，夏冰已经32岁了，这次生病是她生命的转折点，也是她人生命运的转折点。

于是夏冰积极配合医生治疗，也更加努力地工作。不久之后，在公司一次内部比拼之中，她靠着自己的天分和后天的努力，终于拿到了某次秀场的拍摄资格，并且毫无疑问地成为了之后秀场的御用摄影师。

程颖没有因为病痛而放弃生命，而是懂得了梦想的重要性，她之后更加热爱生活，并且坚持为了梦想而奋斗。

在配合治疗之余，夏冰最喜欢做的就是陪女儿画画。在夏冰的字典里，家庭是最重要的，尽管她离婚了，但这并不影响女儿成为她整个家庭的核心。

女人在拥有梦想的同时，必不可少的就是为了梦想坚持奋斗的决心。如果只有梦想，而不想着去实现，仍旧不过是一条不会翻身的咸鱼。

用知识激发自己新生

上学的时候老师常说："知识就是力量。"

作为新时代的女性，我们要在各个方面激发自己的潜能，而最好的方式就是用知识来武装自己。拥有丰富知识的女性更容易吸引人的注意，拥有更多选择的机会，也拥有更多在人群中脱颖而出的机会。

知识，是当代人在了解物质世界以及精神世界上做出的探索，是为了更好地了解未来必然要走的一步。而女性，要想有更多认识世界的方法，最好的方式就是用知识来武装自己的头脑。

作为第一个当选WTO法官的中国人，张月姣的头衔简直多到数不清。显而易见，在新闻媒体的眼中，她俨然已经成为见证中国在对外贸易方面飞速发展的标志性人物了。而她，也是书写"用知识激发自己新生"的响当当的人物。

53岁那年，张月姣没有像普通老人一样静待退休，而是决定出国留学——攻读MBA和博士学位。

尽管听起来像是不可思议的故事，但张月姣毅然选择"活到老，学到老"。事实上，即便对于年轻人来讲，同时攻读博士学位和MBA也是不容易的事情。但张月姣已经不是第一次挑战不可能了。

年轻时的张月姣就有一颗勤奋好学的心，那个时候她就坚信"知识是让自己变强的最好的武器"。在第一次从法国留学归来之后，她得到了一份很不错的工作，但很快，她就发现自己学习到的知识在工作岗位上根本不够用，于是她决定去美国攻读硕士。

在美国留学期间，张月姣担任了世界银行的法律顾问。她白天工作，晚上便挑灯夜读，别人修4门课，张月姣一口气修了11门课程，这算是确定了张月姣"铁女人"的称号。

去美国读硕士之前必须要考TOEFL，别人听后都替张月姣擦冷汗，但张月姣却说："世上无难事，只要肯学。"之后，为了考出好成绩，张月姣连续很多天都只睡2个小时。最后，她的成绩比很多英语专业的同学考得还要好。

对张月姣来讲，知识是她用来充实自己的法宝，更是她用来激发自己无限潜能的武器。

就算是已经有了一个稳定的工作又怎样？就算是53岁又如何？对张月姣而言，学习是学不够的，不管学多少也不可能有结束的那一天。

有了丰富的知识，才有了让自己气质变得典雅的资本。在现代社会，如果没有丰富的知识如何认识绚丽的大千世界？如果没有利用知识充实自己的大脑，如何成就高贵且有意义的人生？有了知识才有了对抗无知的能力。

小楠是从大山里考出来的孩子。上大学后，课余时间她一边打工一边学习，还尽其所能地选修了各种课程，就连之后的考硕、考博她都一如既往地秉承着——知识是成长的源泉，更是激发自己新生的武器。

在一次大学的周年校庆上，学校邀请她作为优秀毕业生上台演讲。站在高高的演讲台上，小楠不疾不徐地做了自我介绍之后，讲述起了自己的故事。

她是家里唯一的女孩子，按照城里的说法她本该有着无忧无虑的童年。可恰恰相反，正因为她是女孩子，家里不允许她上学，但是她有一个开明的奶奶。当时村里只有奶奶一个人支持她上学，其他人都觉得女孩子学那么多知识没什么用。奶奶告诉她："好孩子，你一定要努力学习更多的知识，这样你才有机会从大山里走出去，看看外面的世界。"

"终于在我奋斗了无数个日夜之后，考上了大学，用了两年时间就修完了大学四年的课程。之后的考研、考博，我也是用了一半的时间就得到了双倍的结果。"

观众席上的同学们大吃一惊，并露出了欣赏或怀疑的表情。

小楠笑笑说："我努力奋斗，尽可能地想让自己学习足够多的知识，更多的是为了对抗村里那些认为知识没有用的偏见。

"小的时候，我不懂奶奶为什么一定让我好好学习，获取更多的知识，长大后我才明白，人只有有了文化，有了足够的知识，才有了成长的资本。而我，做出这么多的努力是为了更好地证明——知识是可以激发一个人的潜能的。"

台下有学生发问："那您为了学习到更多的知识都做出了哪些努力呢？"

小楠徐徐地说："其实我一直不是个聪明的学生，学习知识并不能死学，也不能投机取巧。大学毕业为了考研，我每天泡在图书馆，甚至差点用上'头悬梁，锥刺股'的方法了。考上硕士研究生之后我更不敢松懈，因为还想考博士研究生，所以我每天都用了十二分力气去上课，还去旁听我感兴趣的其他课程，我觉得但凡是知识，都是有关联的。"

　　小楠不紧不慢地继续说："事实上，我并不赞同说一个人为了学习知识付出了多少努力，因为学习知识本就是一个漫长的过程，在这个过程中你得到了充实自己的机会，并且有了很大的提升。知识甚至是可以用来激发一个人获得新生的，每个人都是在积累更多知识的道路上越走越远，越走越成熟的。"

　　小楠最后说："分享这个故事是想让大家明白知识对一个人成长的重要性，学习知识不是为了单纯应付学业或者考试，知识的丰富与否很有可能成为衡量一个人是否成熟的标杆。"

　　的确，学习知识既能够充实自己，又能够推动自己更好地成长。毕竟，知识是用来武装自己的武器，也是用来激发自己重获新生的能量。

要知道自己的兴趣和优势在哪里

当代女性标杆杨澜女士曾说："在真正看过世界之前，不要急着做人生的重大决定。只有视野宽了，才知道自己想要的是什么。"

女人在发现自己的兴趣爱好是什么之后，就要切身去体会、领悟自身的优势在哪里，在洞悉与他人的差异之后，就能够更好地在之后的生活和工作中占据优势，也就可以清楚地了解自身条件，从而抓住发展机遇，并且坚定地做好为目标奋斗的准备。

人们常说：兴趣是最好的老师。的确，做好一件事情最好的方式就是对它有着浓厚的兴趣，而这种兴趣更多地是来自对此事的喜爱和抱有期待。

可以说，兴趣具有一种独一无二的魅力，找到兴趣和爱好的人，便找到了通往成功的钥匙。

作为一个农村姑娘，王惠若从小便是穿着母亲给她织的毛衣长大的。她小时候最开心的事情就是看着母亲为她编织毛衣，从小她就对编织这项手工活儿有着极大的兴趣，并且熟练地掌握了这门手艺。但"兴趣不能够当饭吃"，王惠若在22岁的时候来到北京打工。

勤劳聪慧的王惠若仅仅干了半年多便成了纺织车间里的小领

班。可即便是当上了头儿，王惠若对织毛衣的兴趣依然有增无减。她依旧忘不了编织毛衣给她带来的乐趣，闲暇时总是喜欢织些东西过过瘾。

尽管王惠若有着不错的工作，拿着不错的收入，可她还是觉得缺点什么。终于，在沉思了许久之后，她发现自己还是希望可以开创一份事业，而这份事业最好既是自己感兴趣的，又是别人还没有涉及的领域，这样才能更好地在市场上立足和发展。

王惠若想到了织毛衣。可是，在这样的大城市，手工编织的毛衣有谁会穿呢？就算是自己编织一件穿出去也有可能会被别人嘲笑老土。一想到这些王惠若退缩了。

这天周末，王惠若和朋友去参观博物馆，看着一件件古色古韵的器具，王惠若猛然发觉，之前自己编织的东西大都是平面的，如果可以编织一些立体的物件肯定很受欢迎。一想到这里，王惠若信心满满。

于是，王惠若开始尝试用最原始的编织方法制作工艺品，之后又在工作之余想出了青铜鼎、古瓷瓶造型的勾编方法。只用了大概两个多月的时间，她就编织出了形象与真品相似的"青铜鼎"和"古瓷器"。为了验证自己编织的作品是否可以招来人气，她来到夜市进行售卖，因为造型罕见，这几件让人耳目一新的手工艺品很快就吸引了人们的目光，一个晚上她就把自己的作品卖了个精光。

王惠若尝到了甜头，更加坚定了要做自己有兴趣的事情的决心。她果断离职，用所有的积蓄开了一家名为"798艺术"的手工艺品店。

她做的手工艺品造型大到青铜器、瓷器、小动物，小到手机链、花卉，种类丰富，深受欢迎，王惠若从一个乡村姑娘一跃成为成功的女企业家。她将自身经历写成了一本名为《兴趣是最好的老师》的书，让更多人认识到，兴趣是对事物保持激情的最好方法。

要想更好地融入社会这个大环境，就要找到自己的优势，并且主动发挥自己的优势，这样才能够发出属于自己的光辉。

记得当初一部《疯狂动物城》火遍了全世界。里面的兔警官朱迪从小就有着"警察梦"，尽管自己是个女性，而且相较于老虎、河马警察，显得身材短小，在动物城里常被忽视，但她还是想要克服这些缺陷，找到自己的优势，完成自己的梦想。

即便是面对别人的冷嘲热讽——"兔子当不了警察。""你只是会种萝卜的兔子。"也并没有使朱迪气馁，她不断寻找自己可以利用的方法来通过训练和考试，并最终找到了自己的优势，那就是轻巧的身体和敏捷的身手。

攀岩爬坡爬不上去她就利用自己轻巧的身体，从犀牛的身上跳跃到长颈鹿的脖子上轻松过关；和队友训练"对打"时，她便利用自己灵巧敏捷的身手和赛场上的道具击倒对方……最后，她作为哺乳动物中女性警官的佼佼者，更是动物城里的第一个兔子警官，光荣毕业了。

在一次店铺抢劫犯逃入小型动物镇的事件中，朱迪利用自己的身高优势，直接迅速地进入到小型动物镇，用她敏捷的身体、机警的胆识很快地抓住了这名逃犯。

在面对比她高出十几倍的栏杆时，她依旧利用自己短小精悍的优势敏捷地翻过了栏杆；在面对比自己凶悍甚至已经发狂的动物美洲豹时，她巧妙地利用娇小的身材躲避到树洞中从而躲过了攻击。

很明显，作为一名女性，并且身处一直以来都是力量型动物担任警察的动物城，兔子警官是不完美的。朱迪看起来娇小、柔弱，毫无威严可言，可就是在这样的外形条件下，她有着一颗充满战斗力的内心和别人没有的优势。于是，她凭借敏捷的身手和敏锐的观察力，达到了自己的目标，完成了自己的梦想。

女性，在社会生活中不一定要扮演弱者，有些成功女性正是在发现兴趣、利用自身优势之后才得以达到质的飞跃，因此女人一定要知道自己的兴趣和优势在哪里，然后主动、客观地去追求和发掘它们，从而一步步迈向成功。

第八章

谈吐如歌，自带气场和芬芳

谈吐如歌，自带气场和芬芳

古今中外对女性的认识一直都发生着改变，从原来"弱柳扶风"的温婉到后来的"女子能顶半边天"以及"谁说女子不如男"的魄力，一直到现在的"谈吐如歌，自带芬芳"的魅力。女人一直都以自身的气场和魅力，不断地刷新人们对她们的认知。

谈吐如歌，要求的不是女人一定要做到出口成章，而是能做到说话得体、大方，有涵养。亚茹是某大学历史系的高才生。毕业之际，学校要求她提交一篇有关研究非物质文化遗产的论文，可是论文的参考文献中有许多她不懂的地方，并且论文的相关结论中有某些内容需要了解当地非常细致的资料。可是，由于年代久远，就连了解实际情况的人都少之甚少，留下的文字记载、影像资料就更是稀缺了。

亚茹听说学校有一位老教授，常年研究有关非物质文化遗产的内容，并且从事非物质文化遗产保护工作，她心想也许在老教授那里会搜集到相关资料。

于是，亚茹便前去恳求老教授，希望可以借阅一下相关资料。但是老教授为人严肃谨慎，脾气古怪，之前向他借阅资料或是请教问题的人都被骂得狗血淋头不说，甚至还被扫地出门，几乎没有人再敢向老教授请教问题或是借阅资料。亚茹找到老教授表明目的之后，果然，先是被言语刺激了一番，最后又被轰了出去。

但亚茹并不退缩，她托人要来了老教授的电话号码。身边人都等着她再吃一次闭门羹的时候，没想到她居然抱着一堆资料回来了。不仅如此，她在抱回资料之前还和老教授边吃饭边聊天！

这一下，彻底激起了身边朋友的八卦之心。

大家七嘴八舌地议论她是如何"拿下"老教授的，她听后也只是神秘一笑。

原来，她在打电话之前就已经把老教授之前发表过的文章大致读了一遍，并且将重点标注出来，然后深入地做出相应的分析和理解，并且将几个不同的见解和问题列了出来。做完这些事情之后，这才拨通了老教授的电话，她并没有直接表明自己是为了找资料，而是说："您好！您是某某相关研究论文的作者吗？我对您这篇论文中的某一章节有不同的理解。您能指导我一下吗？"

老教授听完她的话，居然不好意思地回答："那是我很久之前发表的一篇论文，确实有些地方做的解释不够到位。"然后，亚茹趁热打铁将老教授约出来边吃饭边聊。两个人相谈甚欢，期间亚茹假装"不经意"间提及自己最近在写的论文和做的研究："教授，您看这篇有关某非物质文化遗产的相关内容，是否存在很大的问题？首先，作者对于它的发现地点描述得很模糊，不仅如此，就连里面的重点描述也是云里雾里。看这种模棱两可的研究资料，果然还得请教教授您。"

听完她的描述，老教授欣慰地点点头，笑着说："确实，有些资料对于某地的非物质文化遗产描述得不够清晰，你下午有时间的话，可以再来找我，我办公室有更加详细的相关资料。"

亚茹可能没有说出大篇幅有才华的句子和言论，但她说出的这段话，无疑为她赢得了老教授的认可。

有时候女人的谈吐如歌，不是口若悬河，而是在充分了解和尊重对方的前提下，能够找到对方感兴趣的点，既不过分吹捧，也不过分贬低，让人觉得跟她聊天很舒服。

就像英国思想家培根曾说："说话时含蓄与得体，比口若悬河更可贵。"不管是怎样的社交场合，言谈举止得体、交谈自如都能为自己赢得掌声和他人的赞誉。

王雅和陈梅都是某公司项目部的职员，两个人虽是同事，但王雅毕业于某知名高校，陈梅却只是一所普通大学的毕业生。王雅平时说话不会注意是否得当，也不会考虑别人的感受，时常会挖苦在文化水平上差她一点的陈梅，或是比她弱一些的其他同事。因为察觉不到自己言语上的失礼，她依旧一如既往地做着有损别人对自己认知的事情，说着不得体的话。很多同事都不太喜欢她，但是碍于陈梅一直有意无意的帮助，同事们都并没有真的去跟王雅计较。

一次，项目组准备去洽谈一个合作计划，项目部主任把王雅和陈梅分为一组，让她们两个一起去谈这个合作计划。王雅和陈梅准时到达约定地点，王雅认为自己的知识水平比陈梅高，主动占据了洽谈中的主要位置。

在谈合作的过程中，王雅悠悠地说："这个地方设计得不仅艳俗而且充满了铜臭味，给人的整体感觉就很世俗。"她丝毫没有注意到她口中这个世俗的地方就是合作方生活、工作的地方，依旧滔滔不绝地说："色彩俗气不说，就连格调都不伦不类。"

结果，合作方嗤笑一声："看来是贵公司的设计过于高雅，我们公司的格调粗俗，欣赏不来。"

走出见面的地点，陈梅直直地盯着王雅，一本正经地说："今天坐在你对面的是你的合作方，不是我或是公司的同事。"

回到公司之后，陈梅急忙与对方负责人通了电话，首要目的是道歉。陈梅说："您好！我是今天和您进行洽谈的某公司项目部的陈梅。首先，请容许我为我同事的不得体的言行向您道歉。其次，今天您带我们去的那个地方设计得美轮美奂，它的富丽堂皇正是为了显示居住人的身份，是我们眼拙，欣赏不来。既然您想装修，何不尝试换一种居住风格，回归一下简单的格调呢？您觉得呢？"

对方负责人说："嗯，这里的装修确实存在一些问题，但是你那个同事说的话实在是有欠妥当。这样吧，你现在过来，咱们继续讨论一下有关合作的事情！"

陈梅的一通电话，看似并没有说出多么精彩的言论，但却用一段得体的话得到了对方的认可。

大多数的女人可以做到侃侃而谈，但这与谈吐如歌有一定的区别。做到谈吐如歌更像是做一个具有高雅气质和散发无穷魅力的女人，这类女人往往有着强大的气场，却不失独特的魅力。

话太多，有时可能会吓到别人

常言道："少说话，多做事。"

的确，在工作、学习上多带耳朵少带嘴，正是所谓的大智慧。事实上，在工作、生活中话太多往往会犯忌讳，少做一些无谓的谈论，不给别人制造茶余饭后的谈资，才更容易受到赞赏。

在工作之中，说话是门艺术。话太多的女性往往让人觉得对工作不严谨，并且话太多的女性会给人一种不值得信任的感觉。

在一个正在播出的电视节目中，一位叫李娜的年轻女士正在接受采访。

李娜已经毕业六年了，现在是一家公司的副总。看着主持人狐疑又敬佩的态度，李娜讲述了一个自己刚上班时候的故事。

李娜在刚工作的时候只是公司的一个普通销售人员，那时候和她一起实习的还有一个叫王岚的姑娘。王岚毕业于当地一所一流大学，相比看来，李娜被留下的机会甚是渺茫。

毕竟是新人，所以带她俩实习的师傅并不会交给两个人重要的工作，只让她们做一些端茶倒水、打印文件这样的杂活儿。

即便是干着这样的杂活儿，李娜依旧是一丝不苟，在她看来这些工作都是最开始的经历，经验都是需要慢慢积累的。王岚却认为，自己好歹是一流大学毕业的，不管是接受能力还是学习能力都比李娜强,不应该只做一些打杂的工作。

一次下午茶时,王岚问带实习生的师傅:"我已经干了这么久的杂活儿了,什么时候才能接触一些有意义的工作啊?"

师傅看看她说:"再等等吧。"

事后,王岚跟李娜抱怨:"师傅也太不近人情了,咱们都干了快一个月的打印、复印文件了,咱们好歹也是正经大学毕业生,真把咱们当端茶送水的小妹了啊?"

李娜笑笑没说话。

王岚依旧嘴里不饶人:"哼,等我过了实习期入职之后,我也要指挥别人打杂。"

李娜并没太在意,只是依旧复印着手头的资料。

后来,李娜不经意在茶水间听到有人窃窃私语,内容大概是带她们实习的师傅行为不端,压榨、欺负实习生等。每次听到这种话,李娜都微微蹙眉。

两个月的实习期结束后,王岚被辞退了。

她愤愤不平地向经理求证:"为什么被辞退的是我?"

"在工作中,最忌讳的就是话太多。你在公司整天说一些没用的话,还散播'八卦'。公司总共就这么几张嘴,你以为公司主管真的不知道散播这些'八卦'的源头是谁?"

王岚觉得羞愧,却无力反驳,最后只能悻悻地离开。

其实,李娜和王岚从工作开始就形成了鲜明的对比。王岚不仅在工作中常说一些与工作无关的事情,甚至还散播一些影响公司员工形象的流言。李娜对工作以外的"八卦"闭口不言,不说多余的话,不说没意义的话,在上司需要意见建议的时候却又能恰好提出合理的建议。

人们常说："话多不如话少，话少不如话好。"显而易见，话多并不是智慧的表现。

某公司周年庆的时候，为了展示对员工的关心和感谢，公司特意在周年庆当天邀请员工家属参加此次晚会。

阿岚是公司的老员工了，这天她特意叫来自己的丈夫和她一起参加晚会。丈夫喜好唱歌，在这样的日子里，她鼓励丈夫上台唱首歌，跟大家一起分享这份喜悦。于是，丈夫在半推半就之下在台上引吭高歌。

小倩走到阿岚身边，想找个话题，于是开口便说："这个人唱歌这么难听竟然还好意思上台？"

阿岚蹙着眉头说："他是我丈夫。"

小倩连忙道歉说："对不起啊，我的意思是这首歌歌词写得不好，不是您丈夫唱得不好。"

"这歌词是我写的。"阿岚说完就头也不回地离开了。

自此以后，阿岚和小倩的关系就变得疏远了。就算是碰面，小倩也不好意思再和阿岚打招呼。

后来在一次单位同事组织的聚会上，别人都在欢快地喝酒、玩游戏，小倩既不喝酒也不会玩游戏，觉得尴尬又无聊，便对身边的同事说："谁抽烟了啊？味道这么大，不知道有的人最闻不来烟味儿吗？"

身边同事尴尬地撇了撇嘴说："是我刚才没忍住，就抽了几口，不好意思啊，影响到你了。"

此时小倩恨不得挖个地洞钻进去，可说出去的话，已经收不回了。

就这样，小倩和同事们相处得越来越尴尬，她察觉到大家都在刻意地回避自己，最后只能辞职离开。

小倩为了找话题聊，却恰恰找了最敏感的话题，不只是说明她话太多，更是显示了她说是非的"功力"。她说出去的话，就像是泼出去的水，不仅不负责任，更可能给身边人带来麻烦。最后，不仅害得身边的同事远离她，更害得自己不得不离职。

说话是为了更快速有效地传递有用的信息，是为了和身边人更友好、便捷地相处和交流。如果在和身边人交往过程中，为了所谓的交流而交流，说出一些毫无意义，甚至是在无意中伤害别人的话，那么不仅会给自己带来麻烦，还可能会影响自己的未来。

学会倾听，是有修养的一种表现

有人说，男人和女人是互补的两个物种，一个理智多一点，一个感性多一点；一个喜欢高谈阔论，一个则喜欢跟随情绪说话；一个乐于倾诉，一个则需要学会倾听……

在生活和工作中，一个总是喋喋不休的女人和一个善于倾听的女人相比，一定是那个善于倾听的女人更有魅力。当情感遇到危机时，一直唠叨不停的女人容易让人厌烦；当工作遇到困难时，只会嘴上埋怨的女人容易消极退缩。无论在怎样的关系或者事件中，不善于倾听的女人，往往忽略了对别人基本的尊重。

有一次，李军带自己的老婆燕子参加大学同学聚会。回来的路上李军对燕子严肃地说："媳妇，你各方面都很优秀，但是有一点你必须正视一下，就是你不善于倾听，总是喜欢打断别人的话。这个习惯真的很不好，或许你插话时，别人还没有把意思表达完整，等你插话结束，别人早就忘记自己要说什么了。"

燕子若有所思地点了点头，心想丈夫一般很少给自己提建议，这次说出来说明自己这个毛病已经很严重了，便说："对不起，我以为插话更多地体现的是与说话的人互动，延伸一下话题。"

李军很认真地说："是，你说的也有一定道理，但是不是所有的场合都适合插话。每个人都长着一张嘴巴，两只耳朵，而人小的时候也都是先学会倾听，才能学会说话。你应该先听完别人想要表达的，再表达自己的想法，这才叫互动。"

燕子恍然大悟："怪不得公司同事最近都不爱跟我说话呢。刚开始大家还挺乐于跟我交朋友，后来可能是我太爱插话了，总是不等别人说完，我就连忙表达自己的看法。估计全公司的人都被我打断过，大家肯定觉得我没礼貌，被我打断后心里憋屈，就都不愿意跟我说话了，这毛病我可得好好改改。我以后得认真听完领导讲话，也要注意等别人发完言再表达。"

李军点点头说："这一点我也得改改，不能每次一听到你的唠叨、抱怨，就急着辩解和争吵，这样太不尊重你了。以后你抱怨我的时候，我得耐心听完你的倾诉，然后反思一下自己是不是确实做得不够好。等你说完了、撒完了气，我再平心静气地跟你道歉，看看怎么解决和哄你开心。"

每个人都有说话和表达的权利和自由，这也是人的一项本能，更何况是每天说话要比男人多一倍的女人呢？但很多女人在说话与倾听之间，还是选择了说话，甚至习惯于打断别人说话，这其实会让人觉得反感和尴尬。作为女人，学会倾听比表达更重要。

曾经有一位心理学家做过这样一个实验：他找来小美、小李、小刘三人，这三人既是发小又是好闺蜜。其中小美作为倾诉者，要分别向小李和小刘倾诉同一段痛苦的经历。这件事越撕心裂肺越好，越煽情越好。

小美先和小李面对面坐，心理学家先提前和小李约好，等到小美开始讲述时，小李就要故意东张西望、搔首弄姿，甚至时不时打断小美的话，总之故意不倾听小美完整的表述。

小美刚讲到动情处，眼泛泪光之时却发现小李在抠指甲、玩手机。小美突然哽咽着质问："你怎么无动于衷呢？你是不是根本没有听我说话？你根本不关心我，也不在乎我曾经经历过什么苦难。你真是一点都不尊重我，我都想和你绝交了。"

等到小美向小刘讲述同样一件事情时，小刘的眼神始终没有离开过小美的脸，她上身前倾，表情认真，时刻关注着小美的一举一动。小美讲到悲伤处，小刘会跟着一起悲伤，眼睛也跟着泛起了泪花。小美讲到苦尽甘来的时候，小刘也跟着手舞足蹈地高兴起来。

等小美讲完，小刘紧紧抱住了小美，温柔地说："好了，一切都过去了。"

小美也十分欣慰地说："你真是我的好闺蜜，谢谢你认真听我讲完这些陈年往事，跟你讲完我心里舒服多了。"

许多研究表明，女人对人际关系处理得不好，不是在于会不会说话，或者说错了什么，而是不在乎对方说什么，或者倾听太少。

比如，别人讲述时，你插话、抢话，说的与对方说的主题无关；或者迫不及待地表达自我；或者三心二意，不认真听别人说什么……任何人都不愿意和这样的人说话，更不要提成为朋友了。

快节奏的都市生活，拉开了人与人之间的距离，大家都习惯于表达自我，学会做个善于倾听的女人，是十分重要的。如果你能够站在对方的角度倾听，能够报以理解和同情的心态，你就会非常具有亲和力。

在生活中有许多需要我们耐心倾听的时刻，比如闺蜜之间需要倾听，父母的唠叨需要倾听，儿女鸡毛蒜皮的小事需要倾听，丈夫工作中、生活中的烦恼需要倾听。要想做个有修养的女人，就得做一名好的倾听者，承担起这份责任，耐心地听、仔细地听。

别只会嘴上涂口红，多涂点"蜜"

正所谓："言而当，知也；默而当，亦知也。"由此可见，女人会说话亦是一门必修课。

会说话并不像想象的那样简单，好的话语能够给人一种积极的态度，给人向上的力量和勇气。

莉莉和王倩同是一家公司的前台，每天最基本的工作，就是微笑着接待到访的客人。

一天早上，王倩一上班就发现莉莉的状态不对劲，因为莉莉看起来就像霜打了的茄子那样无精打采。

原来，莉莉在出门上班之前和男友大吵了一架，心情极度郁闷，更可气的是上班路上车子还半路抛锚了，而且车子恰好坏在不好打车的路段，她无法自己修理车子也就罢了，就连能否打到车去上班都得看运气。当她手忙脚乱地到达公司时，整个人的心情已然跌落到谷底。

王倩笑着冲莉莉打招呼："莉莉，早上好啊！"

莉莉撇嘴笑笑，没有开口说话。

王倩并不生气，只说："你今天的妆容真好看，整个人看起来精神焕发！"

莉莉这才拿出包里的小镜子，左照照右照照，然后笑着说："真的吗？这妆容是我昨天学着网上的教程画的。"

"是啊，跟你今天的衣着、发型很搭。"

"嘿嘿，这个也是我学着网上的搭配买来的，我分享给你看。"说着，莉莉欢喜地拿出手机跟王倩分享。

接下来的一整天，莉莉都露出甜美又温暖的微笑。

只是一句简单的赞美，就消除了莉莉的满面愁容，换来了她一整天的甜美微笑，不仅让到访的客人感受到了她的喜悦，连同公司的人都觉得十分温馨。

有时候，说几句好话，会给人做好工作、过好生活的勇气和力量。

夏娜今年28岁，终于迎来了她人生中的一件大事——婚礼。在结婚之前，夏娜和她未婚夫特地组了个饭局，叫上了关系亲近的朋友，想让大家互相认识一下。

吃饭期间，大家你一言我一语的祝福声一直都没有停下。

没想到，座位的另一头，丁慧对着潇潇就是一顿"吐槽"："听说夏娜跟她未婚夫是闪婚，这年头谁还闪婚啊？都这么大岁数了，当然更需要擦亮眼睛好好地选择啊！还玩闪婚，就不怕离婚啊？现在这离婚率本来就高，闪婚族的离婚率是其中最高的！竟然还能心无旁骛地说结婚就结婚。"

潇潇瞥了她一眼，淡淡地说："夏娜可不是拿感情开玩笑的人，一定是遇到感觉对的人才会这么突然。既然夏娜和她未婚夫真心相爱，闪婚又怎么样？况且闪婚又不是一定会离婚，结婚之后过得幸福快乐的人也多得是，夏娜也一定会是其中一个。"

她俩你一句我一句的过程中，其他人也从未停止过发问，大家都很好奇夏娜这场突如其来的婚礼，便争相追问她和未婚夫相恋和求婚的过程。

夏娜娇羞地笑着回答朋友。原来，她和未婚夫是在一个朋友聚会中认识的，未婚夫对她一见钟情，两个人互留联系方式后，一起吃过几次饭。后来，夏娜觉得和未婚夫相见恨晚，因为两个人有很多的共同点，于是便答应了他的追求。两个人相恋不过两个月就订婚了，也算是加入了当下流行的闪婚一族。

夏娜看向未婚夫的眼神里都是满满的爱意，夏娜未婚夫的眼睛也几乎一刻未从她身上移开，朋友们都开始羡慕地起哄，并一一送上了最诚挚的祝福。

这个时候丁慧却说了句："夏娜，你确定要闪婚吗？我身边有好多闪婚的人最后都以离婚收场！你可得考虑好，现在这个社会，就属闪婚者的离婚率最大，你可别到头来也离婚了。"

丁慧这席话说完全场静默，夏娜的未婚夫更是瞬间黑了脸。潇潇首先从尴尬中缓过来说："你看丁慧都替你开心得喝多了，不过说真的，夏娜你跟你未婚夫可真配啊，他是做金融的，你是干会计的，果然应了那句话：'不是一家人不进一家门呀！'记得你上大学的时候就说过想要找一个学金融的老公，这下愿望成真了！"

潇潇这些话说得很暖心，不仅称赞了对方，更带着满满的羡慕，一下子甜到了夏娜和她未婚夫的内心深处。

丁慧一直以来就是"话说多了不甜"的代表，她常常因为不会说好话而惹怒别人：在宿舍，因为说话直接又难听惹到了邻宿舍的同学，差点被人家"收拾"；在社团，因为不会说话，惹到了同团的社员以及社长，最后导致不仅没有社团活动的学分，还差点被全校通报批评。

　　女人，不该只会在嘴上涂口红，而是应该学会说话，在嘴上涂"蜜"，在嘴里含"糖"，这样才更容易掌握好自己的社交活动和人际交往。

女人，要学会说"不"

有一部惊悚电影叫《沉默的羔羊》，讲的是一位女特工找寻专剥女人皮的杀人凶手的故事。在影片中，女人被定义为"弱小、善良、温顺"的代名词。也正因为如此，女性的懦弱成为被罪犯利用甚至杀害的理由。只有女主角克拉丽勇敢地坚持与邪恶抗争，拒绝做沉默的羔羊，最终找到了罪犯比尔，并成功将其击毙。

实际上，生活中很多女人都不懂得拒绝，将"温柔和沉默"用错了地方。在工作中，不懂得拒绝的女人，美其名曰任劳任怨，实则是在做一些无益于自己的事情；在生活中，不懂得拒绝的女人，是朋友口中的"老好人"，实则是在浪费自己时间和精力；在爱情中，不懂得拒绝并不是贤惠、体贴，而是为遭遇不幸埋下了伏笔。

晓雯从小就成长在一个书香门第之家，性格温顺可人。从小到大，晓雯在父母眼里都是一个省心的孩子，父母说什么就是什么，她从不会顶嘴或者叛逆。为了完成学业，晓雯父母提出大学前不允许晓雯恋爱的要求，她也照办了，而且不负众望被国外一所知名大学录取。

大一的时候，一位美国男孩大卫开始猛烈地追求晓雯，情窦初开的晓雯有些心动了，但是还没想好怎么跟父母说。父母朋友的孩子霍华德正好也和晓雯同校。两人见过一次面后，霍华德就表达了对晓雯的好感。

本想早些拒绝霍华德的晓雯却被父母告知："我们家还是比较传统的，你不能和外国人交往。我们觉得霍华德比较适合你，毕竟我们和他父母都比较熟悉，到时候你们结了婚真遇到什么麻烦，他也不敢欺负你。"

晓雯痛苦地说："可是我心目中的理想型并不是霍华德这样的，他个子不高，长相也不帅气，说话也不幽默。我喜欢的是大卫那样的男孩子。"

"你可以试着跟霍华德相处一下啊，说不定就会喜欢上他呢。"

不懂得拒绝的晓雯在父母的建议下，开始尝试跟霍华德约会。令人意外的是，不到一年的时间，晓雯就发现霍华德脚踏两只船。原来，霍华德经常上网和网友聊天，还和一位女网友聊出了感情。晓雯在父母的劝说下，没有和霍华德分手，但是霍华德却在半年后选择了女网友，晓雯被分手了。晓雯觉得委屈极了，心想是自己的软弱和一味顺从才造成了今天的局面。

为什么要违背自己的意愿？为什么不敢拒绝别人？为什么要让自己这么痛苦呢？因为习惯了软弱、妥协，因为没有拒绝的勇气，因为不懂得如何拒绝。实际上，不懂得拒绝的女人是因为内心缺乏自信，一旦拒绝别人就会心慌不安。

上学时，女孩不懂得拒绝，可能会被带坏，导致早恋，成绩一落千丈；工作时，女孩不懂得拒绝，可能会不断消耗自己的精力和时间，做许多额外的工作；恋爱时，女孩不懂得拒绝，可能会惯坏对方，长期懦弱、隐忍，势必为婚后不合睦埋下祸根。

有一次周末，丹丹突然接到妈妈打来的电话："喂，丹丹啊，周日的时候，咱们老家你三舅爷家的大孙女小青要去你那里出差。刚才你三舅爷问我，可不可以让她在你家凑合一下？"

丹丹想了想，反正丈夫出差不在家，来个亲戚借住一晚也没事，就爽快地答应了下来。

谁知等到丹丹去火车站接人时，才发现与小青同行的还有两个男同事。丹丹有些意外地问："你们是一起的？"

小青赶忙把丹丹拉到一旁说："那是我们主管和一个资历比我深的老员工，到时候我们在你家凑合凑合就行，你找找熟人帮我们搞几张发票回去报销。"

丹丹心里有些生气，但是并没有表现出来，思量了一下说："这样吧，咱们先去吃饭，我带你们尝尝这里的特色菜，你们做了这么久的火车肯定饿了、累了，先填饱了肚子再说。"

丹丹带他们到了一个地道的四川火锅店吃了一顿，还主动结了账。然后，丹丹拿起酒杯说："这事怪我，我不知道要来这么多人，所以家里的被子实在不够了，小青可以跟我在家住，您二位我已经帮你们在我家附近订了一个价格公道、干净、舒适的宾馆，我现在就开车送你们过去。"

小青的同事虽然有些尴尬，但并没有不开心，而是顺水推舟表示了感谢："您真是太有心了，本来我们也不想让小青麻烦您的。这还让您请我们吃了一顿饭，下次有机会到郑州，我们请您吃地道的河南蒸碗、烩面，还有羊汤。那我们就麻烦您再送一段吧，其实我们本来也是打算住酒店的，哈哈。"

或许，很多女孩从小就被父母灌输要听话的思想，时间久了，就会变得逆来顺受，觉得帮助别人、听从别人是理所应当的事情，只有这样才会被人喜欢。如果你也是这样的女孩，那么请从这一刻开始，放弃你的顺从和不懂拒绝，因为不懂拒绝是一种"病"。

请记住这样一句话：你以为拒绝别人，对别人是一种伤害，但实际上如果你不懂得拒绝别人，你就是在伤害自己。因此，女人们，试着学会拒绝吧，拒绝别人，就是爱自己、善待自己的标志之一。

幸福女人枕边书

余生很贵 请勿浪费

史 襄 — 著

北京时代华文书局

图书在版编目（CIP）数据

余生很贵，请勿浪费 / 史襄著. —— 北京 ：北京时代华文书局，2020.6
（幸福女人枕边书）
ISBN 978-7-5699-3658-2

Ⅰ. ①余… Ⅱ. ①史… Ⅲ. ①女性－成功心理－通俗读物 Ⅳ. ①B848.4-49

中国版本图书馆 CIP 数据核字（2020）第 061906 号

幸 福 女 人 枕 边 书　余 生 很 贵 ，请 勿 浪 费
XINGFU NVREN ZHENBIAN SHU　YUSHENG HENGUI, QING WU LANGFEI

著　　者｜史　襄

出 版 人｜陈　涛
选题策划｜王　生
责任编辑｜周连杰
封面设计｜景　香
责任印制｜刘　银

出版发行｜北京时代华文书局 http://www.bjsdsj.com.cn
　　　　　北京市东城区安定门外大街136号皇城国际大厦A座8楼
　　　　　邮编：100011　　电话：010-64267955　64267677
印　　刷｜三河市京兰印务有限公司　　　电话：0316-3653362
　　　　　（如发现印装质量问题，请与印刷厂联系调换）
开　　本｜889mm×1194mm　　1/32　　印　张｜5　　字　数｜111千字
版　　次｜2020年6月第1版　　　印　　次｜2020年6月第1次印刷
书　　号｜ISBN 978-7-5699-3658-2
定　　价｜168.00元（全5册）

版权所有，侵权必究

‖ 目录 ‖▶▶

第一章

二三十岁，你应该思考的一些问题

为什么读了这么多书，还这么迷茫

有句话叫"腹有诗书气自华"，于是很多年轻人都以为读书越多，生活就越充实，处理起突发事件就越得心应手。因此，他们在业余时间，逼迫自己努力读书。

可是，他们很快发现，虽然自己读书不少，学习和工作也很努力，但是无论在生活上，还是工作中并没有发生多大改变。有时一点突发状况，就会让自己手足无措。

这些年轻人不禁发问："为什么读了这么多书，我还是不知道自己的未来在哪里？还是如此迷茫呢？"

实际上，你读的这些书，虽然可以慰藉心灵、释放情绪，但是没有增长你的知识存储，更没有引发你的思考，它只是一种消遣，对人生成长而言毫无意义。

前几天，大刚打电话向发小求助："我现在都大四了，马上面临毕业，知识学了不少，而且我平时喜欢泡在图书馆，因此书也买了不少，甚至在网上看到好书推荐，我都第一时间去借或者去买。但是为什么我觉得读完之后，不但没有看清自己的人生目标，反而更不知道自己喜欢什么了？你说我这是怎么了？跟我分析分析，出出主意吧。"

发小高中毕业就参加工作了，听完大刚的话，想了一会儿问道："你在大学校园都喜欢读哪些书呢？"

大刚回答说："各种商业大咖的传记、知名作家散文集、睡前心灵故事、励志名言等，我都会读。《读者》《青年文摘》我也喜欢。但是我不明白，为什么照着上面的方式改变自己了，我却更不知道自己想要什么了？"

发小思索了一会儿说："我说话直接一点，你可别介意。这就像为什么有人读了那么多琼瑶小说，却没有遇到生死相许的爱人一样，即便你读了那么多励志软文，自己的人生依然不会有任何改变。什么书畅销就买什么，然后跟着别人叫好，读一些让自己舒服的文章，学到的只是已经知道的知识，并没有真的思考已有知识和新学到知识之间的关系，也没有想过读完书后自己有什么收获和反思。这些信息应该都没有被大脑记忆和吸收、消化，更谈不上运用。大量零散的、碎片化的知识，在大脑中不会留下印象，也不会构成存储，就算真的遇到问题，也不知道怎么使用。"

大刚若有所思地说："你是说我只是在盲目读书，而且沉溺于读书多的幻象中，实际上只是把它当成一种享受或者消遣。而这种没有深究的读书方式，只是认同别人的观点，并不应该把它作为阅读的终点，而应该只是一个起点，对吗？"

发小接着说："还记得小时候吗？那时候我经常问你怎么才能考出好成绩，你总跟我说一大堆课外书的名字。其实我也都买了，但是成绩始终没有提高。因为我当时最不擅长的是数学，其实买几本数学习题集就好了，反倒是学你所有学科都买了一本，结果时间铺的太开，反而让我没办法在数学方面下功夫。"

大刚沉默了一会儿说："嗯，我懂了。"

如今静下心读书的人越来越少了，很少有年轻人愿意真正带着问题去阅读，甚至本能抗拒费力的阅读。这些没有思考、没有真正落到实处的阅读，本质上不会对人生有任何正面的推动作用。因此，读书没必要贪多，进行有针对性的阅读，然后把理论付诸于实践，才真的是"对症下药"。

被老板炒鱿鱼的刘宁最近心情很糟，于是每天闷在家里上网打游戏，不愿意再出去工作。父母劝他出去再试试，他却一脸茫然地说："我还能干什么呢？"

就这样，刘宁在网吧和家里度过了无聊的一个月。

一天，刘宁无意中翻开了父亲书柜里那本《钢铁是怎样炼成的》，书中主人公保尔·柯察金青年时受尽屈辱，全身瘫痪双目失明的情况下却依旧坚持写作。刘宁把自己和保尔一对比，瞬间觉得羞愧难当，他在心里默默告诉自己："保尔·柯察金身残志坚，而这个健全的人却这么颓废。我应该学着走出去，想办法摆脱困境，而不是困在原地。"

为了赶上时代发展的步伐，也为了给自己找一条更好的出路，刘宁决定给自己充电。

对修理比较感兴趣的刘宁，从图书馆借阅了大量修理手机的书籍。他每天一边阅读，一边把家里人用坏的手机拿出来修理。刚开始他找不到手机问题所在，因为很多说明书和修理方法都是英语，他看起来如阅天书。索性，刘宁买了一本英语大辞典，每天一边看修理书，一边查阅并记录不认识的单词。

"纸上得来终觉浅，绝知此事要躬行。"刘宁觉得这句话十分有道理，于是找了一家专修手机的店铺实习。师傅经常对他说："书得看，但最重要的还是勤练手。书里面说得大多是原则和理论，而我们修手机时遇到的问题五花八门。像这些最简单的拆装芯片、除胶、飞线等都是基础，基础打好，后面的修理才能更娴熟。"

就这样一边看书一边实践，刘宁愣是摸索出一套刷机程序，并因此挣到了人生第一桶金。

任何书本上的经验和理论，都只代表前人的经验。虽然有参考价值，但是必须经过我们自己思考，才能变成自己的知识系统。实践和练习，才会使书本上的知识发挥效用，否则只能是纸上谈兵。

没有不公平，只是因为自己不够努力

游戏规则是世俗定下的，社会不存在绝对的公平。勤奋和努力才能创造更多的价值，获得更多的支持和资源，从而为自己争取更多的机会。

所以，你想要追求"公平"，就要先学会不抱怨，再努力改变现状。

阿旺算是公司的"老同志"了，这是他在公司工作的第五个年头。最近总公司正在考虑部门主管的人选问题，同事们都觉得这个位置非阿旺莫属。毕竟在这个部门，其余比阿旺资历高的同事都相继离职或者跳槽，怎么轮也该轮到阿旺升职了。

但是，这个职位最后落到了新来的一个90后新人头上。一想到自己这么老的资历，以后要被一个新人呼来喝去，阿旺满心怒火。恰在这时，新主管叫阿旺准备一下这个月的报表，阿旺连忙捂着肚子说："不行了，我肚子不舒服，我得请假，你换个人做吧。"

同事们私底下都议论说："阿旺，你也别生气，据说新主管后台很硬，人家老爹可是咱们老板的好朋友，好像还是亲戚。"

阿旺哼了一声："我去，这世道真是不公平，是朋友亲戚就了不起啊。"然后，阿旺下了电梯，准备到楼下喝杯冷饮。

"先生，您好，请问您现在有时间吗？我是XX售楼部置业顾问，请问您最近有没有买房的打算呢？"

原来，阿旺邻座坐了一个小姑娘，一边打电话，一边麻利地记录着。短短两分钟时间，小姑娘就打了五六个电话。

正当阿旺喝完饮料打算离开时，小姑娘笑着径直走了过来："先生，请问您最近想没想过给自己或者家人买房子呢？"

阿旺冷冷地说了句："对不起，暂时没有。"

女孩反而关切地问道："我刚才注意到您表情有些失落，是有什么困难吗？"

阿旺心想恰好需要找人倾诉，就顺势和女孩一起坐下，向女孩诉说起心中的委屈。

女孩一直默默地听着，听完后掩嘴一笑："我来自农村，公司里任何一个人的家庭背景都比我厉害，有时候听到同事们说起自己的显赫背景，听到她们又通过亲戚卖了几套房子，我也挺羡慕的，这些业绩考核似乎对他们来说信手拈来。可我没有任何背景和朋友，我能做的就是不停地打电话推销。"

阿旺大胆地追问了一句："那你上个月的销售业绩如何呢？"

"我是第一名。"女孩淡淡地说道。

女孩走后，阿旺陷入了沉思，因为女孩临走时那句"其实真的没有什么不公平，只是看自己够不够努力罢了"深深刺痛了他的心。

阿旺五年前就来到了公司，每天按时上下班，但每天只是完成定量的工作任务，从没想过多做一些，甚至一个新订单都没有拿下。公司为什么要把主管的位置留给这样的人呢？公司如果真的提拔了他，恐怕才是真的不公平。

社会本就残酷，没有真正意义上的公平，但不公平不可以成为你放弃努力、懈怠的借口，更不应该自怜自艾或者怨天尤人，而应该通过自己的努力，争取"公平"的机会。

景超和杨军都毕业于某大学法政系，二人上学时还是上下铺，但是奇怪的是，他们四年大学时光却没说过多少话。

景超出生在国家级贫困县，祖祖辈辈都是目不识丁的农民。景超是全村第一个考上大学的孩子，因此他上大学带着全家、甚至全村的希望。上大学之后，景超也比较踏实，不是在自习室，就是泡在图书馆，还努力参加各种社团和实践活动。

杨军则来自北京，父亲是国企高层领导，母亲是大学老师。犹记得，大学第一天报到时，杨军是被父亲的司机开着车送来的，司机还把大包小包的行李为他搬上宿舍，真是气派啊。杨军喜欢打游戏，经常和其他人一起在网吧包夜。有时候连课都不上，辅导员经常半个月、一个月见不到杨军来上课。后来顺着学校门口一个网吧一个网吧找，才找到他。

景超毕业后在一个偏远的小学做临时工，说是临时工其实就是在教务处打杂。而杨军则靠着父亲的关系，在一家私企拿着高薪坐着办公室。毕业后聚会时，杨军开着奔驰，出手阔绰，当时很多还在为找工作发愁的同学，顿时满眼充满了羡慕。

景超暗暗发誓：我一定要更加努力，努力改变现状。于是，景超开始一边上班，一边自学教师心理学和教法，并成功通过了普通话测试和教师资格证考试。终于，他的努力得到了认可，成为了一名正式在编老师。

五年后，大学同学又聚在一起。景超这时已经是当地一所重点中学的骨干教师了。而杨军并没有来参加聚会。据说，杨军的父亲正在坐牢，罪名是利用职务之便谋取私利，杨军也被该企业辞退了。

毕业十年后再聚首，景超已经是学校的教导主任，杨军早已杳无音信，大家甚至都没有想起通知他参加。

十五年后，景超正在竞聘该校的校长一职。有一天刚准备下班，一位家长带着孩子来找他："景校长，你看我儿子小真，今天刚转学过来。他学习不好，麻烦您跟各科老师都说一下。这是我们家乡一点土特产，您拿着。"

"杨军，是你吗？"

这位家长恍然抬起头说："你是景超？景校长？"

二人紧紧抱在了一起。杨军再没有了从前的傲娇，而是一脸的沧桑。杨军说："父亲的变故，让我感觉天都塌了，一点心理准备都没有。后来，我找了不少工作，才发现自己连最基本的业务员都做不好。"

寒暄了一会儿，杨军骑着电动车带着孩子离开了。远远望去，杨军的背影像是个小老头。景超叹了口气说："公平的机会果然都是自己争取来的，不公平都是相对的。"

　　想要拥有更多的机会，就要努力创造更多的社会价值。把时间用来努力奋斗与拼搏，才能创造更多机会和价值，才会有话语权，才能得到想要的公平。因此，为了自己的未来，请珍惜每一个努力的机会。

青春有主见，下半场不迷茫

刚走进大学校门的两个人，一个已经笃定要考研、考博继续深造，一个只想混到毕业找份工作养活自己，他们无论在学习的时间还是质量上都会有很大的差别。

引起这些差别的原因，就在于对人生的规划不同。当你确定了自己的未来和方向，就清楚了自己现在需要怎么做，也知道自己下一步应该往哪里走。

谁的青春有主见，谁的人生下半场就不会迷茫。

张涛可以说是富家公子，他的祖辈都是从事餐饮行业，父亲更是在本市有几家三星级连锁酒店。张涛大学尚未毕业时，父亲就把一家粥屋交给他打理。张涛学的是酒店管理专业，父亲希望通过让他管理粥屋得到锻炼，这样有朝一日可以放心地把家业都交给他打理。

张涛十分懂事，深知父亲的良苦用心，每天都第一个到达粥屋，最后一个离开，勤恳敬业又负责。粥屋的生意虽然算不上火爆，但客流量也还算过得去。

这时，张涛的大学同学提出一个建议："现在这个季节，就一个字'冷'，喝一碗粥，点一盘凉菜，赚不了多少钱，还不一定能暖和。不如把餐桌、菜式都改成火锅系列，而且也不用炒菜，口味也不会特别受影响。这样生意才会越来越好啊。"

张涛听得热血沸腾，随即找父亲借了20万进行装修改造。可是火锅城生意做起来了，但是顾客却没想象中那么多。

于是，又有朋友建议说："要不改成自助餐厅吧！你看来吃饭的都是年轻人，年轻人不喜欢被约束，又喜欢自助的氛围，不如把餐厅改成能自助涮烤的餐厅，给顾客更多口味选择。装潢弄得现代一点、有格调一点，这样的餐厅肯定受欢迎。"

张涛又从银行贷款，借了十几万进行餐厅装修改造。可是餐厅生意依旧不温不火，有的朋友又建议他改成日料店，说本市还没有一家做正宗日本料理的饭店，他如果开了肯定火爆。可是一切准备就绪，日料店生意依旧冷清。

一年下来，餐厅改建了三次，但是回报率却越来越低，张涛欠债越来越多。年底时，难以为继的日料店最后关门大吉。张涛垂头丧气地回到家，跪在父亲面前恳求指点迷津："爸，你说我到底哪里做错了？是不是都怪那些人瞎出主意？"

父亲听完张涛的讲述，语重心长地说："你是一店之长，敢问你，朋友给你出主意时，你为什么不能有点自己的主见和想法？你现在生意失败了，才告诉我说都是朋友出的馊主意害了你！"

原本经营还比较平稳的粥屋，只因为张涛没有自己的主见，盲目听从别人的建议而导致负债累累。

网络时代，各种信息多如牛毛，如果你盲目跟风，很可能导致一败涂地。而没有自己的目标和方向，没有自己的主见，成功便总会与我们擦肩而过。

因此，想要人生的下半场不迷茫，需要有主见。

美国少年乔治在十几岁时参加了学校组织的"一生的目标"活动。当时主办方给每一位参与的孩子都发了一张表格，希望参与者可以尽可能细化自己的目标。

很多孩子都简单地写了一两个远大理想，比如"成为医生""做个慈善家"，也有些孩子的目标是"下次考个好成绩""字写得工整一点"等，只有乔治很认真地填写了100多个目标。这些目标包含：十四岁时读完莎士比亚的所有著作，十六岁前尝试骑一次大象、野马，十八岁时攀登乞力马扎罗山，二十岁时可以独自驾驶飞行器起飞和平稳降落……四十岁前写一本游记等。

看到乔治这么多目标，很多孩子和家长都笑着说："你这是用生命在实现目标啊。"

没想到，乔治真的按照这些目标不断努力着。十四岁时，乔治完成了自己第一个目标——读完所有莎士比亚著作。十六岁时他跟父亲一起野外探险，遇到野生大象和野马时，他几次尝试，几次被重重摔在地上，最终还是成功骑上了大象和野马。十八岁时乔治已经是洛杉矶登山俱乐部最年轻的会员。在攀登乞力马扎罗山的时候，他不幸遇到了雪崩和猛兽的袭击，差点命丧黄泉。等到乔治六十岁时，他已经成功完成一百多个目标中的八十多个。

或许乔治为了儿时目标而奋斗的故事，在有些人看来简直是个奇迹。但实际上，乔治只是做到了青春有主见，下半场不迷茫，一直为了目标努力而已。

有时候机会就这么一次

人生短暂，很多时候机会就只有这么一次。如果犹豫不决，这唯一的一次机会就会溜走。如果抓住这唯一的机会，你很可能重新书写你的人生。

一个阳光灿烂的周末，几辆小汽车开进了村子。没出过大山的村民们都围了过来，想看看热闹。从小汽车下来一个身形瘦弱、目光炯炯的男子，他拿着大喇叭说："乡亲们好，我是一名导演，名字叫张艺谋。我想问大家一个问题，有没有会表演的？或者有没有想跟我演电影的人？"

原本热热闹闹的人群，突然变得很安静。这时一个穿着花棉袄，小脸冻得通红的小姑娘在人群中高喊了一声："我会，我想演，行吗？"人群中立刻闪出了一条道，一个颧骨有点高，小脸蛋发着黑红色，长得并不漂亮却自带一种质朴和倔强的小姑娘走了出来。

导演拍了拍小姑娘的肩膀说："那你会不会唱歌，会的话唱一首让我听听。"

这时小姑娘看了看人群，指了指说："我姐姐聪芝会唱，唱得可好听了。"可是小姑娘的姐姐羞红了脸，一听到妹妹这么说，牛脾气上来了，冷冷地甩下一句："我不喜欢在陌生人面前唱歌，我要回家了。况且真要我演电影，我还得问过父母才行。我要先回家了。"

小姑娘一看姐姐走了，没有慌，反倒很淡定地自我介绍起来："那是我双胞胎姐姐魏聪芝，我比她晚出生五分钟，我叫魏敏芝，我会唱《我们的祖国是花园》。"

虽然有些跑调，但是魏敏芝很自然地演唱完了。导演继续问："那你会跳舞吗？"

魏敏芝没有迟疑，立刻说道："我没学过跳舞，但是我在电视上看过印度舞，我可以跳那个吗？"

尽管这段自编自导的印度舞跳得毫无章法，甚至还卡了壳，但是魏敏芝依旧跟着音乐跳完了。导演笑笑问她："敢不敢拍电影？"

魏敏芝毫不犹豫地说："当然敢了。"

导演拍手道："好，女二就是你了，你的这股子乡土气息是别的演员没有的，很好！"

原本指定出演女二号的魏敏芝，恰好遇到了《一个都不能少》，于是女二号变女主角的魏敏芝，在接受了张艺谋导演的训练后，本色出演了代课老师，并一举拿下了十几个国际奖项。魏敏芝这个名字也随即传遍全世界。

人生没有回头路，不是所有事情都会按照你的计划进行。有时候机会突然来了，就要及时把握，否则错过了就不可能重新来过。

而如果你能够把每一次机会都当成唯一的一次机会，事无巨细，努力把握，不断付出，就能成就更大的舞台。

有个叫张桐的年轻人刚从日本留学回来，正准备开个日本料理餐厅。装修完招聘了专业的日料厨师之后，张桐并没有着急开业，而是请到了自己同在日本留学的同学和朋友，一起来品鉴。

上完菜之后，张桐鞠了个躬，然后说道："餐厅开业之前，先请大家免费吃一顿，目的只有一个，多提意见，而且这一星期，大家随时都可以带亲朋来免费试吃。但是，不是白吃的，每次吃完请大家务必给我当天的菜提意见。"

朋友们有些不解，"你干吗这么认真呢？可别赔了啊！"

张桐笑笑说："我在日本留学的时候，去过的餐厅很多都会请顾客给菜肴挑毛病。现在在国内开设日料店，口味、食材、卫生一样都不能马虎。而且我也专门聘请了咨询公司，找了很多极其挑剔的食客。你们是我在日本最好的朋友，所以我也希望你们能不顾及我的面子，多提宝贵意见。"

有个朋友提议说："哪用这么麻烦，很多餐厅都是先开业，一边开业一边发现问题，一边解决问题啊，你也这样就行了。"

张桐摆摆手说："不不，我并不这么认为。我在日本也曾经做过专门的调查，发现很多餐厅的老顾客，80%都是在餐厅开业之初十天内光顾的人。你想想，如果我最初这几天没有打动消费者，就不会有回头客，留不住长期顾客，那我这餐厅估计经营的时间也不会太长久。"

"不会吧，我觉得任何新餐厅开张，多多少少都会有些小问题，消费者应该能够理解，下不为例就行了啊。"

"在日本，只强调一次机会，不会有第二次。我记得我刚到日本学习时，经常有种错觉，觉得他们耿直的有些'傻'。随便别人说什么，他们从不怀疑，可是你一旦骗他们一次，他们就再也不会相信你了，甚至会断绝跟你的往来。在工作中更是如此，你只要出现了一点错误，无论是主观的原因还是客观的原因，你没有机会辩解，只能立刻卷铺盖卷走人，没有任何改正的机会。虽然日本和中国国情、文化不同，但是我还是觉得不能欺骗消费者，要做就做好。"

朋友们点点头，似乎突然理解了张桐为什么回国后连续几个月都扎在餐厅，是那么认真，那么挑剔。在大家看来没什么特别的日本料理店，在张桐眼里，却等同于他的生命。因为他深知，这是他回国后第一次创业，也可能是最后一次，他只能抓住这个机会，只允许成功，不容许有任何闪失。

后来，张桐的餐厅开张了，一连十天都门庭若市。

有时候一次机会等于成千上万次，想要周围的人信任你、依赖你，就将每一次机会视为唯一的机会。这样才不会因为错过而后悔，这样才无悔于自己的选择。

即使还没遇到那个对的人，也要心存美好

"在对的时间对的地方总会遇到对的人"，这句话对于失恋者，或者暂时还没恋爱的人来说，似乎是一剂良药。

其实，当你没有遇到可以相伴一生的那个人时，也请对爱情和生活保存一份憧憬和希望，相信未来一定一片美好。

有个女生叫倩倩，她经常对朋友们感叹的一句话是："再也不相信爱情和婚姻了，这世界上根本没有真正爱自己的人。即使有好男人，也不属于自己。"

已经年过三十的倩倩，虽然长得娇小俊俏，但是内心早对爱情失去了憧憬和幻想，只剩下怨恨和失望。

倩倩大学毕业不久就嫁给了自己的初恋男友阿进，按理说两人从大学情侣发展成夫妻，应该有着牢固的感情基础吧。可是，两人还是以离婚收场了。

倩倩至今记得临近毕业时的场景，那时很多不在同一个城市的情侣都分手了。她有些担心地问阿进："你会离开我吗？"阿进说："不会，我打算在你家那边找个工作，等我安顿好了，见过你

父母，就向你求婚。我希望自己的后半生有你陪伴。"倩倩激动地
热泪盈眶，紧紧抱住了阿进。

毕业后，倩倩进入了市里的一家知名私企，阿进则留在县城重
点高中成为了一名人民教师。好在二人工作地点相隔不远，见过双
方父母之后，如愿以偿地步入了婚姻殿堂。

他们的婚后生活稳定而平淡，然而，女儿的出生打乱了这种生
活。从坐月子开始，二人就经常因为照顾孩子的事情互相抱怨。

倩倩生气地说："我照顾孩子这么辛苦，你每天就只顾着备
课、批作业，为什么就不知道关心一下我和女儿呢？"

阿进没好气地说："我不是给你做饭、洗衣了吗？还要怎么照
顾啊？"

倩倩哭着说："看来婚姻真是爱情的坟墓，才过了多久，你
就不如恋爱时对我好了，以前你都是对我百依百顺的，现在还对
我喊。"

产假结束，倩倩继续上班，女儿就交给了双方父母轮流照顾。
渐渐地，倩倩又因为和婆婆的养育观念不同，经常和阿进吵架。好
不容易熬到了孩子上幼儿园，二人又因为每天谁来接送孩子的问
题，吵得不可开交。

突然有一天，阿进拿出了一份离婚协议书，平静地说："咱们
还是分开吧，我觉得咱们都变了，不仅没有了共同语言，连感情也
被每天的吵架吵淡了。这样的生活我过够了，现在分开对你我还有
孩子都好。"

倩倩哭喊着说："你忘了你当时给我的承诺……"还没等倩倩
说完，阿进就转身走开了。

　　离婚后，倩倩独自带着女儿生活。经人介绍，倩倩和一个比她年纪略长的名叫王喜的男人交往了一段时间。可是不知道是对爱情少了少女时的那份冲动，还是工作久了变得现实了，倩倩越来越觉得王喜不够真诚。每次约会王喜无论是买东西还是请客，都会把钱算计得很清楚。倩倩觉得还没结婚就这么斤斤计较，以后也不会融入她和女儿的生活。王喜也感觉倩倩不是真心喜欢他，只是看中他的企业和钱，因此还没等倩倩开口说分手，就直接拉黑了倩倩的电话。

　　倩倩无奈地对闺蜜哭诉："我为什么命这么苦，就遇不到那个对的人，遇不到真正懂得爱我、珍惜我的那个人呢？"

　　闺蜜劝她说："爱情是可遇不可求的。并不是所有男人都是坏蛋，你还是得保持良好心态积极生活，否则就算你遇到了，还是会错过真爱哦。"

　　爱情不是一个人的全部，即使遭遇失败的婚姻或者错失所爱，但是并不代表自己永远失去拥有真爱的权利。只要不放弃对爱情的憧憬，爱情说不定就会不期而遇。

　　这是小月第二十四次相亲，已经三十岁的她，把最好的年纪都花在了学习和研究上。如今父母都在为她的终身大事发愁，可小月却一点也不着急："该来的总会来，有缘千里来相会啊，你们就是瞎操心，我肯定能遇到我的超级英雄的。"

　　父母却说："整天在研究所，里面都是些已婚的大老爷们儿，去哪里遇到真爱啊？我们还想早点抱外孙呢！明天继续相亲，这次这个是你远房表姐介绍的，据说人长得不错，性格、工作都还可以。"

周末的中央大街十分堵，不喜欢迟到的小月索性下了出租车，踩着高跟鞋一路小跑。到了公园的长亭，气喘吁吁的小月发现约会的对象小东已经在亭子里等了很久的样子。

"不好意思，有点堵车，我晚了一点。"满头大汗的小月说。

"给你纸巾，你等我一下，我去买点东西。"说完小东就跑开了。不一会儿，小东拿着一瓶饮料，还有一盒藿香正气胶囊回来了："我有点担心你会中暑，你喝点水吃一颗吧。"

二人在亭子里聊了很久，有种相见恨晚的感觉。

突然，小月问道："你的腿脚是不是有伤，怎么刚才看你跑的时候怪怪的？"

小东没有回答，而是支支吾吾找了个话题岔开了。天色渐渐暗了，小月准备离开。小东拉住小月说："你是个好姑娘，要是能成为我老婆就好了。"

之后，小月又见了几个相亲对象，但是都没有那种触电的感觉，也就不了了之。眼看着自己已经过了三十岁，心仪的对象还是不见踪影，小月偶尔也会感叹："是自己要求太高了吗？青春就这样逝去了，或许我真的就这样孤单一辈子了吧？"

有一天，雷雨交加，小月下班途中突然肚子疼得要命，赶紧打电话叫了120。没想到的是，开救护车的竟然是小东！小月被送到医院后，诊断为急性阑尾炎，幸亏及时就医，否则后果不堪设想。小月的父母正在老家，她身边没有亲人照顾，小东成了唯一可以照顾她的人。每天小东都会熬好小米粥，炖一些烂糊白菜，然后放到保温桶里给小月送到病房。只要不上班的时候，小东就来病房照顾小月。小东有工作的时候，就会拜托医院的护士好好照顾小月。小月逐渐喜欢上了这个话不多，但是对自己照顾周到又细心的男人。

一次，小月在医院的走廊活动时，被板报区贴的一篇新闻报道吸引了视线。这篇报道的主人公就是小东。看完报道，小月突然感觉小东的形象一下子变得高大威猛了，后悔没能早点接纳这个男人的爱。原来小东的脚是在一次抗震救灾的过程中受的伤。成为抗震英雄后，小东尽管有机会调到机关坐办公室，但是他还是选择继续奋斗在医院第一线，做一个普通的救护车司机。

小东下班时，照旧拎着热乎乎的饭菜来到了病房。没想到，小月正身着洁白的婚纱，手捧一束玫瑰等他。见小东进来，小月深情地问道："你愿意娶我为妻吗？无论贫穷、富有、疾病或者健康，你都愿意一辈子照顾我、爱我吗？"

小东激动地点了点头说："我愿意。"

爱情是可遇不可求的，如果你还没遇到那个他/她，别灰心，请继续等待。人生这么长，请继续相信爱情的美好。

第二章

沉下心来，培养
几种能力

你有多自律，你的人生舞台就有多大

苹果公司的创始人史蒂夫·乔布斯（以下简称"乔布斯"）经常对员工说的一句口头禅是："自由从何而来，从自信而来，而自信则是从自律来的。"

乔布斯本人也是个非常自律的人。年轻时，他每天都是凌晨四点就从被窝爬起来，等别人九点开始准备上班时，他已经完成了一天的工作。

所谓自律，就是对自己言行和欲望的控制和克制。当你学会了自律，能够按照计划和日程表安排自己的生活和工作时，就能让你逐渐在磨炼中形成更大的自信。如果你连自己的时间和行为都控制不了，还能掌控什么呢？又有什么资本谈人生舞台和梦想？

小迪有过两任男朋友，第一个是发小，叫王鹏，人长得高大帅气。由于是发小，两人有很多共同话题和说不完的回忆，于是在大学期间迅速坠入了爱河。但是相处不到半年，小迪就主动提出了分手。

王鹏觉得很难理解，就跑到小迪宿舍楼门口要一个合理的分手理由。

小迪低着头，低声说："你太帅了，我没有安全感，感觉你各方面太优秀了，我配不上你，还是早点分手，谁也不耽误谁，咱们还是好朋友。"

小迪说完就跑开了，留下王鹏一个人愣在原地。

回到宿舍，闺蜜们都八卦地凑了过来："话说，你到底为啥跟人家分手啊？我们可不信你配不上他这样的鬼话。"

小迪叹了口气说："是啊，这只是借口，我只是没想到表面看起来光彩照人的他，私底下竟然如此邋遢。我每次去他的宿舍都感到震惊，书桌上不是摆着几周没洗的臭袜子，就是放着散发腐败气味的外卖盒子。我经常感觉无处下脚。我每次好心帮他收拾完，提醒他一定要注意卫生，结果他只是笑笑，没有一点改变。"

闺蜜若有所思地说："因此，你是觉得他连自己都管不好，很担心以后你们的生活，觉得这样的男人不值得托付终身，还不如早点分手的好？"

小迪点点头说："嗯，和一个不懂得自律的人怎么能够长时间生活在一起呢？何况这样的坏习惯是会传染的，我无法想象自己未来整天给他收拾烂摊子的主妇模样，想到这样的生活，我浑身起鸡皮疙瘩。时间久了，势必会有矛盾，分手是注定的。"

小迪的第二个男友是公司的同事，后来这个人成为了她的老公。每次和老同学聚会，她总是一个劲地夸赞老公："他真是个超级自律的人，每天早晨六点会绕着小区跑步，然后给我买早餐，九点收拾好后我们一起去上班。晚上他回到家会整理好当天的工作文件，然后陪我一起做晚饭和收拾房间，再看一小时书，大概十点左右他会洗漱完毕上床睡觉。和自律的人在一起，总会感觉特别踏实，我想未来我们的生活也不会差。"

果然，小迪的老公不到三十岁就成为世界五百强企业的高管。由于爱读书和写作，他已经出了两本小说，销量还不错，仅靠版税就足够满足他们的生活开支了。

小迪在聚会中再次见到了自己的前任，那个曾经英俊潇洒的王鹏，已经胖成了一个圆球。

吃东西不节制，身材就会走样变胖；管不住熬夜的心，就挡不住面容憔悴长斑；不能坚持运动锻炼，疾病就会找到你；无法与时俱进，坚持学习，就只能等着被炒鱿鱼……

不懂得自律会摧毁自己的外貌、生活、学习、工作，甚至人生，让自己陷入痛苦。而懂得自律，并长期自律的人，看似生活枯燥乏味，却让人生变得出彩。

史蒂夫·纳什，这位看起来身体有些羸弱，还患有腰肌劳损引发的神经性疼痛的人，却能够在两个赛季获得MVP（最有价值球员），这是什么原因呢？排除他精湛的球技，最主要的原因是：自律。

为了保持体力和身材，纳什严格限制自己对糖分的摄入，不吃油炸食品和深加工的食品。在平时的训练中他只吃果蔬、低热量的糙米饭、生坚果等。纳什还叫上自己的队友格兰特·希尔互相监督。

有些贪嘴的希尔则经常被抓包偷吃巧克力或者喝高热量饮料，而纳什却从未僭越过自己的诺言。纳什还把自己的健康食谱推广到全队，全队球员跟着纳什作息、训练，使得太阳神队在比赛中有了脱胎换骨的变化。

2012年时，38岁的纳什依旧身手矫健，均场助攻占据全联盟第一。相较于年轻，但是对身材疏于管理，已经变成260斤大胖子面临退役的坎普，纳什用严格坚持的自律，神出鬼没的传球技术，成就了太阳神队的战绩。

或许纳什与科比、麦迪、乔丹这样的MVP相比，不如他们在身体协调性、速度、爆发力上有天赋，但是纳什凭借着自律，在不占任何身体优势的情况下成为了两届联盟MVP。

查尔斯·杜希格在《习惯的力量》里所说："如果一个人连要不要抽烟喝酒，什么时候睡觉起床，静下来开始工作这类事都要刻意为之纠结良久，那他还能做成什么事？"

因此，与其懒散地过一天算一天，不如让自律融入生命，变成一种不自觉的习惯，慢慢为我们的人生打造更大的舞台。

"诗与远方"是建立在有"学力"基础上的

有一首歌叫《生活不止眼前的苟且》，是由高晓松作词，许巍演唱。其中的歌词"生活不止眼前的苟且，还有诗和远方的田野"，更是被广大对现状不满，却又暂时无力改变，只能寄希望于未来的年轻网友奉为经典鸡汤。

然而，我认为"诗和远方"并不是每个人都可以得到的，因为"诗与远方"是建立在有"学力"基础上的。学力就是学习知识和掌握技能、总结经验的能力。一言以蔽之，如果你没有体验过现实生活的残酷，就高喊追求"理想和自由"，然后去寻找诗与远方，其实根本没有资格。

大学生李江山觉得宿舍人多嘴杂，索性自己到校外租了一间公寓。奇怪的是，大半个学期过去了，李江山却像失踪了一样。辅导员打电话才知道，李江山竟然独自"穷游"去了。

辅导员在电话一端有些着急地说："你这是不想继续上学了还是不想毕业了，怎么想起在上学期间穷游了？"

李江山胸有成竹地解释道："生活不止眼前的苟且，还有诗和远方的田野，我觉得这句话说得超级赞。我现在已经走了大半个四川了，下一站就到重庆了。我发现看过祖国的山山水水，才知道真的有诗与远方。我现在发现什么作业、四六级考试、写论文都是现实的苟且，我要更关注祖国的大好河山，这才是真正的诗与远方。"

辅导员叹了口气质问道："你真是曲解这句话了，孩子。我就想问问你所谓的穷游经费，是从哪里来的呢？"

李江山理所当然地回答说："我父母给的生活费啊，所以我只能穷游，毕竟我没有任何收入来源，旅行中必须节俭。"

辅导员有些生气地说："你还知道自己没有收入啊，那你知道父母多不容易才赚到这些钱吗？据我所知，你父母双双下岗，是靠不分白天黑夜摆地摊才赚到你的学费和生活费。你如果真的知道他们的心酸和不易，就不应该在这个时候跑去游山玩水。你作为一个学生，学习是你的主要任务，听课、记笔记、交作业、参加考试都是你应该做的。你口中所谓的风土人情、秀美风光等你自己赚钱之后再去看也不迟。"

李江山放下电话，沉默了许久，打包收拾好行囊踏上了回校的列车。他知道，自己现在花父母的钱去游历真的不应该，只有具备了学力，掌握了更丰富的知识和技能，才能在社会立足，才有机会找到自己的诗与远方。

诗与远方，不能作为逃避人生苦难的龟壳。追求诗与远方，什么时候都不算晚。但是一旦你丧失了学习的机会和能力，你就距离"诗与远方"越来越远。

反之，当你具备了一定的学习能力、动手能力，储备了充足的经验和技能，所谓的苟且也会变成了不起的经历和财富。只要不断地坚持和努力，时刻做好准备，就能迎来属于自己的诗与远方。

于达在北京某名牌大学学石油勘探专业，然而首都北京人才济济，他一毕业就尝到了失业的滋味。后来，他好不容易找到了一份推销保险的工作，在北京五环一处地下室租了一处不到十平米的小窝，勉强解决了温饱问题。

每天早晨不到五点，于达就起床了，因为从住处到公司坐公交换乘地铁至少需要3个多小时。有时加班到深夜，公交地铁停止运营，于达干脆就蜷缩在拼接的折叠椅上睡觉。冬天，北京的气温都到了零下十几度，可是于达依然坚持每天走街串巷寻找客户。每次被客户拒绝或者觉得生活很苦闷的时候，于达总会暗暗鼓励自己："这有什么，我的理想是有朝一日自己勘探大油田，就算现在日子再苦再苟且，我也不会放弃和妥协，我就是要追寻我梦想的诗与远方。"

工作期间，于达也曾经历了同事的排挤，也经历了女友的背叛，然而他始终相信一切都会好起来的。这些年他每天除了上班，就是把全部精力放在学习和查阅资料上。

后来，他开始了创业，做起了石油生意。几年后，他的油气勘探渐渐有了起色，也有了一些积蓄。为了大干一场，于达和几个朋友一起投资了新疆石油勘探项目，并且把相关技术进行了专利申请。如今他的公司已经和哈萨克斯坦一家公司达成长期合作协议，石油项目也已经开始盈利。而他也真正有了大把的时间去寻找自己的"诗与远方"。

于达一个人背着行囊开启了环游世界的旅行，在途经西伯利亚时经历了许多有趣的事，还不断在微博刷新他的环游相册，吸引了众多网友的目光。他终于如愿找到了自己的"诗与远方"。

诗与远方不在别处，就在你每天的努力和坚持里。如果你还没有学力，那就别谈什么诗与远方。如果你已经有了学力，那就别放弃，坚持一下，再坚持一下，你就能看到属于自己的诗与远方。

你努力做过的每一件事、实现的每一个为目标都将化作基石，带你前往最美的诗与远方。

学会沟通，你的人生是另一番模样

　　有的人看似平淡无奇，却总能受到同事的信赖和老板的称赞，甚至会被委以重任；有的人明明能力、学历一流，却没人喜欢，做什么事都得不到认可，晋升更是难上加难。这究竟是怎么回事呢？其实无论职场还是生活中，很多矛盾和不理解都源于缺乏有效沟通。

　　这个看似人人都会的沟通技能，其实掌握起来并不容易。

　　于小彤毕业一年了，她在这短短一年的时间里先后更换了五份工作。说起来于小彤在工作上兢兢业业，也极少有迟到、早退的现象，甚至大部分时候还是非常上进的。但奇怪的是，她每份工作都做不长，她换工作的理由大致相同：和同事闹矛盾，与主管不和发生争执。

　　于小彤和面试官谈起以往的工作经历，她总是一副怒气未消的样子："因为他们都看我不顺眼，我也看不惯他们这样，所以离职了。"

　　于小彤如今干起了仓库管理员，这工作虽然听起来比较清闲，但是需要很大的耐心和责任心。

这天到了月底清库盘点的时候，突然又进购了很多新货，于小彤正逐一核查忙得脚不沾地的时候，办公室的电话响个不停。于小彤边跑边暗暗骂道："真是麻烦，平时一个电话都没有，越是忙得不可开交的时候越打电话。"

来电话的是公司的销售部主管："喂，到月底了，今天务必清点核算一下，给我们一个物品销售清单。"

于小彤冷冷地回了一句："好的，知道了。"

挂上电话，于小彤继续清点货品，还没过半小时，又一阵急促的电话铃响起。拿起电话一听又是销售部主管的声音，于小彤没好气地说："知道了，你怎么就知道催催催啊，是闲得特别难受吗？"然后狠狠地挂上了电话。没过多久，老板打来了电话："好了，你现在自由了，不用再怕别人催你了，立刻到人事部办一下离职手续吧。"

原来那位主管觉得有些委屈，就直接找到老板，说于小彤不配合工作，还哭着向老板说要辞职。老板盛怒之下，直接开除了于小彤。

很明显，正是因为二人沟通不畅，才导致了这样的结局。如果于小彤能够在第一次接电话时就如实告诉对方自己正在进行的工作内容，并能明确对方想要什么，什么时间想要，就不会因为对方的催促而觉得烦心。

学会沟通，本质上就是学会理解别人，并能够清楚地将自己的想法表达出来。不会沟通的人，往往会把简单的事情搞复杂，甚至会引起争执；而擅于沟通的人，则可以站在客观的角度看问题，不会给别人造成难堪，更不会言语上对别人进行打击，而是通过沟通获取更大的价值和利益。

一家房地产公司在网上发布了一则招聘信息：高薪聘请销售员。很多求职者一看到"月薪上万"的字眼就被吸引了。招聘信息发布当天就吸引了十名应聘者，他们被HR电话告知当天下午来公司面试。

十个人一走进经理办公室，经理便拿出一张纸，上面写着一个题目：给你们一天24小时的时间，请你们去大街上随便找人进行推销，看谁在规定的时间内卖掉的房子多，最多者即被录取。

许多面试者都摇了摇头表示自己办不到。

经理一脸认真地说："不愿意尝试的人现在就可以离开，愿意尝试的人请留下来。"

最终，只有三个人留了下来。

一整天过去了，三个人都按约定时间回到了经理办公室。

第一位应聘者有些沮丧地对经理说："我只卖掉了一套房。我看到路边有一个中年人。于是，我主动请他吃饭，并在饭桌上向他推销一套地方比较偏僻，户型较小的二手房，然后我假装接了一个电话，说还有客户想要购买这套房子。我觉得人到中年一般都有些积蓄，并且想做投资，而这个地段是当地未来重点开发项目。因此我就把这些道理讲给他，让他觉得这个房子有升值潜力。最后他就买了一套房子。"

第二位应聘者则骄傲地说："我比你聪明一点，我找到了一家开店铺的小业主。我给他讲了现在购买房子有什么优惠，而且这个地段的临街旺铺，无论是自己做店铺使用还是租出去，都会大赚一笔。而且我在确定这个客户之前，做了许多调查，对他的一切了如指掌。他们听完我的介绍，觉得我提供的楼盘信息，恰恰是他们正需要的。他们一听很高兴，就买了一套房子加一个铺子。"

第三位应聘者则说："我比较幸运一些，我恰好上厕所时，遇到一位看起来年长又比较有资历的老人。我主动递了几包好烟，和他到茶馆攀谈了一会儿。原来老人是一家上市公司的老板，已经退居二线。我先了解了老人家庭的情况，然后称赞了老人的身体硬朗，还向他了解了成功的秘诀。我直觉老人从心里接纳了我，我就开始自我介绍，并把公司的资质、楼盘的价格信息、企划书都介绍了一下。然后我还推荐了几个环境优雅、地理位置优越，交通方便、物业设施比较完善的楼盘给他。通过对比，老人给自己和儿女各限购了两套房子。"

经理听完果断录取了第三个，并不住地点头称赞说："你能够利用沟通不断发掘新线索，并通过思考最终找到解决问题的方法，从而获得了最大的利益。你正是我们公司需要的人才，我决定立刻聘用你。"

想要成功，不仅要善于把握机会，更要学会沟通、擅于沟通，抓住一切可以表达的机会。

随时清零，成就人生更高级活法

人生其实不是一个需要不断填满的过程，因为随着时间推移，会不可避免地让人生沾染很多杂质。所以，每隔一段时间让自己清零，重新开始新的征途，不让自己被过去所累，才能不断刷新自己得到新生。

小童虽然毕业于国外某大学，但是刚进入公司时，没有几个人真正看好他。一方面，大家觉得他就读的大学没什么名气、有钱就能上；另一方面，在同一批面试者中，小童的综合表现是所有录取人员中最差的。

或许正是出于以上原因，小童日常的工作就是帮大家分发报纸、冲泡咖啡、打扫办公室卫生等。但是小童没有半点怨言，每天都是第一个到公司，给大家烧好热水，擦好桌子和地板，等大家来上班。下班时他会最后一个离开，十分认真地检查一遍水电和开关，确认无误后再离开。

平时没事的时候，小童就捧着一本关于营销方面的书认真看，遇到问题就请教周围的同事。由于是零基础，因此小童常问一些

"小儿科"的问题，把同事们逗得哈哈大笑。小童却不以为然地说："只要能多学点东西，你们喜欢笑就笑吧，我无所谓的。"

在一次公司召开的新产品营销方案征集会上，小童居然举手率先报了名。同事们暗自议论："这孩子太不自量力了吧，又不是这个专业，才来几天就想一步登天啊？""就是，我倒要看看他能想出什么精妙的点子来。"

尽管所有人都不看好小童，他还是坚持做了下去。为了做好这个营销方案，他查阅了大量书籍和资料，还借鉴和参考了公司以往成功的案例，又自己花钱找了专业老师指导。很快，小童做出了一套完整的营销策划方案。

由于小童的营销方案相较于其他人的更贴近消费者，更容易被人接受，直接被公司采纳了。也正是凭借这次成功逆袭，小童成功调到了营销部，当起了策划。小童十分珍惜来之不易的工作机会，经常参与市场调研，专心研究专业知识和理论，与同事们一起为公司新产品推广和营销做出了巨大的贡献。

让所有人诧异的是，小童这时却主动向人事部提出了辞职申请。离职后，他通过了中国人寿的销售员面试，成为了一名基层的保险经纪人。

像刚毕业的大学生一样，他每天挤公交、地铁，为的就是多拜访几个客户促成保单。有时候实在太累了，他回到家泡脚时都能睡着。正是凭借他的执着与勤奋，三年后，小童已经拿到了年薪50万。不过，这时他又跳槽到一家刚刚起步的新保险公司，负责整个公司的运营、员工培训和团队管理。两年后，他已经实现了百万年薪，每年仅纳税就要20多万，保险市场的同行也都愿意拿出高额年薪聘请他。

或许很多人对小童的举动有些疑惑不解，但这恰恰是他成功的奥秘。小童之所以能够在职场上不断取得成功，就是不断清零的结果。

当你敢于把自己放低，敢于清零，你就能在瞬息万变的社会中，不断更新知识和技能，让自己始终立于不败之地。

敢于把过去的成绩清零，需要勇气和智慧，敢于忘记过去的回忆和伤痛，同样需要勇气。

小陶是一位还有半个月就要当妈妈的女人。她现在每天最幸福的事，就是拿出孩子的小衣服、小被子叠一叠，然后畅想着为人母的喜悦。

突然，小陶的母亲在每年的例行体检中，被确诊为"膀胱癌"。老父亲和小陶几经讨论，还是决定分几次做切除手术。第一次手术后，恰逢小陶正在坐月子，无法亲自侍奉在母亲左右。剖腹产的疼痛和对母亲的愧疚，让小陶每日以泪洗面。

术后的母亲只能依靠输尿管与尿袋来解决小便，老父亲不仅要照顾自己的妻子，还要时不时去看望小陶。一个多月的奔波劳碌，让本就患有心脏病的老父亲晕倒了，虽然医院极力抢救，还是没能保住性命。

小陶的母亲在悲伤中也离开了人世。孩子还不足百天，小陶的父母就双双离世。悲痛的小陶经常在睡梦中哭醒，然后不断地自责："我把父母接到身边，想让他们过上舒适的生活，结果父亲心脏病发作的时候我却没能救他，母亲悲伤难过时我不仅没安慰她，还害得她担心我，父母离开人世都是我的错。"

渐渐地，小陶患上了产后抑郁症，每天脑袋像被灌了铅似的昏昏沉沉，这样的状态也让她无法回到从前的工作岗位。"我很讨厌现在的自己，感觉魂不附体，生不如死。"她经常这样对朋友说。

直到有一天，三岁的女儿看她不开心，凑近她耳朵轻声说："妈妈我爱你。"然后小家伙又是做鬼脸，又是跳舞，目的就是想要小陶笑一笑。小陶突然意识到自己还是个母亲，就算父母走了，还有女儿和家庭。她坚定地摸了摸女儿的头说："妈妈没事，妈妈要重新开始，我要做个好妈妈，好榜样才行。"

从那天开始，小陶开始早晨跑步锻炼，积极学习中医、养生，还报名参加了一些育儿、心理学课程。几个月之后，小陶的精神和身体状态都有了很大的改善，也不再失眠了。小陶试着联系了以前的公司，重新回到了工作岗位。熬过了人生最难的时期，小陶终于开始走向新生活。

谁都可能有一段悲伤的过去，但是如果能忘掉过去的悲伤，愿意改变和重新开始，终究会成就更好的自己。

懂变通，人生赚翻了

有一只蜗牛一直沿着湿滑的秸秆往上爬，总是爬不了几步又退了回来，尽管它一直不停的努力，但是依旧没能爬上秸秆顶端的玉米。一个人在实验室中不停地将各种材料放进灯泡，尽管经过一年多的奋斗，使用了几千种材料，失败了七千多次，但最终成功发明了灯丝，这个人就是爱迪生。

为什么蜗牛和人类都坚持不懈，结果却迥然不同呢？其实原因很简单，蜗牛只是在盲目地坚持，失败只是早晚的事。而爱迪生能够在失败的经验教训中，找到变通的方法，不断改进，所以最终取得了成功。执着追求固然是成功的因素之一，但是也要学会变通，否则只是强逞匹夫之勇。

十九世纪中叶，在美国的加利福尼亚附近，传来了地下有大量金矿的消息。许多人觉得这是一个发家致富的好机会，随即加利福尼亚涌入了大量淘金者。尽管来这里淘金的人，都怀揣着黄金梦，但是真正能挖到金子的只是极个别的人。

一个只有17岁的年轻人亚默尔也是这个淘金队伍中的一员。

随着淘金的人越来越多，金子的数量却与日俱减。由于当地气候干燥，又恰逢连日高温，许多淘金者不是中暑，就是因为缺水而导致身体虚脱。

亚默尔一边在河里淘沙，一边暗暗地想："难道淘不到金子，我就活不下去了？这样淘金跟海底捞针有什么区别，每天连口水都舍不得喝，我不能再继续这样傻傻地执着坚持了。我还不如去卖水呢，这样至少能解决大家口渴的问题。"

于是，在大家还在继续不分白天黑夜地淘沙掘金时，亚默尔开始设想如何把河里的水变干净。亚默尔利用以前的掘金工具，把河水引到水池，充分利用随处可见的细沙，过滤掉水中的杂质，使其成为能够饮用的纯净水。

为了吸引顾客，亚默尔把水都统一盛到一个水桶里，然后自己用扁担挑着，运到金矿上。令人意外的是，90%的人都没有找到金子，空着手回到了自己的家乡。而亚默尔依靠每天运水、卖水，赚了一大笔钱。

所谓"变通"，就是不拘泥于常规，敢于转动方向盘，做事情要灵活。古有越王勾践为了光复国家，不惜到敌国放马求生，甚至卧薪尝胆，最终重新崛起；今有李娜从羽毛球选手转而走向网球场，并成功登上了世界最高领奖台……纵观古今历史长河，凡成大事者，从不会被眼前的形势所局限，都敢于突破常规懂得变通。

而学会变通，其实是在无法改变客观环境的情况下，对自己的想法和观念的改变，让自己在绝境中找到新的成功之路。

　　从前有一个农夫，他有一个十分漂亮的女儿叫琳达。由于妻子得了重病，为了给妻子看病，农夫向村里最有钱的地主借了很多高利贷。到了年底，农夫无力偿还债务，便来到地主家中，恳求地主再宽限一段时日。

　　"老爷，求您可怜可怜我们吧，等来年春天一到，我种上谷物，到了秋天一丰收，我就加倍还您，求您让我们一家人安安生生过个好年吧。而且现在家里连口吃的都没有了，哪还有钱还给您？"

　　地主不以为然地摇了摇头："我可不信你说的话，带我去你家看看吧。"

　　来到农夫家，地主一眼就看见了正在照顾母亲的琳达，转动了一下眼珠说："嗯，看来你没有欺骗我，你家的确生活很不容易。我也有些可怜你，要不这样吧，咱俩赌一把。我这有两块石头，一块是黑色的，一块是白色的。如果你拿到了白色的石头，那么你欠我的钱就不用还了，就当我送给你了。但是，如果你拿到的是黑色的石头，那你的女儿就得嫁给我抵债。"说完地主计上心头便哈哈大笑起来。

　　农夫无奈地答应了下来。

　　地主故意找了两块黑色的石头放到了罐子里，但是恰好这一幕被琳达发现了。琳达一下子意识到了地主的诡计，但又不能当面揭穿他的把戏。于是，她心生一计，并悄悄地告诉了父亲。

　　赌局开始后，农夫伸手先从罐子里摸了一块石头，但刚拿出来，手就突然抖了一下，地主还没看清颜色，那块石头就和地上其他的石头混在一起了，根本分不清哪一块是农夫刚才抓到的。

地主有些生气地说："你等一下，我重新放两块石头进去，咱们再来赌一次。"

琳达立刻阻止道："不用这么麻烦的，老爷，咱们只要看一下罐子里剩下的那块石头是什么颜色，不就知道刚才掉了的石头是什么颜色了吗？"

说完琳达就把手伸进了罐子里，拿出了那块黑色的石头："瞧，说明我父亲刚才摸到的是白色的石头哦，那我要代父亲谢谢您喽，这下我们能过个安生年了。"

农夫的女儿琳达通过逆向思维，成功扭转了局势。很多时候面对无法改变的客观环境，换个思路就能绝处逢生。

变通是一种能力，也是一种生存的艺术。规矩是死的，人却是活的，学会灵活运用规矩，才能成就更美好的人生。

第三章

每一个不努力的现在，造就糟糕的未来

人生苦短，别辜负自己的一腔热血

　　"阿桃，你有没有曾经为某一件事奋不顾身？"朋友小荣满脸期待地看着阿桃，但阿桃到现在都不曾给她一个答案。"人生确实很短，可我缺少的就是那份为了某一件事、某一个人奋不顾身的热血和激情。"所以，阿桃显得有些犹豫了，没有回答小荣。

　　小荣不仅是阿桃的大学同学，也是热血的青年代表。小荣热爱跑酷喜欢轮滑，有着徒步云南、西藏的梦想。第一次听小荣说梦想的时候，阿桃惊讶了，这么小的姑娘竟然有着这样大的梦想。

　　小荣说："你知道吗？我小时候练跆拳道，是因为我想做个小男生。"阿桃用崇拜的眼神看着她，笑了笑说："哇塞，那你后来怎么不练了？"小荣垂下头叹了一声，随之又抬起头说："可我的个子不争气，教练说我只能练花式，可我觉得练花式对我来说没意义，所以我就放弃了。"阿桃接着问小荣："那你觉得什么对你是有意义的呢？"小荣猛地站起来，扶起阿桃说："我现在要好好读书，书读得好了父母就会同意我去西藏。"

　　阿桃很纳闷地问："你去西藏支教？"

　　"不，我就是想去看看，那里的天空是不是更蓝，那里的天空是不是更广阔更无边。"小荣充满激情地回答阿桃。这一瞬间，阿桃就觉得这四年，甚至是以后，小荣一定是自己身边最酷、最热血的女孩子。

大三的那个实习暑假，小荣打电话给阿桃："你猜我现在在哪里？"阿桃一下子惊呆了，脑袋空白了5秒钟，见阿桃不说话，小荣自问自答："我在云南，坐火车来的。"阿桃听完竟然流泪了，然后激动地问她："你还好吗？怎么突然去云南了？"

小荣说："阿桃，我和朋友一起来的，你不用担心。我只是想跟你分享这个消息，这是长途电话，我不跟你多说了，我过两天到了西藏再跟你联系哦。"挂了电话，阿桃的内心久久不能平静，自己的身边竟然有这样满腔热血的姑娘，她身材娇小却从不软弱，她想去做什么便凭着自己的一腔热血去做。突然想起她之前最爱说的一句话：人生苦短，怎能辜负自己的一腔热血呢！

人生在世，不求荣华富贵，不求高官厚禄，只希望有了梦想和追求之后可以有勇气和意志奋力向前，不求有着抛头颅洒热血的坚贞，但求有不辜负满腔热血的热忱。

颜曰春，一个普通的人民警察，但是他又是不平凡的。为了保家卫国，为了更好地为人民服务，他用自己的青春和热血铸就了职业的辉煌。

截止到2016年，颜曰春已经当了19年的警察。但是谁也没想到，在他从警的第二十个年头，他居然在执行侦查任务的过程中壮烈牺牲了。

　　2016年的某一天，有人报案声称，被人诈骗现金114万元，诈骗者冒充某公检法机关单位，以清查账户和交纳保证金为由实施诈骗。了解完情况，颜曰春便开始奔走于各大银行，调取监控和资金流向。根据颜曰春多年的办案经验，他发现已经有一部分资金被分别转到多张银行卡，并且部分现金已经在多地多家银行的取款机上被取走。之后，颜曰春立即带领同事前往贵州等地进行取证和搜寻证据。经过与嫌疑人一个多月的辗转周旋，颜曰春等人终于在昆明的某银行的ATM机前发现嫌疑人，来不及呼叫支援，他们便直接上前把正在取款的3名涉嫌诈骗的嫌疑人一并逮捕。事后他说："当时情况紧急，怕等到支援来了嫌疑人会有所警觉，没想那么多，只想着赶快把犯罪嫌疑人逮捕归案。"

　　这样的事情还有很多，即便工作十几年，颜曰春还是像一个"愣头小子"那样对工作满腔热血。

　　繁忙工作之余，颜曰春喜欢的也都是"年轻人"酷爱的热血运动，岩降和户外运动都是他的最爱。热血、憨厚、勤劳是同事对他最多的评价，爱笑、实在是熟识他的人对他的看法，颜曰春的勤劳踏实和满腔热血换来的是所有人对他工作的认可。"嫉恶如仇，保护人民"是颜曰春的使命也是他的信仰，"广开思路，服务到位"是他座右铭也是他的工作写照。真的很难想象，他居然这么突然地离开了大家。

　　从警19年，他可以把满腔热血都投入到工作中；从警19年，他依然在工作的最后一刻做得坚定不移。

　　人生短短几十年，细数也不过是几十个春夏秋冬，把一腔热血投放在工作、学习或是生活中，你才不致辜负自己的一腔热血。

当心，年轻人容易产生惰性

你是不是经常做事拖拉，最后一事无成；或者做事缺乏恒心，总是喜欢半途而废；或者喜欢空想，而不是把精力在行动上。最后，整个人失去了梦想和方向，没有了前进的动力。这些其实都是惰性在作怪。

年轻人，别让你的惰性毁了你自己。

有人说，人的身上有"勤劳"就会有"懒惰"。事实上，懒惰并不是人的天性，也不应该是为自己的惰性找的借口。

古时候，一个农户家里养了两只猪，一只花猪一只白猪。主人每天都会喂给它们足够的粮食，把它们养得肥肥壮壮，但花猪比白猪更加肥壮一些。

有一天，花猪听见主人与屠夫商量要把它们其中一只长得膘肥体壮的宰了卖掉，从那之后，花猪便闷闷不乐，吃完饲料也不再躺着睡，而是在猪圈里转来转去。这样，一是忧虑可能即将被宰掉，二是不想这么坐以待毙，想要想出一个不被杀掉的办法。

自打主人决定卖掉它们其中一只之后，给它们吃的越来越丰盛，可是越是这样花猪越觉得内心不安，更是吃不下去。白猪很好奇花猪最近的状态，于是问："阿花，你最近是怎么回事？看你没有什么精神，吃饭都没什么胃口。"花猪就把主人想要宰掉它们的事告诉了白猪，白猪颓废了一会说道："如果真的有这么一天，那我一定要做个饱死猪。"

之后，白猪依旧每天过着若无其事的日子，除了吃就是睡；而花猪觉得主人既然是要宰掉肥头大耳的那个，那它不变成肥头大耳，不就不会被宰掉了。

于是，花猪劝白猪："小白，你不要那么懒惰，勤锻炼多运动，说不定主人就不会宰掉我们了。"

白猪说："我才不要呢，你就是在浪费时间，有那个功夫还不如多吃点多睡会儿，好歹被宰之前还能好好享受一下。"

花猪气急败坏道："你这样下去一定会被杀掉的。"白猪不再搭理花猪，转而吃得更香。

一个多月过去了，到了屠夫来宰猪的这一天，由于白猪每天就是吃和睡，变得比之前更肥更壮了，花猪则抛弃了之前的懒惰，不再只是吃和睡，不仅没胖反而瘦了。主人看见这两只猪的状态甚是惊讶，因为之前花猪比白猪更肥更壮，最后屠夫果断选择了白猪宰掉。

本来花猪比白猪被宰掉的几率要大，可花猪在分析了原因之后，果断改变策略，抛弃懒惰，不让惰性危害自己的生命安全；白猪却在这种情况下依旧什么都不做，最终惰性害了它自己。

惰性，是最为人所不齿的行为。有很多人受惰性所累，最后不仅一事无成还会失去很多宝贵的时间和机会。如果你想成为一个成功的人，首先该丢弃的就是身上的惰性。

三国时期蜀汉丞相诸葛亮自小学习勤奋刻苦，在少年时期曾拜师于司马徽。老师把诸葛亮的勤奋刻苦看在眼里并且也十分器重他，认为他不仅天资聪颖还努力勤奋，将来有望成大器。

那个时候老师授课没有钟表，以日晷计时，可是一旦遇到阴天下雨时间就会变得很不好掌握。于是，司马徽先生想到一个办法，那就是训练公鸡打鸣用来计时。他到一定的时间会来喂食公鸡，这样每当公鸡打鸣之时便是下课的时间。可诸葛亮想要多学习一些老师传授的知识，他认为既然是以公鸡鸣叫喂食为下课时间，那如果他延长公鸡鸣叫的时间，老师上课的时间也就延长了。于是他计算好时间，每当公鸡想要鸣叫之时，他就将口袋里的粮食喂给公鸡一些，这样公鸡吃饱了就不会鸣叫，老师上课的时间也随之延长了。

过了一段时间之后，司马徽觉得讶异，怎么这一天的公鸡不按时鸣叫了呢？司马徽经过暗中观察，发现原来是诸葛亮在每次公鸡正准备鸣叫的时候偷偷给它喂食。

司马徽知道后很是恼怒，叫来诸葛亮并质问他："孔明，你为什么要这样扰乱老师讲课的时间呢？"

诸葛亮愧疚地低下头回答道："老师，我想让您授课的时间长一些，这样我就可以学到更多的知识了。"

司马徽脸色缓了缓，转念又觉得惊讶，诸葛亮竟然是因为学习勤奋才会想出这样的办法，于是笑了笑说："你这种勤奋好学的精神我是赞扬的，但以后不可以这么做，因为你这样做也算是一种扰乱课堂纪律的做法，如果有什么不懂的可以随时来问我。"

诸葛亮回答道："对不起老师，谢谢您。"从此以后，诸葛亮变得更加勤奋好学，遇到不懂的问题便会第一时间问老师，并时常和司马徽老师交流。他的勤学好问，更受老师的器重，后来更是凭借自己的勤奋成为三国时期卓越的才子。

惰性带给人的是轻视和嘲讽，一个人必须抛掉惰性，才有机会走向更光明的未来。

懒惰就像是一颗定时炸弹，如果不把握好度很容易爆炸，不管是人还是童话故事，由于懒惰而丢失生命和其他宝贵东西的比比皆是。

年轻不努力，老来空叹气

"少壮不努力，老大徒伤悲"是古人留给我们的箴言，意思是说年轻的时候不知道勤奋努力，发愤图强，老了之后悲伤也没有用。

每个人都有选择努力与否的权利，有的人在面对时光飞逝一去不复返的时候，选择的是抓住时光的尾巴好好努力奋斗；有的人却会选择叹息，放弃挣扎。

苏洵是北宋著名的文学家，也是"唐宋八大家"之一，他的一生，可谓是"少壮多努力，老大真欢喜"的典范了。

苏洵并不是从小就勤奋好学，他直到二十七岁那年在书房随手翻动书籍时，无意间看到了一个有关古人珍惜时间、发奋图强的故事，一下子受到了激励。

之后，他幡然醒悟：原来自己之前都是在浪费时间，时光飞逝，自己即将步入而立之年，现在不努力还要等到什么时候啊！于是，苏洵从此以后，不仅有了爱惜时间的心，更有了努力读书的意志力。一年以后，他觉得自己有所成长，便急急忙忙地参加了两场考试，但两场都以落榜告终。苏洵虽然备受打击，但他并没有垂头丧气，而是重新振作。遗憾的是，他一时间并不知道从哪里入手努力。

有一天，苏洵像往常一样在书房整理书稿，终于发现了自己做出的文章存在的不足。他想：自己都觉得不满意的作品文章，怎么能够让它就这样存于世上呢？他下定决心要从头开始努力，珍惜现在的时光，于是将这些书稿、作品抱到院子里，拿了一个火盆，点上一把火烧了个干干净净。

把之前的书稿、作品焚烧完后，苏洵开始加倍努力学习，有时闭门苦读，有时四处奔走，在求取知识的道路上越走越远。

多年以后，苏洵逐渐步入中年、老年，可他这么多年的努力并没有白费，他不但精通了四书五经，更是对百家之说知之甚多，具备了渊博的学识和令人惊叹的才智，并写出了很多颇具研究意义的作品，为后人所尊重。

苏洵晚年受到朝廷器重，他的才华和学识备受赏识，一时间，朝野上下，宫廷内外都对他赞不绝口。自此，这位晚年成才的大才子闻名于世。

"少壮不努力，老大徒伤悲"告诉我们的不只是年轻就该多努力，更多的是教育我们要珍惜时间，不要白白浪费那么多值得珍惜的好时光。

爱迪生一生有超过2000项的发明，更是在化学领域有着卓越的成就。爱迪生小时候在学校一直被称为"低能儿"，尽管如此，他还是很努力的学习，即便被校长说出："爱迪生他太笨了，成绩不好还总是喜欢没头没脑地问一些没意义的问题，我们学校实在是教不了这样的学生。"他的母亲依旧没有放弃对他的培养和教导。

爱迪生之后的成功，虽然离不开母亲的教诲和帮助，但更多的是源于他对时间的珍惜。

爱迪生经常对助手说的一句话就是："最大的浪费就是浪费时间。"他嘴里常常念叨着："人生如此短暂，怎么能够浪费呢，我们能做的就是尽力用最少的时间去做更多的事。"

有一天，助手在实验室帮助爱迪生处理琐碎的工作，爱迪生递给助手一个还没有上灯口的玻璃灯泡，说："你测一下灯泡的容量"，便又低下头去工作。过了一会儿，问助手："容量是多少？"助手并没有回答，爱迪生看见助手正在拿着尺子测量灯泡的长度以及斜度，并用所测得出的数字进行计算，爱迪生说："怎么能浪费这么多时间呢。"说着便拿起水往空灯泡里倒，然后再把水倒进量杯里说："这样不就简单又快捷了吗？现在告诉我灯泡的容量。"助手立即读出了数字。爱迪生说："这么简单的测量方法，既准确又能够很快的知道答案，一点点计算，是多么的浪费时间啊。"助手很羞愧，爱迪生说："人生太短暂了，一定要珍惜时间，多做事啊！"

爱迪生不仅珍惜时间，更一直在研究发明的道路上努力奋斗着。尽管他并不是天资聪颖的孩子，可他一直努力钻研，刻苦学习，面对别人的质疑和嘲笑从不气馁，抱着绝不放弃的决心在科学发明的道路上愈挫愈勇。

试想，如果爱迪生在别人都骂他"低能儿"的时候放弃努力学习，现在还会有伟大发明家爱迪生吗？试想，如果爱迪生不是极具时间观念的人，而是得过且过的话，平凡又普通的家庭怎么能那么迅速享受到白炽灯带来的光明呢？试想，如果爱迪生面对质疑就放弃努力钻研的话，又怎么会有造福人类的2000多项的发明呢？

不可否认，爱迪生少年时期的努力成就了他后期的辉煌，他的事例给"少年时期不努力，老了以后空叹气"的人带来了无限启迪。

别把精力放在收效甚微的地方

很多时候，人们往往不知道该追求什么，于是把精力放在寻求梦想上；可是当把精力放在追寻的道路上的时候，却又发现好像渐渐迷失了一些东西；于是又把精力放在了找寻迷失方向的答案里……辗转了很久，依然不知道到底应该把精力或是注意力放在哪里。

其实，不把精力放在收效甚微的地方，分清主次和重点，这样才能保证事半功倍，才不会迷失方向，或是浪费精力。

没有人一开始就知道自己忙碌的重点是否正确，或是自己的精力是否放在了一个对的地方，因为你的重点很可能是在你忙碌的过程中被找到的，又或是你的重点是在繁杂的事情里找到的。

洛克菲勒刚进入石油公司工作的时候，由于他的学历并不高，又不是什么技术工人，因此公司只分配给他巡视的任务，就是每天负责确认石油罐的完好情况。事实上，这是石油工作最简单、最没有意义的职位，大概连小孩子都可以胜任。

洛克菲勒每天干着同样的工作，没过多久他就觉得这样的工作太简单枯燥了。但毕竟刚工作没几天，一时又找不到合适的工作，他便想既然自己在做这份工作，不喜欢也要把这个工作干好，于是他又重新振作起来。

洛克菲勒加用心观察机器的运行，检查石油罐的质量。在一次偶然中他得知，公司正准备推行节约计划，洛克菲勒心想：自己正在做的这个工作可以节约某一程序吗？如果自己愿意深入研究一下，会不会为公司节省巨大的成本呢？

之后的工作中，不管是观看机器运行还是盯着焊接石油罐这类的工作，他都不再觉得枯燥。有一天，他突然发现，焊接机焊好一个石油罐需要滴下焊接剂39滴，但经过洛克菲勒的周密计算，其实只需要37滴就可以焊好。可是，这个方法以失败告终，因为并不实用。

于是，洛克将重点放在滴落的焊接剂上，就算是遇到失败也不灰心，哪怕身边的同事笑他："洛克菲勒，你这么做是没有什么意义的。"洛克菲勒回答："怎么会没有意义呢？我找到问题所在，然后把握重点，久而久之，我一定会找到合适的方法。"身边的同事说他太过固执，洛克菲勒不以为意，他觉得既然自己已经找到问题所在，就一定可以找到合适的方法去解决，于是他肯定地说："我把精力放在值得我去研究的地方，才不是浪费时间。"

之后的工作当中，洛克菲勒反复进行试验和测试。终于，他研制出了一种"三十八滴型"焊接机，只要使用这种焊接机，每次使用就可以省一滴焊接剂，每年就可以节省五百万美元。

事实证明，洛克菲勒不仅找对了重点，把握好了工作里的主次，更是给了自己一个大大的惊喜！

　　把时间和精力用在行之有效的工作中去，才不是浪费时间。反之，如果把精力放在收效甚微的地方，则会浪费时间和精力。当然，在追逐梦想的初期，可能很多人都会走弯路，会把精力和时间放在微不足道的地方。但是不要紧，只要不拘泥于现状，努力抓住机遇，就能及时发现重点。

　　古语有云"过了这个村，没有这个店"，这话同样适用于酒店大王：唐纳德·希尔顿。作为家道中落的商人之子，在他的成功背后，生活的磨炼和他能够找到人生的重点和商机是分不开的。

　　希尔顿的艰苦生活要从他20岁开始说起，那个时候他的父亲老希尔顿在经济不景气的状况下，被迫结束了辛辛苦苦创建起来的生意，于是希尔顿和家人一起搬到一个小镇上。父亲开了一个小旅馆来招待过路的商人来养家糊口。而希尔顿做的则是负责去火车站接下火车的客人。

　　一次去火车站的路上，希尔顿无意中在草丛中发现了一个苹果。希尔顿并没有立刻吃掉，而是决定等到关键的时候再吃。于是，在火车站接客人时，他一边拿着苹果，一边憧憬着。这时，他看到一个小男孩正在售卖彩笔和硬纸板。希尔顿灵机一动说："咱俩交换吧，我用大苹果换你的笔和纸板。"

　　然后，希尔顿做了10个接站牌，以1美元一个的价格售卖。

　　那晚，希尔顿用赚到的10美元，请自己吃了一顿大餐。吃完饭后，希尔顿的口袋还剩下6美元。随后，他把硬纸板接站牌，又改成了制作精良的迎宾牌，后来他还雇佣了三个工人。

　　仅用一年的时间，希尔顿就赚到了5000美元，但是这距离他的银行家梦想还差的好远。

后来，在一次偶然的机会，希尔顿来到了在当时因石油而备受瞩目的德克萨斯州。他将目光锁定了一个正在出售的银行地皮上，那里地理位置优越，只要好好设计、管理，建一个银行，一定能赚大钱。可是，本来地皮说好的价位是7500美元，卖家却在给希尔顿的回电中故意把价格涨到了8000美元，希尔顿生气之余立刻决定放弃当银行家的念头。

希尔顿没有被气得丧失理智，他认为自己的当务之急，是赶紧找到可以落脚的地方。当他前往一家旅馆的时候，发现老板正在出售旅馆。于是，希尔顿跟老板商量，最终以4万美元的价格得到了这家旅馆。从此以后，希尔顿成为了旅馆的主人。

但好景不长，就在美国经济大萧条的那几年，希尔顿的旅馆也受到了很大的波及，他的酒店也是一波接着一波的亏损。但他并不灰心，依旧把精力放在酒店员工的"微笑"上，这是希尔顿饭店的重中之重。

在渡过经济大萧条之后，希尔顿了将酒店注入了新的活力，他认为新的时代已经到来，酒店添加新的设备必不可少，于是他再一次召集员工："你们认为在添加了一流设备之后，应该用什么与之匹配呢？"

员工们摇摇头笑笑不说话，他又说："是微笑，微笑是我们希尔顿饭店最美好的东西，而我们，不仅要有一流的设备，更要有最温暖的服务微笑。"

希尔顿在最开始把精力投入到酒店的发展中去，接着把精力投入到员工的微笑中，他认为：微笑，是一流服务人员所必备的素质。试想，在经济大萧条时期，希尔顿就放弃了"希尔顿酒店微笑"这个主要部分，酒店是不是就会流失掉这个特点呢？

希尔顿并不是一开始就给自己的精力找到了好的归宿，相反，他是在摸索中前进的，从最开始的"旅馆小子"到现在的"酒店大王"，唐纳德·希尔顿一直都是一个把精力放在行之有效的地方的聪明人。

如果你愿意，你可以有树的伟岸；如果你愿意，你可以有花的芳香；如果你愿意，你可以有草的坚韧，只要你愿意把精力用在卓见成效的地方，而不是浪费在一些收效甚微的事情上。

诱惑，是检验定力的试金石

古往今来，想成大事者必能抗拒诱惑。这个世界有着太多的诱惑，能够抗拒诱惑，才能走向光明之路。

抗拒诱惑，是面对权威时的不卑不亢；抗拒诱惑，是面对金钱时的不偏不倚；抗拒诱惑，更是面对名利时的宁静致远。

东汉时期就有一位抗拒诱惑流芳百世的名臣。如果单单听名字可能会觉得有些陌生，但他忠于君忠于己的故事，着实令人肃然起敬。

杨震出生于贫苦人家但热爱学习，是一个努力向上的好孩子。虽然他知识渊博、才识过人，但并不热衷于考取功名，为人更是淡泊名利。

在他教书的二十多年，一直有人高薪聘请他去做官，但他一直都没答应。后来，很多人说："杨震，你如今年事已高，早就过了做官的最佳年纪。"杨震只是笑笑，从不争辩。

后来，邓骘听说了他的事迹，便请召邀请他去做官，此时的杨震已经五十多岁。在他做官之际，屡次升迁，由荆州刺史一路升迁至东莱太守。在前往东莱郡上任之时，路过他之前所举荐的秀才王密所担任县令的昌邑。

这天夜里，王密怀揣十斤金子，前往杨震的房间紧张地说："老师，您对我的伯乐之恩，实在令我没齿难忘，这是我的一点心意，希望您不要嫌弃。"杨震一本正经地回答道："你是我的学生，我以为你是了解我的，你应该知道我是怎样的一个人。"王密又说："老师，现在是深夜，没有人会知道这件事情的。"杨震斥责他："怎么会没人知道，天知道，地知道，你知道，我知道！怎么能说没人知道！"王密随之惭愧地走出杨震的房门。

之后，杨震调任涿郡太守，这件事情依旧被人津津乐道。

如果说诱惑是检验定力的试金石，抗拒诱惑一定是"炼金石"的必经之路。孟子曾说的"富贵不能淫，贫贱不能移，威武不能屈"，正是这个道理。在面对世间种种诱惑的时候，保持清醒的心是走向成功道路，甚至是保护生命的必备条件。

在非洲广阔无垠的大草原上有着一种色彩缤纷、香气扑鼻的野花，每年一到春季，鲜花盛开的时节，这种野花便争先恐后地盛开。它们争奇斗艳，生怕自己的花蕊没有飞虫来摘采。它们的花蕊鲜香美味，不少飞虫经不住诱惑会奋不顾身的扑向花蕾，用尽全部力气去吮吸花汁，却被这种花特殊分泌的黏液所粘住，瞬间动弹不得，最后被渐渐合拢的花瓣吞噬。

两只蜜蜂结伴同行采蜜，路过这个草原，看见这么美好的花朵瞬间被吸引了。一只瘦弱的蜜蜂说："小胖，你快看，这些花看起来真好吃。"胖胖的蜜蜂看向那些花儿，说："是啊，看着好看，吃起来也一定很好吃呢。"瘦弱的蜜蜂迫不及待的准备向上冲，却被小胖制止："不行，你快看这些花正在合并花瓣，一定是有什么别的事情发生了。"瘦弱的蜜蜂再一次望向那些绽放的鲜艳花朵说："它们可能只是在休息，想要更好地绽放而已，是你太杞人忧天了。"

果然，不一会儿那些花瓣重新张开了，比之前的更加绚丽、更加好看了。瘦弱的蜜蜂兴高采烈地说："你看，我就说吧，它们合上花瓣只是为了更好的绽放给我们看。"

小胖依旧抱着怀疑的态度，认为都是这些花为了诱惑它们飞向前去的招数，但瘦弱的蜜蜂已经被鲜美的外表所诱惑，一门心思只想赶快采到这些花朵甜美的汁液。而这些花朵知道瘦弱的蜜蜂已经动心，便更加努力的绽放自己，它们竭尽全力的展现自己最曼妙的样子和最绚丽的色彩，在风中摇曳着自己的身体。

于是，就在小胖正在思考怎样带着瘦弱的蜜蜂一起离开的时候，瘦弱的蜜蜂猛地钻进了其中一朵花的花蕊里，用力的吮吸花蜜，但还没来得及跟小胖分享这花蜜的香甜，黏液便以迅雷不及掩耳之势向瘦弱的蜜蜂分泌而来。瘦弱的蜜蜂根本来不及思考，花瓣就合上了，小胖就这么看着瘦弱的蜜蜂消失在自己眼前。

这是一个迅速发展的社会，也是一个充满诱惑的社会，有数不尽的金钱、名利甚至是权势的诱惑，一不小心你就会被改变甚至是被吞噬。

事实上，没有人看见大把大把的现金不会动心，没有人被许诺可以升职会不动摇，在人生的道路上有多种多样的诱惑需要我们去分辨和抵制。它们就像这些美好的野花一样，很容易让人一不小心便误入歧途。

第四章

路漫漫其修远，
有目标才行

人，活着就要有目标

罗曼·罗兰曾经说过："人生最大的敌人，就是没有明确的目标。"的确如此，没有目标的人会陷入无望的境地，不知道怎么样去改变自己的现状。就好像一艘没有方向的小船，终日在海上随波逐流，饱受风吹雨打却始终到达不了彼岸，不清楚自己的终点在哪里。

目标是黑夜里明亮闪烁的灯塔，照亮了前方的路；目标是一个有明显标记的指路牌，给迷失方向的人以指引；目标是一支熊熊燃烧的火把，它发出的光芒足以激发每个人的潜能。因此，一个人有了目标就有了方向，会向着自己的目标一路前行，无所畏惧。

唐太宗贞观年间，长安的磨坊有一匹马和一头驴子，它们是好朋友。贞观三年，法师玄奘选中了这匹马，骑着它前往印度求取真经。

多年后，玄奘终于求得真经，马不远万里驮着佛经回到了久违的故乡——长安，然后兴高采烈地去找多年未见的老友驴子。老马骄傲地跟驴子分享起自己的旅行经历："我感觉这次远行，收获很大啊，我见识了新疆的火焰山，跨过了泥泞的沼泽，穿越了无人居住的沙漠，翻阅了高耸入云的山峰……"

驴子听得很是激动，但是还是想掩藏这种羡慕之情："其实也没什么大不了啊，你走了十几年的路，我在家也是每天原地转圈拉磨，一刻未曾停歇。或许我们走得路程远近差不多啊，只不过你的风景多，听起来比较有趣罢了。"

老马点了点头说："也可以这么说，你我都不曾停下脚步，但是你我的方向大不同，你一直在原地打转，而我和法师的目标则是向着印度佛经不断前进。我们看到了一个新世界，为了求取真经这个目标我们不断努力前进，开启了一次又一次新奇的旅程。而你在被主人蒙住双眼后，一直围着磨盘转圈，你没有目标，只是每天原地踏步罢了。"

这个寓言故事告诉我们，目标决定了人生的方向。我们每个人都要为自己设定一个目标，让自己在它的指引下前进。比如，想象一下，二十年后要过上什么样的生活，是拥有更安稳的生活还是拥有更成功的事业？

前进需要目标，成功没有捷径，方向尤为重要。

一天，一位老教授突然问台下的学生："如果你是一个伐木工，远远地看到山顶有两棵树，一棵粗壮高大，另一棵矮小、树叶稀疏，你第一时间会想砍哪一棵呢？"

问题一出，学生们异口同声地说："当然砍那棵粗的了，树根、树干粗壮的一定能卖个好价钱！"

老教授笑了笑说："如果我告诉你们，那棵粗壮的大树只是随处可见的杨树，而那颗矮小的树则是一棵百年的黑胡桃呢？你们还会坚持刚才的选择吗？"

众所周知，杨树并不罕见，可以说随地都是；而黑胡桃树则非常珍惜，无论是树皮还是树干，都是做高级家具的稀有材料。于是，大家毫不犹豫地又说："当然砍黑胡桃木，它的市场价值更高！"

老教授笑着继续问同学们："那如果杨树是高大笔直的，而黑胡桃树则歪七扭八的，你们会选择砍哪一棵呢？"

问到这里，同学们心里开始盘算了："黑胡桃树长得不规整，想必砍下来也卖不了高价位；而高大粗壮的杨树，或许被人看中打一套家具或者做成工艺品也说不定呢，那我们还是选择砍那棵杨树好了。"

老教授眼神坚定，大家仿佛猜到教授又要说什么附加条件了。果然不出所料，教授说："杨树虽然长得比较直，但是毕竟生长的时间要过于久远，树干很大一部分都中空了，如果是这样的情况，你们选择砍哪一棵呢？"

虽然搞不懂老教授到底为什么要这么问，但同学们认真思考了一番，说："那还是砍黑胡桃树吧，毕竟这样的杨树也没有什么价值了，相比之下还是黑胡桃树更有利用价值！"老教授紧接着说："可是黑胡桃树的中间虽然不是中空的，但它生长的位置不佳，弯曲得太厉害，砍起来非常困难，大家这次会砍哪一棵？"

最后同学们也不想再选择了，赶紧回答说："那就砍杨树好了。反正都没什么价值，当然挑容易砍的砍了！"教授紧接着又问："但是杨树顶端有个鸟窝，几只刚刚孵化的小鸟还没睁开眼，你们忍心砍断杨树吗？"

这时终于有同学忍不住了："教授，您到底想得到什么样的答案呢？这些不断附加的条件到底想测试我们什么呢？"

老教授突然严肃了起来："没有哪个人会毫无目的地跑上山去砍树，你们回答每一个问题之前为什么从没考虑过为什么要这么做呢？虽然我的附加条件一直在变，可每次的结果都是取决于大家最初的目标是什么。如果大家想要的是做饭用的柴火，就砍杨树；想做高级家具，就砍黑胡桃木。可你们却一直跟着我的条件改变你们的答案，以至于根本不知道自己的目标是什么。"

这个故事告诉我们：没有目标，就没有原则，也就没有方向。一个人，只有心中有了目标，做事的时候才不会被各种条件和现象所迷惑和动摇。否则即便一直在努力奋斗，也会碌碌无为，甚至越努力，越失败。

人活着，就需要有目标。打败困住自己的思维，坚持自己的目标，去发掘和释放自己的潜能，创造意想不到的成就吧！

胡思乱想≠人生有目标

　　人的思维是没有限制的，脑子里可以装下很多个千奇百怪的目标或是梦想，可是人生短暂精力有限，如果一味地沉迷于胡思乱想，不仅浪费了时间和精力，还会距离自己定下的目标越来越远。

　　小林小时候说："想成为一个很优秀的人，想过那种自己创业开小商店，每天嗑着瓜子、收银的日子。"长大成人后的小林又说："想当明星，想去横店当群众演员，想从打酱油开始做起，想像王宝强一样成为'草根明星'。"后来，小林又幻想着可以嫁给一个有钱人，过着锦衣玉食，出门有车接送，住豪宅的阔太太生活……熟悉她的人都知道，她一直都喜欢这样胡思乱想，筹划着自己的远大梦想。周围的人听得多了，有的人甚至对她嗤之以鼻。

　　小林这些所谓的"梦想"，在别人看来只是没有意义的空想罢了，因为她从来没有为某个目标做出任何努力。

　　没有朝着目标前进的不懈努力，一切梦想就只是胡思乱想。

　　赵晓丽大学毕业一年了，如今在一家小到叫不上名字的公司里当文员，每个月拿着最低的工资，干着最枯燥的工作。记得上次和大学同寝室的张敏见面时，还在议论："还记得小胡吗？他现在挺厉害的，当初上学的时候怎么看不出来，他能自己创业当老板啊！"赵晓丽说："你看阿力，工作那么累是为了什么啊，每天早出晚归的。还是我现在更好一点，工作轻松。"张敏很认真地对赵晓丽说："他们两个人都有自己的目标，小胡从大学开始就为自己创业做准备，大学期间他不仅早就定下了目标，并一直坚持不懈地为之努力。阿力家庭状况不太好，但是他从小就有目标，在30岁之前攒够钱，给父母在城里买一套或是贷款一套房子。可你呢，忘了你当初的'目标'了？"

赵晓丽噤了声，张敏想她大概早就忘记自己当初的"梦想"了吧！

事实证明，小林的那些想法不能称之为梦想，因为她只想享受结果，却不想经历过程，甚至都没有立下一个目标去慢慢完成。可见，胡思乱想并不是人生就有目标，小林定下的目标空而大且毫无意义，而小胡和阿力在自己的能力范围内定下了目标并一直为之拼搏着。

现实往往很残忍，并不是定下了目标就一定会达成，立足于真实现状定下目标并为之尽全力，才有可能实现我们的目标。尽管完成目标的过程会遇到许多困难和问题，但是我们要相信咬咬牙一定会挺过去。

即使你还没有穿过"七匹狼"服装，但你一定听说过这个品牌。不过创立这个服装品牌的男人是谁，你不一定十分清楚，他就是周少雄。

2009年，由周少雄领导6个朋友共同联合创建的"七匹狼"品牌诞生了，但和其他过五关斩六将的品牌创始人有些不一样，"七匹狼"品牌创始人周少雄的起步并没什么传奇色彩。

故事的开始要从上世纪80年代的泉州说起。那个时候的泉州有着许多在贫苦中煎熬的闽南人，所有人都想着可以脱离贫穷生活，但赚钱哪有那么简单？周少雄就是这些想要赚大钱里的一员。

当时在新华书店工作的周少雄，可谓是捧着一个金饭碗，但他不甘心一辈子做个"打工仔"，他想要赚大钱，于是萌生了"出去闯闯"的念头。但这个念头在父母知道后他便遭到了极大的反对，因为在父母看来放着好好的工作不做，偏偏要冒险出去闯荡，实在是胡闹。然而，父母最后还是拗不过认定目标就坚决不放弃的周少雄，最终同意了。

周少雄认为，自己想要出去闯荡赚钱不是胡思乱想，而是追随自己的心定下的目标。起初，周少雄只是做简单的面料交易，在后来的经营中他发现当地生产的服装和海外销售的带有商标的服装价格差异很大。原来，当地很多公司和工厂做的就是"贴牌"工作，购买一些英文标签，然后贴在自己生产的服装上，并不会去深究甚至不在乎那些英文字母是什么意思。他发现了这里的商机："为什么我们不去创建属于我们自己的品牌？我们一定要倚靠外国的标签吗？"伴随着内心的一阵叫嚣，周少雄和小伙伴在心中迸发了强大的创业欲望，于是他联合自己的朋友准备着手创造属于自己的品牌。之所以将品牌名称定为"七匹狼"，是因为周少雄认为狼是一种以团队为中心导向的动物，不仅聪明还具有团结精神，而这正是创业必不可少的品质。所以"七匹狼"本土服装品牌诞生了。

放弃金饭碗创造"七匹狼"品牌的周少雄，以自己的亲身经历告诉大家，如果你只有胡思乱想，那不是目标，只有确定下来并值得让你为之付出努力的才能称为人生目标。

一个人，可以有胡思乱想的臆造力，也可以有天马行空的想象力，但绝不能在一次两次的胡思乱想之后就把想象的结果当做人生目标。

胡思乱想不仅毫无意义，甚至会影响一生。我们在成长的过程中一定要立足于自己的真实情况，找到自己的正确目标，要知道自己究竟想要什么，自己需要追求什么。

目标＋坚持，改写你的命运

俗话说："不经历风雨怎么见彩虹。"给自己找好定位，并做好坚持下去的准备，做一个有理想、有追求、有目标能坚持走下去的人，才有可能改变自己的命运。

设定目标不是空想，是要依据现实找准定位的；坚持不懈不是一味地咬牙坚持，是在遇到问题和挫折时找到方法去解决，然后再坚持进行下去。唯有如此，有了目标并坚持下去才可能迎来成功。

德国著名化学家李比希在少年时期便立下目标：要做一名化学家。虽然他在当时受到了同学的嘲笑，但一直没有放弃这个念头，并一直坚持不懈。他的父亲是一位经营染布坊和药品的商人，因此很小的时候李比希就有机会接触到化学物品。他很喜欢帮助父亲做一些事，并且自己占用一个房间做实验。他最喜欢待在一个侧边房屋里，也就是在这间侧屋里更坚定了他想要学习化学的目标，也更加激发了他对化学的兴趣。

那个时候虽然有很多国家的科学家在化学方面已经小有成就，但还是有很多人并不把化学当成重要的研究方向，他们甚至将化学视为魔术表演，把研究化学的科学家视为巫师和魔术师。李比希并不在乎这些，反而对化学充满了极大的兴趣，他认为，正是因为有了化学，社会才可以慢慢进步，人们才有机会创造出许多有用的东西。

在父亲的药房里做化学实验，虽然为他提供了很多的帮助，但在遇到解决不了的配方问题时，他不得不前往当地的图书馆查询。

"馆员先生，我想借几本化学书。"李比希说道。

馆员海斯很是惊讶但极为热情的对他说："你也喜欢化学方面的书？那我们真该交个朋友，因为我也很喜欢有关化学的书籍。"随后，馆员海斯先生给了他许多知名化学家的著作。

自此以后，李比希俨然成了图书馆的常客。他时常和海斯先生讨论化学知识，不久他就把书架上有关的化学方面的书都读了一遍。

然而，他觉得虽然读完了这里的书，但只是学到了书本上的知识，还应该进行实操训练，于是他准备通过实验来进行研究。后来，李比希在集市上一个专卖灵丹妙药的人那里学会了制造爆炸雷管，又学会了制造雷管需要用到的仪器，并制造出了小炸弹。最终，李比希成为了德国乃至全世界闻名遐迩的化学家，还获得了诺贝尔化学奖。

试想，如果李比希在面对同学、老师嘲笑的时候放弃了会怎样？那么德国失去的不仅是一个优秀的化学家，更会丢失德国人荣获诺贝尔化学奖的那种喜悦感。不得不说，是李比希在定下目标后的坚持不懈，支持着他在化学方面的不断前进。

定下目标后的朝令夕改是软弱和怯懦的表现，坚持不懈才是走向胜利的唯一之路。坚持不懈不仅是实现目标的可行之道，更是迈向成功的最好方法。

苏格拉底不仅仅是古希腊有名的哲学家，更是古希腊的教育家，他上课的方式和教学方法常常别出心裁。

一次苏格拉底对听课的同学们说："这节课，我只教大家做一件事，这件事既简单又很容易完成，你们每个人都尽可能向前甩胳膊，然后再尽可能向后甩，你们自己练习一下吧。"

学生们听完老师这么说，都认为这是一件相当简单的事情，笑着说："老师这也太简单了吧，还用练习吗？"

苏格拉底却很严肃地说："嗯，当然需要练习，这个动作只是看起来简单，时间越长越觉得困难。"

听老师这么说，学生笑得更加开心了。

苏格拉底却并不生气，他笑笑说道："从今天开始，每个人每天做300次，可以做到吗？"

学生们异口同声："可以。"他们认为这个作业实在是太容易了。

一星期后，苏格拉底问："都有谁坚持做下去了？"几乎所有人都举手了。

一个月后，苏格拉底又问："你们坚持下去了吗？"八成学生举了手。

一年后，苏格拉底再次问起："还有谁坚持在做吗？"这时候，只剩下一个人举起了手。他便是古希腊另一位伟大的哲学家——柏拉图。

　　看似只是每天甩手的小目标，可随着时间的推移，可以坚持下来的人越来越少。可见，有时候即便是很简单的事情，人们都不一定可以一直坚持下去，何况是树立的远大目标呢？心理学一项研究表明：凡是有着惊人成就的人，他们在意志力、自觉性等品质上都超越一般人。

　　由于设立目标的长远性，坚持成了实现目标必不可少的特性。

　　如果你已经树立了目标那就为之付诸行动，不过单单行动起来是不够的，在遇到困难和挫折的时候需要的是坚持下去的勇气和毅力。

跳出"瞎忙"的怪圈，凡事做好计划

"凡事预则立，不预则废"，工作、学习以及生活也是一样。如果学习没有计划，很有可能会错失学习的最佳时机甚至影响成绩；工作没有计划，就会影响工作效率甚至会拉低工作业绩；如果生活没有计划，就会变得瞻前顾后甚至影响生活质量。

可见，"瞎忙"没有任何意义，凡事都该做好计划。

你是否有过这样的经历？想复习数学却发现语文作业没做，于是赶紧把数学放下做语文；可是拿起语文又发现英文作文下节课需要交，然后赶紧写英语作文。最后，虽然忙碌了一节课却什么都没做好。工作时你是否有这种经验呢？老板让你准备开会的材料可你手头还有工作没有完成，瞻前顾后实在是不知道先做哪个，最后不仅手头工作没有完成，就连老板交代的任务都完成的不够好。之所以会这样就是因为你一直在瞎忙，不仅白白浪费了时间，还影响了学习和工作效率。

瞎忙的结果就像是"盲人摸象"或是"眉毛胡子一把抓"，结果一定令人大失所望。

小和尚上山拜师学艺，老和尚让他从化缘、挑水、打坐以及打杂开始做起，于是小和尚在一天时间里又是打坐又是化缘还需要打杂，忙前忙后，最后每一件事都做的不尽人意。小和尚内心很挣扎，陷入沉思却又实在搞不懂是哪里出了问题。

于是，他去求助师父："师父，为什么我这么累也没有把工作完成得很好呢？这究竟是什么原因呢？"

师父沉思片刻说："你去拿一个碗和一些核桃来。"小和尚尽管有些摸不着头脑，但还是照做。

过了一会儿，小和尚把东西拿过来了，老和尚说："现在你把这些核桃装进这个碗里，直到可以装满整个碗。"

小和尚照做，可才装了十几个核桃就装满了整个碗。

老和尚问："还能继续装核桃吗？"

小和尚摇摇头："装不下了，师父您看碗已经满了，再装核桃就该溢出来往下滚了。"

老和尚笑了笑说："哦，是吗？那么你再去捧一些大米来。"

小和尚又去捧来一些大米，并把大米放进碗里，大米沿着核桃的缝隙缓缓流了下去，一直到大米溢出来，小和尚停下动作，仿佛突然有所顿悟："原来刚才的碗并没有满！"

老和尚笑了笑说："再去用瓢取一些水来。"

小和尚取来一瓢水往碗里倒，这时候大米留下的缝隙也被填满了。

"这次你觉得满了吗？"师傅问道。

小徒弟默不作声。老和尚说："你再去拿一些盐过来"

盐倒进去之后，水竟然一点都没有溢出来。

小和尚恍然大悟："师父我知道了，这说明时间挤一挤总会有的。"

老和尚对他神秘一笑说："这并不是我想告诉你的。"

接着老和尚把碗里的东西倒回了盆子里，腾出了空碗。老和尚一边操作一边说："刚才先放的是核桃，现在反过来，先放盐，看看会发生什么吧？"老和尚先倒进一些盐又倒进一些水，接着又放进去大米，水就开始溢出来了。

老和尚问小和尚："你看现在这个碗里还能放下核桃吗？"

老和尚紧接着说道："如果说生命就像是这个碗，当碗中全是一些细小的事情，你的其他相对来说较大的事情怎么能放的进去呢？"

小和尚恍然大悟。

如果遇见事情或者针对计划只是一股脑的"瞎忙"，最后只会被圈在"瞎忙"的圈子里，浪费时间和精力。事实上，所谓"瞎忙"，不过是因为遇事分不清主次，如果有计划地处理事情，做事时分清主次做好计划，往往会取得事半功倍的效果。

现代社会环境下，时间、信息的碎片化使得大多数人都认为自己无时无刻不在忙，到头来却根本不知道自己在忙些什么。于是抛弃"瞎忙"，让自己行事作为有计划显得尤为重要。

小李和小张都是一家上市公司的实习生，但由于只有这两个人实习，所以公司的杂活和一些比较简单的工作都会交给两人，有的时候甚至会同时有很多的工作落在某一个人的肩上。

就在实习快要结束时的前两天，老板留下小李和小张同时交给二人几乎相同的一些工作说："你们今天上午就要把这些工作做完，不仅要快更要保证质量。"小李和小张意识到老板大概是在做最后的抉择，于是，二人丝毫不敢怠慢。

小李坐在座位上开始想："如果老板辞退我怎么办？我是先复印这些文件还是先准备下午开会需要用的东西呢？还是……"

就在小李思前想后烦忧的时候，小张径直坐在座位上看着桌子上的文件并回忆着老板交代工作的先后顺序，厘清了有关主要文件和次要文件的思绪，才开始工作。最后结果可想而知，小李虽然忙前忙后可工作结果并不理想，甚至做了一些毫无意义的工作。而小张用更简单高效的方法，分清了主次工作，自然更受老板赏识，最后得到了公司的聘用。

完成目标一定离不开制订计划，毕竟有了计划才能更好地朝着目标前进。"瞎忙"对目标的完成没有任何帮助，甚至会起到反作用。

人生目标，不只是向前也需要转弯

当你定下一个目标，却在努力的过程中发现前面竟然是个死胡同，这时候该怎么办？放弃吗？之前的努力全部荒废，实在可惜；继续前进吗？明知道前面是"死路一条"，努力下去根本没有什么意义。

其实，人生目标，不只是一味向前，有时候需要及时转弯。

转弯，不是懦弱的表现，恰恰相反，转弯是考验智者在遇见问题时的应变能力。

如果从闪亮的舞台跌落谷底你会怎样？如果早已习惯了闪光灯下的自己却不得不藏起来过暗淡无光的生活你会怎样？

克里斯多夫·李维以一部《超人》电影风靡全球。可就在李维的声誉和名望如日中天的时候，命运跟他开了一个天大的玩笑——在一次马术比赛中李维意外从马背上摔下导致下半身瘫痪。原本的演员梦就此破碎了，李维开始颓废消沉，甚至认为自己的人生就要到此为止了。

在一次李维的妻子开车带他去外地旅行，李维发现，在每一处曲折蜿蜒的盘山公路的弯道处都立有一个交通提示牌："前方转弯！"或"注意，前方急转弯！"当驶过弯道之后，又会是一段平坦大道。看到这样的景象，李维突然顿悟，他的人生道路并不是走到尽头了，而是需要转弯了。想通了这一点，李维的心情豁然开朗，回过头告诉妻子："我们回家吧，我还有很多事情要做。"

李维回去后，思来想去，觉得自己不应该再惆怅梦想破碎，也不应该把自己圈在一个迷茫的过去。他开始发奋努力，不仅积极接受康复治疗，更加致力于有关身体瘫痪的患者站起来的相关研究，甚至是创立了一所瘫痪病人教育中心，创办了基金会，成为了一个著名的慈善家。后来，他更是以轮椅代步转行做导演，而且他执导的第一部影片就获得了大奖。他又一次变得炙手可热，但这次不是以演员的身份，更是以导演、慈善家的身份。他的自传《依然是我》一经出版就马上登上了畅销书排行榜。就像他说的，以前，一直认为自己应该做一位演员，没想到今生还能做导演、当作家，并成了一名慈善大使。

面对定下的人生目标，有时候只是向前，很容易使人踏入一种错误的迷茫的状态，看不清回去的路，更看不到前进的方向，这时候，很可能转个弯就会带给你一次转机和机遇。

鲁迅先生是我国伟大的文学家、思想家。在成为文学家之前，他原本是想成为一名医生的。父亲得病，身体衰弱，加上自己从小身体就瘦弱不健壮，所以自小他便立志做一名医生，不仅是想要医好父亲也是为了自己。

鲁迅先生弃医从文要从他在在日本医学院学习时发生的一件事说起。某一天，上课时教室里放映了一部有关中国人被日本人砍头示众的影片，站在周围观看的中国人虽然各个身强体壮却像是在观看戏剧一般，不仅无动于衷更是满脸的麻木不仁。

这时候，一个日本学生嘲讽道："看中国人的这个样子，就能猜到终有一天中国一定会灭亡！"听到这句话的鲁迅忽然站起，朝着说话的日本学生剜了一眼接着昂首挺胸地走出了教室。

走在路上他的内心受到了极大的触动，看着这样一个被五花大绑的中国同胞被他国人侮辱谩骂，自己的同胞竟能无动于衷！他猛然觉醒，单是拯救中国人的身体是不够的，想救治中国人的身体，必须从根本上解决中国人的精神问题。

的确，在那样一个满是疮痍的中国社会，只是做一个医生拯救病痛远远不够，如果中国人本身的思想不觉悟，即使救治了他们的身体，最后还是逃不过任人宰杀的命运。

自此以后，鲁迅把人生目标从医学转变为文学，用自己的笔杆做武器，写出了一部又一部脍炙人口的文学作品，向当时的黑暗旧社会发出挑战，唤醒了无数麻木的中华儿女。

正如希腊哲学家亚里士多德所说："文学具有疗治病痛的作用。"鲁迅先生之所以放弃医学用文学来深入中国人的精神世界，用文学作为治疗中国同胞精神病弱的方法，是因为他认为身体强健又如何，国民精神上的麻木才是根本。

山不转路转，路不转人转，人不转心转。生活并不会一帆风顺，在通往自己实现人生目标的路上一定会遇到数不清的挫折和困难，有的时候，主动转弯，将它作为另一条通往人生目标的道路，未尝不是一个好办法。

第五章

哪有什么一帆风顺，都是
苦过来的

人生第一步，学会正视苦难

每个人都希望自己幸福，希望自己万事如意、一帆风顺，但如果人生只有幸福，那么这种幸福感想必没什么滋味。只有体验过苦难，才能更珍惜来之不易的幸福。因此，苦难带给你的不只是苦闷和绝望，还有战胜苦难后的幸福体验。

当你学会了正视困难，你就能从苦难中积累经验和教训，即使以后再遇到更大的困难和挫折，你也不会退缩。

夏季的某个深夜，突然天空开始电闪雷鸣，随后雷克多的庄园冒起了滚滚浓烟，原来是雷电引发了万亩林木失火。雷克多看着被大火烧毁的庄园，心里说不出的难受。他难以承受这么大的打击，整天把自己关在屋子里，茶不思，饭不想。

就这样过了一个多月，体弱多病的母亲实在看不下去了，就劝慰雷克多："你还年轻，你现在最重要的事情不是为了这些毁掉的木材伤心，而是应该学会正视这场灾难。"

雷克多伤心地说："母亲，这些木材本来都已经成年了，那些果树到了收获的季节就能卖个好价钱。可是现在，一切都没了，都被毁了，我真的感到很难过。"

"即使我们的家园被毁了也没有那么可怕，可怕的是你一直这么颓废，不敢正视苦难。这样的话，你的眼睛都失去了光华。"雷克多的母亲说道。

雷克多点了点头，心想：是啊，自然灾害无法避免，我总不能一辈子都沉浸在痛苦中，这样不能解决任何问题。

索性雷多决定出去走走，他来到了市中心最繁华的一条商业街。突然，雷克多看到街道拐弯处的店铺门前挤满了人。原来这家店铺的木炭质量上乘，每天都有很多慕名而来的顾客。看着这些油亮乌黑的木炭，雷克多突然想到了什么，他笑了笑自然自语道："我知道该怎么办了，这下庄园有救了。"

回到庄园，雷克多就雇佣了几个烧炭工人，把大火烧毁的树木都砍了下来，然后烧成优质的木炭，派人送到市中心的集市上售卖。

由于这些木炭有的是果树木炭，自带果木香甜气，有的是松树木炭，带有松木的香气，点起火来不容易起灰，特别受城市人的欢迎。很快，雷克多的木炭就被抢购一空，他获得了一大笔收入。接着，他用这些钱购买了许多新的树种和树苗，几年后，这里又是一片生机盎然。新的庄园就这样又诞生了。

人如果能够正确地看待苦难，在它面前毫不畏惧，并采取积极抗争的态度，就能够战胜苦难。敢于和命运抗争，不屈从于窘迫的生活，才能争取到你想要的生活。

卡耐基二十四岁时放弃了自己最挚爱的演艺生涯。当时的他一个人走在曼哈顿街头，不知道自己的未来在哪里，也不知道自己擅长什么，感受到的只有绝望和无助。一想到自己为了表演事业不得不每天没日没夜忙碌，一想到观众那种轻蔑不屑的眼神，一想到自己那阴暗潮湿的住所，一想到那些难以下咽的食物，卡耐基真的痛苦到了极点。绝望和烦恼让他患上了偏头痛。

一天，他突然在大厦前看到一位断臂的年轻人。出于同情，卡耐基主动与小伙子搭讪了起来。

"嗨，可以聊一下吗？介意告诉我，你的手臂是怎么回事吗？"卡耐基有些不好意思地问道。

"当然不介意。"小伙子摊了摊手笑着说。

卡耐基被小伙子的乐观惊呆了，连忙追问道："你倒是很乐观，这样子生活不受影响吗？"

"当然会有影响，只是还有什么比活着更宝贵吗？我的手是在工作中被轧钢机轧断的。后来慢慢练习也就习惯了，除非是在缝制衣服的时候才会感觉有些别扭，平时我还真没太在意。"

年轻人的几句话让卡耐基茅塞顿开，他开始思索：一个人即使身处窘境或者遇到困难，如果能够正视并接受这些，那么就有了解决困难的勇气和动力。反之，一直沉溺于苦闷，则是自寻烦恼。

于是，他拿出一张白纸写了几个问题：

1.你愿意活在过去，还是愿意活在当下或者未来？

2.让自己苦恼的到底是什么事情？有解决方法吗？是不是只有一个解决方法呢？

3.如果能够接受苦难，然后把伤心、痛苦的时间拿来行动，自己的生活会发生变化吗？梦想会实现吗？

　　卡耐基不断地扪心自问，终于他明白了：只有学会正视苦难，才能更坦然面对，才能品味出幸福的滋味。

　　从古至今，如若没有正视苦难的态度，就不会有越王勾践的"卧薪尝胆"，也就不会成就越国的复国大计；如若没有正视苦难的态度，司马迁又怎么在遭受宫刑后，仍能笔耕不辍十余年，终写成《史记》，实现了人生价值；如若没有正视苦难的勇气，从小就高位截瘫的张海迪怎么敢以惊人的创作热情，挑战残酷的疾病？

　　学会正视苦难，是你人生走向成功的第一步。

经不起苦难，就得不到"宝藏"

"故天将降大任于斯人也，必先劳其筋骨，苦其心志，饿其体肤，空乏其身，行拂乱其所为……"这是出自《孟子·告子下》中的一段话，意思是告诫人们若要成就一番事业，必须要经历各种苦难。如果在面临苦难时，你能够正视它并敢于挑战它，那么这些苦难就会变成宝贵的经验和财富。反之，如果你经不起挫折和困难的洗礼，一味地委屈、抱怨、退缩，可能一生都只能原地打转，无法达到人生的制高点。

一位农夫在秋天时，看着自己辛辛苦苦种出的小麦终于收获了，心里百感交集。他暗暗地想：要是老天爷来年不闹旱灾、蝗虫，别遇上暴风骤雨该多好啊，想必这产量会提高好几倍呢。

这时上帝似乎听到了农夫的心愿，对农夫说："不如我帮你实现心愿可好？"

农夫鼻涕一把眼泪一把地说："几十年了，我每天都在不停地干农活，每天都祈祷有个好天气，有个好收成。明年请您一定让我得偿所愿，哪怕就明年一年，不要干旱无雨，不要闹蝗虫，不要疾风骤雨或者冰雹、大雪，求您了，万能的主啊。"

上帝点了点头："好吧，这次就按照你的心愿办。"

第二年，气候果然出奇得好，也没有遭遇任何自然灾害，每天都是风和日丽。农夫田里的庄稼长势喜人，今年的产量应该比去年多了一倍，农夫高兴极了。可是等到秋天收获时，农夫诧异地发现很多麦穗竟然是空的。

农夫哭着找到上帝："明明产量应该增加一倍的，为什么麦穗都是空壳呢？您是不是在捉弄我？这究竟是怎么一回事？"

上帝坦诚地说："我没有做任何手脚，只是因为麦穗躲过了风吹日晒、干旱、蝗虫等的挫折考验，才会变得空瘪无物。"

人生从生到死，一直都在经历苦难，时刻与疾病、挫折、困苦、灾难等打交道。如果人一直生存在顺境中，没有了困难和挫折，很可能停滞不前。因此，从某种意义上说，经历过苦难的人生，才更有意义、更完美。

苦难是最好的礼物，但是想要把苦难变成宝藏也是有条件的，不仅需要学会正视苦难，有战胜苦难的勇气，更需要学会反思和积累经验教训。

李嘉诚十四岁时家中突遭变故，作为长子的他为了缓解经济压力，不得不选择了辍学，到舅舅的钟表厂当起了小学徒。尽管当时舅舅的钟表厂势头正劲，而且发展前景良好，但是他偏偏选择在那个时候离开，到一个不知名的小五金厂做起了推销员。

李嘉诚觉得香港当时的经济形势不错，而且他也想趁着年轻多学习、多经历一些不同的工作，拓宽一下自己的视野，也好顺势而为成就一番事业。

但是理想很丰满，现实很骨感。在五金厂做销售不同于在钟表店等待顾客找上门，是需要主动去拉客户的。也就是说，你不确定哪个消费者是你的潜在客户，你需要广撒网才能更有效地推销产品。

李嘉诚则生性内向，因此，做销售员对他来说简直是一件堪比登天的难事。但面对困难，他没有选择放弃，而是选择思考，思考"如何和客户搭话""如何应对不同的客户""被拒绝后，如何找到有用的市场信息""如何与老客户保持业务往来"等。因此，他下班后会到旧书摊去看书，然后回到家对着镜子反复练习话术。就这样，李嘉诚不断地学习、练习、观察和总结，他能够凭直觉准确地判断出客户的喜好和心理，然后从容地制定应对策略。于是，一年后他当上了销售部经理。

积累了足够的经验后，李嘉诚向亲友借了五万块港币，创办了长江塑胶厂，专门生产日用品。刚开始时倒是凭借多年商业经验，取得了不俗的业绩，但是胜利冲昏了他的头脑，急于扩张的塑胶厂很快出现了资金周转的问题。同时，由于工厂承接的订单过多，生产力不足，未能按时交货，招致了大量的退货索赔和原料商催款，李嘉诚面临破产的局面。

痛定思痛后，李嘉诚发现了塑胶花的广阔市场前景，于是开始搜集资料做市场调查。通过集中广告推广，长江塑胶厂一下子成为了香港的热门企业。

李嘉诚可以说是商界的传奇，他白手起家，不断反思和挑战自我，在苦难中坚定前行的精神鼓舞着无数有志青年。

　　人生没有捷径，更不可能一帆风顺，接纳苦难，反思苦难带给自己的收获和感悟，最终才能获得新的宝藏和财富。就像游戏中打怪一样，遇到比自己级别高级的怪兽，一招致命很正常。但是如果你因此不继续升级，不总结失败经验，就无法过关，无法获得更多的经验。

　　坚持在苦难中磨砺自己，你就能够战胜困难成为一个强者，拥有无价的宝藏；反之，你便无法应对苦难，将堕入万丈深渊，遭受更多的痛苦和磨难。

不是苦难多，而是你没有选择坚强

生活中总会遇到各种烦心事或者麻烦事，让人不开心。可是如果不经历这些，我们便无法成长，无法成为更好的自己。换句话说，每个人只有经历过磨难，才会长大和成熟，才能成为更好的人。因此，面对苦难，我们必须坚强地走下去。

刚满十八岁的英国女孩Lisa只带了些换洗衣物和帐篷便踏上了征途，她利用半年的时间骑行了近5000公里。她要面对的不仅是没有金钱的困难，还得自己修车、搭帐篷、寻找食物，甚至可能遭遇性骚扰。

出发前，她的家人都极力反对："你一个小姑娘，骑自行车远行太不安全了。而且你还不带现金，这要怎么生存，你想过没有？"但是，Lisa还是背上行囊出发了。

每天Lisa需要骑行一百多公里，累得骨头都要散架了，嗓子都要冒烟了，却还要面临没有钱买饭吃的尴尬。骑到厄瓜多尔时，天气十分恶劣，几乎每天都有暴风骤雨，道路泥泞不堪。她只能推着自行车在泥地里走，更糟糕的是当地人很排斥外国人。她有时候一天都讨不到一块面包吃，晚上也只能搭个帐篷住在荒郊野外。那几日，她感受到的只有饥饿、困倦和无助。

午后太阳的暴晒还时常导致自行车爆胎，就这样她慢慢学会了自己拆卸、更换轮胎。一路骑行下来，她从厄瓜多尔到秘鲁，然后穿越秘鲁、玻利维亚、巴拉圭、阿根廷，越过亚马逊丛林，3次翻越安第斯山脉，最高处到达海拔5000英尺。

一个小女孩完成了常人不敢想象的任务，这神奇吗？其实一点不神奇。因为她只是在苦难面前选择了坚强面对，而我们则在未知事物、困难面前选择了禁锢自己，选择了懦弱和认输。

其实，苦难远没有我们想象中可怕，你也没有自己想象中那么柔弱。解锁的钥匙就掌握在自己手中，只要告诉自己，别害怕，勇敢坚强一点，试着走下去，前面的路就会豁然开朗。

文芳是一位年过五十的农村妇女，但是她坚强地扛起了整个家庭的重担。中年丧夫的文芳勇敢地撑起了整个家，面对年老体弱的公婆、身患尿毒症的儿子、患有癫痫又怀有身孕的儿媳，文芳从没想过退缩，而是坚强地向命运发起了抗争。

上世纪80年代，文芳经媒人介绍嫁给了同村的贵喜。婚后文芳生有一儿一女，她负责在家种地并照看年迈的公婆，丈夫贵喜则外出到煤矿打工。虽然全家人的日子过得有点清苦，但是夫妻和睦、老人健康、儿女双全，也算得上幸福之家。

然而，煤矿发生了瓦斯爆炸，几十名矿工一时间丢了性命，这其中也有贵喜的名字。当时，恰逢孩子正准备中考，家里的公婆也都在发烧生病。文芳悄悄处理完贵喜的后事，强忍着眼泪回家了。夜深人静的时候，她只能自己躲在被窝哭泣，心想接下来的日子可怎么办？一个人能撑起这个家吗？

等两个孩子中考完，她再也装不下去了，哭着告诉全家人贵喜的死讯。可当所有人都哭喊着不知道今后怎么活下去的时候，文芳擦干了眼泪，一把搂住了两个孩子："你俩别担心，你们的爸爸不在了，还有妈呢！只要你们考上了，妈不会让你们辍学的。"泪眼婆娑的公婆心疼地说："俺们有福，你以后就是俺亲闺女，俺老两口替贵喜谢谢你了。"

文芳就这样农闲的时候到城里洗碗、打扫卫生，什么脏活累活都干，有时候公婆病了或者孩子急着交学费，但是又没到发工资的时候，她还去卖过血。在她的精心照顾下，体弱多病的公婆在五年后安详地去世了。这时孩子们到了婚嫁的年纪，女儿嫁给了城里一个工人，儿子也娶了邻村的一个姑娘。

村里人见到文芳就说："你的苦难可算熬到头了。"

但是不幸并没有放过这个家庭，儿子婚后不久，她经常看见儿媳吃药。后来她偷偷把药拿给村里的医生看，医生说这是治疗癫痫的药物。医生叮嘱，儿媳一旦怀孕就不能服药，恰恰这时儿媳怀孕了。文芳只好命令儿媳停药，但是又担心儿媳犯病。就这样，她没日没夜地守着儿媳，没睡过一个安稳觉。最后，儿媳顺利产下了一对龙凤胎，尽管儿媳偶尔发病，但是好在一家和睦。

没想到，不幸再次降临，儿子打工回来后时常出现尿血的症状。经医院诊断，儿子患上了尿毒症！文芳听到这个消息感觉脚下软绵绵的，"天"又要塌了。哭了一整晚的文芳深知，自己不能倒下，更不能放弃，必须坚强面对。哪怕只有万分之一的希望，也得试试。

每天早晨五点，文芳就起床给小孙子、孙女准备早饭，给儿子煎药，然后送孩子们上学。晚上文芳不敢脱了衣服睡觉，生怕儿子或者儿媳需要照顾时起来不方便。

一年以后，医院终于联系到了匹配的肾源。文芳激动地说："总算看到希望了，我就说吧，苦难总会过去。"儿媳的病虽然时好时坏，但是只要按时吃药，平时也能帮文芳做做家务，还能偶尔带带孩子。

尽管每天文芳累得头晕眼花，但是她从没想过放弃。文芳知道，只有勇敢面对，总能把苦难挺过去。

艰难坎坷不可避免，失败和挫折也在所难免，但是只要坚强面对，终究可以赢得最终的胜利。

无论遭受多少困难，都只是过程不是绝境

"山穷水尽疑无路，柳暗花明又一村"。人生也一样，无论经历多少苦难，只要你心怀希望，苦难和绝望就只是一个过程，终会有结束的一天。面对绝境，坚强的人、向上的人能够把握每个机会，厚积薄发，知耻而后勇；面对绝境，懦弱的人则会止步不前，在消极懈怠的情绪中堕落沉沦。

"不要惧怕失败，即使被踩到泥土里，我们也不能甘心变成泥土，而要成为破土而出的鲜花。从绝望中寻找希望，人生终将辉煌。"这是新东方创始人俞敏洪常说的一句话。

从一个农村高考落榜生，到留校北京大学的任教老师，又到被开除被迫成为"个体户"的经历中，俞敏洪真可谓经历了很多苦难，甚至每一次都有可能成为"绝境"。但是，他挺过来了，绝境也变成了丰富的人生经历。

俞敏洪参加过三次高考，前两次高考英语只考了33分和55分。原本俞敏洪已经不抱任何希望，只想着混个当地的师专。而当地县教育机构恰好办了一届英语补习班，但是由于俞敏洪英语成绩太

差，并不在招收范围内。俞敏洪母亲央求了好多次，才争取到了一个名额。俞敏洪记忆很深，当时母亲冒着瓢泼大雨送自己上课。尽管母亲从城里回来时，满身泥巴，但是脸上却洋溢着微笑。

终于，功夫不负有心人，俞敏洪考上了北京大学外语系。但是到了人才济济的地方，俞敏洪又感觉自己找不到优越感了。而且身体不好的他，大三时经常吐血，被医院诊断出肺结核，不得不休学治疗。这对俞敏洪的打击实在太大了，在北大这样的地方，休学一年，各个方面还能追的上其他同学吗？

大四时，俞敏洪眼看着周围的同学不是疯狂学习知识，就是忙着恋爱、交朋友，可是自己既不如别人有知识，也没有女朋友，家境也不是很优越……他感觉自己到了生不如死的"绝境"。

幸运的是，俞敏洪被北大留校了。当时全国流行出国热，他的同学像徐小平、刘江、包凡一……都先后去了美国或者加拿大继续深造，只剩下俞敏洪还在学校教书。每天回到家，恨铁不成钢的老婆都会骂俞敏洪："我怎么嫁给你这个窝囊废呢？"

终于有一天，美国一家大学联系他，可以提供3/4的奖学金，他只需要准备5000美元就可以去美国上学。这个机会很难得，可是北大每个月工资180元，去美国上四年大学，俞敏洪即使不吃不喝也要攒二十年才行。

于是，他开始兼职英语培训班老师，为凑学费努力奋斗。可是还没等他攒够钱，学校就发现了他在外私自授课，直接被大喇叭广播处分。一想到学生和老师异样的眼神，俞敏洪决定丢掉铁饭碗离开北大。

离开北大的第二天，他们一家人所住的学校宿舍也被收回，他只好拉家带口租房子住。可当时他身无分文，就索性辅导租户家的几个孩子学习，用辅导费抵了房租。后来他和老婆在中关村第二小学租了一间平房做教室。上午俞敏洪拎着浆糊桶，骑着自行车满大街贴小广告，下午等待招生，但最后只招到两个学生。

"怎么才能让大家相信我呢？"俞敏洪决定进行免费讲座，就这样俞敏洪又一次绝处逢生。1993年，新东方成立了，俞敏洪也终于"熬出了头"。

俞敏洪的经历告诉我们：世上无难事，更无真正的绝境，只要心存希望，每天坚持努力做好自己，就一定会有转机。

无论你是在学习，还是在工作，甚至在创业，都可能面临数不清的困难和挫折。只要你在苦难面前不抛弃、不放弃，努力积蓄力量，不断丰富和发展自己，你就会不断进步，就能实现人生的大飞跃。

王坤出生在一个极其贫困的小山村。由于家里条件不好，她几乎没有上过学，从小就跟着父母、哥哥姐姐在地里干活。成家后，王坤变成了一个家庭主妇。由于她胆子小，连农用三轮也不会开。

2005年，眼看着两个孩子都已经成家立业，王坤终于有时间过自己的生活了，她决定学习开车弥补年轻时的遗憾。可是驾校离家比较远，孩子们又都忙于工作，没时间送她去驾校。王坤就只能自己乘坐公交车，再步行一段路到驾校学习。

但是到了考科目一的时候，王坤才突然发现原来自己什么都不会。没上过几天学的她，除了自己的名字，考试题几乎看不懂，更别说作答了，最终以0分告终。回到家后，王坤感觉很绝望，家里人也都劝她放弃。

"您都快六十了，还学什么开车啊？有什么事我们开车带您出去就行，实在不行您可以打车或者坐公交啊。""就是就是，而且您又没上过什么学，大字不识几个，估计科目一是过不去了。"听着家人七嘴八舌的议论，王坤并没有退缩，她想无论有多少困难，一定要学会开车。

于是，她找孙子、孙女借来了字典和旧课本，每天学习拼音、生字，遇到不会的就找儿子、儿媳帮忙解释。就这样，王坤坚持每天早晨读课文、学生字，晚上睡前默写、背诵，愣是在一年间学会了2000多个字。

可是文字认识了还是不行，因为不懂得意思，所以在一年后的科目一考试中，王坤也只考了十几分。教练看她认真的样子，索性借给她一套学习资料，让她回去背熟。王坤忙得像个要参加高考的孩子，每天也不追剧了，吃完饭就捧着材料朗读、背诵。为了鼓励自己她还在床头贴上"持之以恒"四个大字。

一年后，她终于以62分的成绩通过了笔试。在接下来的几个月中，通过反复练习，她也成功通过了科目二和路考。

世上无难事，只要你能够持之以恒，坚持努力，就一定能够战胜困难。

苦尽甘来，幸福感更强

　　相较于很多年前吃不饱饭、衣不蔽体的生活，现在的生活可以谈得上"富足"，但为什么人们的幸福感却在不断降低呢？究其原因，可能是我们对幸福感的理解有偏差，误以为所谓的"幸福"，就是不吃苦。实际上，苦难才是幸福的组成部分。经历过苦难，才能更珍惜来之不易的幸福；经历过痛苦，当痛苦远离时，才更能感受到幸福感；承受的了多大的痛苦，就能激发多少潜能，让你更能深刻地体会到幸福。

　　唯有苦过，才更觉得幸福！

　　在一架安徽飞往北京的飞机上，一位面色苍白的女乘客最后一个登机。但飞机刚刚起飞，女乘客就呼叫乘务员，而且吐了一地。乘务员边收拾边问："要不要给您一些晕机药啊，或者来一杯热水？"

　　女乘客摆了摆手说："谢谢，我刚怀孕，所以不能吃药，麻烦给我来一杯热水吧！"

　　乘务员取来热水后，为了转移她的注意力，跟女乘客聊了起来："您是第一次坐飞机吗？"

"不，每年5次，坐了四年飞机了，但是每次坐还是会晕，真是不好意思。"女乘客虚弱地笑了笑，脸色依然惨白。

"你是去探望亲人吗？"乘务员笑着问。

"嗯，是的，我男朋友在北京，我们是高中同学。我后来考上了当地的一所大学，他也如愿以偿被分到北京某军区，成为了一名军人。我大学毕业时恰逢他休假，在一次高中同学聚会中，我们又见面了，然后我就被他的气质征服了。"说到这里，女乘客的脸上洋溢着幸福的神情。

"所以你俩现在是异地恋？"女乘务员追问道。

"是啊，他是一名军人，每年只有一个月的假期，可以分两次休。可是，相对于一年365天，一个月的时间真的太短了。当时我俩商量好了，结婚后，除了他休假，我每两个月去看他一次。这不刚得知自己怀孕了，虽然还没到约定的日子，但是我想亲自把这个好消息和他分享。"

"他不会一直都不知道你晕机吧？"周围的乘客好奇地问。

女乘客有些不好意思地说："对啊，我从来没告诉他我晕机，因为怕他担心，也怕他会阻止我。其实别看我在飞机上这么难受，脸色苍白一直犯恶心，每次一见到他，我就感觉自己满血复活了。好在我们俩修成正果了，而且又快有新成员了，明年他也该退伍回乡了，一家人总算能团圆了。"女乘客的眼角有些湿润，周围的人也都深切感受到了这种由衷的幸福感。

一起经历过苦难，才能更懂得幸福的真谛，也才能更懂得珍惜这段缘。宝剑锋从磨砺出，梅花香自苦寒来，经历过苦难，知道了成功来之不易，幸福感和成就感才更加强烈。

李青排行老三，上面还有两个姐姐。但是男尊女卑的传统观念，使得她的降生，并没有给整个家庭带来一丝喜悦，反而更让村里人笑话。小孩子们在玩耍时，都会欺负骨瘦如柴的李青。所以，从小李青就渴望自己能够像个男人一样强壮有力。

干完农活的李青，无意中看到了健身的广告，黝黑的皮肤，八块腹肌，李青一下子知道自己想要什么了："我要学健身！"

一天，李青鼓足勇气把自己的想法告诉了父母，父亲气得一巴掌狠狠地打在她的脸上。

"你眼瞎啊还是脑子有问题？咱自家地里的活还干不完，你倒好，自己不挣钱，还要管我们要钱学什么健身？还开健身房？那是咱们农村娃娃玩的东西吗？不行，你还是早点死了这条心吧！"父亲冲她吼道。

晚上，李青一个人躺在床上，不停地流眼泪，怎么也合不上眼。

第二天，她简单收拾了行李，偷偷来到县城的工厂上班。

除了每天吃饭的花销，其余的钱她都存进了银行。一年后，她骄傲地对工友说："我要去北京找XX学习健身了，到时候你们想要健身就找我啊，我一定要开县城第一个健身房。"

学成归来，踏上回乡的列车，李青的心又有些沉重了，毕竟农村对于健身还没什么概念，健身房能否被大家接受，李青心里一点底都没有。

果然，尽管这是县城唯一的一家健身房，但是农村人不讲究身材比例，觉得花钱锻炼是一件浪费钱的事。就这样，"入不敷出"的健身房，90%的时间都是李青自己对着镜子练习。房租、电费都交不起时，李青只能靠大姐的接济和资助。

第三年，李青的店搬到了县城新华书店的楼上，突然一下子就火了。

但是人多开的课程也多，而且每节课都是李青自己带，每天十几个小时的工作，使得李青上课时经常一做动作就上不来气。后来，李青被确诊为心肌炎，医生反复叮嘱她要卧床休息，不能再做剧烈运动，否则心脏功能受损之后，再想恢复是很麻烦的。

于是，两个姐姐商量着在李青养病期间，从零学起帮她代课。但这时房东提出将6000一年的房租，一下子涨到18000元每年。马上要当妈妈的李青，拒绝了涨价的请求，决定暂停健身房一年。

正所谓"塞翁失马，焉知非福"。客户的大量流失，使得李青重新思考如何开拓新的市场。绞尽脑汁后，李青发现儿童芭蕾属于市场空白，而且芭蕾是国际性的艺术种类。

2015年，李青再次学成归来，在当地开了第一家培训芭蕾舞的机构，第一次就招收了几十名学员。

待我苦尽甘来，便是成梦之日！

世人都说喝茶先苦后甜，这样才不觉得腻。人生如茶，经历过痛苦和磨难才能遇见更好的自己，才会更深切地感受到幸福。

正所谓苦尽甘来终是甘，守得云开见月明。

第六章

充电提升自我，
　　最保值的投资

人生就是不断自我提升的过程

很多人经常会觉得自己很无助，总感觉迷茫和颓废，找不到激情和方向，不知道未来在何方。其实这就是缺乏自我提升和成长的表现。人在舒适区呆久了，就没有了自我提升和改变的动力。

想要不断自我提升，就必须打破思维定势和行为模式，敢于挑战自己的心理舒适区，坚持挑战自我和完善自我。

赵小松出生在农村，父亲是一位乡村教师，后来当选了村长。与其他农村家庭相比，赵小松算是"富裕"的。中专毕业后，赵小松被分到了火车站工作，成为了一名火车乘务员。家人都为她捧到了铁饭碗感到高兴。可是刚刚转正，她没和父亲商量就主动提出了辞职。

为了不让家人发现，她每天做出正常上下班的样子。实际上，赵小松白天跑到舞蹈培训机构上班赚钱，晚上偷偷在家复习功课。就这样，她整整瞒了家里一年。直到大学录取通知书寄到家里时，才露了馅。

父亲见到通知书时，雷霆大怒："放着好好的工作不做，居然辞职考大学，可是忙了一年考了个什么破学校？大专也就罢了，还是私人的！这样的学上不上有什么用？工作也丢了，好大学又进不去，你真是傻了。"父亲越说越气愤，最后撕了大学录取通知书。赵小松哭着跑出了家，这一走就是好几天。

最终，还是父亲妥协了。

大学毕业后，父亲一直主张让她到县城二中当音乐老师。为了让父母安心，赵小松索性答应了，而且一下子做了十年。她在业余时间辅导孩子舞蹈时，发现很多老师教学存在问题，于是她决定再次丢掉铁饭碗，踏上自己的"舞蹈"之路，开始自己创业。

她就这么一穷二白地重新开始了，既没有资金支持，也没有家人的理解。兜里揣着仅有的300块钱，买了个二手的旧录音机，租了个废弃的大食堂当教室。

周一到周五的白天，赵小松去汉堡店做门前接待，一站就是4个小时。除此之外，她还得负责端盘子，收拾客人的餐桌、前台点餐。周末的时候，赵小松就教小朋友跳民族舞。虽然日子过得很清苦，却也很快乐。

为了给孩子们更好的条件，她决定给舞蹈教室"搬家"。可是房东要求必须一次性缴纳3个月的房租，共计2400块钱。在20世纪90年代初，听到这个天文数字，当时她就觉得脑袋被雷劈了似得。最后她硬着头皮，从婶婶那里借了2400块钱。

没想到和赵小松签租房合同的原来是二房东，而他签完合同就"人间蒸发"了。大房东不允许将这个房屋用来做舞蹈教室，赵小松和大房东沟通未果，最终落了个血本无归。

没了教室，学员的家长们都开始纷纷找上门，要求退学费。算起来，她一共赔了十几万。

"能招回多少学生就教多少学生，大不了从头开始。"赵小松就这样来来回回辗转了三个地方。没有固定教室、没资金，她便与同行合作，可是一旦他们招生有所增长，房租、水电、卫生费……各种名目的收费就跟着水涨船高。

但努力的人总会有回报。2015年元月，赵小松拿下了位于在市中心1000多平方米的房子，终于开办了自己的舞蹈学校。

人生的意义是什么？就是不断挑战、完善自我，不断达成人生目标。

有一部动画片叫《龙珠》，故事的主角悟空拥有天生神力，为了集齐七龙珠，他一次又一次地打败作恶的坏人，实现自己的目标。

尽管寻找的过程可谓是历尽千辛万苦，但是悟空初心不改，始终不断修炼，甚至还拜了龟仙人为师，每天进行超高强度的训练，最终练就一身武艺铲除了黑恶势力。

为了维护正义，他还一个人到红缎带军团应战。师傅为了不让他骄傲，在他第一次参加武道大会时，就化妆成无名小卒击败了悟空。这样做的目的只有一个，告诫悟空，一时的成功并不值得称道，人生是一个需要不断突破的过程。

无论你多么强大，都会遇到更强大的对手，想要赢，你就只能不断出发。人生就是永无止境的成长，只有在不断修炼和提升中发现问题、解决问题，人生才能取得更大的价值。

　　成长的过程中，觉得自己已经足够好的时候，而且这种意识越强烈，懒惰的思想就越严重。潜意识中不断提升自我思想和惰性就有了矛盾，解决的唯一方法就是不放弃努力，坚持自律，做好计划，每天做好分内的事。

模仿是成长的催化剂

当我们还只会咿咿呀呀时，模仿就成了我们了解和学习的主要途径，并且这种学习途径将伴随我们一生。就好像幼儿时期学习画画时，是从对照着大师画作临摹一般。这种模仿和临摹积累达到一定的量之后，你便会有自己的想法和风格了，就会发生质的飞跃。

有个叫彭燕的小姑娘，已经在公司工作一年多了，可是仍旧像个初出茅庐的小女孩，工作虽然很努力，但是不见什么较大的成绩。

有一次，编辑部主管找到她谈话："你也入职这么久了，其实一直想让你带新人，但是你自己都没做好，我们也一直不敢放手，有没有想过怎么才能让自己快速成长起来吗？"

彭燕有些不好意思地说："还真没有，我一直都以为每天完成自己的工作就好了，没多想，您资历深经验丰富，要不您给我指一条明路吧！"

主管说："其实很简单，模仿！你写作的时候可以选择模仿，比如这本书是心灵鸡汤，你就选个心灵鸡汤写得最出彩的作家进行模仿。或者，你在咱们公司觉得谁工作能力强，你可以学她平时是怎么工作和安排时间的。照葫芦画瓢，其实是最快的成长方式。"

于是，彭燕开始模仿办公室最欣赏的心怡老师。心怡老师喜欢把时间安排得比较紧凑，喜欢从手边的书里找灵感，从看到的素材中寻找思路，找到自己感兴趣的和写得精彩的地方记录下来，然后总结写作手法、思路、结构等。

于是，彭燕每天写作前桌上都要摆几本书，然后动笔之前先看几页书，尤其关注不同章节中开头结尾的表达，并把自己觉得写得好的地方用笔圈出来。渐渐地，主管发现彭燕每天稿件的质量提升了，尤其是开头和结尾不再千篇一律了。

心怡老师喜欢旅行，彭燕索性也学着开始旅行。在业余时间彭燕会独自背上背包和画板，到野外看未知的大千世界，画眼睛捕捉到的每一个美丽瞬间。渐渐地，她发现自己收获了很多感悟和灵感。彭燕还发现在旅行中把自己想象成某个人物，脑子里会飞出很多新奇、有趣的想法，似乎活出了不同版本的自己。后来，彭燕在写作方面有了自己的风格，还出版了自己的小说和游记。

或许有人会质疑反复模仿会不会因此丢掉自己的个性，实际上不会。当你能够熟练操作一个事物，你自然就有了自己的想法。正如日本匠人秋山利辉带学徒的方式一样，学徒们需要在八年的时间里一直跟随师傅学习和生活，就是让学徒刻意反复模仿和练习，等学徒们消化、吸收了所有知识和技能，师傅也会根据每个学徒的特点进行个性化教学，最终形成自己的独特技能。

当你能够通过模仿不断提升自己，你便会找到自己的独特性，便能真正找到成功的契机。

上世纪80年代，邓丽君的歌火遍中华大地，连当时年仅15岁的王菲也是邓丽君的歌迷。她模仿邓丽君的声音甚至达到了以假乱真的地步，这时她还出了人生中第一盘磁带《风从哪里来》。16岁时，王菲又相继推出两张模仿和翻唱邓丽君的歌曲专辑：《迷人小姐》和《邓丽君故乡情》。

当时，邓丽君基本处于隐退的状态，歌迷们也因此记住了这个与邓丽君清丽歌声颇有些相似的声音，也记住了她的名字——王菲。

1989年时，王菲更名为王靖雯在香港正式出道，并发行首张同名个人专辑《王靖雯》。这一时期的王靖雯为了打开港台市场，主要模仿港台腔，所以歌曲多为粤语歌。虽然上世纪90年代初王靖雯凭借《容易受伤的女人》和《执迷不悔》霸占了音乐排行榜好几个月，也算得上一线女星，但是人们总觉得王靖雯少了点什么，其实就是少了点自己的特点。

1993年开始，王靖雯改回自己的真名王菲，并开始尝试把自己空灵、高冷的高音发挥得淋漓尽致。1995年，王菲又推出了翻唱邓丽君的专辑——《菲靡靡之音》。歌迷们发现王菲终于发行专辑了，而且此时的王菲已经不再拘泥于模仿邓丽君的清丽声音，而是用细腻的情感和悠长的气韵，空灵的颤音、拖音、咽音技术，一举突破港台腔，找到了独特的自我声音特色和风格。

莫言为什么会斩获诺贝尔文学奖，因为他有自己的写作风格；张艺谋为什么会不断拍摄出优秀的电影，因为他选演员和剧本有自己独到的眼光；巴菲特为什么能够在股市神一般地预测，因为他有自己独特的预测和投资哲学。

我们渴望快速成长，那就别停止模仿。模仿不是盲目地"邯郸学步"或者"东施效颦"，而是了解成功者的模式和精髓，并结合自己的特点，开创出一套属于自己的成功哲学和理论或者技能。

正所谓学习书法，从临摹书法家字帖开始；学习绘画，从反复临摹名画开始；做生意，从做小学徒开始……模仿，是成长的催化剂，也是创新和发现自我的开端。

碎片化时间，是拉开差距的方式之一

你是否也是这样：一下班就想掏出手机，哪怕是在地铁、公交上，也要打开手机看看新闻、打打游戏；回到家除了吃饭睡觉，时间都花在追剧、聊天上；周末感觉时间过得很快，但是又感觉什么都没做；每月工资都花得精光，银行卡上没有存款……

你是否羡慕别人的生活多姿多彩，羡慕别人买车买房，自己却每天觉得时间不够用、金钱不够多？

实际上，人与人之间的差距就是被下班后碎片化的时间拉开的。

张平和王大可是同一天进入贸易公司的两位普通销售员。两人说起来背景和经历都很相似，同年毕业于工商管理专业，在校时都做过许多兼职，有过一定的销售经验；在公司从事的都是最基础的销售工作，薪水待遇也都一样。但是一年后，两人却拉开了差距。

王大可已经成为销售部的小主管，一年内老板给他加了两次薪水，还成为了公司高层重点扶持和培养的对象。而张平则成了王大可的手下，无论是职位还是薪水都没有变动和增加，依旧是个普通的销售员。

在年底的年会上，经理再次提出给王大可升职加薪时，张平一脸愤怒地质问道："我觉得不公平，我们俩一起入职，凭什么每次升职加薪的人都是他？"

经理没有责怪张平的打断，而是不急不躁地反问张平："你可以回答我一个问题吗？你一般下了班回家都会做些什么呢？在上下班的路上你又会做些什么呢？"

张平不假思索地回答："下班了自然是属于自己的休闲时光，一般我都会约上三五好友去看电影或者聚会吃饭。有的时候我也会打打游戏放松一下，或者在手机上看看书什么的。在上下班的路上，我一般就是听歌、看视频或者刷微博，毕竟路途上的时间比较短，也就几十分钟，所以也不能干其他的事情。"

经理又接着说："那你想不想知道王大可这些时间都在干吗？来，王大可你也说一下。"

王大可反倒有些不好意思，谦虚地说："其实都差不多，我下班后也会和好友约饭，然后每天去健身房锻炼半小时。周末的时候我一般都喜欢窝在家里看一些专业的书籍，给自己充充电。我还报了成人自考，现在马上就拿到市场营销专业毕业证了。其实就是想趁着岁数还小，多学点东西。至于在来回上班的路上，时间的确比较短，我就看些小说或者英语读物打发时间，可能也没什么收获，就是习惯罢了。"

经理又说："现在你知道自己和大可之间的差距了吧？你的碎片化时间都是花在休闲上，你的工作业绩表现平平就不难解释了。而大可把碎片化时间都用在刀刃上了，用在提升自己专业能力上了。充分利用这些看起来不起眼的碎片化时间，每天利用一点点，积累起来就拉开了你们之间的距离。"

正如数学家苏步青所说："我的时间有限，没有整匹布，我挤时间的办法就是充分利用'零布头'，把1分钟、2分钟的时间都利用起来，这样'零布头'也能派上用场。"

对碎片化时间很难控制和掌握，是选择心怀不满、消极抱怨，还是积极应对、提前规划，是真正拉开差距的决定性因素之一。

王沛是一家国有企业的高管，同时也是两个孩子的妈妈。尽管身边的已婚职场女性多抱怨："烦死了，时间根本不够用，除了上班剩下的时间就是带孩子，根本没有自己的时间。怎么提升自我，怎么实现亲子互动，又谈何家庭教育？"

可是王沛却能把工作处理得井井有条，家务事和带孩子也不耽误，还坚持着自己的爱好——写作和绘画。她不仅办过画展，还在许多杂志和报刊发表过文章，还非常荣幸地被省作协邀请为会员。

王沛经常挂在嘴边的一句口头禅就是："一天只有二十四个小时，没人能更改时间的长度，但是你却可以放大时间的密度，让每一分钟都变得有价值。"

下班后，只要孩子醒着，她不会把工作带到家里，而是选择全身心与孩子们一起学习和交流。晚上王沛会和孩子一起入睡，但是会提前两个小时起床，先去慢跑一小时，然后回来收拾家务并做早餐。

送完孩子，上班的路上王沛会打开手机里各种听书的软件进行学习，听到感兴趣的地方，她还会记下感悟和灵感。每天睡前，王沛会通过语音记录下当天自己的收获和想法，然后每个月的月底会整理成文，进行总结和分析。

每天到达单位的第一时间，王沛都会拿出笔记本，把当天必须完成的工作列一个清单，然后细化到每小时，接着把可以自由支配的时间用红笔标记出来。王沛甚至养成了把所有应完成的工作按照轻重缓急、耗费时间长短来统一标号进行统计的习惯。午休的时候，吃饭之后她会去楼下的超市购买当天所需的蔬菜和水果。

有时王沛跟同事一起逛街，听到什么有趣的事情或者灵感闪现时，都会随时拿出小笔记本记录下来。

如此利用碎片化的时间，王沛的成功不是偶然。

培根说："合理安排时间，就等于节约时间。"的确，好好利用碎片时间，就能省出来更多的时间。反之，浪费碎片时间，用舒适消磨时间，则终会被时代所抛弃。

把赚钱当成工作目的，最终是为别人做嫁衣

看到这个标题，或许很多人会提出质疑，哪个人能活得这么超凡脱俗，谁工作不是为了赚钱呢？的确，赚钱是个很现实的问题。

可是，当你选择用赚钱多少来衡量工作的价值，并将其视为第一目的时，你就会发现自己的选择余地很小，很容易迷失自己。

年轻人想要突破职业迷茫，想要不断提升自己，就不应该把赚钱当成工作的根本目的，否则会为别人做了嫁衣而不自知。

李婷是某大学的大一新生。入学没多久，她便在咖啡厅认识了已经毕业的学长赵默。

"学长，你都上班了，又在许多家培训机构做过兼职，可不可以给我介绍一个做兼职的机会啊？"李婷试探地问道。

"可是你才大一，至于这么着急吗？"学长不解地问。

"可是我很缺钱啊，我在宿舍养了一只加菲猫，还挺费钱的。而且，我的梦想就是成为郎咸平一样的经济学家。我觉得在大学一边做兼职一边学习，是种锻炼自己的好方式。"一说到钱，李婷眼睛都冒着绿光。

"可是你四六级还没过吧？雅思和托福的考试也没参加过吧？"

"我是大一新生，这些自然还没接触到呢。可是我真的需要找份工作养活自己和我的猫啊。求你了，学长，帮帮我吧。"

在李婷的一再央求和反复游说下，赵默帮她介绍了一份幼教英语的工作，就是教四到六岁的学龄前孩子一些简单的英语单词和对话。上课时，李婷一边陪孩子玩游戏，一边教他们念单词和句子。

很快一个月过去了，李婷拿到了两千元工资，还特意请学长吃了饭，感谢他的推荐。接下来的整个学期，李婷的大部分时间都花在了兼职工作上，甚至有时候翘课、请假去做兼职。一学期下来，李婷攒了不少钱，猫咪也养得白白胖胖。

赵默忍不住打电话提醒李婷："小学妹，听说你干的不错啊，但是作为学长我得提醒你一下，别只顾着赚钱。你想一下，你一个月赚两千块，但实际上你给培训机构带来了几万块的收益。而你给它创造这么多的收益是建立在每天至少耗费掉八小时时间的基础上的，这样算下来，你觉得值得吗？而且你备课、讲课占据了大半天的时间，再加上吃饭睡觉，只剩下几个小时用来学习。这样算来，你大学四年学习的意义，是不是就变了呢？我还是建议你缓一缓，等知识丰富了，大四的时候再出来做兼职也不晚。"

李婷觉得学长说得有道理，于是决定辞职。

培训机构主管一听说李婷要辞职，索性提出给她涨一倍工资。在金钱面前，李婷选择了继续兼职。

大三时，很多国有银行都来他们专业选聘实习生，几乎同班同学都得到了机会。而她却由于忙着兼职，竟然连英语四级都没考过，更别提什么与经济学有关的证书了。她唯一得到的就是那可怜的一笔存款。

故事中的李婷只顾着把工作当成赚钱的工具，却忘记了自己本来是想成为郎咸平一样的经济学家。而她为之奋斗的工作，除了给她提供更好的物质基础，没有带来更多东西，反而让她失去了学习的宝贵时间和优质的工作机会。

确实，每个人不辞辛苦地工作是为了拿到更丰厚的薪水，让自己和家人过上更好的生活。但是请不要忽略一点，工作的目的并不单纯是为了赚钱，而是希望通过工作让自己成为一个对家人、朋友、社会、国家更有价值和意义的人。

高峰已经在一家快递公司做了六年。由于他的不懈努力，收入已经相当不错了。几年时间不仅从平房搬到了楼房，女儿也到附近一家口碑不错的私立幼儿园就读，妻子也做起了家庭主妇。但是高峰总觉得这份工作虽然挣钱多，但是每天重复地收件、发件、派件，个人能力没有任何提高。因此，高峰想趁着年轻，换一份对自己更有价值和意义的工作。

后来高峰果断辞职了，到一家贸易公司做起了最基层的销售员。在贸易公司每天都能遇到形形色色的客户，而销售本身也需要超强的耐心和沟通技巧，同时还要精准掌握所有产品的卖点和优劣势。由于是对外贸易，有时候接待客户时不免要说英语，高峰下班后还报了英语口语班。无论是再学习的动力，还是新工作的要求，对高峰来说都充满了新鲜感和挑战性。

高峰能够不被金钱冲昏头脑，敢于尝试和改变，敢于追求更有价值和有意义的生活，并能够在新的工作岗位中，锻炼自己的沟通表达能力和技巧，还掌握了外语知识，使他为自己的人生创造了更多的可能性。

只为赚钱而工作的人，最终只会成为金钱和工作的奴隶。工作之余，一定要思考自己为什么工作，这份工作能给自己带来什么。工作赚钱养家是基本的，但更重要的是通过这份工作提升自己的能力，让自己在一次次磨练中有所收获。

如果你现在还在为了温饱和赚钱而工作，请试着思考或者改变想法吧，或许你会发现更有价值的人生高地。

即使是小事，也要全力以赴

生活中所有的大事都是由小事、小细节组成的，或许很多年轻人都知道这个道理，但是在生活中却只想做轰轰烈烈的"大事情"，对小事情不屑一顾。

其实，无论学习、工作还是生活中，小事都做不好，何谈做成大事。

韩铁是某大学的优秀毕业生，通过重重考核，以优异的成绩考取了某教育局科员。本以为可以大展拳脚，把自己的教育梦想实现了。不曾想上班后，韩铁却发现每天不是看书读报学习教育精神，就是送书下乡、组织培训等，都是些细碎的工作，既不需要什么专业知识，也不需要什么高科技手段。于是，韩铁那颗奋斗的心逐渐冷了下来。

一次，副局长决定周一下午组织所有科员开会，办公室主任安排韩铁把文件和材料都各自装订好，并特意嘱咐他："最好周一开会前都准备好。万一有什么事耽误了，弄得措手不及就不好了。"

韩铁满口答应着："是，是，我马上就准备。"心里却在犯嘀咕："真是小题大做，装订个材料也就几分钟的事情，还需要提前准备？"于是，等副局长走了，他又拿起报纸翻看起来，根本没装订材料。

直到周一中午，韩铁才开始装订。意外的是，才装订了几份文件，订书针就用完了。韩铁急忙到书柜里翻找，但是找遍了每一个角落都没有订书针的踪影。他一下子蒙了，这时主任打来电话询问准备的情况："怎么样，文件和材料都装订好了吗？赶紧拿到会议室分发一下吧。"

韩铁有些慌乱，吞吞吐吐地说："主任，暂时还没装订好，订书钉没有了，我现在立刻去买，您放心，一定……"

没等韩铁把话说完，主任就发火了："什么？还没准备好？你这个大学生怎么连这么点小事都做不好？以后谁还敢给你分配更重要的工作啊？"

韩铁无言以对，感觉脸火辣辣的。

韩铁好不容易在一个小卖铺找到了订书钉，终于赶在下午开会前装订好了所有文件，并整齐分发到每个科员手里。事后，韩铁以为主任会兴师问罪，但是主任只是说了一句："小事做好，大事水到渠成，小事不做，大事难成。"

韩铁突然醒悟了：无论什么工作，无论做什么事情，都需要投入百分百的热情和努力，成大事的障碍其实就是对小事无所谓和不在乎的态度，比如这一盒订书针。

　　工作中无小事，人生亦是如此。正如托尔斯泰所说："一个人的价值不是以数量而是以他的深度来衡量的，成功者的共同特点就是能做小事情，能够抓住生活中的一些细节。"

　　王兆超，是某大学法律系优秀毕业生。一毕业，王兆超就发誓成为"法律面前公平正义的守护者"，几经周折，他终于应聘上了律师事务所助理的工作。不过，王兆超属于编外人员，工资及各方面待遇跟在编的正式工差了一大截。甚至刚开始实习的那三个月，王兆超每月的工资都不够花。每次快到月底时，王兆超还得从朋友那儿借点钱花。

　　家人和朋友都劝他要不要趁着招聘季还没过去，考虑一下换个工作。"你要不考考律师证或者干脆换个职业，每天当助理员，就是记录一下客户应诉需求和校对庭审记录，有什么意思啊，也不会有大前途的。"

　　但是王兆超一脸坚决地说："这是我千辛万苦找到的距离梦想最近的工作，怎么可以因为钱多钱少的问题放弃呢？"

　　在当助理这段时间，王兆超每天都会第一个到公司，提前整理好卷宗，打起十二万精神做自己分内的工作。一年后，做事兢兢业业的王兆超，被当地最有名的张律师看中。张律师说："你做事很认真，这一点我很欣赏。而且，我觉得你也比较好学，又熟悉这一套工作流程，这是从事律师工作最重要的。我诚心邀请你来我的律师事务所上班。"

王兆超有些不敢相信，要知道张律师的事务所可是当地数一数二的，打过许多著名的官司，薪酬待遇和福利也是同行中最好的。王兆超辞去了助理的工作，来到了这家律师事务所，并相继得到了几个大案子的代理机会。在张律师的指导下，王兆超迅速找到了突破口，成长很迅速。

后来，王兆超凭借自身努力，在业界口碑和名气都越来越大。现在，王兆超已经有了自己的一家律师事务所，他还是喜欢一句口头禅："每件小事都要全力以赴，认真的态度决定最后的结果。"

很多年轻人觉得自己的工作不值一提，甚至觉得和自己从事的工作与大学所学的专业不匹配，没有体现自己的价值，就频繁跳槽。其实，认为毫不起眼的工作跟自己的理想无关，是一种消极的想法，并不利于自己的成长和成功。

正确的做法是：放平心态把每天细碎的工作做好，并一直坚持下去，一定会有成功的那一天。

眼高手低，只想着做成大事业，很难成功；静下心来，从最基础工作做起，认真过好每一天，肯定能获得不一样的成就。

第七章

每天进步一点点，才能有质变

每天进步一点点，退步就少一点

即使你没有过人的智商，或者正遭受失败的痛苦，但是只要你每天坚持比前一天进步一点点，就能实现质的飞跃。可是，如果你好高骛远，企图一步登天，则只会距离目标越来越远。

要知道，每天不进步实则是一种退步。

演说家迈克在古稀之年筹备了一场告别演说。那天的会场中人头攒动，很多粉丝慕名而来，想一睹大师的最后风采。

音乐响起，舞台上的幕布缓缓拉开，迈克神采奕奕地走向舞台正中央后，观众们还注意到了他身后巨大的铁球。随后两个身材魁梧的壮汉抬着一个巨型铁锤，放到了迈克的跟前。

迈克冲着观众说道："有没有哪位身强力壮的观众愿意上台来试试？"

最前排的两名粉丝不由分说冲到了台上。迈克指了指他身后吊着的铁球说："现在请你们轮流拿起这个大铁锤，用力敲打这个大铁球，直到铁球晃动起来。"两个年轻人你一下我一下，抡起大锤砸向铁球，台下的观众有的鼓掌，有的呐喊。尽管两人累得满头大汗，大铁球也被砸得叮当直响，但是大铁球没有丝毫晃动。渐渐地，两人精疲力尽，动作也慢了下来，甚至开始面面相觑。观众们也都没了兴致，不再呐喊助威，等着迈克给出解释。

当会场逐渐安静下来，迈克从口袋里掏出一把小锤子，轻轻地敲打了铁球一下，然后停了下来，然后又接着敲打。观众们有些不解地看着迈克，有些人还暗暗议论了起来："这老头是不是疯了，大铁锤都抡不动，小铁锤能干吗？"

迈克就这样反复敲打着铁球，时间过去了十分钟、二十分钟、三十分钟，观众有些不耐烦了，甚至有人高喊着"骗子、疯子"，然后离开了会场。会场上不断有观众愤愤地离开，留下的观众也都有些疲乏了。迈克却好像听不见叫骂声一般，自顾自地继续敲打着。

大约过了50分钟，突然一个女观众站起来高喊道："动了，铁球动了！"一刹那所有在场的观众都有了精神，目不转睛地看着铁球。由于铁球晃动的幅度有限，因此不仔细看根本看不出来。迈克依旧用小锤子停一下敲一下铁球，最后铁球终于越荡越高，连支撑它的铁架也被震荡的"吱吱"作响。它巨大的晃动，让在场的每一位观众感受到了它的威力。

仅剩的几十名观众立刻报以最热烈的掌声，迈克转身把小铁锤揣进了兜里。他用激昂的声音说："任何时候成功都绝非易事，就好像用小铁锤敲击这巨大的铁球，让它不停晃动一样。成功就是把简单的事情重复做，然后今天比昨天进步一点点，明天比今天进步一点点，每天进步一点点，积累到一起，你就距离成功越来越近了。"

　　看似平淡无奇的"每天进步一点点"，积累起来却包含巨大的能量，甚至会引发质变。

　　众所周知，1的365次方等于1，而1.01的365次方则等于37.8，而1.02的365次方则等于1377.4……这就告诉我们一个道理：每天进步一点点，长年累月就是巨大的进步和改变。而你不进步的同时，别人每天进步一点点，你就相当于退步了很多。

　　一位神童叫董建。他的祖辈都以耕田为生，他们连饱饭都吃不上更别提读书写字了。忽然有一天，5岁的董建哭闹着非要父母到文具店给自己买毛笔和宣纸。父亲尽管有些为难和诧异，但还是找爱写毛笔字的邻居王叔借来了笔墨纸砚。

　　董建一见到纸和笔，立刻停止了哭声，寥寥几笔就画出了一棵长寿松。王叔连连点头，称赞道："这孩子简直是天才啊，看这着墨和笔触都苍劲有力！五岁的孩童在没有学过绘画的情况下画成这样，真是了不起啊。"

　　于是，父亲就开始拿着董建的画作四处炫耀。有一次，母亲带着董建去农贸市场买鸡蛋，还没等老板算出价钱，董建就将价钱脱口而出。很快，村子里开始流传"董建是个小神童"的消息。

　　到了上小学的年纪，董建已经读完了四大名著。课堂上讲授的内容，董建似乎一看就会，老师们教授的知识远远不能满足他的需求。于是，董建开始一路跳级，十岁时就考上了县里最好的高中。可是从这时开始，小董建开始有些自满了，他觉得反正自己智商高，上课开始不注意听讲。但是由于天生的优势，董建的数学成绩一直名列前茅，甚至在奥林匹克数学竞赛中屡获金奖。正是因为这样优异的表现，董建获得了985某重点大学的免试入学资格。

到了大学，董建感觉自己到了天堂，他开始痴迷看言情小说和打游戏。第一学期考试，没一门功课及格的他被学校劝退了。尽管如此，他又以684分的高考成绩重回大学。

好不容易重回大学校园，但是董建并没有珍惜，依旧仗着自己的天资混日子。董建每天躲在宿舍睡懒觉，睡醒了就溜到网吧玩游戏，经常请假旷课。他以为依靠自己的天资，大学四年能轻松拿到优秀。结果四年下来，学分不够，论文不具备答辩资格，董建只是拿到毕业证，却拿不到学位证。

现在的董建只是县城普通软件公司的程序员，拿着每月不到二千元的工资，过着非常平凡的生活，再也看不到往日的神采和智慧。

天资聪颖的董建每天不学习、不进步，最后也变成了普通人，更何况你我这些普通人呢？学习如此，人生亦是如此，逆水行舟，不进则退。任何目标都不是一次进步能够完成的，今天进步一点点，明天进步一点点，由点到面，由小到大，最后才能到达成功的终点。

战胜拖延症，得有点意志力

"明日复明日，明日何其多"，有这样思想的拖延症患者不在少数，总觉得还有大把的时间供自己挥霍，于是该办的事情一拖再拖，直到最后一刻才会草草完成。

拖延症指的是人们面对可能存在的困难，依旧选择主动、长期延缓执行的行为。因此，从根本上说，拖延症是缺乏意志力和自我约束力的一种表现。

燕子是一个即将毕业的大学生，想要继续深造的她，除了要应付各科的期末考试，还要准备四、六级考试和研究生考试。于是，她不得不每天早出晚归征战于自习室。可是，看不了一会儿书，她就觉得困，于是索性翻翻微博，刷刷抖音，一上午很快就过去了。尽管知道自己这样不好，但就是戒不了。

结果，考研无疾而终，燕子毕业后到一家公司做了会计。接着，在家人的安排下她开始了相亲，一年后在男方反复催促下终于完婚了。婚后不久她就怀孕了，她满心欢喜地跑到市场买了精美的毛线和针织棒，回到家高调地对老公宣布："亲爱的，我要给宝宝织个小毛衣，就算我送给她的第一件礼物，你觉得怎么样？"

老公撇撇嘴笑着打趣说："看你能不能说到做到，看咱宝宝出生时能不能赶得上穿你织的毛衣，哈哈！"

尽管燕子心理满是不服气，但事实上她的确没有立即开始织毛衣，下班回到家她不是懒懒地躺在沙发上追韩剧，就是拿起一包零食悠闲地吃。每当看到遗落在角落的毛线，燕子就想："反正距离宝宝出生还早呢，不急。"等燕子看完电视、吃饱喝足了，又觉得晚上织毛衣对孕妇视力和颈椎不好，还是等周末白天有时间再说吧。

等到了周末，她还是有一大堆拖延理由。燕子的老公由着她的性子并没有催促。婆婆看见这么多毛线球整天堆在角落，想帮燕子织完，却被她极力拒绝："不用您帮忙，我等生了宝宝再织也不晚。要是生个小公主，我就用红色的毛线给她织件小毛裙；要是生个小王子，我就给他织个毛坎肩。"

宝宝很快出生了，真的是一位漂亮的小公主。辞职在家的燕子，每天照顾孩子成了她最主要的工作。每次哄宝宝睡着后，燕子就拿起针织棒和毛线，可是很快又放下了："太累了，还是多睡会儿比较现实，毛裙子等宝宝大一点也能织。"

等到宝宝两岁时，毛线已经不够织一件毛裙了，于是燕子就降低了对自己的要求，对着宝宝轻声说："妈妈给你织个围脖吧。"可是直到宝宝上幼儿园时，围脖也没有织好。渐渐地，燕子都已经不知道把毛线扔到了哪里。

一次宝宝翻找东西时，发现了几团毛线，好奇地问："妈妈这是什么，颜色真好看，可惜有些坏了，好像被虫子咬了。"

此时，燕子方才想起自己几年前怀孕时许下的诺言，要亲手给宝宝织一件漂亮的毛裙做礼物。

拖延是一种不良习惯，甚至有摧毁人生的力量。

没有谁的拖延症是天生的，都是后天禁不住诱惑，无法控制自己的欲望所致。试想一下，两军激战时，你若拖延，估计会付出生命的代价；考试时，你不及时答题，不按时交卷，只会丢了成绩误了前程；工作时，面对新的环境，你若拖延，会耽误整个团队的效率和进度，最终会被公司无情地淘汰。

可以说导致拖延的根本原因就是没有意志力，对自己没有约束力，对欲望没有控制力。想要让自己每天进步一点，需要先戒掉拖延，从培养坚强的意志力开始。

珍珍是一个名副其实的"吃货"，无论是工作还是休闲，身边总少不了零食相伴。但是，爱吃也给她带来了不少麻烦，尤其对于女人来说，爱吃零食又不爱运动，必然的结果就是身材走样。

尽管珍珍每天都嚷嚷着减肥，也确实尝试了各种减肥方法，比如节食减肥、药物减肥、针灸减肥，但是往往坚持不了两天，她便又抵不住美食的诱惑，瘦了的那一两斤又会长回来。

一次，在公司组织的体检中，珍珍各项身体指标都正常，但是体脂率远远超标。医生严肃地警告珍珍："你现在一定要控制一下饮食，否则以后结婚怀孕都是问题。"

珍珍委屈地说："可是我各种减肥方法都试过了，就是瘦不下来啊。"

医生笑着说："其实你身体还是很健康的，就一句话'管住嘴，多动腿'。贵在坚持，我相信一定会有效果的，不信你可以试试。"

回到家后，珍珍立刻开始行动，不再给自己贪嘴找借口，不仅给自己制定了健康食谱，还订好了闹钟，准备每天晨跑。她连在公司定外卖都戒了，还规劝大家少吃外卖："外卖油大，还是自己做的饭菜比较健康。看我今天做的水煮鸡胸肉和西兰花，富含身体所需的维生素和蛋白质，关键是吃了也不会长胖。"她还戒掉了薯片、冰淇淋、汉堡等垃圾食品，爱上了新鲜的果蔬，而且饭量也比以前减少了一半。

珍珍每天早晨坚持快走一小时，中午用完餐后还要快走半小时，晚上吃完饭后还要陪着老妈跳广场舞。每当想要拖延的时候，她就对着镜子看看现在的自己和照片中从前的自己，然后对自己大声说："坚持，再坚持一天！我能行。"

在与朋友家人聚会时，她也严格要求自己的饮食和运动作息习惯，大家都很佩服她的意志力。

珍珍戒掉零食，爱上运动之后，整个人都发生了改变。由于运动很累，所以她不再熬夜，黑眼圈消失了，皮肤也变白变嫩了。几个月下来，朋友们发现珍珍真的瘦了，整个人都变得神采奕奕。

朋友们问她是怎么做到的，她笑笑说："想减肥，千万别拖延。给自己制定一个计划，别给自己找任何借口，用强大的意志力逼自己去执行。"

人生何其短，千万别被拖延症毁掉。如果你也有拖延症，试着用意志力逼自己一把。

放大镜看自己，亡羊补牢永远不会晚

　　很多人分析起别人的缺点来头头是道，可往往会忽略自己的不足，而这种人不论在学校还是在职场上都不会受人尊敬。这些人应该试着用放大镜看自己，放大自己的不足之处。与此相反，还有这样一类人，他们自卑缺乏自信，只看到别人的优点长处，对于自身却妄自菲薄，这类人也应该用放大镜看清自己，不过是放大自己的优点，从而明白自己不比任何人差。

　　敢于正视自身，能够全面认识自己，并通过积极的方式改变现状，那么狂妄自大的人也可以变得谦卑，自卑过甚的人也可以变得自信。总之，亡羊补牢永远都不会晚。

　　小齐是一名编导专业的学生。他热爱自己的专业，喜欢用摄影机拍摄有趣的视频。在老师眼里他是优秀的学生，在同学眼里他是拥有绝对专业素养的好伙伴。

　　平时上理论课，他是那个回答问题最积极的人；外出采风拍片子，他也是最有创意的那一个。然而，他有一个致命的缺点——十分自负，他总认为自己的点子是最正确最合适的，于是总是忽略别人的意见，而这种性格也常常使他和伙伴们闹矛盾。最重要的是，他还喜欢批评别人，直言别人写的故事是无意义的垃圾，说别人完成的视频这里不对、那里不行。伙伴们对他虽然心里很不服气，但也不想打破和谐的氛围，毕竟大家要天天一起学习和生活。

直到有一次，矛盾终于爆发了，这时小齐才意识到了自己的问题。

这天老师布置了一段纪录片拍摄，主题是"校园暴力下的受害者"。他们早早约好纪录片主人公东东，想对他进行简单的访问。最开始的拍摄还算顺利，当小齐提出要还原东东被施暴的过程时矛盾爆发了。

小梁认为这一段可以简单带过，而小齐偏执地认为必须还原东东受害的过程，但东东显然不想回忆这一段悲惨的经历。两人一直就这个问题争吵，最后经过团队的协商，决定采用小梁的提议，因为他们不想对东东造成二次伤害。

没有采用小齐的想法，让小齐郁闷不已，甚至说要退出拍摄，最后小梁找小齐谈了很久的话，才让小齐意识到了自己的问题。

二人谈话时，小梁把所有的不满都说了出来。他告诉小齐，他的决策不一定都是对的，有时候也要听一下别人的意见。之后小齐认真反思了自己之前的种种行为，确实就像小梁说的那样，自己只看到了别人的不足，没有意识到自己也有很多地方不如大家。小齐向大家保证以后虚心听取大家的意见，不再偏执的坚持自己的想法。

在那之后，小齐不再骄傲自满，轻视他人。

　　有这样一类人与小齐完全不同，他们明明很优秀又有能力，却因为没有看到自己的优点而盲目自卑。

　　敏敏就是这样一个女孩儿。她今年上高二，因为单亲家庭的原因，她一直都很自卑，觉得自己和大家不一样。母亲总是告诉敏敏不管是哪方面她一定要做到最好才行，所以就算她考了第二名还是会被妈妈批评。

　　自卑的种子从小就埋在了敏敏的心底。虽然在大家看来，她是一个长相出众成绩优异的女孩儿，但敏敏自己却不这么认为。每当大家用赞美的语气夸赞她时，她总是回答"哪有哪有"。

　　同桌莹莹总是用羡慕的语气对敏敏说："真羡慕你，总是可以考那么高的分数。"敏敏还是像往常一样说自己做的还不够。

　　久而久之，同学之间传出了不好的言论。他们说敏敏这个人一点都不真实，明明就很优秀却说自己这不行那不行。敏敏有口难辩，因为她是真的不觉得自己有那么优秀。

　　有一天，她和同桌在逛饰品店，同桌拿起一个很漂亮的发卡让敏敏带上，敏敏却说自己长得不好看，不配戴这么华丽的发卡。

　　路过的姐姐听到敏敏说的话走过来对敏敏说："这个发卡真的和你很配，这小脸大眼睛可以去当演员了。"

　　旁边的老板听到了也对敏敏说："你带这个发卡真的很好看"。

　　那天之后，敏敏仔细看着镜子里的自己，好像真的没有自己想的那么差，想着之前同学朋友的夸奖，她开始反思自己之前是不是太自卑了。

不久，老师找到敏敏说市里有一个征文比赛，问敏敏要不要参加，换作以前，敏敏肯定会说自己不行的，还是让别人去吧。可是有了这次经历，敏敏决定勇敢的试一试，看看自己到底有怎样的实力。

经过层层挑选，敏敏的文章竟然获得了一等奖。这件事让敏敏看清了自己，她这才明白自己之前都在放大别人的优点，没有看到自己是如此优秀。

敏敏学会了用放大镜看自己，认识到了最真实的自我，避免了自卑的加深，改变了自己的精神状态。

用放大镜看自己，这句话向我们展现了一个正确看待自己的方式，告诉大家怎样正确评价自己。用放大镜看自己，就是充分认识自己的缺点，并加以改正；同时充分认识自己的优点，避免盲目自卑。让我们行动起来，认识自身，完善自身，做更好的自己。

不做孤独的行者，懂得团队的力量

三个和尚的故事想必大家都耳熟能详，三个和尚没水喝的结局提醒着我们团队意识的重要性。

我们在这个社会生活，每天要接触各种各样的人和事，不可能只活在自己的小世界里。我们在各色的圈子里摸爬滚打，存在于各色的团队中，不仅要做好自己，还要协助团队的成员做好事情。因此，无论是生活还是工作，将自己融入社会才是正确的选择。

从前，有两个逃荒的人在路上遇到一个老者，老者看他们可怜，于是给了他们一根鱼竿和一大篓新鲜的鱼肉。其中一个人拿走了鱼竿，另一个人拿了鱼肉，两人得到自己想要的东西后便分道扬镳。

拿走鱼肉的那个人，在经历过饥饿后，看到食物就狼吞虎咽，于是很快把鱼吃完了，结果因为找不到新的食物死在了路上。而拿走鱼竿的那个人在得到鱼竿后，立马去往有海洋的地方，因为他知道在那里他的鱼竿才能派上用场，结果由于没有食物，他死在寻找海洋的路上。

另外两个饥饿的人，同样遇到了这个老者，老者也同样给了他们鱼肉和鱼竿。不同于之前的两人，这两个人在得到老者的馈赠之后，没有分开行动，而是选择结伴而行。他们计划着去往海边的路线和距离，按照计划吃筐里的鱼肉。

他们向着海洋出发，并在吃完鱼的最后一天到达了海边，那儿不仅食物充足而且有一个小渔村，于是他们在那里安家立业再也不用逃荒了。

同样的开头却有了完全相反的结局，将团队的力量直白的展现在我们眼前。

天时不如地利，地利不如人和。只有团结起来，取长补短才能将集体的力量最大化，从而实现利益的最大化。

只有凝聚在一起，才能在困境中找到希望；只有明智地处理自己和团队的关系，才能将自己的力量发挥到最大。

一天，小蚂蚁正在外面玩耍，忽然他的头顶掉下来一颗桃子，这颗桃子正好砸在小蚂蚁的脚边。小蚂蚁兴奋极了，大叫着："好大的桃子！我今天一定是走运了。"他一口咬在这鲜美的桃子上，不一会儿，小蚂蚁抬起自己的头打了一个大大的嗝，满脸都是香甜的桃子汁。

吃撑了的小蚂蚁靠在桃子上美美地睡了一觉。醒来之后，小蚂蚁伸伸懒腰，想把桃子带回家，于是艰难地推着桃子前行。

路上小蚂蚁遇到了住在隔壁的蚂蚁叔叔，叔叔热情地问小蚂蚁需不需要帮忙。小蚂蚁心里盘算着，要是让蚂蚁叔叔帮忙的话，是不是要分给他一些桃子？想到这里，小蚂蚁拒绝了蚂蚁叔叔的好意。他独自坚持着推啊推，太阳落山了，他都没有把桃子推出一米远。小蚂蚁又把头埋在桃子里，吃了起来。饱餐过后，小蚂蚁又靠着桃子睡着了。

小蚂蚁被鸟儿的叫声吵醒了。鸟儿在树枝上站着，他看到了桃子没有看到小蚂蚁，正准备飞下树去吃桃子时发现了旁边的小蚂蚁。

鸟儿对小蚂蚁说："原来这个桃子是你的呀，小蚂蚁，打扰了。"

小蚂蚁揉了揉眼睛说："没关系。"

一觉过后，小蚂蚁又恢复了活力，于是继续推动桃子。

鸟儿看到后问小蚂蚁："要不要我帮你。"小蚂蚁又拒绝了鸟儿的好意，鸟儿悻悻地走开了。

已经离开家两天了，蚂蚁妈妈非常担心小蚂蚁的安全，于是出门寻找。终于，蚂蚁妈妈找到了还在和桃子斗争的小蚂蚁。

蚂蚁妈妈看着小蚂蚁吃力的样子问他："为什么不叫大家帮忙呢？你一个人怎么能推动这么大的桃子？"

小蚂蚁看到蚂蚁妈妈，立刻叫妈妈帮助自己，可是两个人的力量也是渺小的。妈妈准备去村子里叫大伙儿来帮忙，小蚂蚁却试图阻止妈妈，妈妈没有说什么不过还是回村里叫来了大家。

全村的蚂蚁们听到小蚂蚁需要帮忙后，都出动了。很快，桃子被推回了小蚂蚁的家中。蚂蚁妈妈理所当然地把这个桃子分成了很多份送给了全村人。

小蚂蚁闷闷不乐，蚂蚁妈妈决定找小蚂蚁聊聊。她把小蚂蚁叫到身边问道："如果你自己占有这个桃子，不让大家帮忙，那么桃子很快就会烂在回家的路上，最后你自己也吃不到桃子。可是，大家齐心协力不一会儿就能把桃子推回家。自己的力量总是渺小的，大家的力量凝聚在一起才会变大，才能做更多的事。"

小蚂蚁听了妈妈的话，很羞愧。他明白了要想完成一件事，自己的力量是渺小的，团体的力量才是巨大的。

一滴水把自己融入大海才不会干涸，一个人把自己融入团队才能变得更强大。因此，成长的路上不做孤独的行者，结伴同行才是最好的选择。

成功就像滚雪球，越滚越大

中国有句俗语，叫"一口吃不成胖子"，细细品来，这话有几分道理。

任何事情都不能一蹴而就，想要有所成就，少不了日积月累。因此，不妨将你想要做的事情分割成无数份，然后从最近的、最简单的一份开始做起，一点点坚持、积累，就像滚雪球一样越滚越大，这样你就会距离成功越来越近。

相信很多人都认识或者听说过2008年《福布斯》排行榜上的世界首富沃伦·巴菲特，他能获得如今的巨大成就，就离不开他从小到大所坚持的"滚雪球"。

巴菲特六岁那年，第一次萌生了挣钱的想法。他在爷爷的便利店里买来一箱可乐，然后以更便宜的价格卖给了附近的孩子。这样做明显是亏钱的，但他有自己的想法：他把孩子们喝完可乐之后的瓶盖一一捡了起来，为的就是分析出哪一种可乐更受欢迎，然后告诉爷爷应该多卖哪种可乐来挣更多的钱。这就是巴菲特踏上滚雪球之路的第一步。

从此以后，他在每一个年龄段都会萌生出一个关于创业的想法。十岁那年，巴菲特发表了一篇名为"马童选集"的报告，并印成册子售卖。虽然这个册子最终因为没有营业执照被有关当局制止了，但这次经历无疑让他的雪球又滚大了一些。

十一岁的巴菲特开始关注股票市场，并开始小规模购买股票。这个时候，他曾经的那些创业经历就起到了至关重要的作用——那些经历让他对股票市场的估计比其他人都敏锐得多。

就像一个滚了一半的雪球，有了足够的基础，才能继续滚下去并持续变大。十五岁的巴菲特已经有能力从父亲手中买下一家未经开发的农场，十九岁的巴菲特进入哥伦比亚大学，二十六岁的他立志成为百万富翁……巴菲特拥有了自己的公司，名下资产一点一点越来越多，终于高达2200万美元。

纵观巴菲特的一生，就像在看着一个雪球越滚越大。从一个可乐瓶盖的大小，直至变得无人能够企及。这一路上巴菲特从来没有想要一步登天，他在合适的年纪做着该做的事情，一点点积累经验，一年年坚持不懈，直至雪球变成他想要的大小，他也彻底走向了成功。这是巴菲特的成功之路，也是适用于我们每一个人的成功之路。

脚踏实地，一步一步来，只要不后退、不停滞，你的雪球就会慢慢变大。

小刘和小李是大学同班同学，也是住在一起的室友。他们的学校是名不见经传的普通二本，而现在的社会又十分看重学历，所以两个人很早就开始为毕业之后何去何从做打算了。

小李每天早上醒来，小刘就已经不在宿舍了。他给小刘发信息："你去哪儿了？"小刘回复道："在图书馆看书。"

小李一听，危机感陡然升起。他也赶忙起床洗漱完，带上两本书就往图书馆走去。两个人就这么坐在图书馆静静看书，小刘看得十分认真，不停做笔记，小李却是很快就看不下去了。

他不耐烦道："咱们这么看书真的有用吗？将来工作了，人家需要的是实干型的人才，只懂理论肯定不行。我还是找点别的事做吧。"说完他就离开了图书馆。而小刘继续做着笔记。

就这样过了一段日子，几家公司来学校招聘实习生，小刘和小李都去参加了。翻看过几家公司的履历后，小李不屑地说："切，都是些小公司，根本没有出头之日，去了只会埋没我的才华。"

小刘劝他："只是实习而已，无论公司大小，我们都可以积累经验，对以后的正式就职也有好处。"

可小李根本听不进去："那就是浪费时间，我还是直接找个大公司去应聘，面试一过，立刻就能飞黄腾达，哪儿还需要什么积累经验？"

小刘无奈，不再劝他，自己去参加了面试。面试很顺利地通过了，小刘开始了朝九晚五的实习生活；而小李则躺在宿舍里，一边打游戏，一边想象着自己将来大展才华飞黄腾达的时刻。

小刘经过四年的沉淀，毕业后顺利找到了一份不错的工作，脚踏实地地付出，两年之内升职加薪成为了主管，日子过得充实滋润。而小李慌慌张张四处找工作，却因为履历和能力不够屡次碰壁，最终只能先从发传单做起。

　　小刘的成功就是"滚雪球"效应的最好证明。他从最细微最基本的事情做起，一点一点积累坚持：读书让他满腹经纶，顺利通过小公司的面试；而小公司里的历练又让他有了足够的应对职场的技能，从而轻松进入了大公司；脚踏实地的工作，又为他换来了更大的成功。这其中的每一步，都是不可或缺的。

　　雪球不可能一下子变大，你也不可能一步就跳到成功面前。小李犯的错，就是眼高手低、好高骛远。他一边懈怠一边幻想着天降大雪球，那怎么可能呢？于是，最终等待他的，只有冰雪消融，空空如也。

　　要明白，无论成功离得有多远，只要你怀着一颗坚持不懈的实干之心，一步一步去积累和经历，不放弃也不好高骛远，总有一天，终会抵达成功的尽头。

　　希望从这一刻开始，你的雪球越滚越大。